本书部分彩图

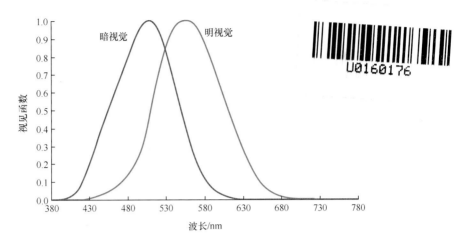

▲ 人眼在明视觉和暗视觉下的视见函数

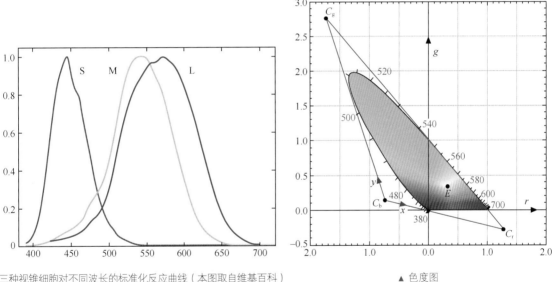

▲ 三种视锥细胞对不同波长的标准化反应曲线（本图取自维基百科）

▲ 色度图

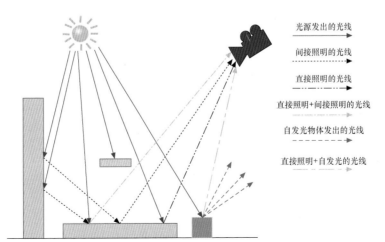

光源发出的光线

间接照明的光线

直接照明的光线

直接照明+间接照明的光线

自发光物体发出的光线

直接照明+自发光的光线

▲ 直接照明和间接照明的示意图

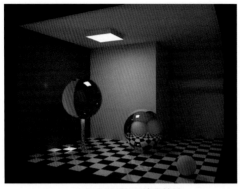 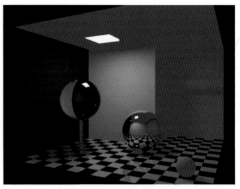

（a）全局照明的渲染效果　　　　　　　　　　　（b）局部照明的渲染效果

▲ 全局照明和局部照明两者的渲染效果的区别（本图取自维基百科）

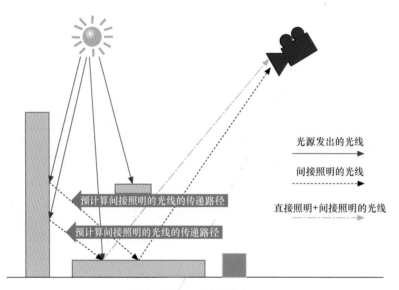

光源发出的光线

间接照明的光线

直接照明+间接照明的光线

预计算间接照明的光线的传递路径

预计算间接照明的光线的传递路径

▲ 静态物体之间计算光线的传递

▲ 经烘焙后产生的阴影蒙版纹理

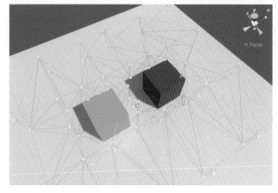

▲ 光探针与光线传播路径（本图取自 Unity 3D 帮助文档）

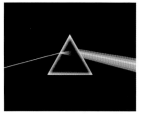

▲ 光的色散现象

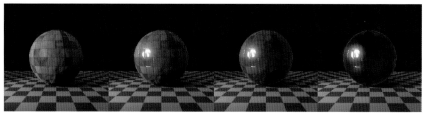

▲ 在同样的光照条件下，从完全散射（漫反射）效果到完全反射（镜面反射）效果

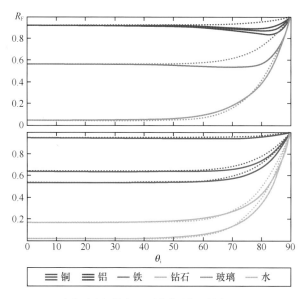

▲ 光线从空气射向不同材质时的反射光强比值

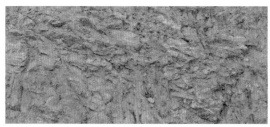

（a）漫反射贴图

（b）反照率贴图

▲ 漫反射贴图和反照率贴图对比

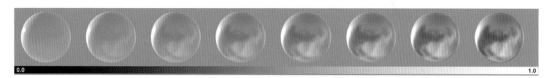

▲ Metallic 属性与反照率颜色的关系

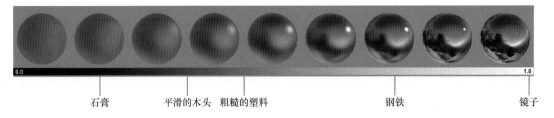

石膏　　　　平滑的木头，粗糙的塑料　　　　钢铁　　　　镜子

▲ 不同材质的 Smoothness 属性值效果

▲ 未经优化处理的视差贴图算法产生的重叠现象

▲ 使用了线性插值后的视差贴图效果

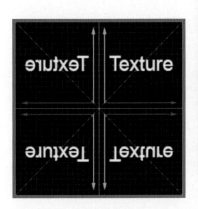

▲ 网格模型的缩放值

（a）没有使用遮蔽贴图的效果

（b）使用了遮蔽贴图的效果

▲ 有无使用遮蔽贴图的效果对比

Unity3D

熊新科◎著

内建着色器源码剖析

人民邮电出版社

北 京

图书在版编目（ＣＩＰ）数据

Unity 3D内建着色器源码剖析 / 熊新科著. -- 北京：
人民邮电出版社，2019.8
ISBN 978-7-115-50704-4

Ⅰ．①U… Ⅱ．①熊… Ⅲ．①游戏程序－程序设计
Ⅳ．①TP317.6

中国版本图书馆CIP数据核字(2019)第022486号

内 容 提 要

本书既是一本 Unity 3D 着色器代码分析教程，也是一本 Unity 3D 着色器编程参考手册。全书共 12 章，主要内容包括：实时 3D 渲染流水线，辐射度、光度和色度学基本理论，Unity 3D 着色器系统，着色器工具函数，Unity 3D 引擎的多例化技术，前向渲染和延迟渲染，Unity 3D 的全局光照和阴影，UnityShadow Library.cginc 文件分析，AutoLight.cginc 文件分析，基于物理的光照模型，Unity 3D 标准着色器和 Standard.shader 文件分析，片元着色器实时绘制图像实战案例。

本书适合 Unity Shader 的游戏开发者、程序员阅读，也可供相关专业人士参考。

♦ 著 熊新科
　　责任编辑 张 涛
　　责任印制 焦志炜

♦ 人民邮电出版社出版发行　北京市丰台区成寿寺路 11 号
　邮编 100164　电子邮件 315@ptpress.com.cn
　网址 http://www.ptpress.com.cn
　固安县铭成印刷有限公司印刷

♦ 开本：787×1092　1/16　　　　彩插：2
　印张：22　　　　　　　　　　2019 年 8 月第 1 版
　字数：568 千字　　　　　　　2024 年 7 月河北第 9 次印刷

定价：109.80 元

读者服务热线：**(010) 81055410**　印装质量热线：**(010) 81055316**
反盗版热线：**(010) 81055315**
广告经营许可证：京东市监广登字20170147号

序

　　1999 年，我刚读大一，当我用 Turbo C 写下第一句绘图代码时，就对使用计算机绘制五彩斑斓的图形产生了浓厚的兴趣。计算机游戏正是把计算机图形学理论实践到极致的典范。当时，每次看到同学们玩《星际争霸》《帝国时代》等游戏，我就总是在思索：这些游戏中如此漂亮的画面是怎么绘制出来的？带着兴趣和疑问，我陆续学习了 C++语言、Windows 编程和 DirectDraw 图形绘制技术。经过漫长的学习和积累之后，在 2001 年，我终于用 DirectDraw 做出了一个小作品。这个小作品很简单，就是一个小人在一个可卷动的场景中走来走去。完成这个小作品之后，我就已经很清楚自己大学毕业后的工作目标了。2003 年毕业前夕，我获得了去珠海市金山软件股份有限公司西山居实习的机会。在西山居我结识了很多业界朋友，也了解到我当时所熟悉的基于 DirectDraw 的 2D 图形编程技术已经过时。未来的计算机游戏，无论是 2D 游戏还是 3D 游戏，在图形领域都使用统一的 3D 编程接口，充分利用硬件加速性能已是大势所趋。同样是在西山居，我首次了解到了 DirectX 8.0 的第一代可编程着色器语言，开启了我长达十余年的图形着色器学习的历程。

　　从 2004 年年初到 2010 年年底，我先后在深圳市、厦门市参与了若干款 PC 网络游戏的开发，先后接触了 LithTech 6.7 和 Gamebryo 2.3 这两款 3D 引擎。由于购买了这两款引擎的源代码，在工作之余，我也尝试深入分析引擎的架构实现，从中学习了很多知识。随着手机游戏的爆发，Unity 3D 以其易用性和良好的多平台支持性得到广大用户的青睐，成为国内开发手机游戏厂商的首选。我也于 2013 年年底加入了学习 Unity 3D 的大军。

　　在学习 Unity 3D 的过程中，除了学习基本的逻辑开发外，我还深入地学习了着色器的实现。作为一个商业闭源引擎，它由 C++语言实现的引擎底层是一般用户无法接触到的。但幸运的是，Unity 3D 开放了着色器层的源代码实现。基本上，官方所开发的各种效果的着色器源代码都可以免费获取。我在学习 Unity 3D 着色器开发时，除了查阅官方教程外，更多的是研究内置着色器的源代码以了解其实现原理。在长达 4 年的学习过程中，我积累了很多关于 Unity 3D 着色器编程的心得和经验，同时做了一些笔记。囿于工作繁重，无法花太多精力去组织文字，这些心得经验都比较零散且不成篇幅，而写一本技术专著则是我多年来的夙愿。直至 2017 年，我离职在家专心写作，把这些年的积累写成了本书。

　　作为一名用 C++语言开发过若干游戏的程序员，我通读了著名华人技术作家侯捷的《STL 源码剖析》《深入浅出 MFC》等深入剖析 C++源码框架的书籍。我被侯捷剖析大系统和大架构的能力深深折服而心向往之；对侯捷的"通过剖析经典作品的源码吸取养分，从而提升自己能力"的观点也深以为然。因此，本书也效法侯捷的《STL 源码剖析》，以深入剖析 Unity 3D 内置着色器的功能实现为主，希望能给读者在开发工作中提供最大的帮助。

　　在写作本书的过程中，我得到了各方的大力支持，没有这些支持，我很难完成技术写作这项繁重的工作。首先要感谢本书的策划编辑张涛，他以独到的眼光和无限的信任促成了本书的诞生。同时，要感谢我的父母。作为一名就读于邮电院校的学生，虽然最后没有进入电信行业，可能和父母对我的期盼有所偏离，但他们对我选择游戏开发行业这条路是理解和支持的。其次要感谢我的妻子，没有她对我离职在家写书的支持和理解，我就不能在无后顾之忧的条件下专心写作。最后要诚挚地感谢每一位购买了本书的读者，你们对本书的喜爱和肯定是我继续钻研 Unity 3D 着色器编程技术并写出好的作品回报各位图形编程爱好者的最大动力。

熊新科

前　　言

本书的定位与适合的读者

本书不是一本 3D 图形编程入门书，也不是一本 Unity 3D 着色器编程入门书。本书的定位是"Unity 3D 着色器代码分析教程+Unity 3D 着色器编程参考手册"。因此，本书的目标读者应具有一定的图形编程知识：有一定的 Unity 3D 开发经验；学习过基础的 Direct 3D/OpenGL 图形编程，如知道顶点、纹理和着色器的概念与作用；了解矩阵乘法、四元数和坐标系变换等数学概念。

本书是为下面 3 类读者撰写的。你在阅读本书之前，阅读过 Unity 3D 自带的或者第三方编写的着色器代码，依样画葫芦地修改过，对大部分代码知道其实现的功能，但又有很多细节不明白；或者你已经能写一些 Unity 3D ShaderLab 代码了，但还不清楚 Unity 3D 提供的内置着色器库可以提供多少现有的工具代码；抑或你因工作需要，要把 Unity 3D 提供的着色器进行精简改造以适应自己的项目，对千头万绪的细节感到困难。本书有助于解决这些读者的痛点。

本书所剖析的着色器代码版本

本书所剖析的 Unity 3D 内置着色器代码版本是 2017.2.0f3，读者可以从 Unity 3D 官网下载这些着色器代码。这些代码以名为 builtin_shaders-2017.2.0f3.zip 的压缩包的形式提供，解压缩后，内有 4 个目录和 1 个 license.txt 文件，介绍如下。

目录 CGIncludes 存放了 37 个扩展名为 cginc 的文件，两个扩展名为 glslinc 的文件。这些文件就是 Unity 3D 提供的内置着色器的头文件。本书将重点剖析表 0-1 中头文件的实现。

表 0-1　　　　　　　　　　　　　　头文件

文件名	功能描述
AutoLight.cginc	提供了一系列用来计算阴影的宏和函数
HLSLSupport.cginc	对 HLSL 着色器语言用宏进行封装
Lighting.cginc	对 lambert、Phong、Blinn-Phong 等光照模型进行封装
UnityCG.cginc	提供了大量着色器在开发时会用到的工具函数和宏
UnityGBuffer.cginc	提供了用于延迟渲染的与 G-Buffer 操作相关的函数和宏
UnityGlobalIllumination.cginc	提供了用于进行全局光照计算的工具函数
UnityImageBasedLighting.cginc	提供了"基于图形照明"的相关操作的工具函数
UnityInstancing.cginc	提供了使用 GPU（图形处理器）多例化技术时用到的宏
UnityLightingCommon.cginc	提供了全局光照计算所需要的结构体的定义
UnityMetaPass.cginc	提供了与元渲染通路信息相关的函数和着色器变量

文件名	功能描述
UnityPBSLighting.cginc	提供了基于物理着色所需要的光照计算函数，可用于外观着色器
UnityShaderUtilities.cginc	提供了把物体从模型空间变换到裁剪函数的工具函数 UnityObjectToClipPos
UnityShaderVariables.cginc	提供了进行着色器开发时由引擎底层传递给着色器程序的着色器变量
UnityShadowLibrary.cginc	提供了计算阴影时用到的宏和工具函数
UnityStandardBRDF.cginc	提供了标准着色器中用到的和 BRDF（bidirectional reflectance distribution function，双向反射分布函数）计算相关的工具函数
UnityStandardConfig.cginc	标准着色器用到的一些开关配置信息
UnityStandardCore.cginc	标准版的标准着色器的顶点和片元着色器的实现文件
UnityStandardCoreForward.cginc	提供了标准版的标准着色器的顶点/片元入口函数
UnityStandardCoreForwardSimple.cginc	提供了简化版的标准着色器的顶点/片元入口函数
UnityStandardInput.cginc	标准着色器用到的一些顶点输入结构信息和输入计算函数
UnityStandardMeta.cginc	标准着色器中元渲染通路的实现
UnityStandardShadow.cginc	标准着色器中阴影投射渲染通路的实现
UnityStandardUtils.cginc	标准着色器中一些辅助用工具函数的实现

目录 DefaultResources 存放了 Unity 3D 引擎内置的简单着色器。

目录 DefaultResourcesExtra 提供了大量渲染效果的着色器实现，Mobile 子目录下的 shader 文件就是移动平台下的漫反射效果、粒子系统、法线贴图和光照图效果的实现。本书将详细剖析该目录下的 Standard.shader 文件，即标准着色器的实现。

目录 Editor 中唯一的文件是 StandardShaderUI.cs。该段代码是当材质文件使用了标准着色器时，材质对应的 inspector 界面的实现。

文件 license.txt 用于说明 Unity 3D 开发公司对这些着色器代码的版权。

本书内容和建议阅读方式

既然本书的定位是"Unity 3D 着色器代码分析教程+Unity 3D 着色器编程参考手册"，那么读者需要按照一定的阅读顺序才能达到最佳的阅读效果。对于初中级读者，可先从第 1 章开始精读。第 1 章对当前主流的渲染流水线进行阐述，讲述顶点处理阶段、光栅化阶段、片元处理与输出合并阶段这三大处理阶段的实现。这三大处理阶段是主流渲染流水线都必须实现的阶段。

1.1 节概述了渲染流水线，讲述了主流渲染流水线的各个阶段，以及各个阶段的操作。1.2 节介绍顶点处理阶段。首先详细讲述顶点的组织方式、坐标系的确定方式，然后对把顶点从模型空间变换至世界空间、从世界空间变换至观察空间、从观察空间变换到裁剪空间所用到的各个变换矩阵进行详细说明，最后分析 Unity 3D 中这些矩阵的封装代码，让读者在懂得使用这些矩阵的同时能知其然且知其所以然。1.3 节介绍光栅化阶段，对其中的各个子阶段进行详细的数学推导说明。光栅化阶段是由硬件实现不可编程的，对它进行详细的数学说明也是为了让读者深入了解其原理，在开发工作中能够从底层去理解渲染流水线的机制。今后读者如果工作中需要用到其他的 3D 引擎，能融会贯通且更快地上手。1.4 节介绍片元处理与输出合并阶段。其中，片元处理子阶段就是片元着色器的内容；输出合并子阶段也是由硬件实现不可编程的，但流水线提供了若干功能函数以对它进行控制。该节重点讲述输出合并中的深度值操作和 Alpha 值操作，以及 Unity 3D 为这两个操作所提供的控制函数。

精读完第 1 章后，可接着通读第 2 章。第 2 章主要从物理学的角度阐述图形渲染中本质的问题，即光的能量传递与分布问题。其中，2.1 节和 2.2 节是学习基于物理渲染的前置知识，里面所阐述的各个物理量和它们的数学关系是阅读第 10 章与第 11 章的基础；2.3 节讲述计算机如何对颜色进行数学建模，而该则是理解 2.4 节中颜色空间的基础；2.4 节重点讲述计算机图形学中关于"伽马校正"的内容，阅读完该节后，相信读者在工作中碰到"画面颜色总是不对且偏暗"的问题时，能理解它产生的缘由并能解决之。

第 3 章对 Unity 3D 特有的外观着色器进行分析，阐述外观着色器和传统的顶点/片元着色器之间的关系。Unity 3D 的内置着色器代码中大量使用了着色器多样体，因此同一套着色器能够被编译到各个不同的硬件平台，了解着色器多样体的原理是剖析 Unity 3D 内置着色器代码所必需的。因此，3.4 节详细分析这些着色器多样体的原理和使用方法。如果读者已经熟悉该章内容，可以跳过它。

因为 Unity 3D 是一个跨平台引擎，所以在 Unity 3D 内置着色器代码中要时刻考虑通用性问题。尤其是在开发手机游戏时，开发环境通常是 Windows/Mac 平台，而运行环境多是 Android/iOS 平台。因此，一套着色器代码起码要支持开发和运行两种不同的环境。不同的平台下使用的着色器语言也有所不同。虽然 Unity 3D 着色器推荐以 Cg 语言作为前端的开发语言，但是 Unity 3D 会在后台将 Cg 语言代码编译为目标平台的最佳运行语言的字节码。例如，在 Windows 平台上最佳运行语言是 HLSL，而 Android/iOS 平台上则是 OpenGL ES。Unity 3D 着色器语言提供了一系列消除平台和开发语言差异性的机制。3.5 节和 3.6 节会阐述这些机制。

Unity 3D 提供了大量的通用工具函数和一些由引擎底层在运行期赋值的着色器变量。无论是 Unity 3D 内置着色器或者第三方编写的着色器，都大量使用了这些预定义的通用工具函数和着色器变量。这些通用工具函数集中在 UnityCG.cginc 文件中，着色器变量则定义在 UnityShaderVariables.cginc 文件中。第 4 章重点剖析这两个文件的实现，尤其讲述 UnityCG.cginc 文件中工具函数的实现原理。开发者在编写自己的着色器时，如果碰到一些要实现的功能，不妨先查阅该章，看看 Unity 3D 引擎是否已经提供了已有的实现。同时，因为 Unity 3D 内置着色器自身也大量使用了这两个文件中的内容，所以本书其他章节中也大量交叉引用了该章内容，读者在阅读剖析着色器代码的章节时，也应经常查看该章内容。

Unity 3D 内置着色器大量使用了 GPU 多例化技术。Unity 3D 在 UnityInstancing.cginc 文件中提供了使用 GPU 多例化技术要用到的宏。第 5 章讲述 GPU 多例化技术的实现原理，并剖析 UnityInstancing.cginc 文件中 Unity 3D 引擎对它的封装实现。

Unity 3D 有两种渲染方式：一种是前向渲染，另一种是延迟渲染。Unity 3D 提供的标准着色器文件 Standard.shader 中有这两种渲染方式的实现。第 6 章讲述前向渲染和延迟渲染的基本原理，以及 Unity 3D 对延迟渲染的一些实现细节。

图形渲染的两大主题是光照和阴影的计算。Unity 3D 引擎除了支持光源对物体的照明计算（即直接照明）之外，还支持物体之间的光照效果，即间接照明。两者统称为全局照明。第 7~9 章讲述 Unity 3D 的全局光照和阴影计算原理。其中，7.7 节从数学原理出发，重点阐述球谐光照原理和 Unity 3D 对它的封装实现。Unity 3D 提供了大量完成光照计算和阴影计算的工具函数与宏，无论是第三方着色器还是引擎内置着色器都会大量使用到它们。这些函数与宏分别在 UnityShadowLibrary.cginc 文件和 AutoLight.cginc 文件中定义。第 8 章和第 9 章详细剖析这两个文件的实现。如果开发者在自己编写的着色器中需要实现某功能，或者在阅读第三方着色器代码时碰到这些文件中定义的函数和宏，可以查阅这两章。

近年来，能够产生更为逼真效果的基于物理的光照模型开始广泛应用在各大 3D 引擎中。第 10 章分析若干简单的光照模型，并从数学和物理原理上分析基于 Cook-Torrance 模型的光照模型的实现。Standard.shader 文件则是基于物理光照模型的着色器的实现。第 11 章详细分析 Standard.shader 文件的实现，以及实现 Standard.shader 时要用到的分布在 UnityStandardInput.cginc、UnityStandard Utils.cginc 等文件中的工具宏和函数。

第 12 章是着色器编程实战案例。该章将使用 Unity 3D 着色器，在不使用任何纹理贴图的方式下，利用带符号距离场技术，通过片元着色器绘制一个名为"星夜之海"的动态场景。

版式约定

代码段的格式如下。

```
//文本块最左侧有一条竖线，表明这是一个代码块
//代码中的行状注释用"//"符号开头
//块状注释用"/**/"符号包含。代码中的 Cg 语言关键字加粗显示
float3 a = float3(1.0,1.0,1.0);
float3 b = float3(2.0,1.0,1.0);
float3 c = dot(a,b);
```

原始代码中，原本是在一行中定义的，但由于纸面篇幅所限，会做一些换行处理。为了保持代码的严谨性，原始代码中的一些宏定义原本是没有转行声明符"\"的，在本书中会加上，例如：

```
#if defined(UNITY_COMPILER_HLSLCC) && !defined(SHADER_API_GLCORE)
#define UNITY_DECLARE_TEX3D_FLOAT(tex) Texture3D_float tex;\
                                       SamplerState sampler##tex
```

上面的代码中，第二行末尾的"\"符号在原始代码中是不存在的。为了排版需要，把原来在一行的语句段分写成两行。在 Cg 语言中定义一个宏时，换行时要加上"\"符号。

本书引用的原始代码中，出于排版和剖析说明的原因，在保证不改变代码逻辑的前提下，会对原始代码做版面上的调整。例如，在原始文件中原本是书写成一行的代码，可能会变成多行书写；原来代码没有注释的地方，可能会在书中加上注释；原本有英文注释的地方，可能会换上中文注释。但为了便于读者对照着原始文件阅读本书，本书中引用的原始代码段所在原始文件中的名字、所在目录，以及在原始文件中的起始行和结束行都会在前面加上注释说明，如下所示。

```
// 所在文件: UnityGlobalIllumination.cginc
// 所在目录: CGIncludes
// 从原文件第 44 行开始，至第 49 行结束
inline void ResetUnityLight(out UnityLight outLight)
{
    outLight.color = half3(0, 0, 0);
    outLight.dir = half3(0, 1, 0); //任意设置一个光线输出方向，不为空即可
    outLight.ndotl = 0;            //数据项未使用
}
```

提交勘误

作者和编辑尽最大努力来确保书中内容的准确性，但难免会存在疏漏。欢迎您将发现的问题反馈给我们，帮助我们提升图书的质量。

当您发现错误时，请登录异步社区，按书名搜索，进入本书页面，单击"提交勘误"，输入勘误信息，单击"提交"按钮即可。本书的作者和编辑会对您提交的勘误进行审核，确认并接受后，您将获赠异步社区的 100 积分。积分可用于在异步社区兑换优惠券、样书或奖品。

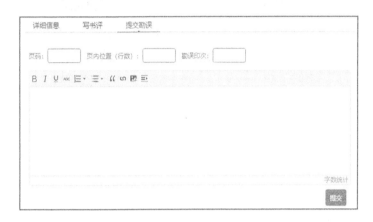

扫码关注本书

扫描下方二维码，您将会在异步社区微信服务号中看到本书信息及相关的服务提示。

与我们联系

我们的联系邮箱是 contact@epubit.com.cn。

如果您对本书有任何疑问或建议，请您发邮件给我们，并请在邮件标题中注明本书书名，以便我们更高效地做出反馈。

如果您有兴趣出版图书、录制教学视频，或者参与图书翻译、技术审校等工作，可以发邮件给我们，邮箱为 zhangtao@ptpress.com.cn。

如果您是学校、培训机构或企业，想批量购买本书或异步社区出版的其他图书，也可以发邮件给我们。

如果您在网上发现有针对异步社区出品图书的各种形式的盗版行为，包括对图书全部或部分内容的非授权传播，请您将怀疑有侵权行为的链接发邮件给我们。您的这一举动是对作者权益的保护，也是我们持续为您提供有价值的内容的动力之源。

关于异步社区和异步图书

  "异步社区"是人民邮电出版社旗下 IT 专业图书社区，致力于出版精品 IT 技术图书和相关学习产品，为作译者提供优质出版服务。异步社区创办于 2015 年 8 月，提供大量精品 IT 技术图书和电子书，以及高品质技术文章和视频课程。更多详情请访问异步社区官网 https://www.epubit.com。

  "异步图书"是由异步社区编辑团队策划出版的精品 IT 专业图书的品牌，依托于人民邮电出版社近 30 年的计算机图书出版积累和专业编辑团队，相关图书在封面上印有异步图书的 LOGO。异步图书的出版领域包括软件开发、大数据、AI、测试、前端、网络技术等。

异步社区

微信服务号

目　录

第1章 实时 3D 渲染流水线

1.1 概述

在计算机体系结构中，管线（pipeline）可以理解为处理数据的各个阶段和步骤。3D 渲染流水线（render pipeline[①]）接收描述三维场景的数据内容，经过若干阶段的处理，将其以二维图像的形式输出。渲染流水线有多种，本章讨论的是基于光栅器插值（rasterizer interpolation）的实时 3D 渲染流水线。

目前主流的实时 3D 渲染流水线有 Direct 3D 和 OpenGL。这两种流水线在具体的实作上大体相同，但细节上的差异也很明显。因为 Unity 3D 是一个跨平台引擎，所以本章讨论的渲染流水线也不局限于某一家具体的实作，而是讨论各个实作共同的阶段和机制。在深入探讨时，也会分析 Direct3D 与 OpenGL 的差异。

渲染流水线一般可以分为如下阶段：顶点处理（vertex processing）、光栅化（rasterization）、片元处理（fragment processing）和输出合并（output merging）。顶点处理阶段对存储在顶点缓冲区（vertex buffer）中的各顶点执行各种操作，如坐标系变换等。光栅化阶段对由顶点构成并变换到裁剪空间（clip space）的多边形进行扫描插值，将这些多边形转换成一系列的片元集合。片元（fragment）是指一组数据值，这些数据最终用于对颜色缓冲区[②]（color buffer）中的像素[③]（pixel）颜色值、透明值，以及深度缓冲区（depth buffer）中的深度值进行更新。片元处理阶段对各个片元进行操作，确定每个片元的最终颜色值和透明值。输出合并阶段则是对片元与颜色缓冲区中的像素进行比较或合并操作，然后更新像素的颜色值和透明值。

实时 3D 渲染流水线发展至今已经很成熟，而且其组成阶段比上述 4 个阶段要多一些。尽管如此，上述 4 个阶段仍然是每一家实时 3D 渲染流水线实作的主要内容。其中，顶点处理与片元处理两个阶段是可编程的（programmable）。针对这些阶段的、由 GPU 执行的相关程序称为顶点着色器（vertex shader）和片元着色器（fragment shader）。顶点着色器可针对顶点执行任何转换操作；片元着色器可针对片元用各种方式决定其最终颜色值和透明值。图 1-1 所示为渲染流水线的基本阶段和流程，其中顶点处理阶段和片元处理阶段是可编程控制的；而光栅化阶段和输出合并阶段则由硬件以固定不可编程的方式实现。

---

① render pipeline 一词有些中文书籍翻译为"渲染管线"，本书统一使用"渲染流水线"，类似于工业生产中的流水线概念，更能体现图形处理中的数据流动性和处理阶段性。

② 颜色缓冲区是指某一片存储区域，该区域存储了要在屏幕上显示的像素点信息。

③ 在 Direct3D 中经常把"片元"和"像素"混为一谈，如把 OpenGL 中的片元着色器（fragment shader）称为像素着色器（pixel shader）。本书将较严格地区分"片元"和"像素"的概念，把最后在颜色缓冲区中且将要显示到屏幕的数据称为像素，把 Direct3D 语境中的像素着色器统称为片元着色器。

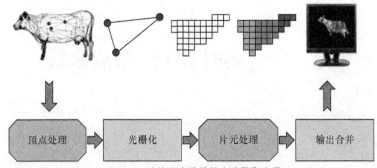

▲图 1-1　渲染流水线的基本阶段和流程

1.2　顶点处理阶段

　　3D 渲染流水线的第一个阶段便是顶点处理阶段。本阶段将会读取描述三维场景内容的顶点信息并进行处理。在计算机图形学中，可以使用各种建模方案提供描述三维场景的顶点信息，常用和高效的方式是使用多边形网格（polygon mesh）去组织顶点。

　　不同 3D 渲染流水线的实作，所支持的组成网格的多边形种类有所不同，但都需要使用凸多边形[①]（convex polygon）。在实践中大都使用三角形网格，如图 1-2 所示。当使用三角形网格对表面进行近似模拟时，可以考虑使用多种细分（tessellation）处理方法。当三角形的细分程度越高时，网格就越接近原始表面，处理时间也会随之增加。因此，在实践中要根据当前硬件条件和开发需求选择一个折中的方案。

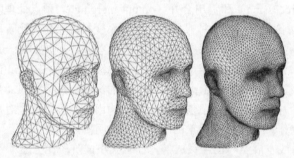

▲图 1-2　利用三角形网格组织顶点

1.2.1　顶点的组织方式

　　描述三角形网格的常见方法有多种，其中一个是列举顶点，即顺序读取 3 个顶点构成一个三角形。存储顶点的内存区域即 1.1 节介绍的顶点缓冲区。如图 1-3 所示，缓冲区内的顶点可以定义 3 个三角形，这种表达方式称为三角形列表（triangles list）。三角形列表的方式比较直观，但显然缓冲区中的顶点信息存在冗余。非索引方式的三角形列表，一个网格如果包含 n 个三角形，则顶点缓冲区中有 $3n$ 个顶点。在图 1-3 中，3 个三角形同时拥有（1，1，0）处的顶点，且该顶点在缓冲区中重复出现了 3 次。

　　在三角形网格中，一个顶点经常被多个三角形共享。因此，可以给每个顶点都分配一个整数索引值，记录三角形的方式可以从直接记录顶点本身变成记录顶点索引，以减少数据冗余，让每一个顶点在顶点缓冲区中只需要存储一份。顶点索引则存储在索引缓冲区（index buffer）中，如图 1-4 所示。

----

① 凸多边形的定义和属性可参考相关资料。

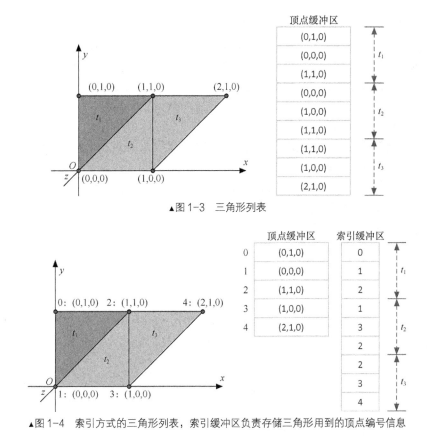

▲图1-3 三角形列表

▲图1-4 索引方式的三角形列表，索引缓冲区负责存储三角形用到的顶点编号信息

图1-4中的顶点只包含了位置信息，乍一看，顶点缓冲区中节省出来的空间也得要用在索引缓冲区上。在实际应用中，除了位置信息外，顶点缓冲区中存储的信息还包含法线（normal）、纹理映射坐标（texture mapping coordinate）；如果是用作动画模型的顶点，那么还有骨骼权重（bone weight）等。因此，当顶点数量很大时，如果使用索引方式，那么顶点缓冲区冗余数据的减少量是非常可观的。

1.2.2 坐标系统和顶点法线的确定方式

描述空间方位的坐标系有多种，如极坐标系、球面坐标系和笛卡儿坐标系等。在 3D 渲染流水线中，使用最广泛的是笛卡儿坐标系。笛卡儿坐标系可以分为左手坐标系和右手坐标系。当左手大拇指或右手大拇指指向坐标系 z 轴正方向时，其余四指指尖的环绕方向，就是坐标系 x 轴绕向 y 轴的方向，满足这一规则的笛卡儿坐标系即称为左手坐标系或右手坐标系，如图1-5所示。

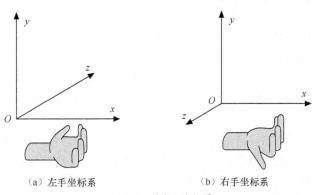

（a）左手坐标系　　　　　（b）右手坐标系

▲图1-5 笛卡儿坐标系

在光照计算中需要使用法线。法线既可以是一个顶点的法线，也可以是一个多边形的法线。首先探讨一个三角形的法线。在右手坐标系中定义一个三角形的法线朝向，使用右手法则定义，即右手四指围拢，按照组成三角形 3 个顶点在缓冲区中先后排列顺序围拢四指，此时右手拇指的朝向就是三角形的法线方向；在左手坐标系中，则使用左手法则定义，方法和右手法则相同，左手拇指的朝向就是三角形的法线方向。

如图 1-6 所示，三角形处于右手坐标系下，其 3 个顶点 p_1、p_2、p_3 在顶点缓冲区中以 $< p_1, p_2, p_3 >$ 的顺序排列，那么采用右手.法则，使右手四指按顶点先后排列顺序的走向弯曲，得到图 1-6 所示的三角形法线朝向。

在给定了顶点排列顺序之后，用向量叉积运算可以计算出法向量的值。依然以图 1-6 为例，假设连接 p_1 和 p_2 形成边向量 v_{12}，连接 p_1 和 p_3 形成边向量 v_{13}。利用两个边向量的叉积，可以得到垂直于两个边向量的向量。用向量除以它自己的长度便得到单位化（normalized，又称为规格化）的法向量。

$$n = \frac{v_{12} \times v_{13}}{\| v_{12} \times v_{13} \|} \tag{1-1}$$

必须注意的是，向量的叉积运算是不满足交换律的。式（1-1）中 v_{12} 和 v_{13} 如果交换叉积运算顺序，就相当于图 1-6 的顶点在缓冲区中的排列顺序变为 $< p_1, p_2, p_3 >$，此时法向量的计算公式应该为

$$n = \frac{v_{13} \times v_{12}}{\| v_{13} \times v_{12} \|} \tag{1-2}$$

依据向量叉乘的性质，式（1-1）和式（1-2）得出的向量的方向是相反的。由此可知，给定三角形的法向量主要依赖于该三角形顶点的排列顺序。$< p_1, p_2, p_3 >$ 的排列顺序称为逆时针方向（counter clockwise，CCW），$< p_1, p_2, p_3 >$ 的排列顺序称为顺时针方向（clockwise，CW）。另外，在右手坐标系中以某种顶点排列顺序形成的三角形，不改变顶点排列顺序地放在左手坐标系中时，其法线也和在右手坐标系时相反。如果把法线朝向方定义为三角形外表面，法线朝向方相反方向定义为内表面，则当把顶点数据从左（右）手导入右（左）手坐标系时，会产生内外表面相反的情况。如图 1-7 所示，图 1-7（a）是右手坐标系，三角形的顶点按 $< p_1, p_2, p_3 >$

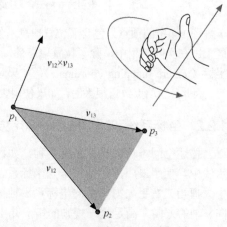

▲图 1-6 确定三角形法线朝向

的顺序排列，此时三角形的法线朝外；图 1-7（b）是左手坐标系，如果保持按 $< p_1, p_2, p_3 >$ 的顺序排列，此时三角形的法线则朝里。

因此，要解决图 1-7 揭示的三角形的内外表面反转的问题，需要重新调整顶点在缓冲区中的排列顺序。图 1-7（a）中右手坐标系的顶点，在图 1-7（b）的左手坐标系下排列顺序改为 $< p_1, p_2, p_3 >$ 即可解决问题。

在实际开发中，顶点的法线就更为重要一些。大部分建模软件在编辑模型时就可以直接指定顶点法线。与三角形的法线就是该三角形所在平面垂直的向量不同，理论上一个顶点的法线可以是过该点的任意一条射线。一般情况下，某顶点的法线通常通过共享该顶点的三角形法线进行计算，如图 1-8 所示。法线 n 的计算公式如下。

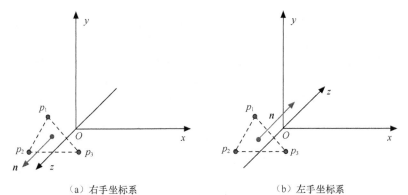

（a）右手坐标系　　　　　　　（b）左手坐标系

▲图 1-7　右手坐标系和左手坐标系

$$n = \frac{n_1 + n_2 + n_3 + n_4 + n_5}{\|n_1 + n_2 + n_3 + n_4 + n_5\|}$$

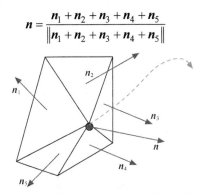

▲图 1-8　顶点的法线 n 共享该顶点的三角形法线

除了后面将要介绍的观察空间使用右手坐标系外，Unity 3D 中的其他空间均使用左手坐标系。

1.2.3　把顶点从模型空间变换到世界空间

1.2.2 节提到的顶点数据的创建方式，用于创建包含顶点数据的多边形网格的坐标系称为模型坐标系（model coordinate），坐标系所对应的空间称为模型空间（model space[①]）。在顶点处理阶段，顶点数据将会贯穿多个空间，直至到达裁剪空间（clip space），如图 1-9 所示。

▲图 1-9　顶点处理的变换操作和对应的空间

1. 仿射变换和齐次坐标

图 1-9 中的世界变换和观察变换由缩放变换（scale transform）、旋转变换（rotation transform）和平移变换（translation transform）这 3 种变换组合而成。其中，缩放变换和旋转变换称为线性变换（linear transform），线性变换和平移变换统称为仿射变换（affine transform）。投影变换所用到的变换则称为射影变换。

三维的缩放变换可以用一个 3×3 矩阵 M_{scale} 描述：

$$M_{\text{scale}} = \begin{bmatrix} \text{scale}_x & 0 & 0 \\ 0 & \text{scale}_y & 0 \\ 0 & 0 & \text{scale}_z \end{bmatrix} \tag{1-3}$$

---

① 有些书籍把 model coordinate 和 model space 译作局部坐标系与局部空间，本书统一译为模型坐标系和模型空间。

式中，$scale_x$、$scale_y$ 和 $scale_z$ 表示沿着 x、y、z 轴方向上的缩放系数。如果全部缩放系数都相等，那么该缩放操作称为均匀缩放操作；否则，称为非均匀缩放操作。

如果是均匀缩放操作，那么 Unity 3D 会定义一个名为 UNITY_ASSUME_UNIFORM_SCALING 的着色器多样体（shader variant，3.4 节会详述此概念，目前可以将其视为一个"宏"）。着色器代码将会根据此多样体是否定义了执行不同的操作。如果 UNITY_ASSUME_UNIFORM_ SCALING 未被启用，当把顶点从模型空间变换到世界空间中，或者从世界空间变换到观察空间中时，需要对顶点的法线做一个操作，使得它能正确地变换。4.2.4 节会详述此问题。

Unity 3D 中使用列向量和列矩阵描述顶点信息，所以可以把顶点的坐标值右乘缩放矩阵实现缩放操作，如下：

$$
\begin{bmatrix} scale_x & 0 & 0 \\ 0 & scale_y & 0 \\ 0 & 0 & scale_z \end{bmatrix} \begin{bmatrix} x \\ y \\ z \end{bmatrix} = \begin{bmatrix} scale_x x \\ scale_y y \\ scale_z z \end{bmatrix} \tag{1-4}
$$

式（1-4）表示把位置点 $\begin{bmatrix} x & y & z \end{bmatrix}^{\mathrm{T}}$（由于排版的原因，本书将会在正文中用"行向量的转置"的方法描述一个列向量）进行缩放操作，变换得到新坐标值 $\begin{bmatrix} scale_x x & scale_y y & scale_z z \end{bmatrix}^{\mathrm{T}}$。

要定义一个三维旋转操作，需要定义对应的旋转轴。当某向量分别绕坐标系的 x、y、z 轴旋转 θ 角度时，分别有以下旋转矩阵 $\boldsymbol{M}_{rx}$、$\boldsymbol{M}_{ry}$、$\boldsymbol{M}_{rz}$。

$$
\boldsymbol{M}_{rx} = \begin{bmatrix} 1 & 0 & 0 \\ 0 & \cos\theta & -\sin\theta \\ 0 & \sin\theta & \cos\theta \end{bmatrix} \boldsymbol{M}_{ry} = \begin{bmatrix} \cos\theta & 0 & \sin\theta \\ 0 & 1 & 0 \\ -\sin\theta & 0 & \cos\theta \end{bmatrix} \boldsymbol{M}_{rz} = \begin{bmatrix} \cos\theta & -\sin\theta & 0 \\ \sin\theta & \cos\theta & 0 \\ 0 & 0 & 1 \end{bmatrix} \tag{1-5}
$$

如果要对一个位置点 $\begin{bmatrix} x & y & z \end{bmatrix}^{\mathrm{T}}$ 进行平移操作，可以让位置点加上一个描述沿着每个坐标值移动多少距离的向量 $\begin{bmatrix} t_x\, t_y\, t_z \end{bmatrix}^{\mathrm{T}}$，如下所示。

$$
\begin{bmatrix} x \\ y \\ z \end{bmatrix} + \begin{bmatrix} t_x \\ t_y \\ t_z \end{bmatrix} = \begin{bmatrix} x+t_x \\ y+t_y \\ z+t_z \end{bmatrix} \tag{1-6}
$$

与缩放变换和旋转变换不同，上述的平移变换是一个加法操作。事实上，用右乘一个三阶矩阵的方法去对一个三维向量进行平移变换是不可能实现的，因为平移变换不是一个线性操作。要解决这个问题，需要使用齐次坐标，把三维向量 $\begin{bmatrix} x & y & z \end{bmatrix}^{\mathrm{T}}$ 扩展成一个四维齐次坐标 $\begin{bmatrix} x & y & z\, w \end{bmatrix}^{\mathrm{T}}$，然后把平移向量扩展成以下 4 阶矩阵的形式。

$$
\begin{bmatrix} 1 & 0 & 0 & t_x \\ 0 & 1 & 0 & t_y \\ 0 & 0 & 1 & t_z \\ 0 & 0 & 0 & 1 \end{bmatrix} \begin{bmatrix} x \\ y \\ z \\ w \end{bmatrix} = \begin{bmatrix} x+t_x \\ y+t_y \\ z+t_z \\ w \end{bmatrix} \tag{1-7}
$$

旋转矩阵和缩放矩阵也可以通过增加第 4 列与第 4 行的方式把矩阵四阶化，这样也可以对齐次坐标进行变换，式（1-4）可以改写为

$$
\begin{bmatrix} scale_x & 0 & 0 & 0 \\ 0 & scale_y & 0 & 0 \\ 0 & 0 & scale_z & 0 \\ 0 & 0 & 0 & 1 \end{bmatrix} \begin{bmatrix} x \\ y \\ z \\ w \end{bmatrix} = \begin{bmatrix} scale_x x \\ scale_y y \\ scale_z z \\ w \end{bmatrix} \tag{1-8}
$$

如果变换矩阵是仿射矩阵，则矩阵的第 4 行是[0 0 0 1]；如果是射影变换，如后面将要介绍的投影变换，则矩阵的第 4 行不是[0 0 0 1]。对于顶点的齐次向量，第 4 项 w 依据不同的使用场合，有各种不同的取值。齐次向量 $[x\ y\ z\ w]^{\mathrm{T}}$ 在 $w \neq 0$ 时对应于笛卡儿坐标 $\left(\dfrac{x}{w}, \dfrac{y}{w}, \dfrac{z}{w}\right)$，且该齐次向量表示一个位置点；如果 $w=0$，则表示方向。如果对一个方向向量进行平移，实际上是不会产生任何作用的，如在式（1-7）中，向量 $[x\ y\ z\ w]^{\mathrm{T}}$ 代入 $w=0$，乘以平移矩阵后得到的结果仍然是 $[x\ y\ z\ 0]^{\mathrm{T}}$。

2. 世界矩阵及其推导过程

当包含顶点数据的模型建模完成后，所有顶点隶属于模型空间且固定不动。某一模型的模型空间和其他模型的模型空间没有任何的关联关系。在渲染流水线中，首先是要把分属在不同模型中的所有顶点整合到单一空间中。该单一空间就是世界空间。

假设有一个球体模型和一个圆柱模型，把它们从自身的模型空间中变换到世界空间，如图1-10所示。

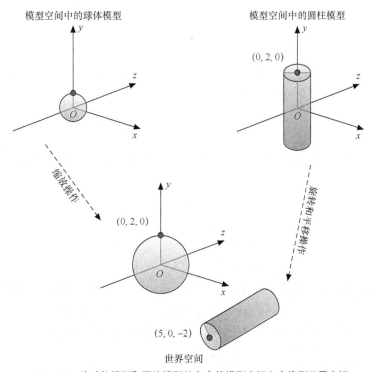

▲图1-10　将球体模型和圆柱模型从自身的模型空间中变换到世界空间

针对球体模型的世界变换仅为缩放操作，假设缩放系数为 2，则球体模型的世界变换矩阵 M_{sphere} 为

$$M_{\text{sphere}} = \begin{bmatrix} 2 & 0 & 0 & 0 \\ 0 & 2 & 0 & 0 \\ 0 & 0 & 2 & 0 \\ 0 & 0 & 0 & 1 \end{bmatrix} \tag{1-9}$$

在图 1-10 中，球体模型的北极点在其模型空间中的坐标是$[0\ 1\ 0]^T$，将其齐次化为$[0\ 1\ 0\ 1]^T$，利用世界变换矩阵 $\boldsymbol{M}_{\text{sphere}}$ 将其变换到世界空间中的$[0\ 2\ 0\ 1]^T$ 处，如下所示。

$$
\begin{bmatrix} 2 & 0 & 0 & 0 \\ 0 & 2 & 0 & 0 \\ 0 & 0 & 2 & 0 \\ 0 & 0 & 0 & 1 \end{bmatrix}\begin{bmatrix} 0 \\ 1 \\ 0 \\ 1 \end{bmatrix}=\begin{bmatrix} 0 \\ 2 \\ 0 \\ 1 \end{bmatrix}
\tag{1-10}
$$

圆柱模型的世界变换操作包含绕 x 轴旋转-90°的旋转操作，以及旋转后沿着 x 轴平移 5 个单位的平移操作。

定义旋转角度的正负规则：让旋转轴朝向观察者，如果此时的旋转方向为逆时针方向，则表示旋转的角度为负值；若为顺时针方向，则为正值。

根据式（1-5）和式（1-7）可得旋转矩阵 $\boldsymbol{M}_{rx}$ 和平移矩阵 $\boldsymbol{M}_t$，如下所示。

$$
M_{rx}=\begin{bmatrix} 1 & 0 & 0 & 0 \\ 0 & \cos(-90°) & -\sin(-90°) & 0 \\ 0 & \sin(-90°) & \cos(-90°) & 0 \\ 0 & 0 & 0 & 1 \end{bmatrix} \quad M_t=\begin{bmatrix} 1 & 0 & 0 & 5 \\ 0 & 1 & 0 & 0 \\ 0 & 0 & 1 & 0 \\ 0 & 0 & 0 & 1 \end{bmatrix}
\tag{1-11}
$$

经过旋转操作后，基于模型空间的圆柱模型顶面圆心的齐次化坐标$[0\ 2\ 0\ 1]^T$ 变换到了$[0\ 0\ -2\ 1]^T$，如下所示。

$$
\begin{bmatrix} 1 & 0 & 0 & 0 \\ 0 & \cos(-90°) & -\sin(-90°) & 0 \\ 0 & \sin(-90°) & \cos(-90°) & 0 \\ 0 & 0 & 0 & 1 \end{bmatrix}\begin{bmatrix} 0 \\ 2 \\ 0 \\ 1 \end{bmatrix}=\begin{bmatrix} 0 \\ 0 \\ -2 \\ 1 \end{bmatrix}
\tag{1-12}
$$

旋转后再做一个平移操作，可以得到最后的圆柱模型顶面圆心的齐次化坐标为$[5\ 0\ -2\ 1]^T$，如下所示。

$$
\begin{bmatrix} 1 & 0 & 0 & 5 \\ 0 & 1 & 0 & 0 \\ 0 & 0 & 1 & 0 \\ 0 & 0 & 0 & 1 \end{bmatrix}\begin{bmatrix} 0 \\ 0 \\ -2 \\ 1 \end{bmatrix}=\begin{bmatrix} 5 \\ 0 \\ -2 \\ 1 \end{bmatrix}
\tag{1-13}
$$

可见，如果把顶点的三维坐标齐次化成四维齐次坐标，那么针对此顶点所有的平移、旋转、缩放变换（仿射变换）可以通过矩阵连乘的方式变换。由于 Unity 3D 的顶点坐标是采用列向量的方式描述，因此对应的矩阵连乘方式是右乘，即坐标列向量写在公式的最右边，各变换矩阵按变换的先后顺序依次从右往左写。

3. 表面法线的变换

上文提到了缩放矩阵有非均匀缩放操作和均匀缩放操作两种。如果某三角形网格的变换矩阵为 $\boldsymbol{M}$，即网格上的所有顶点也将使用 $\boldsymbol{M}$ 进行变换。当 $\boldsymbol{M}$ 是旋转变换矩阵、平移变换矩阵和均匀缩放矩阵中的一种或者它们的组合时，顶点的法线也可以直接通过乘以 $\boldsymbol{M}$ 从模型空间变换到世界空间；当 $\boldsymbol{M}$ 为旋转变换矩阵、平移变换矩阵和非均匀缩放矩阵中的一种或者它们的组合时，则要把顶点的法线从模型空间变换到世界空间，该变换矩阵就必须为 $\boldsymbol{M}$ 的逆转置矩阵，即$(\boldsymbol{M}^{-1})^T$。

4. Unity 3D 中的模型空间坐标系和世界空间坐标系

Unity 3D 在各平台上，顶点的模型坐标系统一使用左手坐标系。因此，从 3ds Max、Maya 等建模工具导出顶点数据时，无论原始坐标系是什么，都要准确地将其转换到左手坐标系。在顶点缓冲区中，把顶点坐标定义为 w 分量为 1 的四维齐次坐标。因为 w 分量为 1，所以等同于三维的笛卡儿坐标。令在模型空间的顶点坐标 vInModelSpace 为 $(x, y, z, 1)$，变换到世界空间中的坐标 vInWorldSpace 为 $(wx, wy, wz, 1)$。通过使用 unity_ObjectToWorld 内置变量（参见 4.1.1 节），可以把顶点从模型空间变换到世界空间，代码如下：

```
float4 vInWorld = mul(unity_ObjectToWorld,vInModel);
```

1.2.4 把顶点从世界空间变换到观察空间

对所有的顶点进行世界变换操作完毕后，可以在世界空间内定义摄像机（camera）。当给定摄像机的状态后，则观察空间[①]（view space）也得以确立，且世界空间中的顶点也随之变换到观察空间中。

1. 观察空间

通常摄像机需要通过 3 个参数定义，即 Eye、LookAt 和 **Up**。Eye 指摄像机在世界空间中位置的坐标；LookAt 指世界坐标中摄像机所观察位置的坐标；**Up** 则指在世界空间中，近似于（注意，并不是等于）摄像机朝上的方向向量，通常定义为世界坐标系的 y 轴。构造观察空间的方法和步骤如图 1-11 所示。给定 Eye、LookAt 和 Up 后，即可定义观察空间。观察空间的原点位于 Eye 处，由 3 个向量 $\{u,v,n\}$（对应于 x、y、z 坐标轴）构成。在观察空间中，摄像机位于原点处且指向 $-n$，即摄像机的观察方向（也称朝前方向，forward）为 $-n$。

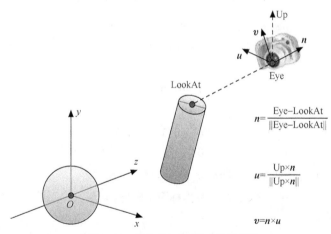

▲图 1-11 构造观察空间的方法和步骤

2. 观察矩阵及其推导过程

从图 1-11 可以看出，在定义 u 向量时，采用右手法则确定 **Up** 与 n 的叉乘，即 u 方向。最终向量 u、v、n 是相互垂直的。如果把这 3 个向量分别视为观察空间 xyz 轴，则观察空间的坐标系是一个右手坐标系，Unity 3D 中定义的观察空间也是右手坐标系。假设图 1-11 中的 LookAt 点和

[①] 有些书籍使用摄像机空间/相机空间（camera space）表示 view space 的概念，这两者是等价的。本书统一使用 view space，译作观察空间。

Eye 点在世界空间的坐标值是（0,2,10）与（0,3,20），那么在观察空间中，点 LookAt 则位于 $-\vec{n}$ 轴上，在 $\vec{u}$ 轴、$\vec{v}$ 轴上的值为 0，且 LookAt 点到 Eye 点的距离为 $\sqrt{101}$。因此，在观察坐标系下，点 LookAt 的坐标值为 $\left(0,0,-\sqrt{101}\right)$。

　　世界空间中的所有顶点，如果按点 LookAt 的方式重新定义在观察空间中，则该重定义操作便可称为观察变换（view transform）。考察观察变换用到的变换矩阵，可以把变换操作分解为平移和旋转两步。从理论上来说，把模型从世界空间变换到观察空间，应是在给定观察坐标系的前提下，保持观察坐标系不动；然后计算出模型的顶点相对于观察坐标系 3 个坐标轴平移了多少位移，旋转了多少度；最后套用式（1-5）和式（1-7）得出平移矩阵和旋转矩阵，最终组合成观察变换矩阵。但这样计算平移量比较简便，计算旋转度就会麻烦。因此，可以换一个思路，让模型和坐标系"锚定"，然后通过平移旋转观察坐标系，使之最终与世界坐标系重合。如图 1-12 所示，当观察坐标系平移旋转时，与之"锚定"的模型顶点也随之平移旋转。最终世界空间与观察空间重合时，模型顶点变换后得到的世界坐标值，实质上就是它在观察坐标系下的值。

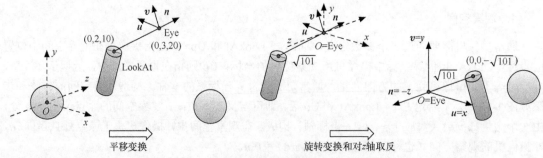

▲图 1-12　观察变换矩阵的推导和分解步骤

　　以圆柱顶面上的点 LookAt 为例，首先把点 LookAt 和 Eye 用一个刚性的连线"锚定"，然后把观察坐标系从 Eye 处移到世界坐标系原点 O 处。平移向量为 O-Eye。写成平移矩阵 $\boldsymbol{M}_{t}$，如下所示。

$$\boldsymbol{M}_{t} = \begin{bmatrix} 1 & 0 & 0 & -\text{Eye}_x \\ 0 & 1 & 0 & -\text{Eye}_y \\ 0 & 0 & 1 & -\text{Eye}_z \\ 0 & 0 & 0 & 1 \end{bmatrix} \qquad (1\text{-}14)$$

　　如图 1-12 中的平移变换步骤，移动观察坐标系时，与观察坐标系"锚定"的点 LookAt 也随之平移。代入前面给定点 Eye 和 LookAt 在世界坐标系下的值，得到平移后的点值 LookAt$_{\text{translation}}$ 为（0，-1，-10，1），如下所示。

$$\text{LookAt}_{\text{translation}} = \boldsymbol{M}_{t}\text{LookAt} \Rightarrow \text{LookAt}_{\text{translation}} = \begin{bmatrix} 1 & 0 & 0 & 0 \\ 0 & 1 & 0 & -3 \\ 0 & 0 & 1 & -20 \\ 0 & 0 & 0 & 1 \end{bmatrix}\begin{bmatrix} 0 \\ 2 \\ 10 \\ 1 \end{bmatrix} = \begin{bmatrix} 0 \\ -1 \\ -10 \\ 1 \end{bmatrix} \qquad (1\text{-}15)$$

　　完成平移后，需要在保持观察坐标系的 3 条坐标轴 u、v、n 始终相互垂直的前提下，旋转它们并使其朝向和世界坐标系的 3 条坐标轴 x、y、z 完全重合。世界坐标系的 3 条坐标轴的方向向量分别为 $[1\,0\,0\,0]^{\text{T}}$、$[0\,1\,0\,0]^{\text{T}}$ 和 $[0\,0\,1\,0]^{\text{T}}$。也就是说，要构造一个矩阵，使得坐标轴 u、v、n 的方向向量值右乘矩阵 $\boldsymbol{M}_{r}$ 时，分别等于 x、y、z 的方向向量值。矩阵 $\boldsymbol{M}_{r}$ 为

$$M_r = \begin{bmatrix} u_x & u_y & u_z & 0 \\ v_x & v_y & v_z & 0 \\ n_x & n_y & n_z & 0 \\ 0 & 0 & 0 & 1 \end{bmatrix} \tag{1-16}$$

式（1-16）各列中的分量即为 u、v、n 轴的方向向量值。代入 u 轴的方向向量值 $[u_x\ u_y\ u_z\ 0]^T$，计算可得

$$M_r u = \begin{bmatrix} u_x & u_y & u_z & 0 \\ v_x & v_y & v_z & 0 \\ n_x & n_y & n_z & 0 \\ 0 & 0 & 0 & 1 \end{bmatrix} \begin{bmatrix} u_x \\ u_y \\ u_z \\ 0 \end{bmatrix} = \begin{bmatrix} u_x u_x + u_y u_y + u_z u_z \\ v_x u_x + v_y u_y + v_z u_z \\ n_x u_x + n_y u_y + n_z u_z \\ 0 \end{bmatrix} \tag{1-17}$$

式（1-17）中的结果向量 $[u_x u_x + u_y u_y + u_z u_z\ \ v_x u_x + v_y u_y + v_z u_z\ \ n_x u_x + n_y u_y + n_z u_z]^T$ 的 3 个分量值实质上就是向量 u 分别与向量 u、n、v 的点积值，因为 u、n、v 三向量相互垂直且为单位向量。向量点积公式为

$$a \cdot b = \|a\| \|b\| \cos\theta \tag{1-18}$$

式中，θ 为 a 和 b 的夹角。

如图 1-12 中的旋转变换步骤，可得结果向量实质上就是 $[1\ 0\ 0\ 0]^T$。同理可得，$M_r v$ 和 $M_r n$ 的值分别为 $[0\ 1\ 0\ 0]^T$ 和 $[0\ 0\ 1\ 0]^T$。因此，到了这一步，变换矩阵 $M_{tempView}$ 为

$$M_{tempView} = M_r M_t = \begin{bmatrix} u_x & u_y & u_z & 0 \\ v_x & v_y & v_z & 0 \\ n_x & n_y & n_z & 0 \\ 0 & 0 & 0 & 1 \end{bmatrix} \begin{bmatrix} 1 & 0 & 0 & -Eye_x \\ 0 & 1 & 0 & -Eye_y \\ 0 & 0 & 1 & -Eye_z \\ 0 & 0 & 0 & 1 \end{bmatrix} = \begin{bmatrix} u_x & u_y & u_z & -Eye_x \cdot u \\ v_x & v_y & v_z & -Eye_y \cdot v \\ n_x & n_y & n_z & -Eye_z \cdot n \\ 0 & 0 & 0 & 1 \end{bmatrix} \tag{1-19}$$

注意，到这一步变换还没有结束，因为采用的世界坐标系和观察坐标系都是按照 Unity 3D 的实现，分别是左手坐标系和右手坐标系，并且这两种坐标系的 x 轴和 y 轴是重合的，z 轴则相反。因此，还必须让 $M_{tempView}$ 右乘一个矩阵 M_z 并对 z 轴取反，才能得到最终变换矩阵 M_{view}，如下所示。

$$M_{view} = M_z M_{tempView} = \begin{bmatrix} 1 & 0 & 0 & 0 \\ 0 & 1 & 0 & 0 \\ 0 & 0 & -1 & 0 \\ 0 & 0 & 0 & 1 \end{bmatrix} \begin{bmatrix} u_x & u_y & u_z & -Eye_x \cdot u \\ v_x & v_y & v_z & -Eye_y \cdot v \\ n_x & n_y & n_z & -Eye_z \cdot n \\ 0 & 0 & 0 & 1 \end{bmatrix} = \begin{bmatrix} u_x & u_y & u_z & -Eye_x \cdot u \\ v_x & v_y & v_z & -Eye_y \cdot v \\ -n_x & -n_y & -n_z & Eye_z \cdot n \\ 0 & 0 & 0 & 1 \end{bmatrix} \tag{1-20}$$

观察变换的矩阵推导和分解步骤，如图 1-12 所示。

顶点在世界坐标系下的位置坐标值右乘 M_{view}，便可以变换到观察空间中。

3. Unity 3D 中的观察空间坐标系

在各平台下，Unity 3D 的观察坐标系统一使用右手坐标系。令在世界空间中顶点的坐标为 vInWorldSpace=（wx, wy, wz, 1），观察空间中的顶点坐标 vInViewSpace=（vx, vy, vz, 1）。通过使用 unity_MatrixV 内置变量（参见 4.1.1 节），可以把顶点从基于左手坐标系的世界空间变换到基于右手坐标的观察空间，代码如下。

```
float4 vInViewSpace = mul(unity_MatrixV,vInWorldSpace);
```

1.2.5 把顶点从观察空间变换到裁剪空间

通过观察变换可以将模型顶点从世界空间变换到观察空间。1.2.4 节使用 u、v、n 表示观察坐标系的 3 条坐标轴。因为变换之后所有数据已经不需要在世界空间中进行考察，所以接下来将依

照习惯使用 x、y、z 表示观察坐标系的 3 条坐标轴。

1. 视截体

通常摄像机的取景范围（或者称为视野范围）是有限的。在渲染流水线中，通常使用视截体（view frustum[①]）去框定这一取景范围。视截体是一个正棱台（regular prismoid），其两个底面平行且宽高比例相等。使用 4 个参数加以定义，即 fovY、aspect、n 和 f，如图 1-13 所示。fovY 定义了沿垂直方向的视野区域（field of view，FOV）。aspect 表示视截体底面的宽度与高度。如果把视截体正棱台的 4 个侧边向较小底面一端延伸，正棱台将延展成为正棱锥（regular pyramid）。正棱锥的顶点就是 4 个侧边的汇聚点，摄像机就位于此点。n 表示近截面，即靠近摄像机位置点的视截体底面，显然在观察坐标系下近截面所处的平面是 $z=-n$。f 表示远截面，即离摄像机位置点较远的视截体底面，在观察坐标系下远截面所处的平面是 $z=-f$。在图 1-13 中，圆柱体和立方体都处于视截体之外，因而不可见。必须指出的是，视截体定义的近截面和远截面是不符合人类视觉原理的，就好比"近在眼前"的物体，虽然比近截面离摄像机的距离还要小，但摄像机不可能拍摄不到。之所以如此定义，主要是为了提高计算效率。

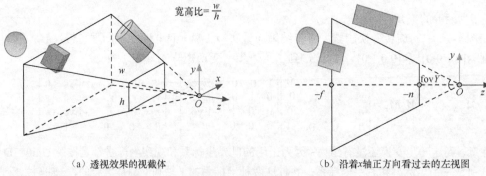

（a）透视效果的视截体　　　　　　　　　　（b）沿着 x 轴正方向看过去的左视图

▲图 1-13　视截体的定义

图 1-13 中的球体和圆柱体，这一类在视截体外的模型不会对最终渲染出来的图像效果产生任何贡献。因此，如果在把顶点数据投递给渲染流水线之前，把这些无贡献的模型顶点丢弃，则会大幅地提升性能。该操作称为视截体剔除操作（view frustum culling），通常由软件完成，成熟的 3D 渲染引擎都有实现。典型的视截体剔除操作的流程：在运行之前的预处理阶段，计算好多边形网格的包围体（bounding volumn），可以是包围盒（bounding box）或者包围球（bounding sphere），随后 CPU（central processing unit，中央处理器）执行多边形网格的包围体与视截体的相交测试。如果多边形网格的包围体完全在视截体之外，则丢弃；完全或部分在视截体的，则投递进流水线。

图 1-13 中仅有立方体通过了视截体剔除操作被投递进流水线。但立方体并不是完全在视截体内，有一部分与远截面相交并且在其之后。因此，多边形应根据视截体的边界面进行裁剪处理，仅显示视截体之内的那一部分多边形。但必须要注意的是，裁剪操作并不是在观察空间，而是在光栅化阶段中的裁剪空间中，由硬件完成。因此，在顶点处理阶段，投影变换可视为最后一步操作。

即使不进行视截体剔除操作，把所有的模型顶点都投递到渲染流水线中，在光栅化处理阶段也还是会把不该显示的模型给裁剪掉。但因为光栅化阶段是在顶点处理阶段之后，如果不剔除，对最终渲染图像无贡献的模型也会经过顶点着色器执行处理，这种"劳而无功"的操作是很低效的方法。

---

① 有些书籍把 view frustum 称作视锥，本书统一称作视截体。

2. 投影矩阵及其推导过程

通过投影变换（projection transform）可以将正棱台状的视截体转换为一个轴对齐的（axis-aligned）立方体。该轴对齐立方体所框定的空间就是裁剪空间。更为准确地说，这种投影变换称为透视投影（perspective projection）。如图 1-14 所示，立方体的 x 和 y 的取值范围都是[−1, 1]，z 的取值范围是[−1, 0][①]。"投影"一词容易让读者联想起投影机投射到银幕上的图像，但在渲染流水线中，透视投影变换并不生成二维图像，其只使场景中的三维物体发生变形。

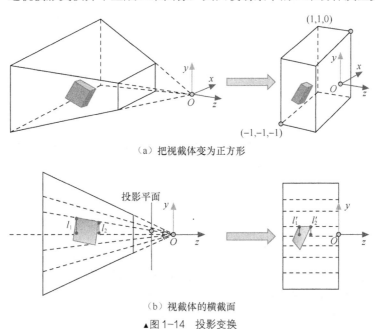

（a）把视截体变为正方形

（b）视截体的横截面

▲图 1-14　投影变换

图 1-14（a）把一个视截体变为正方形，视截体内的物体也随之变形。图 1-14（b）为视截体的横截面，视截体可以视为投影线的相交结果。投影线相交于摄像机原点处，通常把该原点称为投影中心点（center of projection）。假设投影平面位于视截体和投影中心点之间，投影线将构成投影平面内的场景图像。

在图 1-14（b）中，在左边视截体中定义了两个线段 l_1 和 l_2。在三维空间中 l_1 长于 l_2，但在投影平面内，这两线段的投影长度是相等的，这表现了透视投影的"近大远小"特性；在右边的轴对齐立方体中，投影变换使得投影线变为相互平行，这种相互平行的投影线称为通用投影线。从图 1-14 可见，线段 l_1 和 l_2 经投影变换后，各自对应的线段 l_1' 和 l_2' 的长度是相等的。

令视截体中有一个顶点 p，其坐标是 (x, y, z)，p 经投影变换转换为 (x', y', z') 的 p'。因为投影变换限定了 x' 和 y' 的取值范围都是[−1, 1]，z' 的取值范围是[−1, 0]，所以可计算得到 $x'y'$ 和 z' 的值。

首先计算 y'。图 1-15 显示了视截体的横切面。p 和 p' 分别表示 (y, z) 和 (y', z')，图 1-15 定义了一个投影平面，此平面的定义公式为

$$z = -\mathrm{ctan}\left(\frac{\mathrm{fov}Y}{2}\right)$$

y' 的取值限制在[−1,1]中，可以通过相似三角形计算获得，如图 1-15 所示。

[①] Direct3D 中的轴对齐立方体的 z 的取值范围是[0,1]，而 OpenGL 中 z 的取值范围是[−1,1]。本书推导投影矩阵所使用的 z 的取值范围是[−1,0]，对说明原理没有影响。

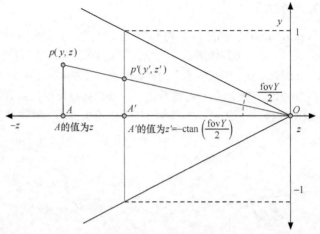

▲图 1-15　计算投影矩阵 1

在图 1-15 中，$\triangle p\text{AO}$ 和 $\triangle p'\text{A}'\text{O}'$ 都是直角三角形且相似。根据相似三角形的性质公式：

$$\frac{y}{z}=\frac{y'}{z'}\text{ 且 } z'=-\text{ctan}\left(\frac{\text{fov}Y}{2}\right) \tag{1-21}$$

可得

$$y'=\frac{y}{z}z'=-\frac{y}{z}\text{ctan}\left(\frac{\text{fov}Y}{2}\right) \tag{1-22}$$

如图 1-16 所示，D 是坐标系原点到投影平面的距离，即 z'。同理计算 x'，x' 的取值范围是[-1, 1]，令 fov$X$ 为水平方向的视野角，有：

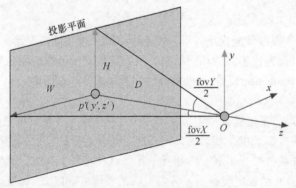

▲图 1-16　计算投影矩阵 2

$$x'=\frac{x}{z}z'=-\frac{x}{z}\text{ctan}\left(\frac{\text{fov}X}{2}\right) \tag{1-23}$$

在式（1-23）中，fov$X$ 未知，但可以根据 fov$Y$ 和 aspect 得到 fov$X$，进而推导出 x'，aspect 为视截体的截面的宽高比。因为视截体是一个正棱台，所以也等于图 1-16 中的投影平面的 W 与 H 的比值。同时，根据三角函数，有以下等式：

$$\text{aspect}=\frac{W}{H}=\frac{\tan\left(\dfrac{\text{fav}X}{2}\right)D}{\tan\left(\dfrac{\text{fov}Y}{2}\right)D}=\frac{\text{ctan}\left(\dfrac{\text{fav}Y}{2}\right)}{\text{ctan}\left(\dfrac{\text{fav}X}{2}\right)} \tag{1-24}$$

整理式（1-24），可得

$$\operatorname{ctan}\left(\frac{\text{fov}X}{2}\right) = \frac{\operatorname{ctan}\left(\frac{\text{fov}Y}{2}\right)}{\text{aspect}} \tag{1-25}$$

结合式（1-23）和式（1-25），可以得到 x' 为

$$x' = -\frac{x}{z}\operatorname{ctan}\left(\frac{\text{fov}X}{2}\right) = -\frac{x}{z}\frac{\operatorname{ctan}\left(\frac{\text{fov}Y}{2}\right)}{\text{aspect}} \tag{1-26}$$

到了这一步，代入 x' 和 y' 的值，点 p' 的坐标值（x'，y'，z'）齐次化之后可以写成

$$p' = (x',\ y',\ z',\ 1) = \left[\frac{-x\operatorname{ctan}\left(\frac{\text{fov}Y}{2}\right)}{z\,\text{aspect}},\ -\frac{y}{z}\operatorname{ctan}\left(\frac{\text{fov}Y}{2}\right),\ z', 1\right] \tag{1-27}$$

式（1-27）中的 z' 依然未知。根据齐次坐标的性质，如果 $w \neq 0$，则（x，y，z，1）等价于（wx，wy，wz，w）。现在把 p' 的坐标值乘以 $-z$，得

$$p' = \left[\frac{x\operatorname{ctan}\left(\frac{\text{fov}Y}{2}\right)}{\text{aspect}},\ y\operatorname{ctan}\left(\frac{\text{fov}Y}{2}\right),\ -zz',\ -z\right] \tag{1-28}$$

观察式（1-28）中的坐标值，实质上 p' 的坐标向量值可以由 p 的坐标向量值 $[x\ y\ z\ 1]^{\text{T}}$ 右乘一个矩阵 $\boldsymbol{M}_{\text{projection}}$ 得到，即

$$\begin{bmatrix} \dfrac{x\operatorname{ctan}\left(\frac{\text{fov}Y}{2}\right)}{\text{aspect}} \\ y\operatorname{ctan}\left(\frac{\text{fov}Y}{2}\right) \\ -zz' \\ -z \end{bmatrix} = \boldsymbol{M}_{\text{projection}} \begin{bmatrix} x \\ y \\ z \\ 1 \end{bmatrix} = \begin{bmatrix} \dfrac{\operatorname{ctan}\left(\frac{\text{fov}Y}{2}\right)}{\text{aspect}} & 0 & 0 & 0 \\ 0 & \operatorname{ctan}\left(\frac{\text{fov}Y}{2}\right) & 0 & 0 \\ m_1 & m_2 & m_3 & m_4 \\ 0 & 0 & -1 & 0 \end{bmatrix} \begin{bmatrix} x \\ y \\ z \\ 1 \end{bmatrix} \tag{1-29}$$

如果把矩阵 $\boldsymbol{M}_{\text{projection}}$ 第 3 行的 4 个数找到，即可找到投影矩阵，即要求解以下方程式中系数 m_1、m_2、m_3 和 m_4 的值。

$$m_1 x + m_2 y + m_3 z + m_4 = -zz' \tag{1-30}$$

要解得这 4 个系数值，首先看图 1-17。在视截体中，任意一个平行于投影平面的平面，其上面的任意一个顶点投影到投影平面上，其 z 都是相等的，即待投影点的投影 z 和其 x、y 无关。

前面提到视截体是正棱台，且投影平面平行于棱台的两底面，即远截面和近截面，那么从图 1-17 中可以看出，在视截体中任意选取一个平行于底面的平面，该平面上任意一点在投影平面上的投影点的 z，与该点在平面上的 xy 是无关的。因此，式（1-30）中的 m_1 和 m_2 应该为 0 才能使 xy 的具体取值不影响投影点的 z'，即

$$m_3 z + m_4 = -zz' \tag{1-31}$$

又由于投影后 z' 的取值范围是 $[-1, 0]$，显然远截面的 z（即 $-f$）投影后的 z' 为 -1，近截面的

z（即$-n$）投影后 z' 为 0，因此代入式（1-31）可得方程组。

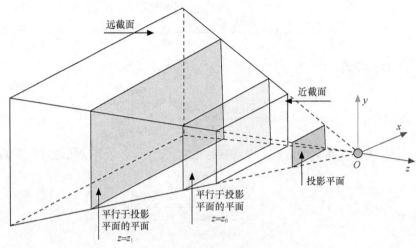

▲图 1-17 视截体中平面的投影

$$\begin{cases} m_3(-f) + m_4 = f(-1) \\ m_3(-n) + m_4 = n \cdot 0 \end{cases}$$ （1-32）

解式（1-32），即可得到 $m_3 = \dfrac{f}{f-n}$，$m_4 = \dfrac{nf}{f-n}$。代入矩阵 $\boldsymbol{M}_{\text{tempProjection}}$ 的第 3 行，可得

$$\boldsymbol{M}_{\text{tempProjection}} = \begin{bmatrix} \dfrac{\text{ctan}\left(\dfrac{\text{fov}Y}{2}\right)}{\text{aspect}} & 0 & 0 & 0 \\ 0 & \text{ctan}\left(\dfrac{\text{fov}Y}{2}\right) & 0 & 0 \\ 0 & 0 & \dfrac{f}{f-n} & \dfrac{nf}{f-n} \\ 0 & 0 & -1 & 0 \end{bmatrix}$$ （1-33）

图 1-14 中所定义的裁剪空间（轴对齐立方体）是基于右手坐标系的。在顶点处理阶段，投影变换可以视为最后一步操作，随后的顶点将进入硬件光栅化阶段。在光栅化阶段，裁剪空间采用左手坐标系，Unity 3D 也遵循该规则，因此需要把右手坐标系的裁剪空间变换到左手坐标系。左手坐标系的裁剪空间的 x、y 轴的朝向与右手坐标系相同，即 z 轴相反。因此，要把 $\boldsymbol{M}_{\text{tempProjection}}$ 右乘一个倒转 z 轴的矩阵才能得到最终的投影矩阵 $\boldsymbol{M}_{\text{projection}}$，如下：

$$\boldsymbol{M}_{\text{projection}} = \begin{bmatrix} 1 & 0 & 0 & 0 \\ 0 & 1 & 0 & 0 \\ 0 & 0 & -1 & 0 \\ 0 & 0 & 0 & 1 \end{bmatrix} \begin{bmatrix} \dfrac{\text{ctan}\left(\dfrac{\text{fov}Y}{2}\right)}{\text{aspect}} & 0 & 0 & 0 \\ 0 & \text{ctan}\left(\dfrac{\text{fov}Y}{2}\right) & 0 & 0 \\ 0 & 0 & \dfrac{f}{f-n} & \dfrac{nf}{f-n} \\ 0 & 0 & -1 & 0 \end{bmatrix}$$

$$= \begin{bmatrix} \dfrac{\mathrm{ctan}\left(\dfrac{\mathrm{fov}Y}{2}\right)}{\mathrm{aspect}} & 0 & 0 & 0 \\ 0 & \mathrm{ctan}\left(\dfrac{\mathrm{fov}Y}{2}\right) & 0 & 0 \\ 0 & 0 & \dfrac{f}{n-f} & \dfrac{nf}{n-f} \\ 0 & 0 & -1 & 0 \end{bmatrix} \qquad (1\text{-}34)$$

再回头看式（1-31）。前面假定了轴对齐立方体的 z 的取值范围是[-1，0]。现在把该轴对齐立方体拉大，使其取值范围变成[-1，1]。这时远截面的 z（即-f）投影后的 z' 为-1，近截面的 z（即 -n）投影后 z' 为 1。因此，代入式（1-31）可得新方程组：

$$\begin{cases} m_3(-f) + m_4 = f(-1) \\ m_3(-n) + m_4 = n1 \end{cases} \qquad (1\text{-}35)$$

解式（1-35），可得

$$m_3 = \frac{n+f}{f-n}, \quad m_4 = \frac{2nf}{f-n}$$

代入两值到矩阵 $\boldsymbol{M}_{\mathrm{tempProjection}}$ 的第 3 行后，再根据式（1-34），可得到最终的投影矩阵 $\boldsymbol{M}_{\mathrm{Projection}}$ 为

$$M_{\mathrm{projection}} = \begin{bmatrix} \dfrac{\mathrm{ctan}\left(\dfrac{\mathrm{fov}Y}{2}\right)}{\mathrm{aspect}} & 0 & 0 & 0 \\ 0 & \mathrm{ctan}\left(\dfrac{\mathrm{fov}Y}{2}\right) & 0 & 0 \\ 0 & 0 & -\dfrac{f+n}{f-n} & -\dfrac{2nf}{f-n} \\ 0 & 0 & -1 & 0 \end{bmatrix} \qquad (1\text{-}36)$$

实质上，式（1-34）和式（1-36）的 $\boldsymbol{M}_{\mathrm{projection}}$ 分别是 Unity 3D 在 Direct3D 平台和 OpenGL 平台上的投影矩阵值。根据式（1-31）中 z' 的不同取值范围，投影矩阵的第 3 行在不同平台上有不同的值。在 Direct3D 平台，z' 的取值范围是[-1，0]，而 OpenGL 的是[1，-1]。当把坐标系从右手坐标系变换到左手坐标系时，在 Direct3D 平台，z' 的取值范围是[0，1]，而 OpenGL 的是[-1，1]。

3. 裁剪空间中未做透视除法的顶点坐标的 z 分量

必须注意的是，用顶点坐标右乘投影矩阵，从观察空间变换到裁剪空间时，得到的齐次坐标值的 w 分量不为 1。又根据式（1-28），把右手坐标系转成左手坐标系时有 $p'=zz'$ 可以得知：在 Direct3D 平台上，$p'=zz'$ 中的 z' 的取值范围是[0，1]，$p'=zz'$ 中的 z 的取值范围是[n，f]，所得到未除以 w 分量的齐次坐标值 z 分量的取值范围是[0，1]。在 OpenGL 平台上，z' 的取值范围是[-1，1]，$p'=zz'$ 中的 z 的取值范围是[n，f]，得到未除以 w 分量的齐次坐标值 z 分量的取值范围是[-n，f]。把 w 分量不为 1 的裁剪空间坐标值除以 w，使得 w 分量等于 1，四维齐次坐标降维成三维笛卡儿坐标的操作，称为透视除法。透视除法是在光栅化阶段进行的，参见 1.3.2 节。

4. Unity 3D 的裁剪空间坐标系

在各平台下，Unity 3D 的裁剪空间坐标系统一使用左手坐标系，并且在未经透视除法之前，是一个不等价于三维笛卡儿坐标的四维齐次坐标系。令在基于右手坐标系的观察空间中顶点坐标为 vInViewSpace=$(vx, vy, vz, 1)$，经投影变换后，变换到基于左手坐标系的裁剪空间的顶点坐标为 vInClipSpace=(cx, cy, cz, cw)。由于投影变换不是仿射变换，因此顶点在裁剪空间中的齐次坐标 vInClipSpace 的 w 分量不为 1。调用 UnityViewToClipPos 函数（参见 4.2.4 节），可以把顶点从观察空间变换到裁剪空间，代码如下：

```
float4 vInClipSpace = UnityViewToClipPos(
float3 (vInViewPos.x,vInViewPos.y,vInViewPos.z));
```

至此，顶点的变换处理过程已经完成，在现代渲染流水线实作中，这些变换操作通常在顶点着色器中完成。因此，Unity 3D 引擎在其内置着色器中预先定义了很多变换用的矩阵。这些矩阵在运行时由引擎填充好，并通过 CPU 传递给 GPU 着色器，在第 4 章中会详细介绍这些矩阵。在阅读第 4 章时，若对代码背后蕴含的数学原理感到困惑，也可以回过头来查阅本章。

1.3　光栅化阶段

经顶点处理阶段完成后的顶点，将进入由硬件执行的光栅化阶段。在该阶段，硬件首先依据传递进来的描述顶点拓扑信息的顶点输入流（vertices input stream），把顶点组装为图元（primitive）。图元的种类有多种，如线段和三角形等。本节只以三角形为例讨论。同时，各图元还将被进一步处理，确定其在二维屏幕上的绘制形式，最终光栅化（rasterized）为一系列片元的集合。传递过来的顶点数据，如位置、颜色、法线等，都将进行插值计算，并且赋给光栅化得到的片元。该处理阶段统称为图元组装（primitives assembly）和光栅化操作，有些渲染流水线的实现则简称此阶段为光栅器。

光栅化阶段包括以下几个子过程：裁剪操作、透视除法（perspective division）、背面剔除（back face culling）[①]操作、视口变换和扫描转换（scan coversion）。目前的主流渲染流水线中，光栅化阶段在硬件电路中实现，不支持可编程操作。

1.3.1　裁剪操作

裁剪操作是在裁剪空间中，对图元（本节以三角形为例）进行剪切操作。裁剪操作用到的算法在硬件中实现，用户无法改变它。和视截体剔除操作类似：如果裁剪空间中的三角形完全在裁剪空间中，则传递给下一步骤；如果在裁剪空间外，则丢弃之；如果和裁剪空间相交，则进行裁剪操作。

1.3.2　透视除法

图 1-18 表示通过使用式（1-34）中的投影矩阵 $M_{projection}$，把视截体变换为表示裁剪空间的立方体视见体。和仿射变换的矩阵不同，$M_{projection}$ 矩阵的第 4 行是 $[0\ \ 0\ \ -1\ \ 0]$，而不是 $[0\ \ 0\ \ 0\ \ 1]$。因此，一个 w 分量为 1 的四维齐次坐标经投影矩阵变换后，得到的四维齐次坐标的 w 分量为 $-z$，而且 $-z$ 肯定为正数。

---

① 有些书籍把 back face culling 翻译为背面拣选。

为说明投影变换操作，令 $fovY = \dfrac{\pi}{2}$、aspect=1、n=1、f=2。把图 1-18 中 P_1、P_2、Q_1、Q_2 坐标齐次化，得到 P_1=（0，1，−1，1）、P_2=（0，1，−2，1）、Q_1=（0，0，−1，1）、Q_2=（0，0，−2，1）。

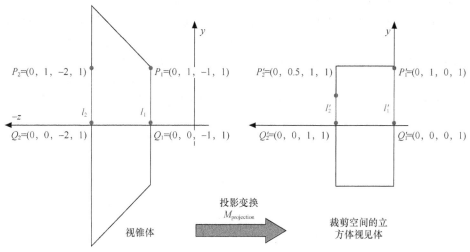

▲图 1-18　投影变换将生成裁剪空间内的顶点，各顶点除以自身坐标中的 w
分量后将齐次坐标转换到笛卡儿坐标

另外，根据式（1-34），把 $fovY$、aspect、n、f 代入投影矩阵 $\boldsymbol{M}_{\text{projection}}$，得

$$M_{\text{projection}} = \begin{bmatrix} 1 & 0 & 0 & 0 \\ 0 & 1 & 0 & 0 \\ 0 & 0 & -2 & -2 \\ 0 & 0 & -1 & 0 \end{bmatrix} \tag{1-37}$$

　　把 P_1、P_2、Q_1、Q_2 分别右乘 $\boldsymbol{M}_{\text{projection}}$ 后，得到 $P_1{'}$ =（0，1，0，1）、$P_2{'}$ =（0，1，2，2）、$Q_1{'}$ =（0，0，0，1）、$Q_2{'}$ =（0，0，2，2）。仔细一一对应观察 P_1 与 $P_1{'}$、P_2 与 $P_2{'}$、Q_1 与 $Q_1{'}$、Q_2 与 $Q_2{'}$。可知经过投影变换后，在两个空间中对应的顶点，其 x、y 没有变化，图中原来等长的 l_1 和 l_2 还是等长，没有呈现出"近大远小"的透视效果；z 有变化，但变换后的 z 超出了[0，1]范围。为了把该齐次坐标变成笛卡儿坐标，需要把 $P_1{'}$、$P_2{'}$、$Q_1{'}$、$Q_2{'}$ 各自除以它们的 w 分量，这一步就是透视除法。经过透视除法操作之后得到 $P_1{'}$ =（0，1，0，1）、$P_2{'}$ =（0，0.5，1，1）、$Q_1{'}$ =（0，0，0，1）、$Q_2{'}$ =（0，0，1，1）。这时 x、y 发生了变化，图中原来等长的 l_1 和 l_2 变成了 $l_1{'}$ 和 $l_2{'}$，产生了"近大远小"的效果，并且 z 也限定在了[0,1]范围内。在 Direct3D 平台上，经过透视除法后，把裁剪空间中齐次坐标值 z 分量的取值范围，从原来的[0, far]限制在[0,1]范围内；在 OpenGL 平台上，把裁剪空间中齐次坐标值 z 分量的取值范围，从原来的[−n, f]限制在[−1,1]范围内。两种平台下裁剪空间中齐次坐标值 xy 则限制在[−1,1]内。这些经过透视除法的坐标称为标准化设备坐标[①]（normalized device coordinates，NDC）。

1.3.3　背面剔除操作

　　在渲染流水线中，剔除操作在不同的环节中有着不同的具体实现。总之，就是把摄像机不可见的内容排除掉。前面中提到的视截体剔除操作消除了部分在视截体之外的模型。在裁剪操作时

---

① 有些书籍把 normalized device coordinates 翻译为规格化设备坐标。

把一些在裁剪空间之间的多边形给剪掉。除此之外，还有背面剔除操作，即把背向于摄像机观察方向的多边形消除掉。背向于摄像机观察方向的多边形称为背面（back face），正对摄像机观察方向的多边形称为正面（front face）。

图 1-19 为在观察空间中做背面剔除操作的原理。图 1-19 中，T_2 表示背面三角形，T_1 表示正面三角形。判断一个三角形 T 是正面还是背面，可以通过计算三角形法线向量 n 与摄像机位置到当前三角形法线连线向量 c 之间的点积，然后根据点积值与 0 的大小关系加以判断。点积计算式是 $n \cdot c = \|n\| \|c\| \cos\theta$，其中 θ 定义为向量 n 和 c 之间的夹角。如果 n 和 c 之间的夹角为锐角，则为正值，表示当前三角形为背面；如果 n 和 c 之间的夹角为钝角，则为负值，表示当前三角形为正面；如果恰好为 0，表示 n 和 c 相互垂直，当前三角形为侧向面。

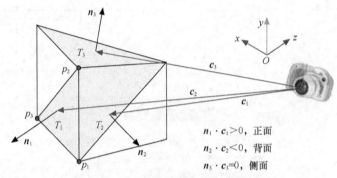

$n_1 \cdot c_1 > 0$，正面

$n_2 \cdot c_2 < 0$，背面

$n_3 \cdot c_3 = 0$，侧面

▲图 1-19　在观察空间中做背面剔除操作的原理

该算法肯定可以准确地判断三角形是正面还是背面。然而在大部分渲染流水线的实现中，背面剔除操作并不是在观察空间中完成的。因为该算法里，要判断每一个三角形的正面背面，必须计算出摄像机到该三角形法线的连线向量。每次渲染有成千上万个三角形，这个计算操作是非常耗时和低效的。因此，优化手段就是不计算这些连线向量，而是想办法把连线向量常数化。通过投影矩阵把顶点变换到裁剪空间之后，1.2.5 节提到的通用投影线便可以当做连线向量使用，如图 1-14 所示。但必须注意的是，图 1-14 中的视见立方体的 z 轴朝向和真正的裁剪空间的 z 轴朝向是相反的。因此，裁剪空间中的连线向量应该是[0 0 1]。

前面提到，要定义三角形的法线朝向，需根据它的顶点排列顺序，用左（右）手法则决定。假设图 1-19 中的三角形 T_1 投影到裁剪空间的 xy 平面 $z=0$ 上，得到三角形 t_1。顶点 p_1、p_2、p_3 依次对应投影顶点 $p_1' = (x_1, y_1, 0)$、$p_2' = (x_2, y_2, 0)$、$p_3' = (x_3, y_3, 0)$，则图 1-19 中 T_1 的顶点按 $< p_1, p_2, p_3 >$ 的顺序排列。因此，t_1 的顶点也对应地按 $< p_1', p_2', p_3' >$ 的顺序排列。注意，原本在观察空间中的三角形 T_1 的顶点排列顺序是逆时针顺序，此时在裁剪空间中变成了顺时针顺序。如图 1-20 所示，可见观察空间中的三角形 T_1 对应于裁剪空间中的三角形 t_1，两者的正面和背面是刚好相反的。

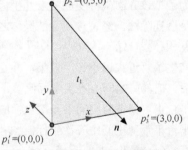

▲图 1-20　在裁剪空间中做背面剔除操作

令方向向量 $a = p_2' - p_1' = (a_x, a_y, a_z)$，$b = p_3' - p_1' = (b_x, b_y, b_z)$，按照左手法则，计算得到的向量 a 和 b 的叉积就是该三角形的法线向量，如下：

$$a \times b = (a_y b_z - a_z b_y, a_z b_x - a_x b_z, a_x b_y - a_y b_x) \tag{1-38}$$

代入 $a_x = (x_2 - x_1)$、$b_x = (x_3 - x_1)$、$a_y = (y_2 - y_1)$、$b_y = (y_3 - y_1)$、$a_z = 0$、$b_z = 0$ 到式（1-38）

中，可以得到 $a \times b$ 为

$$a \times b = \left[0, 0, (x_2 - x_1)(y_3 - y_1) - (y_2 - y_1)(x_3 - x_1) \right] \quad (1-39)$$

把 $a \times b$ 和连线向量 $c = (0, 0, 1)$ 做点积操作，根据点积值 $(a \times b) \cdot c$ 的正负关系就可以得到三角形 t_1 是正面还是背面。$(a \times b) \cdot c$ 的值应为

$$(a \times b) \cdot c = (x_2 - x_1)(y_3 - y_1) - (y_2 - y_1)(x_3 - x_1) \quad (1-40)$$

代入图 1-20 中的坐标数字值。可解得 $(a \times b) \cdot c$ 的值为−15。因此，法线与连线向量的夹角为钝角。也就是说，三角形 t_1 的正面对着摄像机，对应的三角形 T_1 则背面对着摄像机。因此，三角形 T_1 应该被剔除，符合图 1-19。

Unity 3D ShaderLab 语言提供了控制背面剔除操作的指令，代码如下：

```
//这些代码要放在一个 pass 块内
Cull Back    //表示不渲染背向摄像机的多边形，这也是默认设置
Cull Front   //表示不渲染正向摄像机的多边形
Cull Off     //表示正向和背向摄像机的多边形都予以渲染
```

1.3.4 视口变换

计算机屏幕窗口与其自身的屏幕空间（screen space）相关联，视口（viewport）可以视为当前场景所投影的矩形区域。视口定义于当前屏幕空间中，并且不一定非得为全部屏幕，可以为当前进程窗口的部分区域。

在渲染流水线中，屏幕空间和视口都以 3D 模式定义。如图 1-21 所示，屏幕空间的原点位于窗口左上角处，x 轴朝右，y 轴朝下，z 轴指向屏幕内侧，通过给定 minX、minY、Width、Heigth 及深度范围[minX,maxX]定义屏幕空间。由图 1-21 可知，屏幕空间采用右手坐标系，视口的深度范围值[minZ, maxZ]定义了投影场景的 z 的范围。z 将会应用于深度缓冲区中。视口的宽高比为 Width/Height，并且此值应该要和视截体的宽高比相等。

通过视口变换，可以把表示裁剪空间的视见立体转换为三维视口。裁剪空间采用左手坐标系，屏幕空间则采用右手坐标系，且两者 xz 轴同向，y 轴相反。

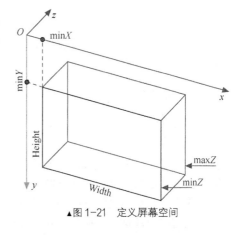

▲图 1-21 定义屏幕空间

因此，从裁剪空间中变换到屏幕空间中首先需要进行逆置 y 轴操作，逆置 y 轴的矩阵 $M_{\text{invert}Y}$ 为

$$M_{\text{invert}Y} = \begin{bmatrix} 1 & 0 & 0 & 0 \\ 0 & -1 & 0 & 0 \\ 0 & 0 & 1 & 0 \\ 0 & 0 & 0 & 1 \end{bmatrix} \quad (1-41)$$

逆置 y 轴之后，要把原来在裁剪空间中 xy 轴方向上大小范围是[−1,1]，z 轴方向上大小范围是[−1,1]或[0,1]的顶点，缩放到 x 轴方向上宽度是 Width，y 轴方向上高度是 Height，z 轴方向上深度是 maxZ−minZ，该缩放操作的矩阵 M_{scale} 为

$$M_{\text{scale}} = \begin{bmatrix} \dfrac{\text{Width}}{2} & 0 & 0 & 0 \\ 0 & \dfrac{\text{Heigth}}{2} & 0 & 0 \\ 0 & 0 & \max Z - \min Z & 0 \\ 0 & 0 & 0 & 1 \end{bmatrix} \tag{1-42}$$

完成缩放操作后，再做一次平移操作，使坐标系的原点从中间移到屏幕左上角。该平移矩阵 $M_{\text{translation}}$ 为

$$M_{\text{translation}} = \begin{bmatrix} 1 & 0 & 0 & \min X + \dfrac{\text{Width}}{2} \\ 0 & 1 & 0 & \min Y + \dfrac{\text{Height}}{2} \\ 0 & 0 & 1 & \min Z \\ 0 & 0 & 0 & 1 \end{bmatrix} \tag{1-43}$$

连乘上述的 3 个矩阵便可得到最终的视口变换矩阵 M_{viewport}，如下：

$$M_{\text{viewport}} = M_{\text{translation}} M_{\text{scale}} M_{\text{invert}Y} = \begin{bmatrix} \dfrac{\text{Width}}{2} & 0 & 0 & \min X + \dfrac{\text{Width}}{2} \\ 0 & -\dfrac{\text{Heigth}}{2} & 0 & \min Y + \dfrac{\text{Heigth}}{2} \\ 0 & 0 & \max Z - \min Z & \min Z \\ 0 & 0 & 0 & 1 \end{bmatrix}$$

经过视口变换之后，组成图元的顶点即完全变换到二维屏幕上。接下来进行扫描转换，把顶点插值成片元。

1.3.5　扫描转换

视口转换将各个图元都转换到屏幕空间中，接下来进行扫描转换。扫描转换过程是光栅化阶段的最后一步，在该过程中定义了图元覆盖的屏幕空间像素位置，对各顶点属性进行插值计算，进而定义了各个像素点对应的片元属性。顶点属性随着应用的实际需求，除了位置坐标点值之外，可能还会包括法线、切线、纹理映射坐标、顶点颜色和深度值等。扫描转换都会对这些信息进行插值。在实时三维渲染流水线中，图形硬件供应商针对扫描转换采取各种优化算法，加快运算速度，并且这些算法都是用硬件电路实现的。对于用户而言，扫描转换这一步也是不可编程的，因此本节不作详细叙述。

当全部片元属性都完成扫描转换之后，即完成光栅化阶段，渲染流水线的下一个步骤便是片元处理阶段。在片元处理阶段中，每一次的处理过程只处理一个片元，但在现代的显卡中，可以多个处理过程并行进行。

1.4　片元处理与输出合并阶段

与顶点类似，经过光栅化阶段生成的片元通常也包含深度值、法线向量、RGB 颜色值及一组纹理映射坐标。片元着色器代码将使用这些信息确定各个片元的颜色值（注意，不是最终的像素颜色值）。片元处理阶段对于最终的图像渲染效果起着关键作用，尤其随着现代 GPU 的性能提升，原来一些在顶点着色器进行光照计算的操作都逐渐在片元着色器中实现，以获得更高的渲染质量。

1.4.1 纹理操作

在各种各样的纹理中，二维图像纹理是最直观、最简单的一种，即通过粘贴或者环绕方式把图像覆盖在待渲染物体的表面。如图 1-22 所示，把一个方格图片粘贴到棱锥的一个表面上。

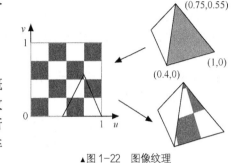

▲图 1-22　图像纹理

1. 纹理映射坐标

纹理中最小的一个单元通常称为纹素（texel），此概念用来有效区分颜色缓冲区中的像素图素（image）。纹理通常可以描述为一个二维的纹素阵列。如图 1-23 所示，每一个纹素均包含了一个唯一地址，即二维纹素阵列的横纵索引。

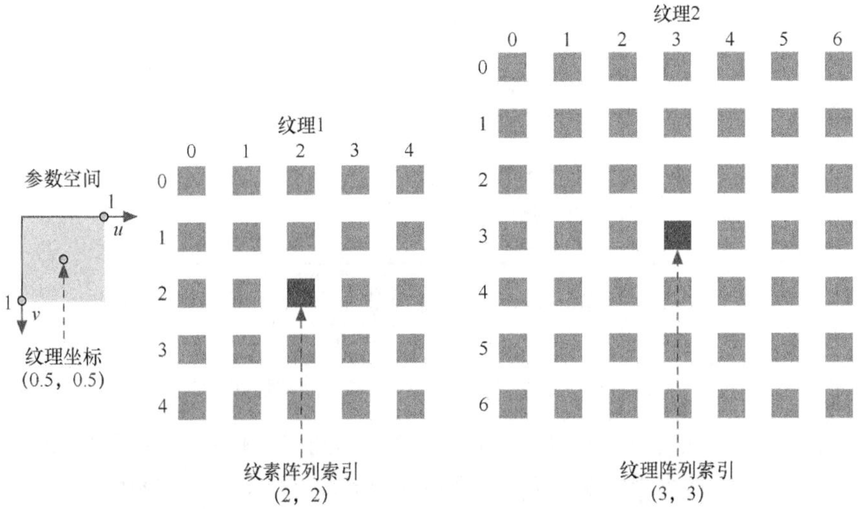

▲图 1-23　采用标准化纹理坐标（u,v）访问不同纹理并且获取到不同的纹素

纹理操作需要确定纹理和待渲染模型表面之间的对应关系。也就是说，对于模型表面的顶点，应该在纹理空间（texture space）中获取位置，然后将此处的纹素应用于顶点上。这些映射关系通常在多边形建模阶段就可以利用专门软件构建完毕。

在建模阶段给多边形网格顶点赋予纹素地址时，会产生某一特定网格和某一特定纹理相耦合的问题，即一张纹理的规格只能用在一个网格上。为了解决该问题，通常会把纹理坐标标准化，即把整数纹素索引规格化到[0,1]范围内。这些在[0, 1]范围内的坐标通常用（u,v）表示，即纹理映射坐标。如图 1-23 所示，纹理坐标映射为纹理 1 中的纹素索引（2，2），映射为纹理 2 中的纹素索引（3，3）。

不同平台上的纹理映射坐标采用不同的纹理空间坐标系。它们的坐标系是存在差异的。如图 1-24 所示，在 OpenGL 平台上，纹理坐标系的原点在纹理图的左下角，u 轴水平向右，v 轴垂直向上；而在 Direct3D 平台上，纹理坐标系的原点在纹理图的左上角，u 轴水平向右，v 轴垂直向下。如果纹理多边形网格从 Direct3D 平台切换到 OpenGL 平台，则各个顶点的纹理坐标

▲图 1-24　Direct3D 和 OpenGL 的纹理坐标系的差异

应从（u, v）调整为（u, $1-v$）。

2. 纹理映射坐标与纹素阵列索引

在光栅化阶段，由硬件对屏幕空间内的顶点纹理映射坐标进行插值计算，该阶段对用户是透明而且是不可控的。本节对纹理映射坐标进行插值计算并得到对应的纹素阵列索引算法。以图 1-25 为例，此图演示了 Direct3D 9 平台下的顶点纹理映射坐标的插值效果。三角形顶点包含以下纹理坐标（0，0）和（1，0），利用和扫描转换阶段中插值其他顶点属性的相同算法，完毕后各个片元将被赋值为经过插值的坐标。

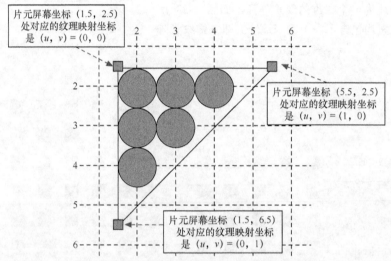

▲图 1-25　在光栅化阶段插值生成的片元纹理映射坐标

当给定了片元的纹理映射坐标后，对应的纹理阵列索引值将通过图形 API（application programming interface，应用程序编程接口）在运行期中自动计算得到。Direct3D 9 平台下，根据纹理映射坐标（u, v）和纹理的高宽（sizeX, sizeY）计算纹理阵列索引值（t_x, t_y），如下：

$$\begin{cases} t_x = \text{size}X \times s_x - 0.5 \\ t_y = \text{size}Y \times s_x - 0.5 \end{cases} \tag{1-44}$$

注意，在式（1-44）中，计算纹理阵列索引（t_x, t_y）时需要减去 0.5，这是为了解决 Direct3D 9 等平台中存在的半像素偏移（half pixel offset）问题[①]。Unity 3D 引擎在 5.5.0f3 版本之前，定义了一个 UNITY_HALF_TEXEL_OFFSET 宏去对应解决在 Direct3D 9、XBox360、PSP2 平台上的这个问题，如在 5.5.0f3 版本的内置着色器函数 ComputeScreenPos 函数和 UnityPixelSnap 函数中就使用了该宏。在 5.5.0f3 版本之后，该半像素偏移操作已经由引擎在后台处理了[②]，因此，不需要在着色器代码中去费神考虑这个问题。

1.4.2　输出合并中的深度值操作

片元着色器在执行完毕之后，返回的片元携带了颜色值透明值的 RGBA 信息，以及其深度值信息。其中 RGBA 中的 A 即指 Alpha 值，即透明值。当流水线启用了 Alpha 测试（Alpha Test）或者 Alpha 混合（Alpha Blend），以及启用了对深度缓冲区进行深度测试（Z Test）操作时，渲染

---

① 关于 Direct3D 9 平台上的半像素偏移问题，可参考 MSDN（microsoft Developer network）上的技术文章 *Directly Mapping Texels to Pixel（Direct3D 9）* 及 Drilian 编写的 *Understanding Half-Pixel and Half-Texel Offset*。
② 关于引擎如何在后台处理这个问题，可以查看由 Unity 3D 工程师 Aras Pranckevicius 编写的 *Solving DX9 Half-Pixel Offset*。

流水线将会对这个返回的片元的颜色值透明值和深度值与当前颜色缓冲区中的像素进行比较或者整合操作。该阶段就是输出合并阶段。目前主流的渲染流水线中，不支持对输出合并阶段的可编程操作，但是会提供一系列的 Alpha 测试指令、Alpha 混合指令和深度测试指令来对片元透明值和深度值进行比较整合操作。1.4.4 节会介绍 Unity 3D 对这一系列的指令的使用方式。

图 1-26 显示了视口中的两个三角形,视口中深浅色的两个三角形竞争同一个像素点 p 的颜色,最终因为深色三角形靠近摄像机，点 p 颜色为深色。类似的决策机制可以通过与深度缓冲区（也称为 Z 缓冲区）中的深度值进行比较来确定。基于深度缓冲区的相关算法称为深度缓冲区机制（或者称为 Z 缓冲区机制）。

深度缓冲区和颜色缓冲区的分辨率是相同的,并且记录了存储于当前缓冲区中的深度值。当位于 (x, y) 处的片元从片元程序中返回时,其深度值将与位于深度缓冲区的 (x, y) 处的深度值进行比较。如果该片元的深度值较小,则它的颜色值、透明值和深度值将分别更新到位于 (x, y) 处的颜色缓冲区和深度缓冲区中；否则,该片元将视为处于当前可见像素的后方且不可见,因而被渲染流水线丢弃。

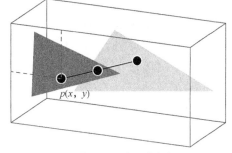

▲图 1-26　点 p 的颜色

图 1-27 显示了按照先绘制图 1-26 中的浅色三角形,后绘制深色三角形的顺序,深度缓冲区和颜色缓冲区的按这种顺序的更新方式。在图 1-27 中,假设深度缓冲区中的深度值的取值范围是 [0.0,1.0],深度初始化为最大值即 1.0。颜色缓冲区中的颜色值初始化为白色。

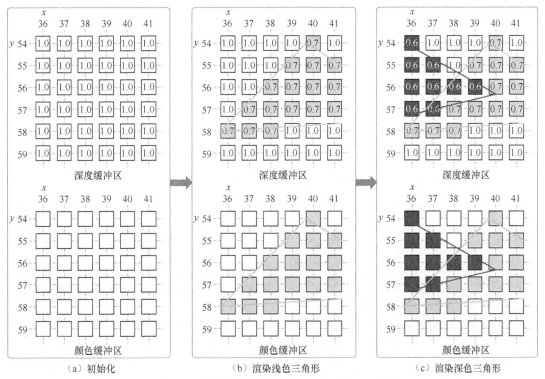

（a）初始化　　　　　　　　　（b）渲染浅色三角形　　　　　　　　（c）渲染深色三角形

▲图 1-27　先绘制浅色三角形后绘制深色三角形的过程

为了简化描述,假设两个三角形平行于屏幕空间的 xy 平面,并且深色三角形和浅色三角形分别位于 z 轴的 0.6 和 0.7 处。图 1-27（b）显示了浅色三角形的处理结果,图 1-27（c）显示了深色三角形的处理结果。位于（37,57）、（38,56）和（39,56）处的颜色缓冲区的颜色则由浅色变为深色，深度缓冲区中对应的相同坐标处的深度值也随之更新。

图 1-28 为先绘制深色三角形后绘制浅色三角形的过程。通过观察可知，当渲染完毕之后，深度缓冲区和颜色缓冲区包含与图 1-27 相同的信息。从理论上来说，只要启用了深度测试机制，图元就可以以任意的先后顺序绘制而最终仍能得到正确的结果，这也是深度测试算法广为流行的原因。但在实际开发时，尤其是要处理半透明物体的绘制时，需要对图元按距离当前摄像机远近进行排序。

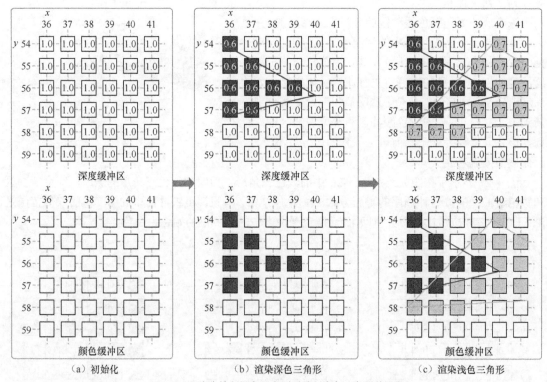

（a）初始化　　　　　　　　（b）渲染深色三角形　　　　　　　（c）渲染浅色三角形

▲图 1-28　为先绘制深色三角形后绘制浅色三角形的过程

1.4.3　输出合并中的 Alpha 值操作

前面所讲的全部待绘制物体的表面都假设是不透明的。因此，当两个表面片元针对某一像素位置进行比较时，一个片元可以完全遮挡住另一个片元。而某些物体的表面可以呈现半透明状态，假设当前片元和颜色缓冲区对应位置的像素相比有着较小的深度值，且该像素和当前片元之间呈现半透明效果。这种情况可以通过在片元颜色值和像素颜色值之间执行颜色混合操作得以实现。该处理过程大多数是采用了片元的 Alpha 值和像素的 Alpha 值进行操作，因此名为 Alpha 混合，但实质上，称其为颜色混合可能更为贴切。

一般情况下，Alpha 通道与颜色各分量通道应包含相同的位数。例如，如果红色通道包含 8 位数据，则 Alpha 通道也应包含 8 位数据。因此，颜色值将包含 32 位的 RGBA 数据。当采用 8 位数据时，Alpha 通道可表示 256 种不同级别的透明度值。通常，在编程实践中使用单位化的浮点数取值范围[0.0,1.0]，而不是整数型的[0, 255]。其中，最小值 0 表示完全透明状态，最大值表示完全不透明状态。

执行 Alpha 混合操作所用到 Alpha 混合指令有多种，较为常见的指令如下。

$$\begin{cases} \text{color} = A_f C_f + (1 - A_f)C_p \\ \text{alpha} = A_f A_f + (1 - A_f)A_p \end{cases} \tag{1-45}$$

式中，C_f 为当前片元的颜色；C_p 为颜色缓冲区中片元对应的像素点颜色；A_f 为片元的 Alpha 值；A_p 为像素点的 Alpha 值；color 为混合后的最终颜色；alpha 为混合后的最终 Alpha 值。

从式（1-45）可见，当为 0 时，则当前片元完全透明不可见，因此最终混合颜色就是像素点颜色；当为 1 时，则当前片元完全不透明，最终混合颜色就是当前片元颜色。

如图 1-29 所示，令深色三角形的全部顶点的 R、G、B 颜色值与透明值为（0,0, 1.0, 0.5），浅色三角形的全部顶点的 R、G、B 颜色值与透明值为（0.772, 0.878, 0.705,1.0）。光栅化阶段的扫描转换过程将会对 R、G、B、A 通道执行插值计算。因此，深色三角形的全部片元将被赋值为（0, 0, 1.0, 0.5），浅色三角形的全部片元将被赋值为（0.772, 0.878, 0.705, 1.0）。

图 1-29 中假定了渲染顺序为先绘制浅色三角形后绘制深色三角形。深色片元将与浅色片元在颜色缓冲区中的（37, 57）、（38, 56）和（39, 56）处进行 Alpha 混合操作，如图 1-30 所示。按照式（1-45），混合后的 R、G、B 颜色值与透明值为（0.386, 0.439, 0.8525, 0.75）。

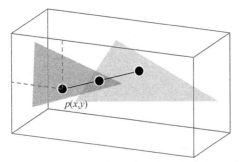

▲图 1-29　深色三角形各顶点的 Alpha 属性表明该三角形为半透明状态，浅色三角形为不透明状态

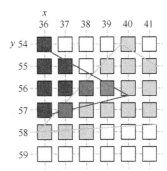

▲图 1-30　在颜色缓冲区中有 3 个像素执行了 Alpha 混合操作

前面提过，理论上深度缓冲算法与图元的绘制顺序无关，但实际上要绘制透明图元时无法以任意顺序进行渲染。当前大部分 3D 引擎在渲染半透明图元时，需要在全部不透明物体渲染完毕后，以从离当前摄像机最远到最近的顺序先后依次渲染。因此，半透明物体应执行排序操作。

对半透明物体进行排序，最精细准确的就是基于每个半透明物体的图元三角形进行排序。然而三角形的数量十分庞大，而且当前摄像机的观察方向可能每帧都会发生变化，基于三角形排序的方法可能无法实时地执行，因此，实时 3D 引擎若要对半透明物体进行排序，通常都是以单个物体模型为粒度。

实时渲染中对半透明物体的绘制是一个很大的研究课题，除了基于排序的算法之外，近年来还有人研究出不需对半透明物体进行排序的算法。例如，Nvidia 公司研究的 interactive order-Independent transparency（OIT）算法就是其中有代表性的一种。本节不对这些算法做深入探讨，感兴趣的读者可以自行阅读相关论文。

1.4.4　Unity 3D ShaderLab 中的 Alpha 混合指令及深度测试指令

1. Alpha 混合指令

令当前片元的颜色值为 C_f，透明值为 A_f，颜色混合系数为 SrcFactor，透明值混合系数为 SrcFactorA；颜色缓冲区中对应的像素点颜色值为 C_p，透明值为 A_p，颜色混合系数为 DstFactor，透明值混合系数为 DstFactorA；颜色混合操作符为 OpColor，透明值混合操作符为 OpAlpha，则混合操作后的结果颜色值 Color 和透明值 Alpha 为

$$\begin{cases} \text{Color} = C_f \text{SrcFactor OpColor } C_p \text{DstFactor} \\ \text{Alpha} = A_f \text{SrcFactorA OpAlpha } A_p \text{DstFactorA} \end{cases} \tag{1-46}$$

混合操作符 OpColor 和 OpAlpha 可以是同一个操作符号，也可以不同；片元或像素的颜色操作系数和透明值混合系数也可以是同一个系数，也可以不同。表 1-1 列出了在 Unity 3D ShaderLab 语言中常用的混合操作符和混合系数。

表 1-1　　　　　　　　　　　　常用的 Alpha 混合操作符及混合系数

Alpha 混合操作符和混合系数	功能描述
Blend Off	关闭 Alpha 混合。Unity 3D ShaderLab 着色器程序默认是关闭 Alpha 混合
Blend SrcFactor DstFactor	启用 Alpha 混合功能，SrcFactor 系数用来乘以当前片元 RGBA 颜色值、透明值，DstFactor 用来乘以颜色缓冲区中像素 RGBA 颜色值、透明值，然后两者相加后赋值到颜色缓冲区
Blend SrcFactor DstFactor, SrcFactorA DstFactorA	功能和 Blend SrcFactor DstFactor 语句类似。SrcFactor 系数用来乘以当前片元 RGB 颜色值，DstFactor 用来乘以颜色缓冲区中像素 RGB 颜色值，然后两者相加后赋值到颜色缓冲区的 RGB 通道；SrcFactorA 系数用来乘以当前片元的 Alpha 值，DstFactorA 用来乘以颜色缓冲区中像素的 Alpha 值，然后两者相加后赋值到颜色缓冲区的 A 通道
BlendOp Op	指定一个操作符，以代替默认的"两者颜色值、透明值相加"操作符
BlendOp OpColor, OpAlpha	功能和 BlendOp Op 语句类似。指定两个操作符，OpColor 代替默认的"两者颜色值相加"操作符，OpAlpha 代替默认的"两者透明值相加"操作符
Blend N SrcFactor DstFactor	和 Blend SrcFactor DstFactor 语句功能相同，用于多渲染目标中某个渲染目标的 Alpha 混合操作指令的 SrcFactor 和 DstFactor，N 是渲染目标的编号，取值范围是 0~7
Blend N SrcFactor DstFactor, SrcFactorA DstFactorA	和"Blend N SrcFactor DstFactor, SrcFactorA DstFactorA"语句功能相同，用于多渲染目标中某个渲染目标的 Alpha 混合操作指令的 SrcFactor 和 DstFactor，以及 SrcFactorA 和 DstFactorA。N 是渲染目标的编号，取值范围是 0~7
BlendOp N Op	和 Blend Op Op 语句功能相同，用于指定某个渲染目标的 Alpha 混合操作符，以代替默认的"两者颜色值、透明值相加"操作符。N 是渲染目标的编号，取值范围是 0~7
BlendOp N OpColor, OpAlpha	功能和"BlendOp OpColor, OpAlpha"语句功能相同，用于指定某个渲染目标的两个混合操作符。OpColor 代替默认的"两者颜色值相加"操作符，OpAlpha 代替默认的"两者透明值相加"操作符。N 是渲染目标的编号，取值范围是 0~7

表 1-2 列出了常用的颜色值透明值混合系数。

表 1-2　　　　　　　　　　　　常用的颜色值透明值混合系数

Alpha 混合系数种类	对应数值
One	1
Zero	0
SrcColor	C_f
SrcAlpha	A_f
DstColor	C_p
DstAlpha	A_p
OneMinusSrcColor	$1-C_f$
OneMinusSrcAlpha	$1-A_f$
OneMinusDstColor	$1-C_p$
OneMinusDstAlpha	$1-A_p$

下面的代码演示了如何在着色器代码中声明 Alpha 混合所用到的颜色值透明值混合操作符和混合操作系数。

```
// 下面代码默认已经使用过 BlendOp Add Add 语句声明颜色混合操作符和透明值混合操作符
// 这些代码要放在一个 pass 块内
```

Blend SrcAlpha OneMinusSrcAlpha　// $\begin{cases} \text{Color} = A_fC_f + (1-A_f)C_p \\ \text{Alpha} = A_fA_f + (1-A_f)A_p \end{cases}$

Blend One OneMinusSrcAlpha　// $\begin{cases} \text{Color} = C_f + (1-A_f)C_p \\ \text{Alpha} = A_f + (1-A_f)A_p \end{cases}$，表示片元颜色以预先乘过其 Alpha 值

Blend One One　// $\begin{cases} \text{Color} = C_f + C_p \\ \text{Alpha} = A_f + A_p \end{cases}$，表示两颜色直接相加

Blend OneMinusDstColor One　// $\begin{cases} \text{Color} = (1-C_p)C_f + C_p \\ \text{Alpha} = (1-A_p)A_f + A_p \end{cases}$

Blend DstColor Zero　// $\begin{cases} \text{Color} = C_pC_f \\ \text{Alpha} = A_pA_f \end{cases}$，表示两颜色直接相乘

Blend DstColor SrcColor　// $\begin{cases} \text{Color} = C_pC_f + C_fC_p \\ \text{Alpha} = A_pA_f + A_fA_p \end{cases}$

2. 深度测试指令

Unity 3D ShaderLab 语言提供了控制是否写入当前片元的深度值到深度缓冲区的控制函数，以及和当前深度缓冲区对应点的深度值相比满足何种关系时才写入的一系列判断函数，如以下代码所示。

```
//这些代码要放在一个 pass 块内
ZWrite On        //表示当满足深度测试条件时，允许把当前片元的深度值写入深度缓冲区的相应位置
ZWrite Off       //表示不允许把当前片元的深度值写入深度缓冲区的相应位置，如果正在绘制一个半透明物
//体，应该选中此项
ZTest Less       //表示当前片元的深度值小于深度缓冲区对应点的深度值时，可把深度值写入缓冲区
ZTest Greater    //表示当前片元的深度值大于深度缓冲区对应点的深度值时，可把深度值写入缓冲区
ZTest LEqual     //表示当前片元的深度值小于或等于深度缓冲区对应点的深度值时，可把深度值写入缓冲区
ZTest Gequal     //表示当前片元的深度值大于或等于深度缓冲区对应点的深度值时，可把深度值写入缓冲区
ZTest Equal      //表示当前片元的深度值等于深度缓冲区对应点的深度值时，可把深度值写入缓冲区
ZTest NotEqual   //表示当前片元的深度值不等于深度缓冲区对应点的深度值时，可把深度值写入缓冲区
ZTest Always     //表示当前片元的深度值为任何值时都可以把深度值写入缓冲区
```

第2章　辐射度、光度和色度学基本理论

　　辐射度学（radiology）是一门以整个电磁波段（electromagnetic band）的电磁辐射能（electromagnetic radiation energy）测量为研究对象的科学。计算机图形学中涉及的辐射度学，则集中于整个电磁波段中的"光学谱段"（optical spectrum）中的"可见光谱段"的辐射能的计算。

　　光学谱段是指从波长为0.1nm的X射线到波长约为0.1cm的极远红外线这一范围内的电磁波。波长小于0.1nm的是伽马射线，大于0.1cm的则属于微波和无线电波。光学谱段按波长分为X射线、远紫外线、近紫外线、可见光、近红外线、短波红外线、中波红外线、长波红外线和远红外线。可见光谱段即能对人眼产生目视刺激而形成光亮感和色感的谱段。可见光谱段的波长范围一般是0.38~0.76μm。电磁波段如图2-1所示。

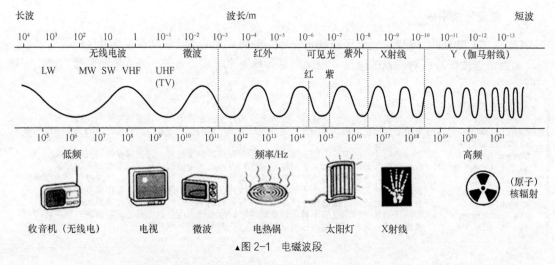

▲图2-1　电磁波段

　　对人眼产生总的目视刺激的度量是光度学（photometry）的研究范畴。光度学除了对可见光辐射能的客观度量之外，还考虑了人眼视觉的生理反应等因素。在研究光度学时，通常会定义一个和"标准人眼"对光的感应效果相当的探测器模型以作抽象研究。

　　对人眼产生色感刺激的度量是色度学（colorimetry）的研究领域。色度学研究人眼辨认物体的明亮程度、颜色类别和颜色的纯洁度，即明度（brightness）、色调（tone）和饱和度（saturation），解决对颜色的定量描述和测量的问题。

2.1　辐射度学基本理论

　　辐射度学研究的电磁波的辐射能是客观独立的，与观察者无关，即测量计算者和观察者的人眼感受没有关系。辐射度学建立在几何光学的基础上，即辐射是以直线传播的，不考虑电磁波干涉、衍射等性质。本节以可见光作为阐述辐射度学所用到的"电磁波"的一种特例来说明。

根据波粒二象性（wave-particle duality），如果把光视为一束粒子流（particle stream），则构成光的粒子就称为光子（photon），即一个在真空中以直线运动的能量包（energy packet）。在真空中光子的速度为常量 c，约为 299 792 458m/s。每个光子所携带的能量为 E，光子的能量和它的频率 f 的关系为

$$E=hf \tag{2-1}$$

式中，h 为普朗克常数。

光子既然可视为一个能量包，那么为了研究在单位时间内，通过某表面的各个光子所携带的能量之和是多少，物理学中引入了辐射通量（radiation flux）的概念。辐射通量定义为以辐射的形式发射、传输或者接受的功率，即单位时间内的辐射能，单位是 W。不同波长的光引起人对不同颜色的感知，不同的辐射通量则引起人对光的不同亮度的感知。

考察在某一给定空间 V 中的总辐射量。在空间中，虽然光子在物体的表面上不断地流过，但从总体上来说，光子的分布保持着一个常数——因为只要光源是恒定的，在被光源所照亮的空间中某部分不会自发地变得忽明忽暗。又由于光速非常快，对于考察光照效果的观察者而言，空间中的某个光源突然开启时，光的能量几乎立即分布到空间中的每个角度，所以一切看起来都是保持恒定的，即光子分布保持着一个常数。

在空间中，光子的流动和传播遵循能量守恒定律。在给定空间中，所有流入本空间的光子的总能量，一定等于从本空间流出的光子能量与被本空间内物体所吸收的光子的能量之和。某一空间中光可以有两种方式进入：一种是从外部空间中流进来（称为入射），另一种就是本空间内部的物体发射出来；光从空间中向外部流出时有三种情况：一是不经过本空间内任何物体的干扰直接向外流出，二是可能被本空间内物体完全反射后流出（称为出射），三是被本空间内的物体吸收掉了。那么在给定单位时间内，某个给定空间 V 中的辐射通量方程如下。

$$\Phi_e+\Phi_i=\Phi_s+\Phi_o+\Phi_a \tag{2-2}$$

在给定空间 V 中，如果在某一个面积微元，或者说在某一点 p 处，ω 方向上，由自发光物体发出的辐射通量为函数 $\varepsilon(p,\omega)$ 所得到的值，那么在单位时间内，给定空间 V 中，点 $p \in S$，方向 $\omega \in \Gamma$。其中 $p \in V$，表示 p 为空间 V 中的某一个三维位置点；$\omega \in \Gamma$，Γ 是指在点 p 中所有存在的入射出射的方向值的集合，ω 是这个集合中的一个值。那么在单位时间内，给定空间 V 中，各点各向上的总自发射光的辐射通量 Φ_e，就应是变量 p 和 ω 的二重积分值，如下式所示。

$$\Phi_e = \int_\Gamma \int_V \varepsilon(p,\omega)\,\mathrm{d}p\mathrm{d}\omega \tag{2-3}$$

在给定空间 V 中，由函数 $\Phi(p,\omega)$ 得到的值是在点 p 处方向为 ω 的辐射通量。而光的特性决定了光子在点 p 处，沿着 ω 方向运动时，在单位时间内可能被吸收的概率由概率密度函数 $a(p,\omega)$ 决定。因此，光子在点 p 处，沿着 ω 方向运动时，被吸收的辐射通量值应为 $a(p,\omega)\Phi(p,\omega)$。那么在单位时间内，给定空间 V 中，各点各向上的总被吸收的辐射通量 Φ_a，就应该是变量 p 和 ω 的二重积分值，如下式所示。

$$\Phi_a = \int_\Gamma \int_V a(p,\omega)\,\Phi(p,w)\,\mathrm{d}p\mathrm{d}w \tag{2-4}$$

和上述的各点各向上的总被吸收量 Φ_a 类似，设光子在点 p 以方向 ω 入射，然后以方向 ω' 出射出去的概率密度函数为 $b(p,\omega,\omega')$，并且出射方向值 ω' 所在的集合为 Ω。那么在单位时间内，给定空间 V 中，各点各向总的出射光的辐射通量 Φ_o，就应该是变量 p、ω 及 ω' 的三重积分值，如下式所示。

$$\Phi_o = \int_\Gamma \int_V \int_\Omega b(p,\omega,w')\,\Phi(p,\omega)\,\mathrm{d}\omega'\mathrm{d}p\mathrm{d}\omega \tag{2-5}$$

各点各向上总的入射光的辐射通量 Φ_i 的计算公式和总的出射光的辐射通量 Φ_o 形式上相似,只需把 ω 和 ω' 对换即可。

各点各向上总的直接流出辐射通量 Φ_s 是指光进入给定空间 V 后,未经过任何可传递光的介质,直接从空间的边界表面 S 上流出的辐射通量。例如,给定空间 V 是一个正球体,则考察的边界表面 S 的面积就是 $4\pi r^2$。那么在给定空间 V 中,点 $p \in S$,方向 $\omega \in \Gamma$。各点各向上总的直接流出辐射通量为 Φ_s。

$$\Phi_s = \int_\Gamma \int_S \Phi(p,\omega)\,\mathrm{d}p\mathrm{d}\omega \qquad (2\text{-}6)$$

事实上,如果知道了任意一点 p 在任意一个方向 ω 上的辐射通量的值 $\Phi(p,\omega)$,就能得到计算机图形学中的光照问题的完全解决方案。因为得知了某处的辐射通量,就能得到在单位时间中的能量,从而能算出光的波;根据光的波长便能重构出能被人类感知的场景的颜色,从而完成计算机图形学的核心内容——对场景的渲染。举个例子,假设在场景中有一个胶卷相机,要用这个相机来拍摄该场景的一张相片,或者用图形学的术语来说,要渲染出一张该场景的图像。这等同于要算出:进入相机镜头(该镜头对应于上述公式中的点 p 的集合),到达胶片的所有的光线(这些光线的方向就对应于上述公式中的方向 ω 的集合)。每个单位时间内,入射到胶卷的光线的能量就决定了该点对应的颜色。

正如上面说到的,直接利用上述公式进行计算的计算量很大,要通过直接解上述方程得到去辐射通量函数 $\Phi(p,\omega)$ 是不可能的。计算机图形学主要通过使用一系列近似公式来逼近上述公式的解,而且不同的图形渲染要求,对得出计算式的解的要求也不同——一个能满足实时渲染性能要求的解,和产生真实光照感的解,是完全不同的。上面提到的这些理论,则是本书要剖析的基于物理渲染的 Unity 3D 着色器的理论基础。

2.1.1 立体角

给定一个正球体,它的半径为 R。然后给定一个正圆锥体,正圆锥体的顶点和球心重合,到圆锥底面圆边上任意一点的连线,即正圆锥体斜高,它的值也为 R。由正圆锥体的底面圆 S 所截取的那一部分球面的面积 A 和球体半径 R 的平方的比称为立体角(solid angle),其国际单位是球面度(steradian)。图 2-2 展示了一个立体角的截面剖视示意图。

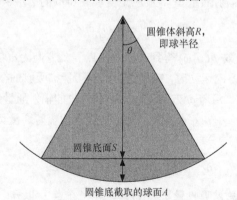

▲图 2-2 立体角的截面剖视示意图

若以 Ω 表示立体角,则立体角的微分形式定义如下式所示。

$$\mathrm{d}\Omega = \frac{\mathrm{d}A}{R^2} \qquad (2\text{-}7)$$

式中,$\mathrm{d}A$ 为圆锥底面截取的球面 A 的微元。

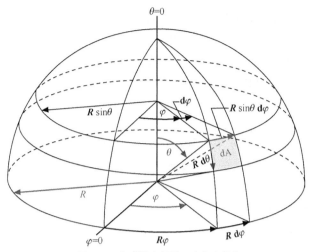

▲图 2-3 在球面坐标系下定义立体角

若在球面坐标系下对立体角进行定义，如图 2-3 所示，面积微元 dA 的公式可以写为

$$\mathrm{d}A = R\mathrm{d}\theta R \sin\theta \mathrm{d}\varphi \tag{2-8}$$

那么由式（2-8），整个球面的立体角可写为关于 φ 和 θ 的二重积分形式：

$$\Omega = \int \frac{\mathrm{d}A}{R^2} = \iint \mathrm{d}\theta \mathrm{d}\varphi \sin\varphi = \int_0^{2\pi} \mathrm{d}\varphi \int_0^{\pi} \sin\theta \mathrm{d}\theta = 4\pi \tag{2-9}$$

2.1.2 点光源、辐射强度和辐射亮度

点光源和力学中的质点类似，只要当用来测定光的辐射的某个位置点，其与光源的距离是光源的最大尺寸的某倍时，该光源就可以被视为点光源，通常该倍数不小于 15。点光源以球面波的方式向空间辐射电磁波。如果在传输介质中没有反射、散射和吸收，那么在给定方向上的某一个立体角内，无论辐射距离有多远，其辐射通量是不变的。

辐射强度（radiation intensity）定义为在给定传输方向上，单位立体角内光源发出的辐射通量。令辐射通量为 Φ，立体角为 Ω，辐射强度为 I，则以微分形式定义光的辐射强度的公式如下：

$$I = \frac{\mathrm{d}\Phi}{\mathrm{d}\Omega} \tag{2-10}$$

辐射亮度（radiance）定义为辐射表面在其单位投影面积的单位立体角内发出的辐射通量。这个定义很复杂，念起来也很拗口，所以通过图形来说明最为直观，如图 2-4 所示。

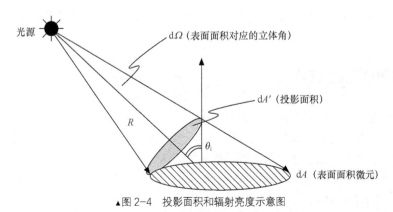

▲图 2-4 投影面积和辐射亮度示意图

图 2-4 中，在待考察的辐射表面中，取表面面积微元 dA 进行讨论，光线穿过面积微元 dA，与面积微元的法线夹角为 θ_i，则面积微元的投影面积 $dA' = dA\cos\theta$，然后将 $dA\cos\theta$ 视为一个正圆锥体的锥顶点（应用极限的观念看待一个面积微元收缩成一个"点"的做法），乘以一个立体角值（单位是球面度），便得到立体角所截的球面面积 $dA\cos\theta d\Omega$。令辐射亮度为 L，则辐射亮度的微分定义如下。

$$L = \frac{d^2\Phi}{d\Omega dA\cos\theta} = \frac{dI}{dA\cos\theta} \tag{2-11}$$

辐射亮度描述光源的面积微元在垂直传输方向上的辐射强度特性。例如，描述一个白炽灯时，描述白炽灯每一局部表面的发射特性通常是没有实际意义的；而把它视为一个点光源时，就可以描述在某个给定观察方向上的辐射强度。

2.1.3　辐射出射度和辐射入射度

辐射出射度（radiant exitance）定义为离开光源表面的单位面积的辐射通量，令辐射出射度为 M，则以微分形式定义辐射出射度的公式为

$$M = \frac{d\Phi}{dA} \tag{2-12}$$

面积微元对应的立体角是光源辐射的整个半球空间（注意是半球而不是整个球）。例如，太阳表面的辐射出射度指太阳的单位表面积向外部空间发射的辐射通量。

辐射入射度（irradiance，又译为"辐照度"）定义为单位面积被照射的辐射通量，令辐射入射度为 E，则以微分形式定义辐射入射度的公式为

$$E = \frac{d\Phi}{dA} \tag{2-13}$$

由式（2-13）可以推得：对于点光源，给定辐射通量为 Φ，则它在一个半径为 R 的球面某一面积微元上的辐射入射度遵循距离平方反比定律，如下式所示。

$$E = \frac{\Phi}{4\pi R^2} \tag{2-14}$$

辐射入射度和辐射出射度的定义方程和单位是相同的，分别用来描述面积微元发射和接受辐射通量的特性。如果一个表面能反射出入射至其表面的全部辐射通量，那么该表面可以视为一个辐射源表面。辐射度相关的物理量可以视为电磁波波长的函数。因此，在描述辐射度相关的物理量时，可以在相应的名称加上波长符号 λ，写成函数形式，如辐射通量 Φ 可以记为 $\Phi(\lambda)$。辐射入射度和辐射出射度的概念和基于物理的渲染模型有直接的关系，在后续章节中会使用到这两个重要的概念。

2.2　光度学基本理论

和辐射度学相比，光度学的研究对象只限于可见光范围内，并且要以人眼的视觉特性为基础。辐射度学中的所有概念，如光通量、光照强度等，都和视觉函数有关。光度量和辐射度量的定义是一一对应的，表 2-1 列出了基本的辐射度量和光度量的名称、符号、方程和单位名称。有时为了避免混淆，在辐射度量符号上加上下标 e，在光度学符号上加上下标 v，如辐射度量 Φ_e、I_e、M_e 等，光度量 Φ_v、I_v、M_v 等。

表 2-1　　　　　　　　　　　　辐射度量和光度量的名称、符号和定义式

辐射度量	光度量	符号	方程	辐射度量单位名称和符号	光度量单位名称和符号
辐射量	光量	Q		焦，J	流秒，lm·s
辐射通量	光通量	Φ	$\Phi = \mathrm{d}Q/\mathrm{d}t$	瓦（焦每秒），W(J/s)	流，lm
辐射强度	发光强度	I	$I = \mathrm{d}\Phi/\mathrm{d}\Omega$	瓦每球面度，W/sr	坎，cd
辐射亮度	光亮度	L	$L = \mathrm{d}^2\Phi/(\mathrm{d}\Omega\mathrm{d}A\cos\theta)$	瓦每球面度平方米，W/(sr·m²)	坎每平方米，cd/m²
辐射出射度	光出射度	M	$M = \mathrm{d}\Phi/\mathrm{d}A$	瓦每平方米，W/m²	流每平方米，lm/m²
辐射入射度	光照度	E	$E = \mathrm{d}\Phi/\mathrm{d}A$	瓦每平方米，W/m²	勒（流每平方米），lx(lm/m²)

　　下面介绍人眼的视觉特性和视见函数，光通量和辐射通量可以通过人眼的视觉特性进行转换。人眼的视觉特性有以下几种。

　　视敏特性：指人眼对不同波长的光具有不同敏感度的特性，即对辐射功率相同的各种颜色的光具有不同的亮度感觉。在相同辐射功率的条件下，人眼感到最亮的光是黄绿光（波长约为555nm），感觉最暗的光是红光和紫光。视敏特性可用视敏函数和相对视敏函数来描述。

　　亮度感觉特性：指人眼能够感觉到的亮度范围，该范围可达 109:1。人眼总视觉范围很宽，但不能在同一时间感受这么大的亮度范围。当平均亮度适中时亮度范围为 1000:1，平均亮度较高或较低时亮度范围只有 10:1。通常情况下为 100:1，电影银幕亮度范围大致为 100:1，CRT 显像管亮度范围约为 30:1。人眼对景物亮度的主观感觉不仅取决于景物实际亮度值，而且还与周围环境的平均亮度有关。人眼的明暗感觉是相对的，在不同环境亮度下，对同一亮度的主观感觉会不同。

　　彩色视觉：人眼的锥状细胞有 3 种，分别对红、绿、蓝三种色光最敏感，称为红感细胞、绿感细胞、蓝感细胞。当一束光射入人眼时，3 种锥状细胞就会产生不同的反应，不同颜色的光对 3 种锥状细胞的刺激量是不同的，产生的颜色视觉各异，使人能够分辨出各种颜色。

　　分辨力：指人眼分辨景物细节的能力，分辨力是有限的，其大小用分辨角表示，分辨角也称视敏角或称视角。视力正常的人在中等亮度和中等对比度情况下观察静止图像时，人眼能分辨的最小视角为 1′~1.5′。人眼的分辨力因人而异，分辨力还与景物照度和对比度有关。

　　光通量和辐射通量的转换公式为

$$\Phi_{\mathrm{v}}(\lambda) = K_{\mathrm{m}}V(\lambda)\Phi_{\mathrm{e}}(\lambda) \tag{2-15}$$

式中，$V(\lambda)$ 是由国际照明委员会（Commision Internationale de L'Eclairage，CIE）推荐的平均人眼光谱光视效率，即视见函数；$\Phi_{\mathrm{v}}(\lambda)$ 为辐射通量对波长的函数；$\Phi_{\mathrm{e}}(\lambda)$ 为光通量对波长的函数；K_{m} 为最大光谱光视效能值，它是一个常数。

　　对于波长为 555nm 的明视觉，K_{m}=683lm/W；对于波长为 507nm 的暗视觉，K_{m}=1725lm/W。图 2-5 给出了人眼在明视觉和暗视觉下的视见函数。

　　明视觉（photopic vision）与暗视觉（scotopic vision）相对，是不同波长的光刺激在两种亮度范围内作用于视觉器官而产生的视觉现象。人眼视网膜上分布有视锥细胞（cone cell），集中在视网膜的中央窝及其附近，接受强光的刺激，在强光下起作用，所以称为明视觉器官。锥体细胞能分辨物体的细节和颜色，视网膜不同部位视敏度的判别与视锥细胞的分布情况是一致的。视网膜一定区域的视锥细胞数量决定着视觉的敏锐程度。

　　视杆细胞（rod cell）只在较暗条件下起作用，适宜于微光视觉，但不能分辨颜色与细节。视网膜中央的"视锥细胞视觉"和视网膜边缘的"视杆细胞视觉"即明视觉和暗视觉。

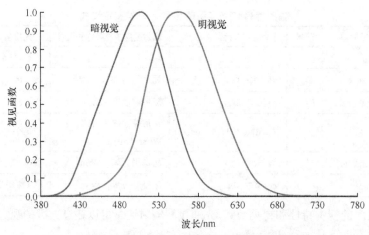

▲图 2-5　人眼在明视觉和暗视觉下的视见函数

明视觉指人眼在光亮度超过 3cd/m² 的环境所产生的视觉，此时视觉主要由视锥细胞起作用。如图 2-5 所示，最大的视觉响应在光谱蓝绿区间的 555nm 处，即波长为 555nm 处的光产生了明视觉函数的峰值。暗视觉指人眼在环境亮度低于 10^{-3}cd/m² 单位所产生的视觉，此时视杆细胞是主要作用的感光细胞，即波长为 507nm 处的光产生了暗视觉函数的峰值。中间视觉介于明视觉和暗视觉亮度之间，此时人眼的视锥和视杆细胞同时响应，并且随着亮度的变化，两种细胞的活跃程度也发生了变化。一般从白天晴朗的太阳到晚上台灯的照明，都是在明视觉范围内的；而在路灯照明和明朗的月夜下，为中间视觉照明；昏暗的星空下就是暗视觉了。

光度量中最基本的物理量是发光强度，其单位是坎德拉（candela），记作 cd。它是国际单位制中 7 个基本单位之一，其定义为波长为 555nm 的光产生的辐射。在给定方向上的辐射强度为 $\dfrac{1}{683}$W/sr 时，光源在该方向上的光强度为 1cd。光通量的单位是流明（lumen），记作 lm。1lm 是指光强度为 1cd 的均匀点光源在 1 球面度内发出的光通量。

2.3　色度学基本理论

2.3.1　什么是颜色

颜色或色彩是人们通过眼部、脑部及生活经验所产生的一种对光的主观感觉效应。人的视网膜上布满了感光细胞，当有光线传入人眼时，这些细胞就会将光线的输入刺激转化为传递给视神经的电信号，最终在大脑得到解释，形成"颜色"这一种意识感觉。

2.2 节提到在视网膜上有两类感光细胞：视锥细胞和视杆细胞。视锥细胞分为 S、M 和 L 三种类型，大都集中在视网膜的中央，每个视网膜大概有 700 万个。视锥细胞能在较明亮的环境中辨别颜色和形成精细视觉。每种视锥细胞包含有一种感光色素，分别对红、绿、蓝三种有着不同波长的光敏感。其中，L 型视锥细胞对较长波长的光波（红光）敏感，M 型视锥细胞对中等波长的光波（绿光）敏感，S 型视锥细胞对较短波长的光波（蓝光）敏感，即是不同波长的光线刺激视锥细胞就能让人感觉到不同的颜色。

视杆细胞分散分布在视网膜上，每个视网膜有 1 亿个以上。这类细胞对光线更为敏感，很微小的光线能量就可以激发它对光的感应。视杆细胞无法根据光线的波长感受到对应的颜色，但在较弱的光照环境下对环境有分辨能力，如在夜里可以看到物体的轮廓。

当一束光线进入人眼后，感光细胞会产生 4 个不同强度的信号：由视锥细胞产生的 3 种信号

（对应于红、绿、蓝 3 种颜色）和由视杆细胞产生的信号。只有视锥细胞产生的信号能转化为颜色的感觉。3 种视锥细胞对不同波长的光线会有不同的反应，每种细胞对某一段波长的光会更加敏感，如图 2-6 所示。图 2-6 中，横坐标是光的波长，单位是 nm；纵坐标是对波长的反应值，又称刺激值，标准化反应值在区间[0,1]内。这些信号的组合就是人眼能分辨的颜色总和。

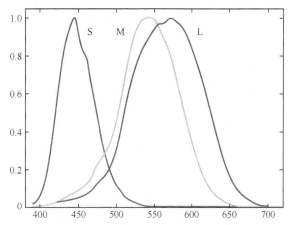

▲图 2-6　三种视锥细胞对不同波长的标准化反应曲线（本图取自维基百科）

格拉斯曼[①]经过大量的实验，总结出格拉斯曼定律。该定律指出人眼对不同颜色光线混合的刺激反应是线性的。假设有两束不同颜色的光 C_1 和 C_2，某视锥细胞对这两束光的刺激反应分别是 r_1 和 r_2。将它们按照一定比例进行混合，得到第 3 种颜色 C_3，有 $C_3 = \alpha C_1 + \beta C_2$，则视锥细胞对颜色 C_3 的刺激反应值 r_3 是 r_1 和 r_2 的线性叠加，有 $r_3 = \alpha r_1 + \beta r_2$。

2.3.2　颜色的数字化及 CIE1931-RGB 颜色模型

因为人眼中有 3 种感知色彩的视锥细胞，所以理论上用 3 种不同颜色的光就可以混合出自然界中任何一种颜色来。人们通过大量的实验，通过对 3 种颜色的光源进行匹配，得到了人眼对于不同颜色光的匹配函数。

这一类实验的过程大致如下：把一个银幕用不透光的挡板分割成两个区域，用一束待测试颜色的光线照射左区域，待测试颜色记为 C（以下用大写字母表明颜色，用小写字母表明分量大小）。同时用 3 种不同颜色的光同时照射右区域，这 3 种不同颜色的光称为源颜色光，记为 C_1、C_2、C_3。然后调节 3 种源颜色光的强度，直到银幕左右两边区域上的颜色看上去一样为止。假设此 3 种源颜色光的强度分别为 r_1、r_2、r_3，根据格拉斯曼定律所揭示的叠加线性性质，有以下公式。

$$C = i_1 C_1 + i_2 C_2 + i_3 C_3 \tag{2-16}$$

从实践中可知，在可视光范围内，任何一种波长的光刺激视锥细胞所产生的颜色感觉，可以经由最多 3 种精心选择的波长的光混合而成的"混合光"等价刺激而成。例如，某种波长让人生成"黄色"感觉的光，可以由两种分别让人生成"红色"和"绿色"感觉的不同波长的光混合刺激而成。任何一种"目标颜色"，由最多 3 种"基准颜色"按一定比例叠加而成，这就是式（2-16）中所描述的三色加法模型。

根据上面的理论，只需要选定三原色且对其进行量化，就可以将颜色量化为数字信号。在三色加法模型中，如果某一种目标颜色 C 和另外一种三原色混合色 C_{mix} 给人的感觉相同时，三原色混合色中的 3 种基准颜色的份量就称为该目标颜色 C 的三色刺激值。对于如何选定三原色及对其

[①]　赫尔曼·京特·格拉斯曼（Hermann Günther Graßmann），德国语言学家、数学家、物理学家。

量化、如何确定刺激值等问题，国际照明委员会于 1931 年定义了一套标准：CIE1931-RGB 标准色度系统。

CIE1931-RGB 颜色模型[①]分别选择了波长为 700nm、546 nm 和 436nm 的这 3 种波长的光，作为产生三原色的基准，这 3 种光可称为三原色基准光，它们刺激光锥细胞，可以分别让人感觉到红、绿、蓝 3 原色。这 3 种波长的光可以由汞弧光谱滤波精确且稳定地产生出来。

假设某个波长为 λ 的目标光，对应生成目标颜色 C。依据普朗克公式，可以把该目标光的能量视为波长 λ 的函数，写为 $E_C(\lambda)$，则目标光的能量应为三原色基准光各自的能量乘以系数后之和。如果把三原色基准光各自的能量写成目标光波长 λ 的函数，并且称这些函数为颜色匹配函数（color matching function），则有 $E_R(\lambda)$、$E_G(\lambda)$、$E_B(\lambda)$，如式（2-17）所示。

$$\begin{cases} E_R(\lambda) = \delta(\lambda - \lambda_R), \lambda_R = 700\text{nm} \\ E_G(\lambda) = \delta(\lambda - \lambda_G), \lambda_G = 546\text{nm} \\ E_B(\lambda) = \delta(\lambda - \lambda_B), \lambda_B = 436\text{nm} \end{cases} \tag{2-17}$$

最终 $E_C(\lambda)$ 可以写为

$$E_C(\lambda) = \alpha_R E_R(\lambda) + \alpha_B E_B(\lambda) + \alpha_G E_G(\lambda) \tag{2-18}$$

式（2-18）实质就是用波长及能量的形式，对式（2-16）进行改写。式（2-18）的 α_R、α_G、α_B 则分别对应于三原色基准光各自的光亮度值。可以理解为在定义一个 RGB 颜色值时，R 分量、G 分量、B 分量各占多少。如果直接用 RGB 的方式描述，式（2-18）和式（2-16）都可以改写成如下形式：

$$C = rR + gG + bB \tag{2-19}$$

式中，C 为目标光的颜色；R、G、B 对应于红、绿、蓝 3 种基准光；r、g、b 为混合产生目标光时需要 3 种基准光的强度，其取值范围在 0～1。

如果把 r、g、b 这些值视为坐标系的纵坐标，光的波长视为横坐标，则图 2-7 表示它们之间关系。

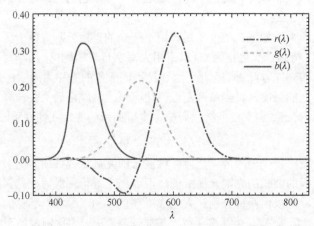

▲图 2-7 波长 r、g、b 的关系（本图取自维基百科）

图 2-7 中有曲线的纵坐标值出现了负数，这是因为，在前面提到的实验过程中，左边区域是待测试颜色的光，右边区域是 3 种可以调整各自比例的源颜色光。在实验中会碰到这样的情况：右边 3 种源颜色光无论如何调节比例，都不能混合得到待测试颜色光的颜色，如某个源颜色光的光强已

经减小到 0 了，但是还需要继续减小才能与左边的待测试颜色光的颜色相匹配。因为自然界中不可能有"负强度"的光，所以这时需要往左边的待测试颜色光中掺入源颜色光中的一种或者几种，继续调节至左右两边的颜色匹配为止。在左边的待测试颜色光中添加某强度值的源颜色光，等价于在右边的混合光中减去某强度值的源颜色光，这就导致了图 2-7 中曲线的纵坐标值出现了负数。

例如，对于波长为 510nm 的待测试颜色光，色匹配函数的值是（-0.09, 0.09, 0.03），即意味着将 0.09 份的绿光与 0.03 份的蓝光放在右边，左边放上 1 份波长为 510nm 的待测试颜色光，以及 0.09 份的红光，这样左右两边的光色看上去就一样了。

根据用三原色基准光组合成一个任意颜色光的这一特性，可以沿着正交坐标轴画出每个基准光的值，所形成的空间可以称为三原色基准空间。如图 2-8 所示，任意颜色均可以由这个三原色基准空间中的一个矢量表示，即以坐标系原点为起点，分量为 rR、gG 和 bB 的矢量。矢量与单位平面的焦点代表为获得颜色所需要的相对权因子，相对权因子又称为色度值或者色度坐标，即

$$\bar{r} = \frac{r}{r+g+b}, \quad \bar{g} = \frac{g}{r+g+b}, \quad \bar{b} = \frac{b}{r+g+b} \qquad (2\text{-}20)$$

式中，$\bar{r} + \bar{g} + \bar{b} = 1$。

单位平面在坐标平面上的投影产生色度图如图 2-9 所示。色度图直接给出了 r、g 两种基准光颜色之间的函数关系，并且间接地给出与第三种基准光颜色的关系，如 $\bar{b} = 1 - \bar{r} - \bar{g}$。

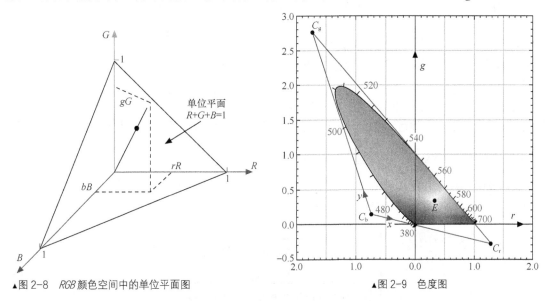

▲图 2-8 RGB 颜色空间中的单位平面图　　　　　　　　▲图 2-9 色度图

图 2-8 中，边缘的曲线表示单色的光谱。例如，波长为 540nm 的单色光，由 $r=0$、$g=1$、$b=1-r-g=0$ 三个基准光颜色的分量组成。再如，380～540nm 波段的单色光，由于图 2-7 中的 $r(\lambda)$ 曲线中存在负值，因此该段色域落在了 r 轴的负区间内。自然界中，人眼可分辨的颜色都落在光谱曲线包围的范围内。

CIE1931-RGB 颜色模型是根据实验结果制定的，出现的负值使得计算和转换时非常不便。所以，国际照明委员会提出了一个假想模型，该模型假定人对色彩的感知是线性的（实际上并不是线性的，2.4 节会提到）。该模型对 CIE1931-RGB 系统色度图进行了线性变换，将可见光色域变换到正数区域内。其方法是首先在 CIE1931-RGB 系统中选择了一个三角形，该三角形覆盖了所有可见光的色度，之后将该三角形进行如式（2-21）所示的线性变换，将可见光色域变换到（0,0）、（0,1）及（1,0）构成的正数区域内。也就是说，假想出 3 个不存在于自然界，但较之基准光 RGB 更方便计算的基准光 XYZ，构成一个新的 CIE1931-XYZ 颜色模型。

$$\begin{bmatrix} X \\ Y \\ Z \end{bmatrix} = \frac{1}{b_{21}} \begin{bmatrix} b_{11} & b_{12} & b_{13} \\ b_{21} & b_{22} & b_{23} \\ b_{31} & b_{32} & b_{33} \end{bmatrix} \begin{bmatrix} R \\ G \\ B \end{bmatrix} \Rightarrow \frac{1}{0.17697} \begin{bmatrix} 0.49 & 0.31 & 0.2 \\ 0.17697 & 0.8124 & 0.01063 \\ 0 & 0.01 & 0.99 \end{bmatrix} \begin{bmatrix} R \\ G \\ B \end{bmatrix} \qquad (2\text{-}21)$$

2.3.3　CIE1931-XYZ 颜色模型

CIE1931-XYZ 颜色模型的色度图如图 2-10 所示。但务必注意，图中的颜色只是一个效果示意。事实上，没有设备能把自然界中所有的颜色完全显示出来。

CIE1931-XYZ 颜色模型的色度图有如下性质需要注意。

1）该色度图所示意的颜色包含了一般人可见的所有颜色，即人类可见的颜色范围。色度图的弧线边界对应自然中的单色光。图下方直线的边界则是由多种单色光混合而成。

2）在该图中任意选定两点，两点间直线上的颜色可由这两点的颜色混合成。给定 3 个点，3 个点构成的三角形内颜色可由这 3 个点的颜色混合成。

3）给定 3 个真实光源，混合得出的色度只能是三角形框定的范围，无法完全覆盖人类视觉色域。

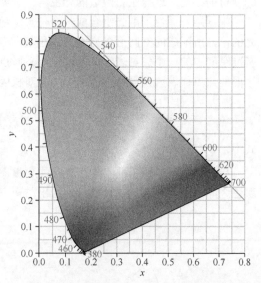

▲图 2-10　CIE1931-XYZ 颜色模型的色度图

这就是 CIE1931-XYZ 标准色度学系统。该系统是国际上色度计算、颜色测量和颜色表征的统一标准，是绝大多数测色仪器的设计与制造依据。

2.3.4　CIE1931-Yxy 颜色模型

CIE1931-Yxy 颜色模型由 CIE1931-XYZ 模型衍生得来。Yxy 中的 Y 表示光的亮度，x 和 y 则可以依据以下公式，从 CIE1931-XYZ 模型换算而来：

$$\begin{cases} x = \dfrac{X_{\text{CIE-XYZ}}}{X_{\text{CIE-XYZ}} + Y_{\text{CIE-XYZ}} + Z_{\text{CIE-XYZ}}} \\[4mm] y = \dfrac{Y_{\text{CIE-XYZ}}}{X_{\text{CIE-XYZ}} + Y_{\text{CIE-XYZ}} + Z_{\text{CIE-XYZ}}} \\[4mm] Y = Y_{\text{CIE-XYZ}} \end{cases} \qquad (2\text{-}22)$$

这个模型投影到 x-y 平面上，即得到图 2-10 中的 CIE1931-XYZ 色度图，其中 x、y 分量的取值范围是[0,1]。有时该模型也被称为 CIE-xyY。

2.4　伽马校正和 sRGB 颜色空间

2.4.1　伽马校正

一切计算机图形学理论，在建立了一系列的数学和物理模型去描述待描述的物体是长什么样子之后，最终还是要能被人看见才有意义。从这个角度说，待描述物体的客观的不依赖于人的心理生理感知的物理量和描述人的心理特征的一些心理量也会存在着一定的有规律的联系。所以，在开始讨论伽马校正（gamma correction）相关理论之前，首先看看由德国生理学家韦伯·费希纳所发现的描述人的心理量和物理量的韦伯-费希纳定律。

$$k = \frac{\Delta I}{I} \tag{2-23}$$

式中，k 为常数；ΔI 为差别阈限；I 为标准刺激强度。

韦伯发现，同一个刺激差别量必须达到一定比例才能引起差别感觉，这一比例就是式（2-23）中的常数 k。把人类能感觉到的最小可觉差（连续的差别阈限）作为感觉量的单位，即每增加一个差别阈限，心理量增加一个单位。感觉量与物理量的对数值成正比，这也是说，感觉量的增加落后于物理量的增加，物理量呈几何级数增长，而心理量呈算术级数增长，这个经验公式即韦伯-费希纳定律。一般地，这个定律适用于中等强度的刺激。

上面的韦伯-费希纳定律有一些比较难以理解的术语，用通俗易懂的话来说就是：人对外界刺激的感知是非线性的。如果以非线性的方式加强外界刺激，人对这个外界刺激的感觉程度是均匀增长的。可以用日常生活中的一些生活经验大致地描述韦伯-费希纳定律的含义：

假设有一个完全封闭、隔绝外部光线进入的黑屋中，在屋内位置均匀地安装了 100 盏功率为 20W 的电灯。我们站在房子里，一开始时，这 100 盏灯都是关闭的，室内完全黑暗。

现在我们开启第一盏灯。显然这第一盏灯对照亮室内的贡献是显著的——从完全黑暗什么都看不见，到有光亮能看到东西了。尽管这时候可能光线还比较昏暗，但我们在视觉上已经感受到极大的亮度提升。

接下来再开第二盏灯，因为刚开第一盏灯时，光线还是比较昏暗的，所以这时我们也还是能感觉到，比只开第一盏灯时，室内要变得更亮些。

接下来我们依次打开每一盏灯，可能当开到第 90 盏灯时，我们发现已经灯光足够明亮，能让我们看清楚室内的每一处地方的细节了。接下来我们再依次打开剩下的 10 盏灯。这个过程中，我们发现这时的亮度变化已经感觉很不明显了，甚至可能会觉得，开不开这剩下的 10 盏灯，室内的明亮程度都没发生什么变化。这也就是说，我们对"只开第一盏灯时"引起的明亮变化的感觉，和"开第 100 盏灯时比开了 99 盏灯时"引起的明亮变化的感觉，两者相比，前者远远强烈于后者。

假设我们是一个绘画颜料生产商，有纯黑和纯白两种原材料。纯黑的材料完全不反射光，所以设定它对白光的反射率为 0；纯白的材料完全反射光，所以设定它对白光的反射率为 1。

现在我们要用这些原材料生产出 256 种不同灰度的灰色颜料。这 256 种灰色颜料将会被从 0 到 255 编上号。其中，纯黑颜料的编号为 0，纯白颜料为 255。并且我们用的是物理化学检验方法，而不是用人眼感觉测定的方法，使得每相邻编号的两个颜料其反射率相差为 0.00390625，即 1/256。那么生产出的这 256 种颜料编号和对白光的客观反射率如表 2-2 所示。

表 2-2　　　　　　　　　　　　　不同颜料对白光的客观反射率

颜料编号	对白光的客观反射率
0	0
1	0.003 906 25
2	0.007 812 5
3	0.011 718 75
⋮	⋮
253	0.992 187 5
254	−0.996 093 75
255	1

　　当把这些生产出来的颜料按编号依次排列在我们眼前时，由于韦伯-费希纳定律所揭示的原因，我们会发现：编号比较靠前的颜色，如 1、2、3 号，为什么看起来一个比一个白得那么快？而编号靠后的那些颜色，如 253、254、255 号，为什么看起来都没有什么颜色变化，都是白色？为什么编号 127 的那个颜色，好像并不是不偏不倚不黑也不白的中灰色，而是偏白一点了。而大家印象中的那个中灰色，反而和编号为 56 的那个颜色更接近……这一组颜料的颜色，并不是我们想要的看起来从黑到白均匀变化的颜料组。

　　现在问题就变成了：在给定编号范围的前提下，如何调配各个编号的颜料客观反射率，使得这一系列颜料的颜色看起来是从黑到白均匀变化的。例如，编号为 127 的颜色的客观反射率是 0.5，人眼看起来却并不像是 0.5 客观反射率产生的视觉效果，现在我们要给编号为 127 的颜色找到一个客观反射率，使得人眼看起来，是由 0.5 客观反射率产生的视觉效果。而这个问题，其实就和计算机图形学领域中的伽马校正类似。

　　人们经过大量的实践研究和总结，发现客观的物理量数值 O 和人类的心理感应数值 P 呈幂函数关系，即

$$P=O^{\gamma} \tag{2-24}$$

当 γ 取不同的值时，幂函数图像如图 2-11 所示。

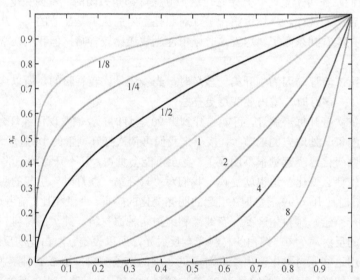

▲图 2-11　γ 值取不同值时的幂函数图像，横坐标表示客观物理量数值 0，纵坐标表示心理感应数值 P

　　放到颜料颜色的问题来讨论，横坐标为客观反射率，纵坐标为人眼看到该客观反射率后觉得的主观反射率。人们经过大量的实践研究得到，在亮度领域，人眼的伽马值约为 1/2.2，其幂函数图像也接近于指数值（伽马值）为 1/2 的曲线。这也揭示了生产出来的颜料明明其客观反射率是均匀变化（线性变化）的，但是看起来不是均匀变化的原因。

　　理解了颜料颜色的问题，也就能理解计算机中的伽马校正的含义。假设使用数码相机拍摄到一个看起来是中灰色的物体，该中灰色对白光的客观反射率是 0.217 63。如果数码相机在采样并编码的过程中做一次伽马校正操作，即给定一个伽马值 0.454 54 作为指数，对作为底数的客观反射率 0.21763 做求幂操作，得到中灰色的主观反射率为 0.5 左右。此时，如果把这些主观反射率对应的灰度值编码进一个 8 位通道的数组，无论是比中灰色暗的暗部，还是比中灰色亮的明部，都能各自分配到 128 位的灰阶，这样黑白过渡就显得很均匀。如果不做伽马校正，中灰色便记录在 0.2 左右并存储，那比中灰色暗的暗部仅分配到 50 个灰阶，采样严重不足；而比中灰色亮的明部

因为分配到 200 多个灰阶，则显得冗余。但如果把存储空间变为 32 位通道的数组，那么伽马校正就没有必要了。因为即使把中灰色记录在 0.2 左右的位置，比中灰色暗的暗部也能分到 0.2×2^{32}，约为 858 993 459 个灰阶，足够存储均匀地描述人能感觉到的暗部信息了。

从上面列举的两个例子可以看出，之所以会存在伽马校正这样一个概念，是因为：①基于韦伯-费希纳定律所揭示的原因，人对颜色暗部细节变化的感觉要比对明部细节变化敏感得多；②由于存储空间的限制，只能在有限数量的存储空间中存放尽可能多的颜色数据，而且要使得这一系列颜色变化得均匀，需要在对颜色数据进行编码时尽可能地进行调整，以保留暗部细节。该调整过程就是伽马校正。

很多书籍在介绍伽马校正时，都会从阴极射线管（cathode-ray tube，CRT）显示器谈起。CRT 显示器在显示最终像素值时，其电子枪输入电压与屏幕的光线输出存在一种物理关系，这种关系也可以用如下幂函数来表示。

$$I = \alpha\left(V + \varepsilon\right)^{\gamma} \tag{2-25}$$

式中，V 为输入电压；α 和 γ（gamma）为显示器常量；ε 为显示器的亮度级；I 为最终生成的光强度。

一般地，CRT 显示器的 gamma 取值范围在 2.3～2.6。其曲线形状和走向接近于图 2-11 中 gamma 值为 2 的曲线，此时的横坐标为显示器电子枪的电压（可以理解为客观反射率），纵坐标为光强度。这时，CRT 显示器在显示像素时恰好就做了一次符合人眼视觉的伽马校正：假如 CRT 要显示一个客观亮度值为 0.5 的颜色，因为式（2-25）所产生的伽马校正，这个值为 0.5 的客观亮度值被显示器输出成一个 0.2 左右的客观亮度值。由于韦伯·费希纳定律所解释的伽马校正，对于 0.2 左右的客观亮度值，人就感觉成了 0.5 左右的值这样两个互为逆操作的伽马校正恰好使得客观亮度值和人眼看到的主观亮度值基本一致。这时，在计算器存储器中的客观亮度值就不需要像前面提到的数码相机的采样编码那样进行转换，直接存 0.5 即可。

上面的 CRT 显示器做的伽马校正，其伽马值大于 1，称为解码伽马值（decoding gamma），该操作通常称为伽马展开（gamma expansion）。摄像机（人眼）做的伽马校正，其伽马值小于 1，称为编码伽马值（encoding gamma），该校正操作称为伽马压缩（gamma compression）。图 2-12 描述了摄像机拍摄图片后在显示器上的显示过程，这也是抽象的颜色数据采集端和还原端的流程。

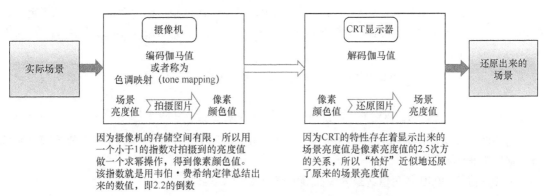

▲图 2-12　摄像机拍摄图片后在显示器上的显示过程

从图 2-12 可以看出，讨论伽马校正时，要对颜色数据采集端与颜色数据还原端两个端同时讨论。如果解码伽马值和编码伽马值的乘积为 1，理论上可以让还原端精确重现实际场景的视觉观感。但是，由于颜色数据采集端与颜色数据还原端之间存在两个差异：首先，机器设备能够采集和显示的颜色数量是不可能达到真实场景的颜色数量的，自然界的颜色数量可谓无穷，而机器设备能够采集到的颜色数量，如果用 8 位通道进行 RGB 编码，也只有$(2^8)^3$=167 772 16 种而已；其次，在真实场景中，原始的场景充满于观察者整个视野，而机器显示的画面往往只局限在屏幕中所显示的场景的一部分，真实场景中的未被机器设备显示的部分对被机器设备显示的部分所造成的人主观上的对比度感受在机器设备中还原的场景是不能产生的。因此，这两个原因造成了解码伽马值和编码伽马值的乘积为 1 反而不一定能让还原端精确重现实际场景的视觉观感。

为了使还原端能尽可能重现采集端采集的实际场景的视觉观感，在实践中不需要两端的伽马值的乘积为 1，*Real-time Rendering*（ISBN：978 15688 14247）一书推荐在电影院这种漆黑的环境中乘积为 1.5，在明亮的室内乘积为 1.125。

2.4.2　sRGB 颜色空间

sRGB 颜色空间是惠普公司与微软公司于 1996 年一起开发的用于显示器、打印机及互联网图像存储的一种标准 RGB 颜色空间。这种颜色空间在编码上的定义充分利用了值为 2.2 的伽马校正系数，其很大程度上是为了和当时主流的 CRT 显示器的特性相匹配。

使用 sRGB 颜色空间对颜色进行编码的一些图像文件，可以不经转换就能在当时的 CRT 显示器中正常显示。其原因如图 2-12 所示，在数据采集端中，图片中对实际场景中的场景颜色信息，利用编码伽马值编码到图片的像素颜色值中去了，因此作为数据还原端的 CRT 显示器可以不用经过额外处理，就能利用其自身的电气特性较为准确地还原出实际场景的颜色信息。

sRGB 定义了红色、绿色与蓝色三原色的颜色，即在其他两种颜色值都为 0 时该颜色的最大值。从 CIE xyY 坐标系计算 sRGB 中的三原色，首先需要将它变换到 CIE XYZ 三值模式：

$$\begin{cases} X = Yx/y \\ Z = Y(1-x-y)/y \end{cases} \tag{2-26}$$

这样 X、Y、Z 值就可以用矩阵转换到线性的 R、G、B 值，但这些线性值并不是最终的结果。

$$\begin{bmatrix} R_{\text{linear}} \\ G_{\text{linear}} \\ B_{\text{linear}} \end{bmatrix} = \begin{bmatrix} 3.241 & -1.5374 & -0.4986 \\ -0.9692 & 1.876 & 0.0416 \\ 0.0556 & -0.204 & 1.0570 \end{bmatrix} \begin{bmatrix} X \\ Y \\ Z \end{bmatrix} \tag{2-27}$$

式中，R_{linear}、G_{linear} 和 B_{linear} 的取值范围是[0,1]。

sRGB 是反映真实世界中伽马值为 2.2 的 CRT 显示器的效果，因此使用下式可以将定义在 CIE-XYZ 颜色空间的线性颜色值转换到 sRGB 颜色值。令 C_{linear} 为 R_{linear}、G_{linear} 或 B_{linear}，C_{srgb} 为 R_{srgb}、G_{srgb} 或 B_{srgb}：

$$\begin{cases} C_{\text{srgb}} = 12.92 C_{\text{linear}}，当 C_{\text{linear}} \leqslant 0.00304时 \\ C_{\text{srgb}} = (1+a)C_{\text{linear}}^{\frac{1}{2.4}} - a，a = 0.055，当 C_{\text{linear}} > 0.00304时 \end{cases} \tag{2-28}$$

这些经过伽马校正后的 sRGB 颜色值的范围为[0,1]。如果需要使用 0~255 的取值范围，通常将它乘以 255 然后取整。

把颜色值从 sRGB 颜色值转换为线性颜色值则使用以下公式：

$$\begin{bmatrix} X \\ Y \\ Z \end{bmatrix} = \begin{bmatrix} 0.4124 & 0.3576 & 0.1805 \\ 0.2126 & 0.7152 & 0.0722 \\ 0.0193 & 0.1192 & 0.9505 \end{bmatrix} \begin{bmatrix} g(R_{\text{srgb}}) \\ g(G_{\text{srgb}}) \\ g(B_{\text{srgb}}) \end{bmatrix} \tag{2-29}$$

函数 $g(K)$的定义如下：

$$\begin{cases} g(K) = \left(\dfrac{K+a}{1+a} \right)^{\gamma}, \text{当} K > 0.04045 \text{时} \\ g(K) = \dfrac{K}{12.92} \end{cases} \tag{2-30}$$

式中，K 为 R_{srgb}、G_{srgb} 或 B_{srgb}。

2.4.3　Unity 3D 中的伽马空间和线性空间

　　Unity 3D 有两个颜色空间（color space），即伽马空间（gamma space）和线性空间（linear space）；以及基于这两种颜色空间所定义的工作流，即伽马工作流（gamma workflow）和线性工作流（linear workflow）。

　　所谓线性空间和伽马空间，除了前面提到的颜色空间的定义之外，还可以粗略地理解为：图 2-11 中横坐标的客观反射率（此时称为源颜色），选用指数值为 1 的线性函数对其进行变换，得到的是依然呈线性分布的主观反射率（或目标颜色），称这些目标颜色构成的颜色空间为线性空间。而选用一个指数值不为 1 的幂函数，把源颜色变换成目标颜色时，称这些目标颜色构成的颜色空间为伽马空间。至于为什么要使用伽马空间，就是前面所说的两个原因：人的主观感觉及存储空间的限制。Unity 3D 引擎允许开发者在伽马空间或线性空间这两种颜色空间中工作。虽然长久以来伽马空间是标准的开发用颜色空间，但使用线性颜色空间将能得到更精确的渲染结果。

　　要指定伽马工作流或线性工作流，可以选择 Edit | Projection Setting | Player 选项，打开 Player Settings 对话框，进入 Other Settings 子页面，在 Rendering 选项组的 Color Space 下拉列表中选择 Linear 或者 Gamma 选项，各自对应于在引擎中使用线性工作流和伽马工作流，如图 2-13 所示。

　　如果选择使用线性工作流，那么存储了颜色数据的纹理无论是在线性空间或伽马空间中创建的，都能正常工作。基于历史原因，图片文件中保存的颜色数据很多都已经转换到了伽马空间。而在渲染时，渲染器则需要使用基于线性空间的颜色数据，所以直接使用这些在伽马空间中的颜色数据会导致结果不准确。因此，在渲染计算时，需要使用 sRGB 采样器，这种采样器在对纹理采样过程中能把颜色数据从伽马空间转换到线性空间。

▲图 2-13　设置颜色空间

　　Unity 3D 引擎的计算生成光照贴图过程始终是在线性空间中完成的，而计算结果则变换到伽马空间后存储到光照贴图文件中去，即无论当前的工作流是线性工作流或者伽马工作流，Unity 3D 引擎所生成的光照纹理都是相同的。当使用线性工作流时，Unity 3D 引擎会对这些存储着在伽马空间中的颜色数据的光照贴图使用 sRGB 采样器，在采样阶段自动把它们转换到线性空间中。如果使用伽马工作流，则不做该转换操作。因此，如果改变了工作流模式，需要重新烘焙光照贴图，引擎的光照处理系统会自动重新烘焙光照贴图。

　　在线性工作流下，且未使用 HDR 时，将使用特殊的帧缓冲器类型以支持 sRGB 读取和 sRGB 写入（读取时从伽马空间转换为线性空间，写入时则相反）。当此帧缓冲区用于混合或作为纹理绑定时，在使用之前将这些值转换为线性空间。写入这些缓冲区时，正在写入的值将从线性空间转换为伽马空间。如果以线性模式和非 HDR 模式进行渲染，则所有后期处理特效的源缓冲区和目标缓冲区都将启用 sRGB 读到和写入，以便后期处理和后期处理混合发生在线性空间中。

在线性工作流下，如果提供给渲染器的纹理文件中的颜色数据原本就是基于线性空间，那需要设置此纹理文件禁用 sRGB 采样。如图 2-14 所示，在纹理的 Inspector 界面中，取消选中 sRGB(Color Texture)复选框，即设置该纹理文件禁用 sRGB 采样。

如果当前的是伽马工作流，那么选中与取消选中 sRGB(Color Texture)复选框都是没有意义的，因为在伽马工作流下是不会进行 sRGB 采样。另外，如果这些纹理是用来当作数据查找表，或者说是一个法线贴图，也不应对其进行校正，而是保持数据的原有值。

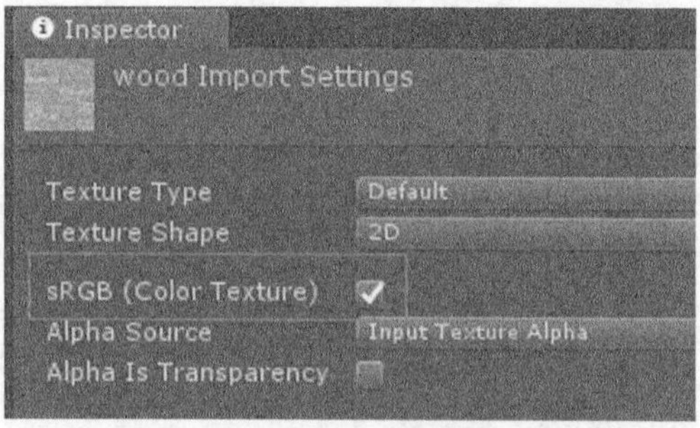

▲图 2-14　启用/禁用 sRGB 采样的选项

虽然使用线性工作流能确保得到更精确的渲染画面，但若有些平台上的硬件只支持伽马空间，就不得不需要使用伽马工作流。当使用伽马工作流时，尽管用来计算的纹理颜色数据是在伽马空间中存储的，采样器在采样过程中也不会将其转换到线性空间中去。但 Unity 3D 着色器的计算代码依然以计算线性空间颜色的方法去计算处理这些被编码成伽马空间中的颜色数据，而且为了确保一个最终可接受的渲染结果，引擎会在向最终显示给用户看的帧缓冲区写入颜色数据时调整一些不匹配（mismatched）的值，而且在这个调整过程中不做伽马校正。

当使用伽马工作流时，提供给着色器的颜色数据已在伽马空间中了。当使用这些颜色数据时，高亮区域的颜色其亮度值比使用线性工作流时更亮，这意味着随着光强度的增加，待绘制的表面以非线性方式变得过亮了。当使用线性工作流时，随着光强度的增加，表面的亮度保持线性变化，画面效果更真实。

第3章 Unity 3D 着色器系统

3.1 从一个外观着色器程序谈起

在开始着手分析 Unity 3D 引擎的着色器源代码之前，先从一个简单的示例着色器程序谈起。这个程序很简单，就是实现了一个非常简陋的漫反射效果。该效果没有启用任何 C#逻辑代码，仅有一个名为 basic_diffuse.shader 的文件。base_diffuse.shader 文件被一个名为 basic_diffuse.mat 的材质文件所应用，而 basic_diffuse.mat 文件则被场景中名为 Sphere 的 game object 的 MeshRenderer 组件所使用。该示例在编辑器中的 Scene 窗口如图 3-1 所示。

▲图 3-1　示例着色器在编辑器中的 Scene 窗口

basic_diffuse.shader 代码文件的内容如下所示。

```
Shader "Custom/BasicDiffuse"
{
    Properties
    {
        _EmissiveColor ("Emissive Color", Color) = (1,1,1,1)
        _MainTex ("Main Texture", 2D) = "white"{}
    }

    SubShader
    {
        Tags { "RenderType"="Opaque" "RenderType"="Opaque" }

        LOD 200

        CGPROGRAM
        #pragma surface surf BasicDiffuse vertex:vert finalcolor:final noforwardadd
        #pragma debug

        // 指定自身的自发光颜色
        float4 _EmissiveColor;
```

```
        // 指定第一层纹理的映射坐标
        sampler2D _MainTex;

        // 由顶点着色器主入口函数在调用 vert 函数时获取到
        // 由片元着色器主入口函数在调用 surf 函数时作为参数传入
        struct Input
        {
            float2 uv_MainTex;
        };

        // 本函数在顶点着色器主入口函数中被调用
        void vert(
            inout appdata_full v,  // appdata_full 类型的参数是 Unity 3D 预定义的数据类型
            out Input o)           // 由本函数返回,并在顶点着色器主入口函数中用来初始
                                   //化一个 v2f_surf 变量
        {
            o.uv_MainTex = v.texcoord.xy;
        }

        // 本函数在片元着色器主入口函数中被调用
        void surf (
            Input IN, // 根据传递给片元着色器主入口函数的 v2f_surf 类型的参数变量初始化而成
            inout SurfaceOutput o) // 本函数内赋值完成后返回
        {
            o.Albedo = (_EmissiveColor.rgb + tex2D(_MainTex, IN.uv_MainTex).rgb);
            o.Alpha = _EmissiveColor.a;
        }

        // 本函数在片元着色器主入口函数中被调用
        inline float4 LightingBasicDiffuse (
            SurfaceOutput s,        // 此变量在片元着色器入口主函数内,调用 surf 获取到
            fixed3 lightDir,        // 光源到本片元的位置连线向量,由着色器编译器展开计算生成
                                    // 计算得到此变量的代码在片元着
                                    // 色器主入口函数中
            fixed atten)            // 光线的衰减值,由着色器编译器展开计算生成
                                    // 计算得到此变量的代码在片元着色器主入口函数中
        {
            float angle_cos = max(0, dot(s.Normal, lightDir));
            float4 col;
            col.rgb = s.Albedo.rgb * _LightColor0.rgb * angle_cos * atten;
            col.a = s.Alpha;
            return col;
        }

        void final(Input IN, SurfaceOutput o, inout fixed4 color)
        {
        }

        ENDCG
    }
    FallBack "Diffuse"
}
```

有过 HLSL/Cg 等着色器编程经验的读者,乍一看这段和 HLSL/Cg 着色器有点相似,但又不尽相同的着色器代码,可能会有一些疑问。

1)没有看到有顶点着色器和片元着色器的入口函数,究竟顶点怎样处理?片元又是怎样处理?

2)struct Input 貌似是一个描述顶点格式的数据结构,但数来数去,里面只有一个数据成员 uv_MainTex,该数据成员似乎是描述顶点的纹理映射坐标,那么最基本的描述一个顶点的位置坐标哪里去了?

3)代码语句#pragma surface BasicDiffuse vertex:vert finalcolor noforwardadd 表示什么含义?

4)从 surf 方法的实现来看,好像是一个处理片元的函数,它和 Cg 编程中的片元着色器入口函数有没有关联?

5) SurfaceOutput 是一个怎样的结构？在哪里定义？它有什么数据成员？分别表示什么意思？

……

本书的目的，就是为读者一步一步地揭示这些疑问，让读者知其然，还能知其所以然。在后续章节陆续揭示背后的原因之前，先大致地分析一下上面的示例。

以传统的编写顶点着色器和片元着色器的方式去编写一个光照效果的着色器程序是很复杂的，因为有不同类型的光源、不同的阴影实现方式、不同的渲染途径（rendering path）。而一个着色器程序必须事无巨细地把控这些复杂的细节才能达到想要的效果，Unity 3D 引入了外观着色器[①]（surface shader）去解决这个复杂的问题。外观着色器没有重新实现一套着色器语言，而是沿用已有的 Cg、HLSL、GLSL 等着色器编程语言去编写具体的着色器内容。与传统的着色器编写方式相比，外观着色器只是预先实现或隐藏了很多细节，封装了很多千篇一律又不得不重复编写的框架式代码，使得开发者只需要关注渲染内容本身，而不用过多地被细节纠缠。Unity 3D 引擎封装了很多常用的光照模型和函数提供给外观着色器使用，如 Lambert、Blinn-Phong 等。而查看外观着色器生成的代码也很简单：在每个编译完成的着色器的 Inspector 面板上，都有一个 Show generated code 按钮，如图 3-2 所示。

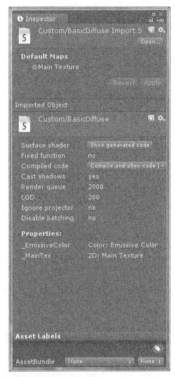

▲图 3-2 编译完成的 basic_diffuse.shader 文件在 Inspector 面板上显示的信息

单击按钮后可以看到，短短几句外观着色器的代码在全部转译为 Cg 代码后变成了长长的一串。前面的问题 1）可以得到答案：通过使用外观着色器，引擎已经把作为顶点着色器和片元着色器的主入口函数给包装好了。通过下列生成的着色器代码可以得知，顶点着色器的主入口函数名 vert_surf，传给它的参数是 appdata_full 类型的变量 v；片元着色器的主入口函数名为 frag_surf，传给它的参数是 v2f_surf 类型的变量 IN。

3.1.1 BasicDiffuse 着色器展开后的代码分析

1. BasicDiffuse 着色器的生成代码：原始着色器中定义的函数和变量

单击 Show generated code 按钮后，原始着色器中定义的变量和函数也会被植入生成的代码中，代码如下所示。

```
Shader "Custom/BasicDiffuse"
{
    Properties
    {
        _EmissiveColor ("Emissive Color", Color) = (1,1,1,1)
        _MainTex ("Main Texture", 2D) = "white"{}
    }

    SubShader
    {
        Tags { "RenderType"="Opaque" "RenderType"="Opaque" }
```

---

① 关于 Unity 3D 引擎引入外观着色器这一概念的设计动机和原理，可参考 Unity3D 工程师 Aras Pranckevičius 开发博客中的 Shader must die 系列文章。

```
LOD 200

Pass // ---- forward rendering base pass:
{
    Name "FORWARD"
    Tags { "LightMode" = "ForwardBase" }
    CGPROGRAM
    // 编译指示符
    #pragma vertex vert_surf
    #pragma fragment frag_surf
    #pragma debug
    #pragma multi_compile_instancing
    #pragma multi_compile_fwdbase
    // 引用 Unity 3D 定义的内置函数和宏需要包括的头文件
    #include "HLSLSupport.cginc"
    #include "UnityShaderVariables.cginc"
    #include "UnityShaderUtilities.cginc"
    #define UNITY_PASS_FORWARDBASE
    // 引用 Unity 3D 定义的内置光源信息需要包括的头文件
    #include "UnityCG.cginc"
    #include "Lighting.cginc"
    #include "AutoLight.cginc"
    #define INTERNAL_DATA
    #define WorldReflectionVector(data,normal) data.worldRefl
    #define WorldNormalVector(data,normal) normal

    float4 _EmissiveColor;
    sampler2D _MainTex;

    struct Input
    {
        float2 uv_MainTex;
    };

    // 由顶点着色器入口主函数 vert_surf 调用的，用户自定义的顶点处理阶的代码
    //从原始着色器代码中复制这些代码
    void vert (inout appdata_full v, out Input o)
    {
        o.uv_MainTex = v.texcoord.xy;
    }

    // 由片元着色器入口主函数 frag_surf 调用的，用户自定义的描述物体外观的代码
    // 本函数将返回一个 SurfaceOutput 结构体，交给用户自定义的计算光照的光照模型函数处理。
    // 这些代码从原始着色器代码中复制生成
    void surf (Input IN, inout SurfaceOutput o)
    {
        o.Albedo=(_EmissiveColor.rgb+tex2D(_MainTex,IN.uv_MainTex).rgb);
        o.Alpha = _EmissiveColor.a;
    }

    // 由片元着色器入口主函数 frag_surf 调用的用来用来计算用户光照效果的代码
    // 本函数以 surf 函数返回的一个 SurfaceOutput 结构体作为输入参数。使用传递进来的光
    // 线信息进行光照计算
    inline float4 LightingBasicDiffuse (SurfaceOutput s,
                                        fixed3 lightDir, fixed atten)
    {
        float angle_cos = max(0, dot(s.Normal, lightDir));
        float4 col;
        col.rgb = s.Albedo.rgb * _LightColor0.rgb * angle_cos * atten;
        col.a = s.Alpha;
        return col;
    }

    // 由片元着色器入口主函数 frag_surf 调用的，最后处理片元颜色信息的处理函数
    void final(Input IN, SurfaceOutput o, inout fixed4 color)
    {
    }
```

2. BasicDiffuse 着色器的生成代码：顶点着色器传递给片元着色器的数据

引擎会针对在原始的外观着色器中定义的 Input 内容，依据各种编译指示符指定的光照模型和其他参数，对应生成一个 v2f_surf 结构体。该结构体由顶点着色器返回，传递给片元着色器，如下述代码所示。

```
// 从顶点着色器传递给片元着色器的数据结构体
#ifndef LIGHTMAP_ON
// 不使用烘焙光照贴图时的顶点着色器传递给片元着色器的数据结构体
            struct v2f_surf
            {
                UNITY_POSITION(pos);
                float2 pack0 : TEXCOORD0; // _MainTex
                half3 worldNormal : TEXCOORD1;
                float3 worldPos : TEXCOORD2;
                fixed3 vlight : TEXCOORD3; // ambient/SH/vertexlights
                UNITY_SHADOW_COORDS(4)
    #if SHADER_TARGET >= 30
                float4 lmap : TEXCOORD5;
    #endif

                UNITY_VERTEX_INPUT_INSTANCE_ID
                UNITY_VERTEX_OUTPUT_STEREO
            };
#endif

#ifdef LIGHTMAP_ON
// 使用烘焙光照贴图时的顶点着色器传递给片元着色器的数据结构体
            struct v2f_surf
            {
                UNITY_POSITION(pos);
                float2 pack0 : TEXCOORD0; // _MainTex
                half3 worldNormal : TEXCOORD1;
                float3 worldPos : TEXCOORD2;
                float4 lmap : TEXCOORD3;
                UNITY_SHADOW_COORDS(4)
    #ifdef DIRLIGHTMAP_COMBINED
                fixed3 tSpace0 : TEXCOORD5;
                fixed3 tSpace1 : TEXCOORD6;
                fixed3 tSpace2 : TEXCOORD7;
    #endif

                UNITY_VERTEX_INPUT_INSTANCE_ID
                UNITY_VERTEX_OUTPUT_STEREO
            };
#endif
```

3. BasicDiffuse 着色器的生成代码：顶点着色器入口函数

引擎会对应生成一个顶点着色器入口主函数 vert_surf，该函数使用一个内置的顶点格式描述结构体 appdata_full 作为传入参数。在把顶点变换到裁剪空间之前，会用用户定义的 vert 函数对顶点进行操作。顶点着色器根据原始的外观着色器中各种编译指示符指定的光照模型和其他的参数，在里面进行顶点变换和光照处理，然后生成一个 v2f_surf 结构体返回。

```
            float4 _MainTex_ST;

            // vertex shader
            v2f_surf vert_surf (appdata_full v)
            {
                UNITY_SETUP_INSTANCE_ID(v);
                v2f_surf o;
                UNITY_INITIALIZE_OUTPUT(v2f_surf,o);
                UNITY_TRANSFER_INSTANCE_ID(v,o);
                UNITY_INITIALIZE_VERTEX_OUTPUT_STEREO(o);
                Input customInputData;
                vert (v, customInputData); // step 1
                o.pos = UnityObjectToClipPos(v.vertex);
```

```
                       o.pack0.xy = TRANSFORM_TEX(v.texcoord, _MainTex);
                       float3 worldPos = mul(unity_ObjectToWorld, v.vertex).xyz;
                       fixed3 worldNormal = UnityObjectToWorldNormal(v.normal);
#if defined(LIGHTMAP_ON) && defined(DIRLIGHTMAP_COMBINED)
                       fixed3 worldTangent = UnityObjectToWorldDir(v.tangent.xyz);
                       fixed tangentSign = v.tangent.w * unity_WorldTransformParams.w;
                       fixed3 worldBinormal = cross(worldNormal, worldTangent) * tangentSign;
#endif
#if defined(LIGHTMAP_ON) && defined(DIRLIGHTMAP_COMBINED)
                       o.tSpace0 = float4(worldTangent.x,
                                              worldBinormal.x, worldNormal.x, worldPos.x);
                       o.tSpace1 = float4(worldTangent.y,
                                              worldBinormal.y, worldNormal.y, worldPos.y);
                       o.tSpace2 = float4(worldTangent.z,
                                              worldBinormal.z, worldNormal.z, worldPos.z);
#endif
                       o.worldPos = worldPos;
                       o.worldNormal = worldNormal;
#ifdef DYNAMICLIGHTMAP_ON
                       o.lmap.zw = v.texcoord2.xy * unity_DynamicLightmapST.xy +
unity_DynamicLightmapST.zw;
#endif
#ifdef LIGHTMAP_ON
                       o.lmap.xy = v.texcoord1.xy * unity_LightmapST.xy +
unity_LightmapST.zw;
#endif

#ifndef LIGHTMAP_ON // 使用烘焙光照贴图时
    #if UNITY_SHOULD_SAMPLE_SH
    // 使用球谐光照计算光照效果, ShadeSH9 函数参见 7.7 节
                       float3 shlight = ShadeSH9(float4(worldNormal,1.0));
                       o.vlight = shlight;
    #else
                       o.vlight = 0.0;
    #endif
    #ifdef VERTEXLIGHT_ON // 如果在顶点着色器中进行光照计算
    // Shade4PointLights 函数参见 4.2.5 节
                       o.vlight += Shade4PointLights(unity_4LightPosX0,unity_4LightPosY0,
                          unity_4LightPosZ0,unity_LightColor[0].rgb,unity_LightColor[1].rgb,
                          unity_LightColor[2].rgb,unity_LightColor[3].rgb,
                          unity_4LightAtten0, worldPos, worldNormal );
    #endif // VERTEXLIGHT_ON
#endif // !LIGHTMAP_ON
                       // UNITY_TRANSFER_SHADOW 宏的定义参见 9.3.2 节
                       UNITY_TRANSFER_SHADOW(o,v.texcoord1.xy);
                       return o;
            }
```

4. BasicDiffuse 着色器的生成代码：片元着色器入口函数

引擎会对应生成一个片元着色器入口主函数 frag_surf，该函数使用顶点着色器返回的 v2f_surf 结构体作为传入参数。根据原始的外观着色器中各种编译指示符指定的光照模型和其他参数，在里面依次调用用户定义的 surf 函数、LightingBasicDiffuse 函数和 final 函数进行光照和阴影处理，如下面的代码所示。

```
            // fragment shader
            fixed4 frag_surf (v2f_surf IN) : SV_Target
            {
                UNITY_SETUP_INSTANCE_ID(IN);
                Input surfIN;
                UNITY_INITIALIZE_OUTPUT(Input,surfIN);
                surfIN.uv_MainTex.x = 1.0;
                surfIN.uv_MainTex = IN.pack0.xy;
                float3 worldPos = IN.worldPos;
#ifndef USING_DIRECTIONAL_LIGHT
                fixed3 lightDir = normalize(UnityWorldSpaceLightDir(worldPos));
```

```
#else
                fixed3 lightDir = _WorldSpaceLightPos0.xyz;
#endif
#ifdef UNITY_COMPILER_HLSL
                SurfaceOutput o = (SurfaceOutput)0;
#else
                SurfaceOutput o;
#endif
                o.Albedo = 0.0;
                o.Emission = 0.0;
                o.Specular = 0.0;
                o.Alpha = 0.0;
                o.Gloss = 0.0;
                fixed3 normalWorldVertex = fixed3(0,0,1);
                o.Normal = IN.worldNormal;
                normalWorldVertex = IN.worldNormal;

                //调用用户编写的描述物体外观属性的 surf 函数，该函数会填充 SurfaceOutput 结构体后返回
                surf (surfIN, o); //第 1 步

                //计算光照和阴影信息
                UNITY_LIGHT_ATTENUATION(atten, IN, worldPos)
                fixed4 c = 0;
#ifndef LIGHTMAP_ON
                // 根据物体的反照率颜色与传进来的顶点光照信息计算出片元颜色
                c.rgb += o.Albedo * IN.vlight; //第 2 步
#endif // !LIGHTMAP_ON

// 光照贴图
#ifdef LIGHTMAP_ON
    #if DIRLIGHTMAP_COMBINED
                // directional lightmaps
                fixed4 lmtex = UNITY_SAMPLE_TEX2D(unity_Lightmap, IN.lmap.xy);
                half3 lm = DecodeLightmap(lmtex);
    #else
                // single lightmap
                fixed4 lmtex = UNITY_SAMPLE_TEX2D(unity_Lightmap, IN.lmap.xy);
                fixed3 lm = DecodeLightmap (lmtex);
    #endif
#endif // LIGHTMAP_ON

                // 如果没有使用预烘焙的光照贴图，则使用实时光照，调用用户自定义的光照模型函数
                // LightingBasicDiffuse，然后把光照颜色叠加到第 2 步计算出来的颜色上
#ifndef LIGHTMAP_ON
                c += LightingBasicDiffuse (o, lightDir, atten); // step 3
#else
                c.a = o.Alpha;
#endif

#ifdef LIGHTMAP_ON
                // combine lightmaps with realtime shadows
    #ifdef SHADOWS_SCREEN
        #if defined(UNITY_NO_RGBM)
                c.rgb += o.Albedo * min(lm, atten*2);
        #else
                c.rgb += o.Albedo * max(min(lm,(atten*2)*lmtex.rgb), lm*atten);
        #endif
    #else // SHADOWS_SCREEN
                c.rgb += o.Albedo * lm;
    #endif // SHADOWS_SCREEN
#endif // LIGHTMAP_ON

#ifdef DYNAMICLIGHTMAP_ON
                fixed4 dynlmtex = UNITY_SAMPLE_TEX2D(unity_DynamicLightmap,
                                                     IN.lmap.zw);
                c.rgb += o.Albedo * DecodeRealtimeLightmap(dynlmtex);
#endif
                // 如果还有自定义的对片元颜色的操作，就在 final 函数中执行
                final(surfIN, o, c); // step 4
```

```
                    UNITY_OPAQUE_ALPHA(c.a);
                    return c;
              }
            ENDCG
       } // end pass
    } // end subshader
}
```

接下来分析 3.1 节的问题 2）。由生成的着色器代码可以知道，该 Input 结构，是在片元着色器主入口函数 frag_surf 内，由着色器编译器（shader complier）生成的代码初始化之传递给 surf 函数的。也就是说，frag_surf 函数在内部转调用了 surf 函数。着色器编译器在将外观着色器展开成 Cg 代码时，便会按照一定的规则去生成 Cg 代码，定义和设置好顶点的世界坐标，而不需要用户去显式地声明——这也是外观着色器的设计哲学。

问题 3）即是 Unity 3D 着色器代码的编译指示符（compile directive）。编译指示符的一般格式如下。

```
#pragma surface surfaceFunction lightModel [optionalparams]
```

着色器编译器在编译着色器代码时，会依据代码中的编译指示符对代码按条件展开，填充上原本需要开发者手写的各种代码。由前面的编译格式可以看出，surfaceFunction 和 lightModel 是必须指定的。[optionparams]则说明在指定前面两个必选项的基础上，还可以可选地指定一些其他附加指令。surfaceFunction 通常就是代码中的 surf 函数（函数名可以任意），它的函数签名格式是固定的。

```
void surf(Input IN, inout SurfaceOutput o)
```

surf 函数对传递进来的描述物体外表面材质属性信息的 SurfaceOutput 结构体进行填充后返回。

5. SurfaceOutput 结构体

SurfaceOutput 结构体的定义如以下代码所示。

```
// 所在文件: lighting.cginc 代码
// 所在目录: CGIncludes
// 从原文件第 10 行开始，至第 17 行结束
struct SurfaceOutput
{
    fixed3 Albedo;   // 物体表面的漫反射颜色
    fixed3 Normal;   // 物体表面的法线
    fixed3 Emission; // 物体的自发光颜色
    half Specular;   // 物体的镜面反射系数，在[0,1]范围
    fixed Gloss;     // 物体的镜面高光亮度值
    fixed Alpha;     // 物体的透明值
};
```

lightModel 即光照模型，此模型指明了经过 surfaceFunction 处理过的表面片元信息之后，如何利用这些片元信息进行光照计算。光照模型可以使用 Unity 3D 自带的光照函数，如 Lambert 模型，也可以使用自定义的光照函数。这些光照函数的命名规则是 Lighting××××，即如果在编译指令中指定的光照模型名为××××，则定义此光照模型的光照函数名为 Lighting××××。以引擎自带的 Lambert 模型为例，此光照模型函数则是在 Lighting.cginc 文件中定义的 Lighting Lambert，如下所示。

```
inline fixed4 LightingLambert (SurfaceOutput s, UnityGI gi)
{
    fixed4 c;
    c = UnityLambertLight(s, gi.light);
#ifdef UNITY_LIGHT_FUNCTION_APPLY_INDIRECT
```

```
    c.rgb += s.Albedo * gi.indirect.diffuse;
#endif
    return c;
}
```

LightingLambert 函数内部转调用了内置函数 UnityLambertLight 函数进行光照计算。

6. UnityLambertLight 函数

UnityLambertLight 函数的定义如下。

```
// 所在文件: lighting.cginc 代码
// 所在目录: CGIncludes
// 从原文件第 29 行开始，至第 37 行结束
inline fixed4 UnityLambertLight (SurfaceOutput s, UnityLight light)
{
    fixed diff = max (0, dot (s.Normal, light.dir));
    fixed4 c;
    c.rgb = s.Albedo * light.color * diff;
    c.a = s.Alpha;
    return c;
}
```

两函数分别用到的 UnityGI 结构体和 UnityLight 结构体则是在 UnityLightCommon.cginc 文件中定义，这将在后面给出。

7. UnityLight、UnityIndirect 和 UnityGI 结构体的定义

UnityLight、UnityIndirect 和 UnityGI 结构体的定义如下。

```
// 所在文件: UnityLightingCommon.cginc 代码
// 所在目录: CGIncludes
// 从原文件第 9 行开始，至第 26 行结束
struct UnityLight
{
    half3 color;    // 直接光照光的颜色
    half3 dir;      // 直接光照的方向
    half  ndotl;    // 法线方向向量和光照方向向量的点积值，此值已经不使用了，故在开发中不要再用
                    // 在开发中不要再用
};

struct UnityIndirect
{
    half3 diffuse; // 间接光照的漫反射贡献量
    half3 specular;// 间接光照的镜面反射贡献量
};

struct UnityGI
{
    UnityLight light;
    UnityIndirect indirect;
};
```

可以看到，LightingLambert 函数接收一个从 surf 函数返回的 SurfaceOutput 类型结构体，以及一个 UnityGI 类型结构体。在函数内部，代码使用了 UnityGI 结构体变量，即光源信息去参与颜色计算。光照函数的具体实现是本书的重点内容，将在后面章节中详细叙述。

optionalparams 可选项包含了很多可用的指令类型，包括开启、关闭一些状态，设置生成的渲染类型，指定可选函数等。本章只关注可指定的函数，除了上述的 surfaceFuntion 和 lightModel，还可以自定义两种函数：vertex:VertexFunction 和 finalcolor:ColorFunction。一个外观着色器在整个渲染流水线中的执行流程如图 3-3 所示。

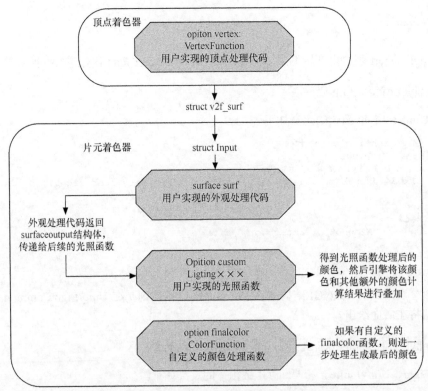

▲图 3-3　外观着色器在整个渲染流水线中的执行流程

3.1.2　外观着色器的编译指示符

外观着色器的功能性代码需要放在 CGPROGRAM 和 ENDCG 两个指令之间。着色器代码段必须放在 SubShader 块中间，而不能放在 Pass 块内，编译器会将它编译到多个渲染通路（render pass）内。必须使用#pragma surface 指示符去指明本着色器是一个外观着色器。指示符的格式如下。

```
#pragma surface surfaceFunction lightModel [optionalparams]
```

声明一个外观着色器必需的编译指示符与参数如表 3-1 所示。

表 3-1　　　　　　　　　　　外观着色器必需的编译指示符与参数

编译指示符与参数	含义		
surfaceFunction	包含 surface shader 实现代码段的用 Cg 语言编写的函数，该函数务必是 void surf(Input IN, inout SurfaceOutput o)的形式。Input 就是传进来的待渲染物体的顶点格式，SurfaceOutput 就是计算返回的待渲染物体的表面的最终颜色		
lightModel	本 surface shader 所使用光照模型，内建的有基于物理渲染的、非物理渲染的光照模型，也可以自定义光照模型	内建的基于物理渲染的光照模型	Standard（使用 SurfaceOutputStandard 作为颜色输出结构）
			StandardSpecular（使用 SurfaceOutputStandardSpecular 作为颜色输出结构）
		内建的非物理渲染的光照模型	Lambert
			BlinnPhong

和 Alpha 混合及 Alpha 测试相关的编译指示符参数如表 3-2 所示。

表 3-2　　　　　　　　　　和 Alpha 混合及 Alpha 测试相关的编译指示符与参数

编译指示符与参数	功能描述
alpha alpha:auto	当启用此项时，如果使用了简单的光照函数，将启用传统的半透明混合计算方式；如果使用了基于物理的光照函数，则启动预计算的半透明混合方式
alpha:blend	启动 Alpha 混合
alpha:fade	启动传统的半透明混合计算方式
alpha:premul	启动预计算的半透明混合计算方式
alphatest:VariableName	启动 Alpha 裁切方式，Alpha 裁切阈值（cutoff value）通过 VariableName 变量指，是一个浮点数
keepalpha	当启用了此项，默认地，不透明的外观着色器在 Alpha 信道（channel）写入的 Alpha 值为 1.0，而不管外观输出结构体（即 SurfaceOutput 等结构体）中的 Alpha 分量或光照函数中返回的 Alpha 值是多少
decal:add	指定一个叠加式贴花效果着色器（additive decal shader）。使用此项，表示一个放置在别的物体表面之上的物体，使用叠加混合操作（additive blending）
decal:blend	指定为半透明贴花效果着色器（semitransparent decal shader）。使用此项，表示一个放置在别的物体表面之上的物体，使用源颜色-目标颜色按比例混合的操作（就是狭义上的 alpha blending）

表 3-3 中的指示符可以指定自定义的"用来改变或计算传入的顶点数据"的顶点操作函数，或者自定义的"改变最终计算出来的片元颜色"的片元操作函数。

表 3-3　　　　　　　　　　和自定义操作顶点与片元着色器相关的指示符与参数

编译指示符与参数	功能描述
vertex:VertexFunction	自定义的顶点修改函数，该函数会在生成的顶点着色器开始执行前被调用。此函数可以修改和预计算每一个传入的顶点
finalcolor:ColorFunction	自定义的修改（片元）颜色的函数
finalgbuufer:ColorFunction	指示使用自定义的"修改在延迟渲染中用到的 GBuffer 的内容"的函数
finalprepass:ColorFunction	自定义一个函数，用来实现延迟渲染中计算光照前的前置处理

表 3-4 中的指示符用来控制着色器中的阴影和顶点镶嵌操作。

表 3-4　　　　　　　　　　和阴影操作和顶点镶嵌操作相关的指示符与参数

编译指示符与参数	功能描述
addshadow	生成一个投射阴影渲染通路（shadow caster pass）。通常都配合自定义的修改顶点（custom vertex modification）的函数使用，以便投射阴影时，能同步得到所有的"由程序实时计算的顶点动画"（procedural vertex animation）信息，生成相匹配的阴影
fullforwardshadows	在前向渲染路径（forward rendering path）中，支持所有的光源阴影类型，默认地，着色器仅支持前向渲染路径中的有向平行光（directional light）所产生的阴影。如果需要让点光源（point light）和聚光灯光源（spot light）在前向渲染路径中也能产生阴影，就启用该指示符
tessellate:TessFunction	指定一个函数，使用 DX 11 的 GPU 镶嵌（tesselation）功能计算镶嵌因子（tesselation factor）

在默认情况下，编译生成的外观着色器代码将会尝试处理所有可能的照明、阴影、光照贴图实现方案（scenario）。但是在某些情况下，当明确知道有某些实现方案不需要时，可以通过控制代码的生成选项（generation option）去跳过这些冗余的实现方案，将生成更小的、加载速度和运行速度更快的着色器代码。表 3-5 是精简着色器代码的指示符与参数。

表 3-5　　　　　　　　　　　　　精简着色器代码的指示符与参数

编译指示符名与参数	功能描述
exclude_path:deferred	不给指定的延迟渲染途径生成对应的渲染通路
exclude_path:forward	不给指定的前向渲染途径生成对应的渲染通路
exclude_path:prepass	不给指定的前置渲染途径生成对应的渲染通路
noshadow	在启用本指示符的着色器中，所有的可渲染物体都不接受阴影投射到它表面上
noambient	不支持任何环境光照（ambient light）效果或者光探针（light probe）
novertexlights	在前向渲染途径中，不支持任何光探针或者逐顶点光照（per-vertex light）
nolightmap	禁用所有的光照贴图操作（lightmapping）
nodynlightmap	禁用所有的运行时动态全局光照（dynamic global illumnation）
nodirlightmap	在本着色器代码中，禁用对有向光照贴图（directional lightmap）的支持
nofog	禁用对引擎内建的雾效果的支持
nometa	不生成元渲染通路。元渲染通路用在光照贴图操作和动态全局光照的场合，用来展开（extract）场景中物体的表面信息
noforwardadd	禁用在前向渲染途径中的附加（渲染）通路[addtive (render) pass]。通过启用本指示符，将会让着色器只支持一个全有向平行光源（full directional light）。其他光源则以逐顶点或者球面调谐（sphere harmony，SH）的方式去计算
nolppv	关闭对光探针代理体（light probe proxy volume，PPV）的支持
noshadowmask	关闭对阴影遮蔽面（shadowmask）的支持

表 3-6 的指示符用来设置其他一些杂项。

表 3-6　　　　　　　　　　　　　其他杂项相关的指示符与参数

编译指示符名与参数	功能描述
softvegetation	仅当启用软植被时（soft vegetation），本外观着色器会被用于渲染操作
interpolateview	在顶点着色器中，而不是在片元着色器中计算（摄像机）的观察方向（view direction）。启用此选项将会使片元着色器运行得更快些
halfasview	给光照计算函数传递一个半角向量（halfway vector），以代替传递一个视线方向（view direction）。该半角向量将会逐顶点计算并且单位化（normalized）
dualforward	在前向渲染途径使用双烘焙光照贴图（dual lightmap）

3.1.3　传给外观着色器函数的参数

传给外观着色器的输入结构通常可以包含任意着色器所需的纹理映射坐标。定义一个结构体分量去描述纹理映射坐标时，该分量务必以 uv 开头，然后后面加上分量名字，如 uv_diffuse、uv_bumpmap 等；如果是第二层纹理映射坐标，则使用 uv2 开头，其他层依此类推。

在声明传给光照函数使用的输入结构体时，有一些特定名称的变量名是由引擎默认实现的。如表 3-7 所示，当使用这些变量时，不用一遍又一遍地手写获取这些变量的即时值的代码，而是直接由引擎计算并传递。

表 3-7　　　　引擎内建支持的外观着色器光照函数的输入结构体的各属性分量

变量	类型	功能描述
viewDir	float3	摄像机观察方向，即视线方向，可以用来实现视差（parallax）、轮廓光照（rim lighting）等效果
screenPos	float4	片元在屏幕空间中的坐标值，用来实现反射和一些基于屏幕空间的效果

续表

变量	类型	功能描述
worldPos	float3	片元在世界空间中的坐标
worldRefl	float3	片元的基于世界空间的反射坐标（wolrd reflection vector），可以用来对环境贴图（environment mapping）进行采样，形成环境贴图效果
worldNormal	float3	片元的基于世界空间的法线，由基于模型空间的法线乘以世界空间矩阵的逆转置矩阵变换而来

3.2 直接编写顶点着色器和片元着色器

ShaderLab 除了封装了由用户编写的，可编程的（programmable）那一部分的着色器代码外，还做了很多其他的事情。例如，在 ShaderLab 着色器中可以定义属性（properties），这些属性可以在引擎编辑器的材质信息查看面板（material inspector）中查看。在 ShaderLab 代码文件中，可以配置一些只能在渲染器的固定管线（fixed function）部分中设置的硬件状态，如是否启用深度检测（Z Test）、深度测试的测试指令是什么、是否启用 Alpha 测试等。

除了使用外观着色器外，引擎还支持在 ShaderLab 中直接编写顶点着色器和片元着色器，去实现所需的渲染效果。

通过使用 Cg 语言，在 ShaderLab 的 Pass 代码段中，在 CGPROGRAM 语句之后，ENDCG 语句之前，嵌入一些着色器代码片段（snippets），便可以采用直接编写顶点着色器和片元着色器的实现代码这种传统的着色器编写方式，去实现着色器。这种编写方式的代码结构通常如下所示。

```
Pass
{
    // 此处的代码和普通的 Pass 的设置一样

    CGPROGRAM
    // 本代码片段所需要的编译指示符
    #pragma vertex vert // 指定顶点着色器的主入口函数，主入口函数名为 vert
    #pragma fragment frag // 指定片元着色器的主入口函数，主入口函数名为 frag

    // 具体的着色器实现代码在这里

    ENDCG
    // 此处的代码和普通的 Pass 的设置一样
}
```

3.2.1 用 Cg 语言编写的包含着色器功能的代码片段

如果使用 CGPROGRAM 和 ENDCG 关键字，编译器在编译代码时会自动包含 HLSLSupport 文件和 UnityShaderVariables 文件；如果启用了 HLSLPROGRAM 和 ENDHLSL 语句，就不会自动包含。

在代码片段之前是编写编译指示符的地方，在此可以通过#pragma 声明符（statements）去指定编译那些着色器函数。控制 Cg 代码片段的编译和优化指示符如表 3-8 所示。

表 3-8 控制 Cg 代码片段的编译和优化指示符

指示符	参数	功能描述
#pragma vertex	函数名字符串	指定顶点着色器的主入口函数
#pragma fragment	函数名字符串	指定片元着色器的主入口函数

续表

指示符	参数	功能描述
#pragma geometry	函数名字符串	指定几何着色器（geometry shader）的主入口函数，因为几何着色器是从 DirectX3D 10, OpenGL 3.2 版本才开始引入的，启用此指示符，将会自动启用执行 #pragma target 4.0 语句
#pragma hull *name*	函数名字符串	指定表层着色器（hull shader）的主入口函数，因为表层着色器是从 DirectX3D 11 版本才开始引入的，启用此指示符，将会自动启用#pragma target 5.0
#pragma domain	函数名字符串	指定范畴着色器（domain shader）的主入口函数，因为几何着色器是从 DirectX3D 11 版本才开始引入的，启用此指示符，将会自动启用#pragma target 5.0
#pragma target	着色器版本值	设置着色器目标值（shader target），告诉编译器按什么版本的着色器数据模型（shader model），以及面向什么目标平台去编译着色器代码
#pragma only_renderers	以空格符分隔的各渲染器名称字符串	把着色器源代码编译成只被所声明的渲染器支持的目标代码。不启用此选项，将默认地把代码编译成引擎所支持的所有渲染器都能执行
#pragma exclude_renderers	以空格符分隔的各渲染器名称字符串	把着色器源代码编译成被除所声明之外的渲染器支持的目标代码。不启用此选项，将默认地把代码编译成引擎所支持的所有渲染器都能执行
#pragma multi_compile	着色器多样体的名字	指定多重的着色器多样体（shader variants）
#pragma enable_d3d11_debug_symbols	无参数	如果着色器代码编译成 DirectX11 版本，则生成着色器调试信息
#pragma hardware_tier_variants	渲染器名称字符串	对于可以运行所选渲染器的每个硬件层，生成每个已编译着色器的多个着色器硬件变体
#pragma glsl, #pragma glsl_no_auto_normalization #pragma profileoption #pragma fragmentoption	与 GLSL 相关的预处理器	Unity 3D 5.0 及之后的版本已废除这些指示符

3.2.2　声明目标渲染器

Unity 3D 引擎支持多种渲染编程接口（programming interface），如 Direct3D 和 OpenGL 等，如表 3-8 所示，默认情况下所有着色器源代码都被编译到所有引擎能支持的渲染器中。使用#pragma only_renderers 或#pragma exclude_renderers 编译指示符，可以明确地告诉引擎把着色器源代码编译成只能给指定渲染器执行的版本。其他没有指定的渲染器，即使特性都支持，也都不编译。尤其当要使用一些只有某种渲染器才支持的语言特性时，上面两个编译指示符的其中一个是需要使用的。目前 Unity 3D 支持的渲染器名称和对应的渲染接口如表 3-9 所示。

表 3-9　　　　　　　　Unity 3D 支持的渲染器名称和对应的渲染接口

编译指示符名与参数	功能描述
d3d9	Direct3D 9
d3d11	Direct3D 11/12，使用 9.x
glcore	OpenGL 3.x/4.x
gles	OpenGL ES 2.0
gles3	OpenGL ES 3.x

续表

编译指示符名与参数	功能描述
metal	iOS 或者 Mac 平台上的 Metal
vulkan	Vulkan
d3d11_9x	Direct3D 11，使用 9.x 的功能
xboxone	Xbox One
ps4	PlayStation 4
psp2	PlayStation Vita
wiiu	Nintendo Wii U

　　为了处理多种多样的显卡的兼容性问题，Direct3D 11 引入了功能级别（feature level）的概念，每一个显卡都实现了一定级别（certain level）的 Direct3D 的功能。在 Direct3D 11 之前，针对 Direct3D 所定义的整个功能集，可以查询到显卡已经实现的部分功能。

　　功能级别是一组明确定义的 GPU 功能。例如，9_1 功能级别实现了在 Direct3D 9.1 版本中定义的功能，而 11_0 功能级别则实现了在 Direct3D 11 中定义的功能。当创建 Direct3D 设备（device）时，系统首先尝试依据请求的功能级别去创建对应的设备，如果能成功创建设备，表示存在该功能级别；如果创建设备失败，表示当前的硬件不支持所请求的功能级别。这时尝试用更低级别的功能级别，去重新创建设备，也可以选择退出程序。

　　回到表 3-9 中的"d3d11_9x"项，即使用 Direct3D 11 的编程接口，但是把功能限定在 Direct3D 9 的功能范围内。例如，虽然是 Direct3D 11，但几何着色器相关的内容就不能使用了。

3.2.3　着色器的语义

　　着色器语言中的语义（semantics）用来说明在输入顶点的结构体中，以及顶点着色器传递给片元着色器中的数据（称为 varying 数据）结构体中，各数据成员的预期用途，如说明某数据是位置信息还是法向量信息，是纹理映射坐标还是雾化因子等。语义也表明这些图元数据存放的硬件资源是什么，如是寄存器还是纹理缓冲区等。

　　输入给顶点着色器中的顶点数据，以及输入给片元着色器中 varying 数据，必须和一个语义词相绑定，这称为绑定语义（bind semantics）。以 3.1.1 节中的 v2f_surf 结构体和 4.2.3 节中的 appdata_full 结构体为例，代码中的 POSITION、NORMAL、TAGENT、TEXCOORD0 便是语义词。

　　着色器语言的语义概念是基于图形流水线工作机制而引入。从前面所描述的渲染流水线的大致流程中可以看出，一个阶段处理完数据后传输给下一个阶段，那么如何确定每个阶段之间的接口？例如，顶点处理器的输入数据是处于模型空间的顶点数据，包含位置坐标、法线向量等；输出的是裁剪空间中未经透视除法的齐次坐标和顶点的光照颜色（如果在顶点着色器做了光照计算）；片元处理器则是将顶点着色器的输出作为输入。拿到输入数据后，片元处理器如何知晓光照颜色在数据流中的位置？在 C 语言等高级语言中，数据流从接口的一端流向另一端时，可以通过指针去获得某段数据的起始位置。但一般着色器语言并不支持指针机制，所以在 Cg 等着色器语言中，通过引入绑定语义机制，指定数据存放的位置，实际上就是将输入/输出数据和数据存储区域做一个映射关系。根据输入语义，GPU 从某个存储区域中取数据；然后将处理好的数据，根据输出语义放到指定的存储区域。

　　语义是流水线中可编程阶段之间的输入/输出数据和存储区域之间的桥梁。语义通常也表示数据含义，如 POSITION 一般表示某项顶点数据是顶点位置、NORMAL 表示法线等。

1. 顶点着色器的输入语义

表 3-10 是常见的顶点着色器中支持的输入语义，其中，n 是一个从 0 到系统所支持的最大个数，如 TEXCOORD0 等。

表 3-10　　　　　　　　　　　顶点着色器中支持的输入语义

输入语义	功能描述
BINORMAL[n]	副法线向量
BLENDINDICES[n]	骨骼的混合索引值
BLENDWEIGHT[n]	骨骼的混合权重值
COLOR[n]	漫反射或者镜面反射颜色值
NORMAL[n]	法线向量值
POSITION[n]	顶点在模型空间中的坐标值
POSITIONT	已经变换到裁剪空间中的顶点坐标值
PSIZE[n]	顶点的点大小值
TANGENT[n]	顶点的切线向量值
TEXCOORD[n]	顶点的纹理映射坐标值

在表 3-10 中，语义词 POSITION0 等价于 POSITION，其他的语义词也有类似的等价关系。语义词的使用示例说明如下所示。

```
in float4 modelPos: POSITION
```

表示该参数中的数据是顶点位置坐标（通常位于模型空间），属于输入参数，语义词 POSITION 是输入语义。

```
in float4 modelNormal: NORMAL
```

表示该参数中的数据是顶点法向量坐标（通常位于模型空间），属于输入参数，语义词 NORMAL 是输入语义。

2. 顶点着色器的输出语义

表 3-11 是常用的顶点着色器中支持的输出语义。

表 3-11　　　　　　　　　　常用的顶点着色器中支持的输出语义

输出语义	功能描述
COLOR[n]	漫反射或者镜面反射颜色值
FOG	雾化因子系数
POSITION[n]	顶点在裁剪空间中的坐标值，是一个四维齐次坐标，并且已经做过透视除法值，本语义词用在 Direct3D 9 HLSL 上
PSIZE	顶点的点大小值，用在实现点精灵的场合

顶点着色器的输出数据被传入片元着色器中，所以顶点着色器的输出语义通常也是片元着色器的输入语义，但是语义 POSITION 除外。顶点着色器必须声明一个输出变量，并绑定 POSITION 语义。

为了让顶点着色器输出语义和片元着色器输入语义保持一致，通常同一个结构体类型数据作为两者之间的传递，3.1.1 节中 v2f_surf 的定义如下。

```
struct v2f_surf
{
    //其他代码
    float2 pack0 : TEXCOORD0;        // _MainTex
    half3 worldNormal : TEXCOORD1;
    float3 worldPos : TEXCOORD2;
    fixed3 vlight : TEXCOORD3;        // ambient/SH/vertexlights
    //其他代码
};
```

struct 结构中的成员变量绑定语义时，需要注意到顶点着色器中使用的 POSITION 语义词是不会被片元着色器所使用的。如果要从顶点着色器向片元着色器传递数据，可以声明参数，然后绑定 TEXCOORD 系列的语义进行传递。TEXCOORD 系列的语义除了可以传递纹理映射坐标之外，还可以用于传递其他数据。

3. 片元着色器的输入语义

常用的片元着色器的输入语义如表 3-12 所示。

表 3-12　　　　　　　　　　　常用的片元着色器的输入语义

输入语义	功能描述
COLOR[n]	副法线向量
TEXCOORD[n]	纹理映射坐标
VFACE	一个浮点标量值，用来指明图元的朝向，负值表示图元背向摄像机，正值表示面向摄像机
VPOS	指明输入片元着色器的变量是一个基于屏幕空间的像素坐标。此语义为 Direct3D 9HLSL 特有

POSITION 语义用于顶点着色器，用来指定这些位置坐标值，是变换前的顶点在模型空间中的坐标。SV_Position 语义则用于片元着色器，用来标识经过顶点着色器变换之后的顶点坐标。

SV 是 Systems Value 的简写。在 SV_Position 的情况下，如果它绑定在一个从顶点着色器输出的结构体上，意味着该输出的结构体包含了最终转换过的并将用于光栅器的顶点坐标。或者，如果将这个标志绑定到一个输入给片元着色器的结构体，它会包含一个基于屏幕空间的像素坐标。

如前文所述，顶点着色器将会输出顶点的齐次坐标到裁剪空间中，然后在光栅处理阶段，这些齐次坐标将会进行透视除法，并执行视口变换，最后获得以 SV_Position 为标识的，传递给 PS 的，取值范围是[0, 视口高宽]，视口左上角为坐标原点的片元位置坐标。

从 Driect3D 10 开始出现的 SV_Position 语义，提供了类似于在 Direct3D 9 对应的 Shader Model 3.0 版本中的 VPOS 语义。VPOS 语义是特意用来表示某个像素点的坐标为屏幕空间坐标的。在 Driect3D 10 及更高的版本中，SV_Position 语义同样指定了某个片元的坐标为屏幕空间坐标。但与 VPOS 不同的是，指定了 SV_Position 语义的屏幕空间坐标，光栅器已经自动地对这个值做了 0.5 像素的偏移，即该坐标对应的是该像素的中心点而不是左上角。

片元着色器可以接受传入片元在屏幕空间的位置坐标值，以代替 SV_Position 语义词指定的，在裁剪空间的片元位置坐标值。这个功能是从着色器数据模型 3.0 版本开始得到支持的，因此，要使用此功能，必须声明#pragma target 3.0 编译指示符。

在不同平台上，屏幕空间的位置坐标值的数值类型也是不同的，所以为了兼容性，可以使用 Unity 3D 引擎提供的 UNITY_VPOS_TYPE 类型去定义该坐标值。在大多数平台上，UNITY_VPOS_TYPE 被定义为 float4 类型，在 Direct3 D9 平台上定义为 float2 类型。

若使用此语义词不能同时在一个顶点至片元的结构体中定义 SV_Position。因此，如果在顶点着色器中要同时输出绑定了 SV_Position 语义和 VPOS 语义的变量，需要在顶点着色器主入口函数中额外定义一个 out 类型的参数，在片元着色器主入口函数中如下代码所示。

4. 在着色器中同时使用 SV_Position 语义和 VPOS 语义

下面的代码展示了如何同时使用 SV_Position 语义和 VPOS 语义。

```
Shader "Unlit/Screen Position"
{
    Properties
    {
        _MainTex ("Texture", 2D) = "white" {}
    }
    SubShader
    {
        Pass
        {
            CGPROGRAM
            #pragma vertex vert
            #pragma fragment frag
            #pragma target 3.0

            // 只定义了使用第 0 层纹理坐标的语义，没有定义 SV_Position 语义到分量中
            struct v2f {
                float2 uv : TEXCOORD0;
            };

            v2f vert (// 输入给顶点着色器的顶点描述结构体
                float4 vertex : POSITION,          // 顶点坐标
                float2 uv : TEXCOORD0,             // 顶点使用的第 0 层纹理映射坐标
                // 不能在顶点到片元的结构体 v2f 中描述，只能在顶点着色器的
                // 主入口函数中声明为 out 返回
                out float4 outpos : SV_Position    // 顶点在裁剪空间的位置坐标
            )
            {
                v2f o;
                o.uv = uv;
                // 调用 Unity 提供的工具函数，把顶点从模型空间变换到裁剪空间
                outpos = UnityObjectToClipPos(vertex);
                return o;
            }

            sampler2D _MainTex;

            fixed4 frag (v2f i, UNITY_VPOS_TYPE screenPos : VPOS) : SV_Target
            {
                //SV_Position 语义所指明的裁剪空间坐标的范围是[-1,1]，而 VPOS
                //语义所指明的坐标值就是像素坐标值，假如视口的高宽分别是
                //1024 像素和 768 像素，则 VPOS 坐标的取值范围就是[0,1024]、[0,768]，并且是整数值
                screenPos.xy = floor(screenPos.xy * 0.25) * 0.5;
                float checker = -frac(screenPos.r + screenPos.g);
                //若不能通过检测，就直接丢弃
                clip(checker);
                fixed4 c = tex2D (_MainTex, i.uv);
                return c;
            }
            ENDCG
        }
    }
}
```

片元着色器可以接受一个输入参数，该参数用来指明当前渲染的表面（当前片元所处的表面）是否正面朝向摄像机。当使用双面渲染（多边形的正反面都可视）时，该语义很有用。当多边形正向摄像机时，VFACE 绑定的变量是一个正值；背向摄像机时，该变量是一个负值。因为 VFACE 语义是在 shader model 3.0 时引入的，所以要使用 VFACE 语义，必须使用#pragma target 3.0 编译指示符。

5. 在着色器中使用 VFACE 语义

下面的代码展示了如何在着色器中使用 VFACE 语义。

```
Shader "Unlit/Face Orientation"
{
    Properties
    {
        _ColorFront ("Front Color", Color) = (1,0.7,0.7,1)
        _ColorBack ("Back Color", Color) = (0.7,1,0.7,1)
    }
    SubShader
    {
        Pass
        {
            Cull Off // turn off backface culling

            CGPROGRAM
            #pragma vertex vert
            #pragma fragment frag
            #pragma target 3.0

            float4 vert (float4 vertex : POSITION) : SV_Position
            {
                return UnityObjectToClipPos(vertex);
            }

            fixed4 _ColorFront;
            fixed4 _ColorBack;

            fixed4 frag (fixed facing : VFACE) : SV_Target
            {
                // 依据 VFACE 语义变量 facing 的取值，得到当前是正向还是背向摄像机，显示不同颜色
                return facing > 0 ? _ColorFront : _ColorBack;
            }
            ENDCG
        }
    }
}
```

6. 片元着色器的输出语义

表 3-13 是常见的片元着色器的输出语义。

表 3-13   常见的片元着色器的输出语义

输出语义	功能描述
SV_Target[n]	漫反射或者镜面反射颜色值
SV_Depth	雾化因子系数

在大多数情况下，片元着色器将会输出一个颜色值，这个颜色值通常指定为 SV_Target 语义。如下代码所示，片元着色器主入口函数返回一个 fixed4 的类型值。

```
fixed4 frag (v2f i) : SV_Target
```

除了以单个数值的形式返回之外，片元着色器还支持以结构体的形式返回数据，如下代码所示。

```
struct fragOutput
{
    fixed4 color : SV_Target;
};

fragOutput frag (v2f i)
{
    fragOutput o;
    o.color = fixed4(i.uv, 0, 0);
    return o;
}
```

上面两段代码是等价的，但以结构体的形式返回数据，不仅可以只返回颜色值，只需要在结构体上增加对应的属性分量，就可以返回其他的语义项。

其他的语义项有 SV_Target1、SV_Target2。当使用多渲染目标（multiple render targets，MRT）技术一次性地向不止一个渲染目标（render target）中写入颜色数据时，就需要利用 SV_Target1、SV_Target2 等一一对应去注明往哪个渲染目标去写入。SV_Target 等同于 SV_Target0，大多数情况下对应于默认的帧缓冲区。多渲染目标在延迟渲染技术中会被普遍使用到。

在通常情况下，片元着色器是不会对由光栅器计算而来的片元深度值做修改的。但要实现某些特殊效果，对深度缓冲区中每个片元的深度值进行定制操作是必要的。声明 SV_Depth 就是告诉 GPU，片元着色器的输出要覆写深度缓冲区的值。声明为 SV_Depth 语义的结构体属性分量是 float 类型。

在一些 GPU 的实现中，如果启用了在片元着色器中修改深度缓冲区的功能，将会导致 GPU 关闭针对深度缓冲区的一些优化。因此，除非绝对必要，尽量不要覆盖修改深度缓冲区的值。

3.3 在 Cg 代码中访问着色器属性块

Unity 3D 着色器代码通过使用属性块（properties block）的方式声明着色器中要用到的材质属性。声明完材质属性后，还需要在着色器的 Cg/HLSL 代码体内一一对应声明一次材质属性对应的着色器变量。

3.3.1 在着色器代码中声明材质属性

通过以下代码在着色器代码中声明材质属性。

```
// 下面的 5 行代码是属性块，在属性块中声明了这些变量，则变量可以在
// 使用了本 shader 的材质球（*.mat 文件）的 Inspector 面板中可视化调整，如图 3-4 所示。
Shader "Custom/BasicDiffuse"
{
    Properties
    {
        _MyColor ("Some Color", Color) = (1,1,1,1)
        _MyVector ("Some Vector", Vector) = (0,0,0,0)
        _MyFloat ("My float", Float) = 0.5
        _MyTexture ("Texture", 2D) = "white" {}
        _MyCubemap ("Cubemap", CUBE) = "" {}
    }

    // 代码的其他部分
}
```

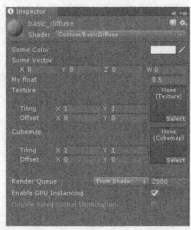

▲图 3-4　在材质球的 Inspector 面板中可视化操作着色器中的材质属性

3.3.2　在着色器代码中声明对应于材质属性的变量

声明材质属性后，要在代码中声明对应的着色器变量，如以下代码所示。

```
SubShader
{
    Tags { "RenderType"="Opaque" "RenderType"="Opaque" }
    LOD 200

    CGPROGRAM
    #pragma surface surf BasicDiffuse vertex:vert finalcolor:final noforwardadd
    #pragma debug
    // 对应于属性块中声明的材质属性所声明的着色器变量
    fixed4 _MyColor
    float4 _MyVector;
    float _MyFloat;
    sampler2D _MyTexture;
    sampler2D _MyCubemap;

    // 代码的其他部分
}
```

3.4　使用着色器多样体处理多种情况

支持条件编译的编译型语言，通常是使用预处理宏的机制确定宏的取值，然后编译器依据宏的值决定编译代码中的哪一部分。通过使用编译指示符#pragma multi_compile 或#pragma shader_feature，结合判定宏是否启用的指令 defined，以及引擎 C#语言层的 Material 类成员函数 EnableKeyword 或者 Shader 类静态成员函数 EnableKeyword，Unity 3D 的着色器编译器也支持这种预处理机制。

每一段由编译条件控制编译与否的代码段称为着色器多样体（shader variants），#pragma multi_compile 或者#pragma shader_feature 指示符后面跟着的名字字符串称为多样体关键字（variants keyword）。多样体关键字在着色器源代码中使用 defined、#ifdef 等进行判断的，称为多样体预处理宏（variants preprocess macro）。在本书后文中，如果不经特别声明，着色器代码中的预处理宏就是指多样体预处理宏，有时简称宏，请读者结合上下文理解。

3.4.1　编译指示符 multi_compile 和 shader_feature 的使用方式与区别

如下所示是一个使用编译指示符定义多样体的语句。

```
#pragma multi_compile FANCY_STUFF_OFF FANCY_STUFF_ON
```

该语句将会生成两个着色器多样体，一种就是启用了 FANCY_STUFF_OFF，另一种就是启用了 FANCY_STUFF_ON。在运行时，在 C#语言层面，调用 Material 类的成员函数 EnableKeyword 可以显式地激活其中一个着色器多样体，如果没有一个多样体关键字被显式地启用，那么将默认启用第一个多样体。#pragma multi_Compile 指示符还可以定义多于两个的多样体关键字。

当使用完全由下画线 "_" 组成的多样体关键字时，对应的多样体依然被编译，但没有与之对应的预处理宏被定义，比如以下代码。

```
#pragma multi_compile __ FOO_ON
```

在着色器代码中，就不能用 defined(__)这样的语句去判断某段代码是否开启。但 "__" 所对应的 Z 着色器多样体会被识别并编译。例如下面的着色器代码。

```
float4 FooFunction()
{
```

```
#ifdef FOO_ON
    return float4(0.1,0.2,0.3,0.4);
#else
    return float4(0.4,0.3,0.2,0.1);
#endif
}
```

如果没有调用 EnableKeyword 函数去设定启用 FOO_ON，那么调用 FooFunction 函数时，将会执行#else 和#endif 之间的代码段，返回 float4(0.4,0.3,0.2,0.1)。

使用这种匿名的方式定义多样体关键字，其好处是可以节省多样体关键字的个数，因为着色器编译器对多样体关键字的定义个数是有限制的。

#pragma shader_feature 类似于#pragma multi_compile，唯一的区别就是 shader_feature 指示符中声明的着色器多样体如果未被使用，在构建游戏运行包（game build）时将不会被打包进去。因此，如果要在物体的材质中设置，即调用 Material 类成员函数 EnableKeyword 去设置的多样体关键字，用 shader_feature 指示符声明最好。如果要在全局范围中设置，即调用 Shader 类静态成员函数 EnableKeyword 去设置的多样体关键字，用 multi_compile 指示符声明最好。

3.4.2　多样体关键字的使用限制

当使用着色器多样体时，要时刻切记 Unity 3D 有着只能使用 256 个多样体关键字的限制，并且大约有 60 个关键字已经被内置的代码所使用了。所以在编写自定义的着色器代码时，不能超出个数的限制。

3.4.3　内置的 multi_compile 指示符快捷使用方式

Unity 3D 提供了若干快捷（shortcut）编译指示符，可以用一个语句的方式代替需要多个编译指示符的声明，引擎后台在编译着色器代码时会将其自动展开。以下是若干快捷编译指示符的作用。

- multi_compile_fwdbase 编译指示符一次性开启所有在 ForwardBase 类型的渲染通路中所需的多样体，这些多样体定义了不同的烘焙光照图的类型；以及主要的有向平行光参与的光照计算中是否开启阴影计算。
- multi_compile_fwdadd 编译指示符一次性开启所有在 ForwardAdd 类型的渲染通路中所需的多样体，这些多样体将在渲染时控制操作场景中的有向光源、点光源和聚光灯光源的光照计算。
- multi_compile_fwdadd_fullshadows 编译指示符除了处理控制操作场景中的有向光源、点光源和聚光灯光源的光照计算之外，还会控制光源生成对应的实时阴影。
- multi_compile_fwdadd 编译指示符将会根据当前选定的雾化因子（详见 4.1.6 节）对应去展开成各个不同的多样体定义。

在使用快捷编译指示符时，如果想在快捷定义中同时生成的多样体中去除若干多样体，可以使用 skip_variants 编译指示符，如以下代码所示。

```
#pragma multi_compile_fwdadd
// multi_compile_fwdadd指示符把"POINT"和"POINT_COOKIE"都开启了
// 现在不想启用这两个
#pragma skip_variants POINT POINT_COOKIE
```

3.5　多平台着色器代码的支持

Unity 3D 面向不同的目标平台使用不同的着色器 API。使用#pragma only_renderers 或#pragma exclude_renderers 编译指示符，定义了如表 3-9 所示的目标渲染器后，着色器编译器会根据所启用的目标渲染器，定义上对应的宏，如表 3-14 所示。

表 3-14　　　　　　　　　　编译指示符指定的目标渲染器和对应的宏

编译指示符指定的目标渲染器	对应的宏
d3d9	SHADER_API_D3D9
d3d11	SHADER_API_D3D11
glcore	SHADER_API_GLCORE
gles	SHADER_API_GLES
gles3	SHADER_API_GLES3
metal	SHADER_API_METAL
vulkan	SHADER_API_VULKAN
d3d11_9x	SHADER_API_D3D11_9X
xboxone	SHADER_API_XBOXONE
ps4	SHADER_API_PlayStation 4
psp2	SHADER_API_PSP2
wiiu	SHADER_API_WIIU

此外，当目标着色语言为 GLSL 时，定义 SHADER_TARGET_GLSL（当定义了 SHADER_API_GLES 时总是为真；在使用了#pragma glsl 后，SHADER_API_OPENGL 可以为真）。为移动平台（iOS/Android）进行编译时，为 SHADER_API_GLES 定义 SHADER_API_MOBILE；在为桌面（本地客户端）进行编译时不定义。

3.6 确定着色器编译器的版本

3.6.1　和着色器编译器版本相关的宏

确定着色器使用版本的代码段如下。

```
// 所在文件：HLSLSupport.cginc 代码
// 所在目录：CGIncludes
// 从原文件第 3 行开始，至第 23 行结束
#ifndef HLSL_SUPPORT_INCLUDED
#define HLSL_SUPPORT_INCLUDED

// 根据各个宏的预定义情况，确定底层使用哪个着色器编译器
#if !defined(UNITY_COMPILER_CG) &&          // 如果 Cg 编译器没有被指定启用
     !defined(UNITY_COMPILER_HLSL) &&       // 如果 HLSL 编译器没有被指定启用
     !defined(UNITY_COMPILER_HLSL2GLSL)&&   //HLSL 转 GLSL 编译器没使用
     !defined(UNITY_COMPILER_HLSLCC)//如果 HLSLCC 编译器没被启用
#if defined(SHADER_TARGET_SURFACE_ANALYSIS)
//
#define UNITY_COMPILER_CG
    #elif defined(SHADER_API_GLCORE) || defined(SHADER_API_GLES3)
            || defined(SHADER_API_VULKAN)
#define UNITY_COMPILER_HLSL
#define UNITY_COMPILER_HLSLCC
#elif defined(SHADER_API_D3D11) || defined(SHADER_API_D3D11_9X)
    || defined(SHADER_API_D3D9) || defined(SHADER_API_XBOXONE)
    #define UNITY_COMPILER_HLSL
#elif defined(SHADER_TARGET_GLSL) || defined(SHADER_API_WIIU)
    #define UNITY_COMPILER_HLSL2GLSL
#else
    #define UNITY_COMPILER_CG
#endif
#endif
```

在上面的代码段中，如果 Cg、HLSL、HLSL2GLSL、HLSLCC 这 4 种着色器编译器都没有被定义使用，那么就根据其他的宏定义的使用情况去使用相对应的着色器编译器。

如果定义了 SHADER_TARGET_SURFACE_ANALYSIS 宏，即要启用 surface shader 的检查步骤（analysis step），那么启用 Cg shader compiler，即定义 UNITY_COMPILER_CG。如果没有启用 SHADER_TARGET_SURFACE_ANALYSIS 宏，则检查 SHADER_API_GLCORE、SHADER_API_ GLES3、SHADER_API_VULKAN 这 3 个平台 API 宏是否至少有一个启用了。这 3 个宏分别对应于桌面版的 OpenGL 3.*x*/4.*x* 版本、面向嵌入式平台的 OpenGL ES 3.0/3.1 版本、被寄望于取代 OpenGL 的新一代 API——vulkan。根据当前工程所选择的目标平台，以及细化的 API 选择操作，Unity 3D 着色器预编译器（shader precompiler）会自动判断是否应该启用这 3 个宏。

例如，在 Android 平台下，如果在 Player Setting 界面中勾选了使用 OpenGL ES 3.0 选项后，Unity 3D 着色器预编译器将会定义 SHADER_API_GLES3 宏。

上述 3 个平台 API 宏只要有一个被定义启用后，即宣告启用 UNITY_COMPILER_HLSL 宏和 UNITY_COMPILER_HLSLCC 宏。这是因为 Unity 3D 使用一个开源库 HLSLcc，将使用 HLSL 语法编写的着色器代码转成 GLSL 着色器代码或者面向苹果平台的 Metal 着色器代码，从而使得采用 Cg/HLSL 语法编写的 Unity 3D ShaderLab 着色器代码能够通用于各个不同平台。

接下来的几个 Direct3D 相关的平台判断类似即当面向 Windows 桌面系统或者面向 Xbox 平台时，采用 Direct3D 11 或者 Direct3D 9 为底层的渲染接口时，则启用 UNITY_COMPILER_HLSL 宏，表示将使用 HLSL 着色器编译器去编译 Unity 3D ShaderLab 着色器代码。

如果使用的是以 GLSL 为运行平台的着色器语言的平台，或者是任天堂的 Wii U 平台，则启用 UNITY_COMPILER_HLSL2GLSL 宏，表示使用由 ATI Technologies 提供的 HLSL2GLSL 工具，把采用 Cg/HLSL 语法编写的 Unity3D ShaderLab 着色器代码转译为 GLSL 代码。

最后，如果上述条件都不满足，就直接启用 UNITY_COMPILER_CG 宏，即使用 nVidia 公司提供的 Cg 工具集编译 Unity 3D ShaderLab 着色器代码。

3.6.2　消除着色器代码中各平台的语义差异性

1. 利用宏消除各平台的语义差异性

在以下代码中，利用宏消除各平台的语义差异性。

```
// 所在文件: HLSLSupport.cginc 代码
// 所在目录: CGIncludes
// 从原文件第 43 行开始，至第 73 行结束
#if defined(UNITY_FRAMEBUFFER_FETCH_AVAILABLE) &&
        defined(UNITY_FRAMEBUFFER_FETCH_ENABLED) &&
        defined(UNITY_COMPILER_HLSLCC)
#define SV_Target CoLoR
#define SV_Target0 CoLoR0
#define SV_Target1 CoLoR1
#define SV_Target2 CoLoR2
#define SV_Target3 CoLoR3

#define COLOR VCOLOR
#define COLOR0 VCOLOR0
#define COLOR1 VCOLOR1
#define COLOR2 VCOLOR2
#define COLOR3 VCOLOR3
#endif
```

UNITY_FRAMEBUFFER_FETCH_AVAILABLE 宏用来表征目标硬件平台是否实现了"帧缓冲区撷取"（frame buffer fetch）这一功能；UNITY_FRAMEBUFFER_FETCH_ENABLED 宏则表

示假如功能实现，是否启用它。

Direct3D 或者 OpenGL 平台上通常提供了一系列可配置的（configurable）混合（blending）操作，如把某个片元着色器最终输出的颜色与当前颜色缓冲区中的颜色进行混合操作，得到新的颜色值，再写入颜色缓冲区中去，这时候的颜色缓冲区是只写的。而帧缓冲区撷取功能就是指，把原本是只写的颜色缓冲区变成可读的，允许片元着色器将它当作数据输入源，读取里面的缓冲区数据。

从 2017.1 版本开始，Unity3D 引擎在其 C# API 代码的枚举类型 UnityEngine.Rendering.Builting ShaderDefine 中，定义了对应于上面的着色器代码中的 UNITY_FRAMEBUFFER_FETCH_AVAILABLE 宏的枚举值。一般地，OpenGL ES 2.0/3.0 或者苹果的 Metal 支持帧缓冲区撷取功能。

在片元着色器代码中，如果启用了帧缓冲区撷取功能，并且启用 HLSLCC 作为着色器编译器，那么当我们在代码中以下面的方式：

```
inout 变量类型 变量名 : SV_Target
```

当声明变量时，将会发生编译错误。要解决这个兼容性问题，就需要把语义 SV_Target 定义为 COLOR，但这时依然需要严格地区分顶点着色器的顶点颜色输出语义（COLOR output）和片元着色器的片元颜色输出语义（SV_Target 语义）。真正的着色器代码中的语义是不区分大小写的，而预处理宏是区分大小写的。所以在上述代码中用了一个小技巧：把片元着色器的语义 SV_Target 定义为 CoLoR，而把原有的顶点着色器语义 COLOR 定义为 VCOLOR，这样就能精确地区分两者而不至于混淆了。

除了 SV_Target 语义之外，HLSL 还支持对多渲染目标的语义进行区分，即在一个片元着色器中可以把多个计算结果值以一个 4D 向量的形式，一一对应输出到各个不同的渲染目标中去，如以下片元着色器的代码片段。

```
// 示例代码
struct FragmentShaderOutput
{
    float4 diff : SV_TARGET0;
    float4 norm : SV_TARGET1;
    float4 spec : SV_TARGET2;
    float4 uv   : SV_TARGET3;
};

FragmentShaderOutput FS(FragmentShaderInput input)
{
    FragmentShaderOutput output;
    output.diff = demo_texture.Sample(demo_sampler, input.uv);
    output.norm = input.normal;
    output.spec = float4(input.pos.xyz, 1);
    output.uv = float4(input.uv, 0, 1);
    return output;
}
```

上述代码就是把输入片元着色器程序顶点的漫反射颜色值、法线值、位置值和 UV 纹理贴图坐标值以 4D 向量的形式分别输出到 FragmentShaderOutput 结构体中定义的 4 个渲染目标中，这 4 个渲染目标就是以 SV_Target0～SV_Target3 的方式声明语义的。因此，对应地也需要把 SV_Target0～SV_Target3 依次定义为 COLOR0～COLOR3，这将在下面讨论。

2. 消除 SV_Target 和 SV_Depth 语义在各平台的差异性

通过以下代码，消除 SV_Target 和 SV_Depth 语义在各平台的差异性。

```
// 所在文件：HLSLSupport.cginc 代码
// 所在目录：CGIncludes
```

```
// 从原文件第 76 行开始，至第 125 行结束
#if !defined(SV_Target)
#      if !defined(SHADER_API_XBOXONE)
#            define SV_Target COLOR
#      endif
#endif
#if !defined(SV_Target0)
#      if !defined(SHADER_API_XBOXONE)
#            define SV_Target0 COLOR0
#      endif
#endif
#if !defined(SV_Target1)
#      if !defined(SHADER_API_XBOXONE)
#            define SV_Target1 COLOR1
#      endif
#endif
#if !defined(SV_Target2)
#      if !defined(SHADER_API_XBOXONE)
#            define SV_Target2 COLOR2
#      endif
#endif
#if !defined(SV_Target3)
#      if !defined(SHADER_API_XBOXONE)
#            define SV_Target3 COLOR3
#      endif
#endif
#if !defined(SV_Depth)
#      if !defined(SHADER_API_XBOXONE)
#            define SV_Depth DEPTH
#      endif
#endif
```

3.6.3　关闭可忽视的编译警告

可以使用#pragma warning（disable 警告编号）语句关闭一些特定的编译警告，使在编译时不提示这些警告，如下代码段所示。

```
// 所在文件: HLSLSupport.cginc 代码
// 所在目录: CGIncludes
// 从原文件第 140 行开始，至第 145 行结束
#if defined(UNITY_COMPILER_HLSL)
//屏蔽把数据类型从大范围值转为小值时发生的警告
#pragma warning (disable : 3205)
// 例如，Cg 语言的库函数 pow(f,e) 的底数 f 不能为负数。但大多数情况
// 下，我们能保证不会传递一个负数作为底数，所以可以关闭这个警告
#pragma warning (disable : 3571)
// 把高精度的数据传给一个低精度类型的变量时，会带来隐式截断（implicit truncation）
// 问题，编译器会对此发出警告，下面语句可以关闭这个警告
#pragma warning (disable : 3206)
#endif
```

3.6.4　Unity 3D Shader 的基本数据类型

1. 浮点数类型

着色器中的大部分计算都使用浮点数。Cg/HLSL 着色器语言中有几种浮点数的实现类型：float、half 和 fixed（表 3-15），以及基于它们所实现的向量和矩阵类型，如 half3 和 float4x4。这些类型的精度不同，所以性能也有所不同。

表 3-15　　　　　　　　　　　　　　　Cg 语言中的浮点数类型

浮点数类型	功能描述
float	最高精度的 32 位浮点数类型。通常用于定义世界空间坐标、纹理映射坐标、三角函数、指数函数计算等场合

续表

浮点数类型	功能描述
half	中等精度的 16 位浮点数类型，对应的数值范围为-60 000～+60 000，约为 3 位的小数精度。通常用于定义较小的位置坐标、方向向量、模型空间坐标和较大的颜色范围
fixed	低精度的 11 位浮点数类型，对应的十进制数值范围是-2.0～+2.0，能表示的最小小数是 1/256。通常用于定义规则颜色[①]（regular color）

2. 整数类型

着色器语言中的整数类型通常用于循环次数计数，或者用于数组索引，所以在大多数平台上同一种整数类型大都能工作良好。但在不同平台中，对整数类型的实现有所不同，如在 Direct3D 9 和 OpenGL ES 2.0 平台下，整数类型在 GPU 内部是用浮点数去模拟的。因此，一些在 C 语言中常见的对整数进行移位、按位与、按位或、按位异或等位操作是不能在着色器代码中使用的。而在 Direct3D 11、OpenGL ES3.0、Metal 等平台上，则真正地拥有整数类型，可以对整型变量进行位操作。

3.6.5 消除平台差异性

对于很多使用非 GLSL 着色器语言的平台来说，fixed 类型的数据精度通常等同于 half 关键字所定义的精度。所以，当使用 HLSLCC 作为 shader compiler 时，把 fixed 系列的数据类型对应地定义为 half 系列的类型，和纹理采样器相关的是不被支持的。通常在 GLSL 语言中使用 fixed 精度定义的数据类型，对应到非 GLSL 语言上则使用 half 进行定义，而和纹理采样器（sampler2D，samplerCUBE）相关的类型则统一地把后面的 half、float 等定义去除。

1. 某些平台上的 fixed 及相关类型的定义

某些平台上的 fixed 及相关类型的定义如下。

```
// 所在文件: HLSLSupport.cginc 代码
// 所在目录: CGIncludes
// 从原文件第 150 行开始，至第 157 行结束

// 在一切有着色器语言的平台上，并且指定使用了 HLSLCC 作为
// shader compiler 的话，就把 fixed 代替为 half
#if !defined(SHADER_TARGET_GLSL) && !defined(SHADER_API_PSSL) &&
    !defined(SHADER_API_GLES3) && !defined(SHADER_API_VULKAN)&&
    !(defined(SHADER_API_METAL) && defined(UNITY_COMPILER_HLSLCC))
#define fixed half
#define fixed2 half2
#define fixed3 half3
#define fixed4 half4
#define fixed4x4 half4x4
#define fixed3x3 half3x3
#define fixed2x2 half2x2
```

2. 某些平台上纹理采样器的定义

某些平台上纹理采样器的定义如下。

```
// 所在文件: HLSLSupport.cginc 代码
// 所在目录: CGIncludes
// 从原文件第 158 行开始，至第 170 行结束
#define sampler2D_half sampler2D
```

---

① 规则颜色就是有明确的数值定义，并且对应有专门单词的颜色，如 red、blue 和 cyan 等。

```
#define sampler2D_float sampler2D
#define samplerCUBE_half samplerCUBE
#define samplerCUBE_float samplerCUBE
#define sampler3D_float sampler3D
#define sampler3D_half sampler3D
#define Texture2D_half Texture2D
#define Texture2D_float Texture2D
#define TextureCube_half TextureCube
#define TextureCube_float TextureCube
#define Texture3D_float Texture3D
#define Texture3D_half Texture3D#endif
```

从 Windows 8 开始，HLSL 还支持最低精度标量数据类型。图形驱动程序可以使用不小于指定位精度的任何精度的浮点数类型，以实现最小精度的标量浮点数据类型。例如，图形驱动程序可以完整的 32 位精度对 min16float 值执行算术运算。这些新增加的最低精度标量数据类型如表 3-16 所示。

表 3-16　　　　　　　　　　　　　　最低精度标量数据类型

数据类型	功能描述
min16float	最小 16 位的浮点数
min10float	最小 10 位的浮点数
min16int	最小 16 位的有符号整数
min12int	最小 12 位的有符号整数
min16uint	最小 16 位的无符号整数

表 3-16 中的数据定义是在 DirectX11.1 中引入的。如果目标平台使用的着色器语言是 GLES3、Vulkan 或者 Apple 的 Metal，并且使用 HLSLCC 作为着色器编译器，那么就把 fixed 系列的数据类型定义成 min10float 系列的数据类型，把 half 系列的对应定义为 min16float 系列。

3. 非 Direct3D 11 平台上最低精度数据类型的第 1 种实现方式

非 Direct3D 11 平台上最低精度数据类型的第 1 种实现方式如下。

```
// 所在文件: HLSLSupport.cginc 代码
// 所在目录: CGIncludes
// 从原文件第 172 行开始，至第 189 行结束
#if defined(SHADER_API_GLES3) || defined(SHADER_API_VULKAN) ||
    (defined(SHADER_API_METAL) && defined(UNITY_COMPILER_HLSLCC))
#define fixed min10float
#define fixed2 min10float2
#define fixed3 min10float3
#define fixed4 min10float4
#define fixed4x4 min10float4x4
#define fixed3x3 min10float3x3
#define fixed2x2 min10float2x2
#define half min16float
#define half2 min16float2
#define half3 min16float3
#define half4 min16float4
#define half2x2 min16float2x2
#define half3x3 min16float3x3
#define half4x4 min16float4x4
#endif // defined(SHADER_API_GLES3) || defined(SHADER_API_VULKAN)
```

4. 非 Direct3D 11 平台上最低精度数据类型的第 2 种实现方式

如果使用了 HLSLCC 作为着色器编译器，并且着色器代码将要运行在非 Direct3D 11 的目标平台上，那么就需要把着色器代码中可能出现的 Direct3D11.1 版本才有的一系列最小精度数据类

型重新定义为 fixed、half 等类型，如以下代码段所示。

```
// 所在文件: HLSLSupport.cginc 代码
// 所在目录: CGIncludes
// 从原文件第 191 行开始，至第 206 行结束
// 非 D3D11 平台，并且使用 HLSLCC 作为 shader compiler，则把 min10 对应定义为
// fixed，把 min16 对应定义为 half
#if !defined(SHADER_API_D3D11) && !defined(SHADER_API_D3D11_9X) &&
        !defined(SHADER_API_GLES3) && !defined(SHADER_API_VULKAN) &&
        !(defined(SHADER_API_METAL) && defined(UNITY_COMPILER_HLSLCC))
#define min16float half
#define min16float2 half2
#define min16float3 half3
#define min16float4 half4
#define min10float fixed
#define min10float2 fixed2
#define min10float3 fixed3
#define min10float4 fixed4
#endif
```

3.6.6　统一着色器常量缓冲区的宏定义

在 Cg/HLSL 代码中，由 CPU 传递进来的外部变量通常使用 uniform 声明和定义，并且该 uniform 修饰符可以省略。如果这些 uniform 变量在逻辑上是相关联的，并且经常同时更改变化，在目标平台支持的情况下，通常将这些 uniform 变量声明在常量缓冲区（constant buffer）中。

PlayStation 4 和 Direct3D11 目标平台支持使用常量缓冲区。PlayStation 4 上使用 ConstantBuffer 声明常量缓冲区；而在 Direct3D 11 HLSL 平台上，则需要使用 cbuffer 关键字。所以要用一个通用的宏去定义在不同平台上的声明方式。因此，Unity 3D 使用 CBUFFER_START(name)定义了一个常量缓冲区的起始声明，CBUFFER_END 定义了一个常量缓冲区的结束声明。

用宏定义 Cg/HLSL 关键字 cbuffer 在各着色器平台的实现。

```
// 所在文件: HLSLSupport.cginc 代码
// 所在目录: CGIncludes
// 从原文件第 239 行开始，至第 249 行结束
#if defined(SHADER_API_PSSL) // PlayStation 4 平台
    #define CBUFFER_START(name) ConstantBuffer name {
    #define CBUFFER_END };
#elif defined(SHADER_API_D3D11) || defined(SHADER_API_D3D11_9X) ||
    defined(SHADER_API_VULKAN) // D3D11 平台和 Vulkan 平台
#define CBUFFER_START(name) cbuffer name {
#define CBUFFER_END };
#else
#define CBUFFER_START(name)
#define CBUFFER_END
#endif
```

在其他着色器语言，如 GLSL 中，constant buffer 这个概念的等价物是 uniform buffer object。但在面向 OpenGL 平台的 Cg/HLSL 代码中，则不用声明常量缓冲区，因此 CBUFFER_START 和 CBUFFER_END 都定义为空。

3.6.7　HLSL 语言中的分支预测特性

HLSL 语言中的 if-else 条件判断式用来实现代码的按条件跳转执行，其工作方式和大部分程序设计语言类似。if 语句使用一个布尔值进行判定操作，该布尔值可以通过使用逻辑和比较运算符来生成。但需要注意，向量运算的布尔结果不能直接使用，因为这些运算结果是一个向量值，而不是布尔值。

基于"执行代码后才产生的值"去进行判定的条件分支（conditional branching），当编译成汇

编指令后，用两种方法中的一种来表达：预侦测（predication）或者是动态分支（dynamic branching）。当使用预侦测时，编译器会对 if-else 条件表达式两部分都执行并求值，然后执行一个比较指令，去选择使用 if-else 条件表达式的 if 部分，或者 else 部分的结果；而动态分支代码则是由着色器程序中的执行流程（flow of execution）去明确地控制，所以它可以用来跳过一些不需要的计算和存储器访问操作。

　　UNITY_BRANCH 宏用来控制代码的流程走向。这个宏只在 HLSL 语言中有定义，其在其他的着色器语言中是一个空宏。这个宏在 HLSLSupport.cginc 文件中有定义，如下所示。

```
// 所在文件: HLSLSupport.cginc 代码
// 所在目录: CGIncludes
// 从原文件第 689 行开始，至第 701 行结束
// HLSL attributes
#if defined(UNITY_COMPILER_HLSL)
    #define UNITY_BRANCH     [branch]    //在 if 条件式前使用
    #define UNITY_FLATTEN    [flatten]   //在 if 条件式前使用
    #define UNITY_UNROLL     [unroll]    //在 for 条件式前使用
    #define UNITY_LOOP       [loop]      //在 for 条件式前使用
    #define UNITY_FASTOPT    [fastopt]
#else
    #define UNITY_BRANCH
    #define UNITY_FLATTEN
    #define UNITY_UNROLL
    #define UNITY_LOOP
    #define UNITY_FASTOPT
#endif
```

　　在 if 条件判断式前使用 UNITY_BRANCH 宏，此宏的作用和一般程序语言中 if 条件判断式所起的作用一样：就是告诉编译器，当 if 条件满足时，执行条件满足时的语句块；否则，就执行条件不满足时的语句块。与 UNITY_BRANCH 宏功能相反的宏是 UNITY_FLATTEN，当在 if 条件判断式前使用此 UNITY_FLATTEN 时，表示 if 条件满足与否的两部分代码都执行一遍，执行完毕之后再选择其中一个结果，如以下代码所示。

```
// 使用 UNITY_FLATTEN，片元在 if-else 内语句段都会各执行一次
UNITY_BRANCH
if (screenPos.x < 0.5) {
    // 屏幕水平坐标在左边时执行的代码段 1
} else {
    // 屏幕水平坐标在右边时执行的代码段 2
}

// 使用 UNITY_FLATTEN，片元在 if-else 内语句段都会各执行一次
UNITY_FLATTEN
if (screenPos.x < 0.5) {
    // 屏幕水平坐标在左边时执行的代码段 1
} else {
    //屏幕水平坐标在左边时执行的代码段 2
}
```

　　乍一看，加不加 UNITY_BRANCH 好像都对 if-else 逻辑流程无甚影响，而用上 UNITY_FLATTEN 宏有多做几步无用功之嫌。那为什么还会加上这些呢？原因就是在一些较为低端的 GPU 中不支持动态分支，甚至连静态分支都可能不支持。像 if-else 之类的分支判断语句，如果不支持静态分支就不能使用了。或者在一些 GPU 架构中，如 AMD 的 Graphics Cores Next(GCN)[①]系列，分支判断语句需要六条指令，因此在很多场合中把 if 两端的代码都执行一遍然后选择，比用分支语句做选择再执行要更为高效一些。低端 GPU 对 if-else 语句的默认处理方式，在很多情况下就等同于使用了 UNITY_FLATTEN 宏。而 UNITY_BRANCH 则是明确告诉着色器编译器，只要硬件

---

① AMD 公司发表了关于 GCN 架构的白皮书，名为 *AMD GRAPHICS CORES NEXT (GCN) ARCHITECTURE*，感兴趣的读者可在网上下载阅读。

支持，那就编译出真正的动态分支指令，每一个执行 if-else 代码的单元在执行 if 语句段时就不需要执行 else 语句段；反之也是。在 if-else 内代码段比较复杂的时候，用真正的动态分支指令就更为高效。

if 语句对应的[branch]和[flatten]属性指令和预编译指示器#if 完全不一样。#if 是预处理条件指令。从根本上说，使用预处理条件指令，会在编译着色器前就已经确定被#if 指令包含的代码块是要被包含进去还是要剔除出来。而[branch]等指令则和#if 编译指示器没有任何关系，如以下代码所示。

```
fixed4 frag(v2f i) : SV_Target {
#if defined(SHADER_API_MOBILE)// 移动版本的着色器代码
#else// 其他版本的着色器代码
#endif
}
```

如果为在移动平台上构建项目，则只有移动版本的代码才会包含在最终编译的着色器中，桌面代码被剔除出去。而如果在非移动版本的其他平台项目上运行，则删除移动版本代码而保留非移动版本代码。实际上，不同的编译条件便得到两个完全不同的着色器：

```
fixed4 frag(v2f i) : SV_Target {… /*移动版本的着色器代码*/}
fixed4 frag(v2f i) : SV_Target{… /*桌面版本的着色器代码*/}
```

如果使用#if 和#pragma multi_compile 等编译指示符，则可通过在材质上设置多样体关键字（着色器多样体的详细信息可参见 3.4 节）来有效地制作多个可替换的（swapped）着色器代码。与使用[branch]等属性标签不同的是，用#if 和#pragma mulit_compile 指示符所控制的是在整个绘制调用中被启用或禁用的内容，并且不能单独针对某些片元进行更改，如以下代码所示。

```
#pragma multi_compile _ MYDEF
fixed4 frag(v2f i) : SV_Target {
#if defined(MYDEF) // 代码段 1
#else              // 代码段 2
#endif
}
```

上面代码段会创建两个完全独立的着色器，其中一个包含代码段 1，另一个包含代码段 2。通过使用代码 myMat.EnableKeyword("MYDEF")可以启用代码段 1，如果调用 myMat.DisableKeyword("MYDEF")函数则可以停用代码段 1 而启用代码段 2。

第 4 章   引擎提供的着色器工具函数和数据结构

4.1 UnityShaderVariables.cginc 文件中的着色器常量和函数

UnityShaderVariables.cginc 文件中包含大量的工具宏和函数，如变换操作用的矩阵、与摄像机相关的函数、与光照和阴影相关的函数，以及与雾效果相关的函数等。下面依次分析这些工具函数和宏。

4.1.1 进行变换操作用的矩阵

1. 判断 USING_DIRECTIONAL_LIGTH 宏是否定义并分析与立体渲染相关的宏

查看以下代码。

```
// 所在文件：UnityShaderVariables.cginc 代码
// 所在目录：CGIncludes
// 从第 3 行开始，至第 14 行结束
#ifndef UNITY_SHADER_VARIABLES_INCLUDED
#define UNITY_SHADER_VARIABLES_INCLUDED

#include "HLSLSupport.cginc"

#if defined (DIRECTIONAL_COOKIE) || defined (DIRECTIONAL)
#define USING_DIRECTIONAL_LIGHT
#endif

#if defined(UNITY_SINGLE_PASS_STEREO) ||          // 是否启用了单程立体渲染
defined(UNITY_STEREO_INSTANCING_ENABLED) ||       // 判断立体多例化支持宏是否启用
defined(UNITY_STEREO_MULTIVIEW_ENABLED)
#define USING_STEREO_MATRICES
#endif
```

在上述代码段中，首先根据和单程立体渲染（single pass stereo rendering）相关的预处理宏 UNITY_SINGLE_PASS_STEREO、立体多例化渲染（stereo instancing rendering）预处理宏 UNITY_STEREO_INSTANCING_ENABLED、多视角立体渲染（multi-view stereo rendering）预处理宏 UNITY_STEREO_MULTIVIEW_ENABLED 的启用情况决定宏 USING_STEREO_MATRICES 是否开启。如果上面 3 个宏有任意一个是开启的，那么宏 USING_STEREO_MATRICES 即开启，表示要使用与立体渲染相关的矩阵。

立体多例化渲染[①]的预处理宏 UNITY_STEREO_INSTANCING_ENABLED 是否启用，在 HLSLSupport.cginc 文件中有定义。这个宏根据另外的预处理宏的设置决定启用与否。立体多例化渲染技术的核心思想是一次向渲染管道上提交两份待渲染的几何体数据，减少绘制调用（draw call）的次数，提升渲染性能。

---

① 网络上有一篇名为 "High performance stereo rendering for VR" 的文章，作者是 Timothy Wilson。该文章中有对立体多例化渲染的介绍。

　　单程立体渲染[②]是一种高效的支持 VR 效果的方式，用于 PC 或者 PlayStation4 平台上的 VR 应用。这种技术同时把要显示在左右眼的图像打包渲染进一张可渲染纹理中，这也意味着整个场景只需要渲染一次即可，否则就需要左右眼各渲染一次。此技术将大幅度地提升渲染性能。要使用单程立体渲染，选择 Edit|Project Settings|Player 选项，在 PlayerSettings 面板中选择 Other Setting 选项选中 Virtual Reality Supported 复选框，然后选中 Single-Pass Stereo Rendering 复选框便可。设置完毕后，宏 UNITY_SINGLE_PASS_STEREO 将会被启用，如图 4-1 所示。

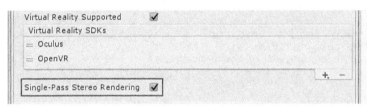

▲图 4-1　启用单程立体渲染的方法

2. 和立体渲染相关的一系列矩阵 1

　　下面的代码用于定义一系列与立体渲染相关的矩阵。

```
// 所在文件：UnityShaderVariables.cginc 代码
// 所在目录：CGIncludes
// 从原文件第 16 行开始，至第 27 行结束

// 如果要使用和立体渲染相关的矩阵
#if defined(USING_STEREO_MATRICES)
    #define glstate_matrix_projection unity_StereoMatrixP[unity_StereoEyeIndex]
    #define unity_MatrixV unity_StereoMatrixV[unity_StereoEyeIndex]
    #define unity_MatrixInvV unity_StereoMatrixInvV[unity_StereoEyeIndex]
    #define unity_MatrixVP unity_StereoMatrixVP[unity_StereoEyeIndex]
    #define unity_CameraProjection unity_StereoCameraProjection[unity_StereoEyeIndex]
    #define unity_CameraInvProjection \
    unity_StereoCameraInvProjection[unity_StereoEyeIndex]
    #define unity_WorldToCamera unity_StereoWorldToCamera[unity_StereoEyeIndex]
    #define unity_CameraToWorld unity_StereoCameraToWorld[unity_StereoEyeIndex]
    #define _WorldSpaceCameraPos \
                unity_StereoWorldSpaceCameraPos[unity_StereoEyeIndex]
#endif
```

　　在上面的代码段中，出现了带有 unity_Stereo 前缀命名数组变量，如 unity_StereoMatrixV 等，以及用来索引数组的索引值变量 unity_StereoEyeIndex，然后用一个#define 把带有 "unity_Stereo" 的变量名替换成 unity_前缀即可。

3. 和立体渲染相关的一系列矩阵 2

　　带有 unity_Stereo 前缀的变量和 unity_StereoEyeIndex 也定义在 UnityShaderVariables.cginc 文件中，如以下代码所示。

```
// 所在文件：UnityShaderVariables.cginc 代码
// 所在目录：CGIncludes
// 从第 173 行开始，至第 205 行结束
#if defined(USING_STEREO_MATRICES)
GLOBAL_CBUFFER_START(UnityStereoGlobals)
    float4x4 unity_StereoMatrixP[2];          // 每个眼睛的投影矩阵
    float4x4 unity_StereoMatrixV[2];          // 左、右眼的观察矩阵
    float4x4 unity_StereoMatrixInvV[2];       // 左、右眼的观察矩阵的逆矩阵
    float4x4 unity_StereoMatrixVP[2];         // 左、右眼的观察矩阵与投影矩阵的乘积
    float4x4 unity_StereoCameraProjection[2]; // 摄像机的投影矩阵
```

---

② 本书配套网站上有介绍单程立体渲染原理的文章的网页链接，请读者自行查阅。

```
    float4x4 unity_StereoCameraInvProjection[2];  //摄像机的投影矩阵的逆矩阵
    float4x4 unity_StereoWorldToCamera[2];        // 从世界空间变换到摄像机观察空间的矩阵
    float4x4 unity_StereoCameraToWorld[2];        // 从摄像机观察空间变换到世界空间的矩阵
    float3 unity_StereoWorldSpaceCameraPos[2];    // 摄像机在世界空间中的坐标值
    // 进行单程立体渲染时，和普通渲染不同，并不是直接把渲染效果写入对应屏
    // 幕的颜色缓冲区，而是把渲染结果写入对应于左右眼的两个图像（image）中，
    // 然后把两个图像合并到一张可渲染纹理中再显示。
    // 变量 unity_StereoScaleOffset 维护了把两图像合并进一张纹理中要用到的平铺
    // 值（tiling）和偏移值（offset），参见 4.2.5 节和 4.2.10 节
    float4 unity_StereoScaleOffset[2];
GLOBAL_CBUFFER_END
#endif

#if defined(USING_STEREO_MATRICES) &&
defined(UNITY_STEREO_MULTIVIEW_ENABLED)
GLOBAL_CBUFFER_START(UnityStereoEyeIndices)
    float4 unity_StereoEyeIndices[2];
GLOBAL_CBUFFER_END
#endif

// 如果启用了多视角立体渲染，unity_StereoEyeIndex 的值就是 UNITY_VIEWID
// 而 UNITY_VIEWID 的值就是 gl_viewID 值（HLSLSupport.cginc 文件中定义）
#if defined(UNITY_STEREO_MULTIVIEW_ENABLED) &&
defined(SHADER_STAGE_VERTEX)
    // 把立体渲染的左右眼索引值变量定义别名为 UNITY_VIEWID
    #define unity_StereoEyeIndex UNITY_VIEWID
    UNITY_DECLARE_MULTIVIEW(2);
// 如果启用了立体多例化渲染，定义为一个静态的当前使用的眼睛索引
// 此值在编译期间要明确指定，运行时不可改变
#elif defined(UNITY_STEREO_INSTANCING_ENABLED) ||
defined(UNITY_STEREO_MULTIVIEW_ENABLED)
static uint unity_StereoEyeIndex;

// 如果启用的是单程立体渲染，把索引值定义为 int 类型，并且是作为一个着色
// 器常量缓冲区中定义的变量，也即可以由 CPU 在运行期传递具体的数值去改变当
// 前使用的眼睛索引
#elif defined(UNITY_SINGLE_PASS_STEREO)
    GLOBAL_CBUFFER_START(UnityStereoEyeIndex)
        int unity_StereoEyeIndex;
    GLOBAL_CBUFFER_END
#endif
```

依据不同的编译条件，unity_StereoEyeIndex 的定义方式也有所不同，如上面代码所示。此变量表征了当时使用的左右眼索引。

4. UNITY_DECLARE_MULTIVIEW 宏的定义

代码中的 UNITY_DECLARE_MULTIVIEW 在 HLSLSupport.cginc 文件中定义，展开如下。

```
// 所在文件: HLSLSupport.cginc 代码
// 所在目录: CGIncludes
// 从原文件第 262 行开始，至第 262 行结束
#define UNITY_DECLARE_MULTIVIEW(number_of_views) \
            GLOBAL_CBUFFER_START(OVR_multiview) \
            uint gl_ViewID; \
            uint numViews_##number_of_views; \
            GLOBAL_CBUFFER_END
```

5. 一系列用来进行变换操作的矩阵

在前面的代码段中，如果启用了 unity_MatrixInvV 等一系列变量，就相当于使用了 unity_StereoMatrixInvV[unity_StereoEyeIndex]等变量；如果没有启用，那又是什么呢，如以下代码所示。

```
// 所在文件: UnityShaderVariables.cginc 代码
// 所在目录: CGIncludes
// 从第 29 行开始，至第 40 行结束
#define UNITY_MATRIX_P glstate_matrix_projection
```

```
#define UNITY_MATRIX_V unity_MatrixV
#define UNITY_MATRIX_I_V unity_MatrixInvV
#define UNITY_MATRIX_VP unity_MatrixVP
#define UNITY_MATRIX_M unity_ObjectToWorld

#define UNITY_MATRIX_MVP mul(unity_MatrixVP, unity_ObjectToWorld)
#define UNITY_MATRIX_MV mul(unity_MatrixV, unity_ObjectToWorld)
#define UNITY_MATRIX_T_MV transpose(UNITY_MATRIX_MV)
#define UNITY_MATRIX_IT_MV transpose(mul(unity_WorldToObject, \
unity_MatrixInvV))

#define UNITY_LIGHTMODEL_AMBIENT (glstate_lightmodel_ambient * 2)
```

6. 每一帧由客户端引擎传递进来的逐帧数据

如果没有启用，在 HLSL/Cg 语言中，unity_MatrixV 等变量就直接定义为 float4x4 类型的变量，如以下代码所示。

```
// 所在文件：UnityCG.cginc 代码
// 所在目录：CGIncludes
// 从原文件第 214 行开始，至第 231 行结束
CBUFFER_START(UnityPerFrame)
    fixed4 glstate_lightmodel_ambient;
    fixed4 unity_AmbientSky;
    fixed4 unity_AmbientEquator;
    fixed4 unity_AmbientGround;
    fixed4 unity_IndirectSpecColor;
    // 如果没有定义使用立体渲染矩阵，unity_MatrixV 等矩阵就是一个 float4x4    类型的矩阵
#if !defined(USING_STEREO_MATRICES)
    float4x4 glstate_matrix_projection;
    float4x4 unity_MatrixV; // 当前摄像机所对应的观察矩阵（view matrix）
    float4x4 unity_MatrixInvV;
    float4x4 unity_MatrixVP;
    int unity_StereoEyeIndex;
#endif
    fixed4 unity_ShadowColor;
CBUFFER_END
```

7. GLSL 中各种变换操作用的矩阵

如果使用 GLSL，那么在 GLSLsupport.glslinc 文件中定义为 mat4 类型的 uniform 变量，如以下代码所示。

```
// 所在文件：GLSLsupport.glslinc 代码
// 所在目录：CGIncludes
// 从原文件第 15 行开始，至第 20 行结束
uniform mat4 unity_ObjectToWorld;
uniform mat4 unity_WorldToObject;
uniform mat4 unity_MatrixVP;
uniform mat4 unity_MatrixV;
uniform mat4 unity_MatrixInvV;
uniform mat4 glstate_matrix_projection;
```

在编码实践中，通常会单独使用 UNITY_MATRIX_V 的单独行来进行操作，如 UNITY_MATRIX_V[0]等操作方式。UNITY_MATRIX_V[0]表示当前摄像机在世界坐标系下的朝右（right）方向向量，UNIYT_MATRIX_V[1]表示在世界坐标系下的朝上（up）方向向量，UNIYT_MATRIX_V[2]则表示在世界坐标系下的朝前方向向量。

4.1.2 和摄像机相关的常量缓冲区

1. 常量缓冲区 UnityPerCamera 的定义

通过以下代码定义常量缓冲区 UnityPerCamera。

```
// 所在文件：UnityShaderVariables.cginc 代码
// 所在目录：CGIncludes
// 从原文件第 45 行开始，至第 85 行结束

// D3D11 把所有的 shader 变量组织进 constant buffer 中去。大部分 U3D 内
// 建 shader 变量也组织进 constant buffer 中去，用户自定义的 shader 变
// 量也可以组织进 constant buffer 中去。定义一个 constant buffer 以存储
// shader 变量，如下面的定义方式：

// CBUFFER_START(MyRarelyUpdatedVariables)
//    float4 _SomeGlobalValue;
// CBUFFER_END

// Unity 3D 内建的，用来传递给每个摄像机的参数组
// 这些参数由引擎从 C# 层代码传递给着色器
CBUFFER_START(UnityPerCamera)
    float4 _Time;      // 从载入当前的 scene 开始算起流逝的时间值，单位是 s。其 x、y、z、w 分量分别对
                       // 应为 1/20 流逝时间值、流逝时间值、2 倍流逝时间值、3 倍流逝时间值
    float4 _SinTime;   // _Time 值的正弦值，其 x、y、z、w 分别对应于 1/8 的当前流逝时间值的正弦值、
                       // 1/4 的当前流逝时间值的正弦值、1/2 的当前流逝时间值的正弦值、当前流逝时间
                       // 值的正弦值
    float4 _CosTime;   // _Time 值的余弦值，其 x、y、z、w 分别对应于 1/8 的当前流逝时间值的余弦值、
                       // 1/4 的当前流逝时间值的余弦值、1/2 的当前流逝时间值的余弦值、当前流逝时间
                       // 值的余弦值
    float4 unity_DeltaTime;  // 本帧到上一帧过去的时间间隔
    // 如果没有定义开启单程立体渲染，没有开启立体多例化渲染，就由引擎 C# 层代码传递一个表征当前摄像机
    // 在世界空间中的坐标值
#if !defined(UNITY_SINGLE_PASS_STEREO)
&& !defined(STEREO_INSTANCING_ON)
    float3 _WorldSpaceCameraPos;
#endif

    // 投影矩阵相关的参数，x 为 1 或者-1，y 为近截平面值，z 为远截平面值，w 为远
    // 截平面值的倒数
    float4 _ProjectionParams;

    // 视口相关的参数，x 为视口宽度，y 为视口高度，z 为 1 加上视口宽度的倒数，w 为 1 加上视口高度的倒数
    float4 _ScreenParams;

    // 用来线性化 Z buffer
    // x 分量为 1 减去视截体远截面值与视锥近截面值的商，y 分量为视截体远截面值与
    // 视锥近截面值的商，z 分量为 x 分量除以视截体远截面值，w 分量为 y 分量除以视截体远截面值
    float4 _ZBufferParams;

    // x 分量为正交投影摄像机的宽度，y 分量为正交投影摄像机的高度
    // z 分量未使用，w 分量当摄像机为正交投影时为 1，透视投影为 0
    float4 unity_OrthoParams;
CBUFFER_END
```

2. 常量缓冲区 UnityPerCameraRare 的定义

通过以下代码定义常量缓冲区 UnityPerCameraRare。

```
// 所在文件：UnityShaderVariables.cginc 代码
// 所在目录：CGIncludes
// 从原文件第 88 行开始，至第 100 行结束
CBUFFER_START(UnityPerCameraRare)
// 当前摄像机视截体（view frustum）的 6 个截平面的平面表达式。这些平面表达式在世界坐标系下描述。
// 每个平面表达式用方程 ax+by+cz+d = 0 表达。float4 中的分量 x、y、z、w 依次存储了系数 a、b、c、d。
// 6 个平面依次是左、右、下、上、近、远裁剪平面
    float4 unity_CameraWorldClipPlanes[6];

//如果不使用立体渲染，各种矩阵变量就是一个单变量而不是两个变量的数组
#if !defined(USING_STEREO_MATRICES)
    // 当前摄像机的投影矩阵
    float4x4 unity_CameraProjection;
    // 当前摄像机的投影矩阵的逆矩阵
    float4x4 unity_CameraInvProjection;
    // 当前摄像机的观察矩阵
```

```
        float4x4 unity_WorldToCamera;
        // 当前摄像机的观察矩阵的逆矩阵
        float4x4 unity_CameraToWorld;
#endif
CBUFFER_END
```

4.1.3　与光照相关的工具函数和内置光源

1. 变量_WorldSpaceLightPos0 的定义

变量_WorldSpaceLightPos0 的定义如下。

```
// 所在文件：UnityShaderVariables.cginc 代码
// 所在目录：CGIncludes
// 从原文件第 106 行开始，至第 112 行结束
CBUFFER_START(UnityLighting)
#ifdef USING_DIRECTIONAL_LIGHT // 有向平行光
    // 分量 x、y、z 存储的是有向平行光的方向向量
    half4 _WorldSpaceLightPos0;
#else //如果不是有向平行光，那么分量 x、y、z 存储的是光源在世界空间中的位置坐标
    float4 _WorldSpaceLightPos0;
#endif
```

UnityCG.cginc 和 UnityCG.glslinc 文件中的定义 UnityWorldSpaceLightDir 函数就使用了 _WorldSpaceLightPos0 变量，计算出某点到光源的连线方向向量，参见 4.2.4 节中的代码段。

2. 4 个非重要点光源的位置、衰减值和照射范围

通过以下代码定义 4 个非重要点光源的位置、衰减值和照射范围。

```
// 所在文件：UnityShaderVariables.cginc 代码
// 所在目录：CGIncludes
// 从原文件第 114 行开始，至第 123 行结束
    float4 _LightPositionRange; // x、y、z 分量为光源的位置，w 分量为光源照射范围的倒数
                                // 4 个光源的 x、y、z 坐标，注意 unity_4LightPosX0 中的 4 个分
                                // 量分别存储了 4 个光源的 x 坐标，unity_4LightPosY0 中的 4 个
                                // 分量分别存储了 4 个光源的 y 坐标，其余类推
    float4 unity_4LightPosX0;
    float4 unity_4LightPosY0;
    float4 unity_4LightPosZ0;
    half4 unity_4LightAtten0;   // 4 个光源的衰减值
```

上面代码定义的 4 个光源，是等级为非重要光源的点光源。这 4 个光源仅用在前向渲染途径的 base pass 中。参见 6.3.1 节关于前向渲染途径的基础通道的描述。

3. 8 个光源的颜色、位置、衰减值和照射方向

通过以下代码定义 8 个光源的颜色、位置、衰减值和照射方向。

```
// 所在文件：UnityShaderVariables.cginc 代码
// 所在目录：CGIncludes
// 从原文件第 124 行开始，至第 130 行结束
    half4 unity_LightColor[8]; // 8 个光源的颜色
    //有向光的视图空间顶点光源位置(position,1)，或者(-direction,0)
    // 在观察空间中用来在顶点着色器中执行顶点光照计算的光源位置点。如果光源是有向平行光。那么变量中
    // 的 x、y、z 分量存储着光源的光照射方向的反方向，w 分量为 0；如果光源是非有向平行光源，那么变量
    // 中的 x、y、z 分量存储着光源的位置坐标，w 分量为 1
    float4 unity_LightPosition[8];

    //对于非点光源 x = cos(spotAngle/2) 或-1
    //对于非点光源 y = 1/cos(spotAngle/4) 或 1，注意，代码中原有的对 y 分量的注释，有误
    // z = quadratic attenuation
    // w = range*range
    half4 unity_LightAtten[8];
```

```
    // 8 个光源的正前照射方向，这些方向向量基于观察空间，如果这些光源不是聚光灯光源，都为(0,0,1,0)
    float4 unity_SpotDirection[8];
```

在上述代码段中，变量 unity_LightAtten 描述了光源的衰减信息：如果光源是聚光灯光源，每一个数组元素的 x 分量存储着聚光灯 1/2 张角值的余弦值；如果不是，那么 x 分量值为−1。z 分量存储着衰减值方程式中的二次项系数。光源的衰减值方程可参见 9.3.3 节中的式（9-1）。w 分量存储着光源照射范围的距离值的平方。

据 Unity 3D 技术支持工程师介绍，因为种种原因，在 unity_LightAtten 变量的原有代码注释中，对于 y 分量的描述其实是错误的。y 分量的正确值应该是：聚光灯 1/4 张角的余弦值减去其 1/2 张角的余弦值。如果该差值不为 0，则 y 为该差值的倒数，否则为 1。

在 UnityCG.cginc 文件中的 ShadeVertexLightsFull 函数中使用了 unity_LightAtten 变量计算光照的衰减效果，可参见 4.2.5 节的代码段中关于 ShadeVertexLightsFull 函数的详细分析。

4. 球谐光照使用到的参数

通过以下代码定义球谐光照使用到的参数。

```
// 所在文件: UnityShaderVariables.cginc 代码
// 所在目录: CGIncludes
// 从原文件第 133 行开始，至第 139 行结束
    // 球谐光照的相关参数，详见 7.7 节中球谐函数的相关理论
    half4 unity_SHAr;
    half4 unity_SHAg;
    half4 unity_SHAb;
    half4 unity_SHBr;
    half4 unity_SHBg;
    half4 unity_SHBb;
    half4 unity_SHC;
```

球谐光照用到的参数将在 7.7 节中详细分析。

5. 和光探针相关的参数

通过以下代码定义和探针相关的参数。

```
// 所在文件: UnityShaderVariables.cginc 代码
// 所在目录: CGIncludes
// 从原文件第 142 行开始，至第 144 行结束

    fixed4 unity_OcclusionMaskSelector;
    fixed4 unity_ProbesOcclusion;
CBUFFER_END

//以下变量从 4.0 版本开始已弃用。之所以保留它们是为了兼容现有的使用这些变量的第三方着色器
CBUFFER_START(UnityLightingOld)
    half3 unity_LightColor0, unity_LightColor1, unity_LightColor2, unity_LightColor3;
CBUFFER_END
```

4.1.4　与阴影相关的着色器常量缓冲区

UnityShadows 着色器常量缓冲区

通过以下代码定义 UnityShadows 着色器常量缓冲区。

```
// 所在文件: UnityShaderVariables.cginc 代码
// 所在目录: CGIncludes
// 从原文件第 153 行开始，至第 162 行结束
CBUFFER_START(UnityShadows)
    // 用于构建层叠式阴影贴图时子视截体用到的包围球
    float4 unity_ShadowSplitSpheres[4];
    // unity_ShadowSplitSpheres 中 4 个包围球半径的平方
```

```
        float4 unity_ShadowSplitSqRadii;
        float4 unity_LightShadowBias;
        float4 _LightSplitsNear;
        float4 _LightSplitsFar;
        // 把某个坐标点从世界空间变换到阴影贴图空间, 如果使用层叠式阴影贴图
        // 数组各元素就表征 4 个阴影贴图各自所对应的阴影贴图空间
        float4x4 unity_WorldToShadow[4];
        half4 _LightShadowData;
        float4 unity_ShadowFadeCenterAndType;
    CBUFFER_END
```

unity_ShadowSplitSpheres 数组用于构建层叠式阴影贴图(cascaded shadow map, CSM)。层叠式阴影贴图在 7.8.4 节中有阐述。目前只需了解,该数组中的 4 个元素存储了把当前视截体(view frustum)分割成 4 个子视截体(view subfrustum)后,这些子视截体的包围球(bounding sphere)。每个元素中 x、y、z、w 分量存储包围球的球心坐标和半径。在 Internal-ScreenSpaceShadows.shader 文件中的 getCascadeWeights_splitSpheres 函数中使用到了本数组。

unity_ShadowSplitSqRadii 中的 4 个分量依次定义 unity_ShadowSplitSpheres 数组对应的 4 个包围球的半径的平方。

unity_LightShadowBias 的 x 分量为产生阴影的光源的光源偏移值乘以一个系数。这个光源偏移值对应于 Light 面板中的 Bias 属性,如图 4-2 所示。如果是聚光灯光源,所乘的系数为 1;如果是有向平行光源,所乘系数为投影矩阵的第三行第三列的值的相反数。参见式(1-34)和式(1-36)。当光源是聚光灯光源时,y 分量是 0;当光源是有向平行光源时,为 1。z 分量为解决阴影渗漏(详见 8.6 节)问题时,沿着物体表面法线移动的偏移值。w 分量为 0。

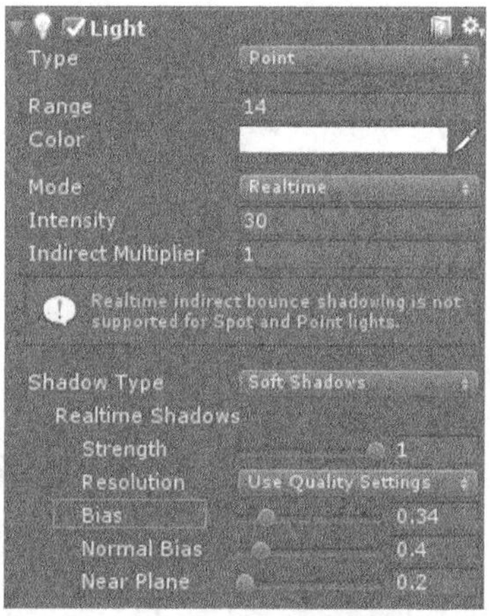

_LightSplitsNear 对应于 Shadows 面板中的 cascade split 属性里面,当把视截体分割成最多 4 个子视截体时,每个子视截体的近截平面的 z 值。

▲图 4-2 光源的阴影偏移值

unity_WorldToShadow 数组中的每一个元素对应于层叠式贴图中每一个子视截体所对应的阴影贴图,存储了从世界坐标变换到阴影贴图空间中的变换坐标。这个阴影贴图空间即是在层叠式阴影贴图技术中,每一个子视截体所对应的阴影贴图所构建的空间。其可以近似地理解为一个由纹理映射坐标做成的空间坐标系,这个空间坐标系的坐标取值范围是[0,1]。显然这一系列的变换,应该是世界坐标上某一点依次乘以观察坐标,再乘以投影矩阵后,变换到裁剪空间后,再乘以一个贴图变换矩阵,变换到阴影贴图空间。在裁剪空间中坐标的取值范围是[-1,1],所以这个贴图变换矩阵应该是变换后能把坐标限制在[0,1]范围内的矩阵。此矩阵的行优先形式如下。

$$\begin{bmatrix} 0.5 & 0 & 0 & 0.5 \\ 0 & 0.5 & 0 & 0.5 \\ 0 & 0 & 0.5 & 0.5 \\ 0 & 0 & 0 & 1 \end{bmatrix} \tag{4-1}$$

顶点的坐标值依次乘以"世界矩阵""观察矩阵""投影矩阵"后,再乘以式(4-1)中的矩阵(即 unity_WorldToShadow 所表示的矩阵)。即将顶点变换到阴影贴图空间。需要注意的是,这里的构成观察矩阵的摄像机,是 7.8.1 节中所提到的光源相机。投影矩阵是一个正交投影矩阵,在渲染阴影时,需要把片元从当前空间的位置变换到阴影空间,去执行本片元是否在阴影之中的判断。

unity_WorldToShadow 数组中的第一个矩阵提供了这个功能。和阴影相关的细节在第 7 章和第 8 章中有详细分析。

_LightShadowData 目前尚未在文档中公开它是做什么用的，但 Unity 3D 引擎的研发工程师在 Unity 3D 社区中解答过它各个分量的含义，x 分量表示阴影的强度，即阴影有多黑，1 表示全黑，0 表示完全透明不黑；y 分量目前暂未被使用；当 z 分量为 1 除以需要渲染的阴影时，表示阴影离当前摄像机的最远距离值（shadow far distance）。w 分量表示阴影离摄像机的最近距离值（shadow near distance）。

unity_ShadowFadeCenterAndType 变量包含阴影的中心和阴影的类型。

4.1.5　与逐帧绘制调用相关的着色器常量缓冲区

Unity3D 引擎预定义了和逐帧绘制调用相关的着色器常量 UnityPerDraw，它定义在 UnityShaderVariables.cginc 文件。代码如下所示。

通过以下代码定义 UnityPerDraw 着色器常量缓冲区。

```
// 所在文件: UnityShaderVariables.cginc 代码
// 所在目录: CGIncludes
// 从原文件第 166 行开始，至第 171 行结束
CBUFFER_START(UnityPerDraw)
    float4x4 unity_ObjectToWorld;// 把顶点从局部空间变换到世界空间的变换矩阵
    float4x4 unity_WorldToObject;// 把顶点从世界空间变换到局部空间的变换矩阵
    float4 unity_LODFade;
    float4 unity_WorldTransformParams;
    //该变量的 w 分量通常为 1,当缩放变量值为负数时,
    //常被引擎赋值为-1
CBUFFER_END
```

4.1.6　与雾效果相关的常量缓冲区

Unity3D 引擎预定义了和雾效果渲染相关的着色器常量 UnityFog，它定义在 UnityShaderVariables.cginc 文件。代码如下所示。

通过以下代码定义 UnityFog 着色器常量缓冲区。

```
// 所在文件: UnityShaderVariables.cginc 代码
// 所在目录: CGIncludes
// 从原文件第 236 行开始，至第 243 行结束
CBUFFER_START(UnityFog)
    fixed4 unity_FogColor; // 雾的颜色
    // x = density / sqrt(ln(2)), 用于雾化因子指数平方衰减
    // y = density / ln(2), 用于雾化因子指数衰减
    // z = -1/(end-start), 用于雾化因子线性衰减
    // w = end/(end-start), 用于雾化因子线性衰减
    float4 unity_FogParams;
CBUFFER_END
```

雾化效果是一种可添加到最终渲染图像的简单的大气效果（atmosphere effect）。雾化效果可以提供室外场景的真实度；雾化效果随着距离观察者的距离变远而增加，可以帮助观察者确定物体的远近；靠近视截体远平面的物体就会因为浓厚的雾效果变得不可见，这样可以避免原本在视截体之外的不可见物体，因为进入视截体就突然变得可见的现象[①]；雾化效果一般由硬件实现，所以很高效。

在上述代码段中的着色器常量缓冲区 UnityFog 里，unity_FogColor 变量表示雾的颜色。如果某物体的表面颜色为 C_{src}，则最终经过雾化处理后显示的像素颜色 C_{dst} 可由下式定义：

① 这种变得突然可见的现象对应术语为 poping。

$$C_{dst} = fC_{src} + (1-f)\text{unity\_FogColor} \tag{4-2}$$

式中，f 为雾化因子（fog factor），它的取值范围是[0,1]，随着待计算雾化效果的像素点离摄像机的距离值增加而衰减。

雾化因子随着距离的变化而衰减的方式有多种，最常见的就是线性雾化因子（linear fog factor）。假设 z_{start} 和 z_{end} 分别表示沿着摄像机的观察方向，雾化效果的开始和终止位置（通常这两个位置会采用深度缓冲区的最大值和最小值）。z_p 表示待计算雾化效果的像素，即离当前摄像机位置的距离值，该值一般根据裁剪空间中的片元 z 值计算得到。并且当像素离当前摄像机位置越远时，取值就越大。UnityCG.cginc 文件中的 UNITY_Z_0_FAR_FROM_CLIPSPACE 的宏就是用来把裁剪空间片元 z 值计算成 z_p 值（参见 4.2.14 节）。线性雾化因子为

$$f = \frac{z_{end} - z_p}{z_{end} - z_{start}} \tag{4-3}$$

除去线性雾化因子之外，还有雾化因子按指数方式衰减，如下式所示的指数雾化因子（exponential fog factor）

$$f = \frac{1}{e^{(z_p \text{density})}} \tag{4-4}$$

以及下式所示的指数平方雾化因子（exponential squared fog factor）。

$$f = \frac{1}{e^{(z_p \text{density})^2}} \tag{4-5}$$

式（4-4）和式（4-5）中的 density 变量是用来控制雾化浓度的参数。当计算出雾化因子 f 后，将这个值箝位（clamp）到[0,1]范围中，再结合式（4-2）便可计算出雾化操作后的像素颜色。从上面几个式子可看出，着色器常量缓冲区 UnityFog 的 unity_FogParams 变量中的 x、y、z、w 分量存储了计算雾化因子的参数的运算组合。在 4.2.14 节中，一些工具函数和工具宏将会使用这 4 个分量去计算不同的雾化效果。

4.1.7 与光照贴图相关的常量缓冲区

1. unity_Lightmap 变量的声明

通过以下代码声明 Unity_Lightmap 变量。

```
// 所在文件: UnityShaderVariables.cginc 代码
// 所在目录: CGIncludes
// 从原文件第 250 行开始，至第 252 行结束

// 声明了主光照贴图，该贴图记录了直接照明下的光照信息
UNITY_DECLARE_TEX2D_HALF(unity_Lightmap);
// 声明了间接照明所产生的光照信息，因为 unity_LightmapInd 和 unity_Lightmap
// 搭配使用所以不用另外专门声明采样器
UNITY_DECLARE_TEX2D_NOSAMPLER_HALF(unity_LightmapInd);
```

2. UNITY_DECLARE_TEX2D_NOSAMPLER 宏的定义

UNITY_DECLARE_TEX2D_NOSAMPLER 宏在 HLSLSupport.cginc 文件中定义，依据不同的目标平台，它的定义也不同，如以下代码所示。

```
// 所在文件: HLSLSupport.cginc 代码
// 所在目录: CGIncludes
#if defined(SHADER_API_D3D11) || defined(SHADER_API_XBOXONE) ||
    defined(UNITY_COMPILER_HLSLCC) || defined(SHADER_API_PSSL)
    // 中间的若干行代码省略
    // 本行代码在原文件第 411 行
    #define UNITY_DECLARE_TEX2D_NOSAMPLER(tex) Texture2D tex
#else
    // 中间的若干行代码省略
    // 本行的代码在原文件第 492 行
    #define UNITY_DECLARE_TEX2D_NOSAMPLER(tex) sampler2D tex
```

3. unity_ShadowMask 变量的定义

unity_ShadowMask 变量的定义如下。

```
// 所在文件: UnityShaderVariables.cginc 代码
// 所在目录: CGIncludes
// 从原文件第 254 行开始, 至第 261 行结束
// 如果启用了阴影蒙版, 阴影蒙版在 7.5.2 节中有详细解释
#if defined (SHADOWS_SHADOWMASK)
    #if defined(LIGHTMAP_ON) // 如果启用了光照贴图
        UNITY_DECLARE_TEX2D_NOSAMPLER(unity_ShadowMask);
    #else
        UNITY_DECLARE_TEX2D(unity_ShadowMask);
    #endif
#endif
```

上述代码很简单, 其实就是根据不同平台, 使用该平台能使用的指令定义一个普通的 2D 纹理。回到 SHADOWS_SHADOWMASK 宏的定义中, 如果没有声明同时启用 LIGHTMAP_ON, 即不启用光照贴图, 则使用 UNITY_DECLARE_TEX2D 宏直接定义一个名为 unity_ShadowMask 的纹理贴图, 定义一个名为 samplerunity_ShadowMask 的 samplerState。

4. 和全局照明光照贴图相关的变量

通过以下代码定义和全局照明光照贴图相关的变量。

```
// 所在文件: UnityShaderVariables.cginc 代码
// 所在目录: CGIncludes
// 从原文件第 264 行开始, 至第 271 行结束
UNITY_DECLARE_TEX2D(unity_DynamicLightmap);
UNITY_DECLARE_TEX2D_NOSAMPLER(unity_DynamicDirectionality);
UNITY_DECLARE_TEX2D_NOSAMPLER(unity_DynamicNormal);

CBUFFER_START(UnityLightmaps)
    // 对应于静态光照贴图变量 unity_Lightmap, 用于 tiling 和 offset 操作。tiling 和 offset
    // 操作的详细信息参见 4.2.5 节, unity_Lightmap 变量参见 4.1.7 节
    float4 unity_LightmapST;
    // 对应于动态 (实时) 光照贴图变量 unity_DynamicLightmap, 用于 tiling 和 offset 操作
    float4 unity_DynamicLightmapST;
CBUFFER_END
```

5. 与反射用光探针相关的着色器变量

通过以下代码定义和反射用光探针相关的着色器变量。

```
// 所在文件: UnityShaderVariables.cginc 代码
// 所在目录: CGIncludes
// 从原文件第 277 行开始, 至第 290 行结束
UNITY_DECLARE_TEXCUBE(unity_SpecCube0);
UNITY_DECLARE_TEXCUBE_NOSAMPLER(unity_SpecCube1);

CBUFFER_START(UnityReflectionProbes)
    // 反射用光探针的作用区域立方体是一个和世界坐标系坐标轴轴对齐的包围盒
```

```
    // unity_SpecCube0_BoxMax 的 x、y、z 分量存储了该包围盒在 x、y、z 轴方向上的最大边界值
    // 它的值由反射用光探针的 Box Size 属性和 Box Offset 属性计算而来，详见 7.6.5 节
    float4 unity_SpecCube0_BoxMax;

    // unity_SpecCube0_BoxMax 的 x、y、z 分量存储了该包围盒在 x、y、z 轴方向上的最小边界值
    float4 unity_SpecCube0_BoxMin;

    // 对应于 ReflectionProbe 组件中的光探针位置，它由 Transfrom 组件的
    // Position 属性和 Box Offset 属性计算而来
    float4 unity_SpecCube0_ProbePosition;

    // 反射用光探针使用的立方体贴图中包含高动态范围颜色，这允许它包含大于 1 的亮度值
    // 在渲染时要将 HDR 值转为 RGB 值
    half4   unity_SpecCube0_HDR;

    float4 unity_SpecCube1_BoxMax;
    float4 unity_SpecCube1_BoxMin;
    float4 unity_SpecCube1_ProbePosition;
    half4  unity_SpecCube1_HDR;
CBUFFER_END
```

　　UNITY_DECLARE_TEXCUBE 宏在 HLSLSupport.cginc 文件中定义，用来声明一个立方体贴图变量。并且如果当前是运行在 Direct3D 11 或者 XBoxOne 平台上，此宏还对应立方体贴图变量声明一个采样器变量。而 UNITY_DECLARE_TEXCUBE_NOSAMPLER 宏则是一个不声明采样器变量的版本。

6. 立方体贴图的声明变量、对纹理采样等相关的宏

　　UNITY_SAMPLE_TEXCUBE_LOD 宏对立方体纹理贴图根据当前的 mipmap 层级进行采样。它们的定义如下。

```
    // 所在文件: HLSLSupport.cginc
    // 所在目录: CGIncludes
#if defined(SHADER_API_D3D11) || defined(SHADER_API_XBOXONE) ||
    //… 其他部分的代码
    // 下面代码句从原文件第 499 行开始，D3D 11 的 HLSL 语法
    #define UNITY_DECLARE_TEXCUBE(tex) TextureCube tex; SamplerState sampler##tex
    #define UNITY_ARGS_TEXCUBE(tex) TextureCube tex, SamplerState sampler##tex
    #define UNITY_PASS_TEXCUBE(tex) tex, sampler##tex
    #define UNITY_PASS_TEXCUBE_SAMPLER(tex,samplertex)tex, sampler##samplertex
    #define UNITY_PASS_TEXCUBE_SAMPLER_LOD(tex, samplertex, lod) \
                                    tex, sampler##samplertex, lod
    #define UNITY_DECLARE_TEXCUBE_NOSAMPLER(tex) TextureCube tex
    #define UNITY_SAMPLE_TEXCUBE(tex,coord) tex.Sample(sampler##tex,coord)
    #define UNITY_SAMPLE_TEXCUBE_LOD(tex,coord,lod) \
                                    tex.SampleLevel(sampler##tex,coord, lod)
    #define UNITY_SAMPLE_TEXCUBE_SAMPLER(tex,samplertex,coord) \
                                    tex.Sample(sampler##samplertex,coord)
    #define UNITY_SAMPLE_TEXCUBE_SAMPLER_LOD(tex, samplertex, coord, lod) \
                                tex.SampleLevel(sampler##samplertex, coord, lod)
    // 上面代码语句至原文件第 439 行结束
#else // DX 9 HLSL 语法
    // 下面代码语句从原文件第 499 行开始
    #define UNITY_DECLARE_TEXCUBE(tex) samplerCUBE tex
    #define UNITY_ARGS_TEXCUBE(tex) samplerCUBE tex
    #define UNITY_PASS_TEXCUBE(tex) tex
    #define UNITY_PASS_TEXCUBE_SAMPLER(tex,samplertex) tex
    #define UNITY_DECLARE_TEXCUBE_NOSAMPLER(tex) samplerCUBE tex
    #define UNITY_SAMPLE_TEXCUBE(tex,coord) texCUBE(tex,coord)
    // 上面代码语句至原文件第 504 行结束

    // 后面的这个 if-else-endif 代码段从原文件第 508 行开始，到 514 行结束
    #if ((SHADER_TARGET < 25) && defined(SHADER_API_D3D9)) ||
        defined(SHADER_API_D3D11_9X)
        #define UNITY_SAMPLE_TEXCUBE_LOD(tex,coord,lod) \
                                    texCUBEbias(tex, half4(coord, lod))
        #define UNITY_SAMPLE_TEXCUBE_SAMPLER_LOD(tex,samplertex,coord,lod) \
UNITY_SAMPLE_TEXCUBE_LOD(tex,coord,lod)
```

```
      #else
          #define UNITY_SAMPLE_TEXCUBE_LOD(tex,coord,lod) \
                                   texCUBElod(tex, half4(coord, lod))
          #define UNITY_SAMPLE_TEXCUBE_SAMPLER_LOD(tex,samplertex,coord,lod) \
UNITY_SAMPLE_TEXCUBE_LOD(tex,coord,lod)
      #endif
#endif
```

Unity 3D 使用这两个宏声明了两个反射用光探针所使用的立方体贴图变量（及其采样器）：unity_SpecCube0 和 unity_SpecCube1。同时还声明了着色器常量缓冲区 UnityReflectionProbes，里面包含了对应于反射用光探针的若干属性。反射用光探针的相关信息详见 7.6.5 节。

UNITY_DECLARE_TEX3D_FLOAT 在 HLSLSupport.cginc 文件中定义，根据不同的平台，该宏分别定义为

```
// 所在文件: HLSLSupport.cginc 代码
// 所在目录: CGIncludes
// 从原文件第 353 行开始，至第 395 行结束
#define UNITY_MATRIX_TEXTURE0 float4x4(1,0,0,0, 0,1,0,0, 0,0,1,0, 0,0,0,1)
#define UNITY_MATRIX_TEXTURE1 float4x4(1,0,0,0, 0,1,0,0, 0,0,1,0, 0,0,0,1)
#define UNITY_MATRIX_TEXTURE2 float4x4(1,0,0,0, 0,1,0,0, 0,0,1,0, 0,0,0,1)
#define UNITY_MATRIX_TEXTURE3 float4x4(1,0,0,0, 0,1,0,0, 0,0,1,0, 0,0,0,1)
#endif
```

4.2　UnityCG.cginc 文件中的工具函数和宏

4.2.1　数学常数

Unity 3D 内置着色器定义了一系列的数学常数，如下所示。

```
// 所在文件: UnityCG.cginc 代码
// 所在目录: CGIncludes
// 从原文件第 3 行开始，至第 13 行结束
#ifndef UNITY_CG_INCLUDED
#define UNITY_CG_INCLUDED

#define UNITY_PI            3.14159265359f    // 圆周率
#define UNITY_TWO_PI        6.28318530718f    // 2 倍圆周率
#define UNITY_FOUR_PI       12.56637061436f   // 4 倍圆周率
#define UNITY_INV_PI        0.31830988618f    //圆周率的倒数
#define UNITY_INV_TWO_PI    0.15915494309f    // 2 倍圆周率的倒数
#define UNITY_INV_FOUR_PI   0.07957747155f    // 4 倍圆周率的倒数
#define UNITY_HALF_PI       1.57079632679f    // 半圆周率
#define UNITY_INV_HALF_PI   0.636619772367f   //半圆周率的倒数
```

4.2.2　与颜色空间相关的常数和工具函数

1. IsGammaSpace 函数

IsGammaSpace 函数的定义如下。

```
// 所在文件: UnityCG.cginc 代码
// 所在目录: CGIncludes
// 从原文件第 79 行开始，至第 86 行结束
// 用来判断当前是否启用了伽马颜色空间函数
inline bool IsGammaSpace()
{
#ifdef UNITY_COLORSPACE_GAMMA
    return true;
#else
    return false;
#endif
}
```

上述代码段中的 IsGammaSpce 函数根据宏 UNITY_COLORSPACE_GAMMA 是否被启用了，判断当前是否启用了伽马颜色空间。本函数在新版本不再使用，保留它是为了兼容旧版本及很多已经存在的着色器。

2. GammaToLinearSpaceExact 函数

GammaToLinearSpaceExact 函数的定义如下。

```
// 所在文件: UnityCG.cginc 代码
// 所在目录: CGIncludes
// 从原文件第 88 行开始, 至第 96 行结束
inline float GammaToLinearSpaceExact (float value)
{
if (value <= 0.04045F)
        return value / 12.92F;
else if (value < 1.0F)
        return pow((value + 0.055F)/1.055F, 2.4F);
else
    return pow(value, 2.2F);
}
```

上述代码段中的 GammaToLinearSpaceExact 函数把一个颜色值精确地从伽马颜色空间（sRGB颜色空间）变换到线性空间（CIE-XYZ 颜色空间）。这个函数中的算法原理就是 2.4.2 节中式（2-30）所描述的原理。

3. GammaToLinearSpace 函数

GammaToLinearSpace 函数的定义如下。

```
// 所在文件: UnityCG.cginc 代码
// 所在目录: CGIncludes
// 从原文件第 98 行开始, 至第 105 行结束
inline half3 GammaToLinearSpace (half3 sRGB)
{
    // GammaToLinearSpaceExact 函数的近似模拟版本
    return sRGB * (sRGB * (sRGB * 0.305306011h + 0.682171111h) + 0.012522878h);
}
```

上述代码段中的 GammaToLinearSpace 函数是用一个近似模拟的函数把颜色值近似地从伽马颜色空间变换到线性空间。其算法原理本书不作详解，读者如果想深入了解可以访问代码注释中的 URL 链接一探究竟。

4. LinearToGammaSpaceExact 函数

LinearToGammaSpaceExact 函数的定义如下。

```
// 所在文件: UnityCG.cginc 代码
// 所在目录: CGIncludes
// 从原文件第 107 行开始, 至第 117 行结束
inline float LinearToGammaSpaceExact (float value)
{
    if (value <= 0.0F)
        return 0.0F;
    else if (value <= 0.0031308F)
        return 12.92F * value;
    else if (value < 1.0F)
        return 1.055F * pow(value, 0.4166667F) - 0.055F;
    else
        return pow(value, 0.45454545F);
}
```

上述代码段中的 LinearToGammaSpaceExact 函数把一个颜色值精确地从线性空间变换到伽马

颜色空间。这个函数的算法原理就是 2.4.2 节中式（2-28）所描述的原理。

5. LinearToGammaSpace 函数

LinearToGammaSpace 函数的定义如下。

```
// 所在文件：UnityCG.cginc 代码
// 所在目录：CGIncludes
// 从原文件第 119 行开始，至第 127 行结束
inline half3 LinearToGammaSpace (half3 linRGB)
{
    linRGB = max(linRGB, half3(0.h, 0.h, 0.h));
    return max(1.055h * pow(linRGB, 0.416666667h) - 0.055h, 0.h);
}
```

上述代码段中的 LinearToGammaSpace 函数是用一个近似模拟的函数把颜色值近似地从线性空间变换到伽马颜色空间。其算法原理本书不作详解，读者如果想深入了解可以访问代码注释中的 URL 链接一探究竟。

4.2.3　描述顶点布局格式的结构体

因为在不同场合中渲染引擎需要顶点携带的信息是不同的，如果只用一个把所有顶点信息都添加在内的结构体去描述顶点，在很多场合会造成数据的冗余。因此，Unity 3D 预定了若干用以描述顶点结构布局的结构体版本，方便开发者在不同的使用场合下使用。

1. 顶点结构体 appdata_base

顶点结构体 appdata_base 的定义如下。

```
// 所在文件：UnityCG.cginc 代码
// 所在目录：CGIncludes
// 从原文件第 51 行开始，至第 56 行结束
struct appdata_base {
    float4 vertex : POSITION;              // 世界坐标下的顶点坐标
    float3 normal : NORMAL;                // 顶点法线
    float4 texcoord : TEXCOORD0;           // 顶点使用的第一层纹理坐标
    UNITY_VERTEX_INPUT_INSTANCE_ID         // 顶点多例化的 ID
};
```

上述代码段中的数据结构定义得很清楚，不需赘述。UNITY_VERTEX_INPUT_INSTANCE_ID 是定义顶点多例化 ID 用的一个宏。Unity 3D 引擎的多例化技术会在第 5 章中详细叙述。

2. 顶点结构体 appdata_tan

顶点结构体 appdata_tan 的定义如下。

```
// 所在文件：UnityCG.cginc 代码
// 所在目录：CGIncludes
// 从原文件第 58 行开始，至第 64 行结束
struct appdata_tan {
    float4 vertex : POSITION;              // 世界坐标下的顶点坐标
    float4 tangent : TANGENT;              // 顶点切线
    float3 normal : NORMAL;                // 顶点法线
    float4 texcoord : TEXCOORD0;           // 顶点使用的第一层纹理坐标
    UNITY_VERTEX_INPUT_INSTANCE_ID         // 顶点多例化的 ID
};
```

相对于 appdata_base 结构体，上述代码段中的 appdata_tan 多了一个顶点的切线信息。在使用法线贴图（normal mapping）等技术时需要利用顶点的切线。

3. 顶点结构体 appdata_full

顶点结构体 appdata_full 的定义如下。

```
// 所在文件: UnityCG.cginc 代码
// 所在目录: CGIncludes
// 从原文件第 66 行开始，至第 76 行结束
struct appdata_full {
    float4 vertex : POSITION;        //世界坐标下的顶点坐标
    float4 tangent : TANGENT;        // 顶点切线
    float3 normal : NORMAL;          // 顶点法线
    float4 texcoord : TEXCOORD0;     // 顶点使用的第一层纹理坐标
    float4 texcoord1 : TEXCOORD1;    // 顶点使用的第二层纹理坐标
    float4 texcoord2 : TEXCOORD2;    // 顶点使用的第三层纹理坐标
    float4 texcoord3 : TEXCOORD3;    // 顶点使用的第四层纹理坐标
    fixed4 color : COLOR;            // 顶点颜色
    UNITY_VERTEX_INPUT_INSTANCE_ID   // 顶点多例化的 ID
};
```

上述代码段中的 appdata_full 定义了最全的顶点信息结构体，该结构体有四层纹理坐标和顶点颜色。在做地形渲染时，通常会用到非常多的纹理以产生复杂多变的地面效果。

4.2.4　用于进行空间变换的工具函数

在实际开发中经常会遇到把某一个位置坐标或者方向向量从一个空间坐标系下变换到另一个空间坐标系的需求，Unity 3D 提供了一系列用来进行空间变换的工具函数。

1. UnityWorldToClipPos 函数

UnityWorldToClipPos 函数的定义如下。

```
// 所在文件: UnityCG.cginc 代码
// 所在目录: CGIncludes
// 从原文件第 130 行开始，至第 133 行结束
inline float4 UnityWorldToClipPos( in float3 pos )
{
    return mul(UNITY_MATRIX_VP, float4(pos, 1.0));
}
```

上述代码段中的宏 UNITY_MATRIX_VP 在之前定义过，即当前观察矩阵与投影矩阵的乘积。UnityWorldToClipPos 函数的作用就是把世界坐标空间中的某一点 pos 变换到齐次裁剪空间中去。

2. UnityViewToClipPos 函数

UnityViewToClipPos 函数的定义如下。

```
// 所在文件: UnityCG.cginc 代码
// 所在目录: CGIncludes
// 从原文件第 136 行开始，至第 139 行结束
inline float4 UnityViewToClipPos( in float3 pos )
{
    return mul(UNITY_MATRIX_P, float4(pos, 1.0));
}
```

上述代码段中的宏 UNITY_MATRIX_P 在前面的代码段中定义过，即当前的投影矩阵。UnityViewToClipPos 函数的作用就是把观察坐标空间中的某一点 pos 变换到齐次裁剪空间中去。

3. 参数类型为 float3 的 UnityObjectToViewPos 函数

参数类型为 float3 的 UnityObjectToViewPos 函数的定义如下。

```
// 所在文件: UnityCG.cginc 代码
```

```
// 所在目录: CGIncludes
// 从原文件第 142 行开始，至第 145 行结束
inline float3 UnityObjectToViewPos( in float3 pos )
{
    return mul(UNITY_MATRIX_V, mul(unity_ObjectToWorld, float4(pos, 1.0))).xyz;
}
```

上述代码段中的宏 UNITY_MATRIX_V 及变量 unity_ObjectToWorld 在前面的代码段定义过，即当前的观察矩阵。UnityObjectToViewPos 函数的作用就是把模型局部空间坐标系中的某一个点 pos，首先变换到世界空间坐标系下，然后变换到观察空间坐标系下。

4. 参数类型为 float4 的 UnityObjectToViewPos 函数

参数类型为 float4 的 UnityObjectToViewPos 函数的定义如下。

```
// 所在文件: UnityCG.cginc 代码
// 所在目录: CGIncludes
// 从原文件第 146 行开始，至第 149 行结束
inline float3 UnityObjectToViewPos(float4 pos)
{
    return UnityObjectToViewPos(pos.xyz);
}
```

上述代码段中的 UnityObjectToViewPos 是之前代码段中同名函数的重载版本，不同之处是它的传入参数为 float4 类型。定义这个重载版本是为了当传递 float4 类型参数到 UnityObjectToViewPos（int float3 pos）函数时，避免出现隐式截断（implicit truncation）问题。

5. UnityWorldToViewPos 函数

```
// 所在文件: UnityCG.cginc 代码
// 所在目录: CGIncludes
// 从原文件第 152 行开始，至第 155 行结束
inline float3 UnityWorldToViewPos( in float3 pos )
{
    return mul(UNITY_MATRIX_V, float4(pos, 1.0)).xyz;
}
```

上述代码段中的 UnityWorldToViewPos 函数的作用是把世界坐标系下的一个点 pos 变换到观察坐标系下。

6. UnityObjectToWorldDir 函数

UnityObjectToWorldDir 函数的作用是把一个方向向量从模型坐标系变换到世界坐标系下，然后对结果进行单位化。

```
// 所在文件: UnityCG.cginc 代码
// 所在目录: CGIncludes
// 从原文件第 158 行开始，至第 161 行结束
inline float3 UnityObjectToWorldDir( in float3 dir )
{
    return normalize(mul((float3x3)unity_ObjectToWorld, dir));
}
```

7. UnityWorldToObjectDir 函数

UnityWorldToObjectDir 函数的作用是把一个方向向量从世界坐标系变换到模型坐标系下，然后对结果进行单位化。

```
// 所在文件: UnityCG.cginc 代码
// 所在目录: CGIncludes
// 从原文件第 164 行开始，至第 167 行结束
inline float3 UnityWorldToObjectDir( in float3 dir )
```

```
{
    return normalize(mul((float3x3)unity_WorldToObject, dir));
}
```

8. UnityObjectToWorldNormal 函数

UnityObjectToWorldNormal 函数的定义如下。

```
// 所在文件：UnityCG.cginc 代码
// 所在目录：CGIncludes
// 从原文件第 170 行开始，至第 178 行结束
inline float3 UnityObjectToWorldNormal( in float3 norm )
{
#ifdef UNITY_ASSUME_UNIFORM_SCALING
    return UnityObjectToWorldDir(norm);
#else
    return normalize(mul(norm, (float3x3)unity_WorldToObject));
#endif
}
```

在 UnityObjectToWorldNormal 函数中，把一个顶点从模型坐标系变换到世界坐标系上的变换矩阵为 unity_ObjectToWorld，则把该顶点的法线从模型坐标系变换到世界坐标系的矩阵应是 unity_ObjectToWorld 的逆转置矩阵 $(\text{unity\_ObjectToWorld}^{-1})^{T}$。显然，unity_ObjectToWorld 的逆矩阵为 unity_WorldToObject，于是 $(\text{unity\_ObjectToWorld}^{-1})^{T}$ 等价于 $\text{unity\_WorldToObject}^{T}$ 等价于上面代码中的法线向量 norm 左乘以 unity_WorldToObject，等同于它右乘 unity_ObjectToWorld 矩阵的逆转置矩阵，即把某顶点的法线 normal 从模型坐标系下变换到世界坐标系下。

9. UnityWorldSpaceLightDir 函数

UnityWorldSpaceLightDir 函数的定义如下。

```
// 所在文件：UnityCG.cginc 代码
// 所在目录：CGIncludes
// 从原文件第 181 行开始，至第 192 行结束
inline float3 UnityWorldSpaceLightDir( in float3 worldPos )
{
#ifndef USING_LIGHT_MULTI_COMPILE
        return _WorldSpaceLightPos0.xyz - worldPos * _WorldSpaceLightPos0.w;
#else
    #ifndef USING_DIRECTIONAL_LIGHT // 如果不是平行光
        return _WorldSpaceLightPos0.xyz - worldPos;
    #else
        return _WorldSpaceLightPos0.xyz; // 如果是平行光就直接返回
    #endif
#endif
}
```

在 UnityWorldSpaceLightDir 函数中，输入参数 worldPos 是一个世界坐标系下的坐标，该函数用于计算这个坐标到同样在世界坐标系下并且内置在引擎中的光源位置点_WorldSpaceLightPos0 的连线的方向向量。

10. WorldSpaceLightDir 函数

WorldSpaceLightDir 函数的定义如下。

```
// 所在文件：UnityCG.cginc 代码
// 所在目录：CGIncludes
// 从原文件第 196 行开始，至第 200 行结束
inline float3 WorldSpaceLightDir( in float4 localPos )
{
// 首先把 localPos 变换到世界坐标系下，然后调用 UnityWorldSpaceLightDir
// 函数计算出连线方向
```

```
    float3 worldPos = mul(unity_ObjectToWorld, localPos).xyz;
    return UnityWorldSpaceLightDir(worldPos);
}
```

在 WorldSpaceLightDir 函数中，首先把传递进来的局部坐标系下的某个坐标 localPos 变换到世界坐标系下，然后调用 UnityWorldSpaceLightDir 函数，计算该坐标和光源位置点_WorldSpaceLightPos0 的连线向量。本函数在当前版本的 Unity 3D 中已经不使用，保留下来是为了兼容旧有的第三方着色器代码。

11. ObjSpaceLightDir 函数

ObjSpaceLightDir 函数的定义如下。

```
// 所在文件: UnityCG.cginc 代码
// 所在目录: CGIncludes
// 从原文件第 203 行开始，至第 215 行结束
inline float3 ObjSpaceLightDir( in float4 v )
{
    float3 objSpaceLightPos = mul(unity_WorldToObject, _WorldSpaceLightPos0).xyz;
#ifndef USING_LIGHT_MULTI_COMPILE
    return objSpaceLightPos.xyz - v.xyz * _WorldSpaceLightPos0.w;
#else
    #ifndef USING_DIRECTIONAL_LIGHT
        return objSpaceLightPos.xyz - v.xyz;
    #else
        return objSpaceLightPos.xyz;
    #endif
#endif
}
```

上述代码段中的 ObjSpaceLightDir 函数和 WorldSpaceLightDir 函数类似，只是把_WorldSpaceLightPos0 位置变换到当前模型坐标系下，计算出光源位置点和 v 的连线的方向向量。

12. UnityWorldSpaceViewDir 函数

UnityWorldSpaceViewDir 函数的定义如下。

```
// 所在文件: UnityCG.cginc 代码
// 所在目录: CGIncludes
// 从原文件第 218 行开始，至第 221 行结束
inline float3 UnityWorldSpaceViewDir( in float3 worldPos )
{
    return _WorldSpaceCameraPos.xyz - worldPos;
}
```

_WorldSpaceCameraPos 在之前介绍过。上述代码段中的 UnityWorldSpaceViewDir 函数在世界坐标系下计算出某位置点到摄像机位置点 worldPos 的连线向量。

13. WorldSpaceViewDir 函数

WorldSpaceViewDir 函数的定义如下。

```
// 所在文件: UnityCG.cginc 代码
// 所在目录: CGIncludes
// 从原文件第 225 行开始，至第 229 行结束
inline float3 WorldSpaceViewDir( in float4 localPos )
{
    float3 worldPos = mul(unity_ObjectToWorld, localPos).xyz;
    return UnityWorldSpaceViewDir(worldPos);
}
```

上述代码段中的 WorldSpaceViewDir 函数和 UnityWorldSpaceViewDir 函数类似，只是传递进来的参数 localPos 是一个基于模型坐标系下的位置值。需要先把 localPos 变换到世界坐标系下，再转调用 UnityWorldSpaceViewDir 函数得到连线向量。本函数在当前版本的 Unity 3D 中已经不使

用，保留下来是为了兼容旧有的第三方着色器代码。

14. ObjSpaceViewDir 函数

ObjSpaceViewDir 函数的定义如下。

```
// 所在文件: UnityCG.cginc 代码
// 所在目录: CGIncludes
// 从原文件第232行开始, 至第236行结束
inline float3 ObjSpaceViewDir( in float4 v )
{
    float3 objSpaceCameraPos = mul(unity_WorldToObject,
                                   float4(_WorldSpaceCameraPos.xyz, 1)).xyz;
    return objSpaceCameraPos - v.xyz;
}
```

上述代码段中的 ObjSpaceViewDir 函数和 WorldSpaceViewDir 类似，只是把_WorldSpace CameraPos 位置变换到当前的模型坐标系下，计算出摄像机位置点 objSpaceCameraPos 和 v 的连线的方向向量。

15. TANGENT_SPACE_ROTATION 宏

TANGENT_SPACE_ROTATION 宏的定义如下。

```
// 所在文件: UnityCG.cginc 代码
// 所在目录: CGIncludes
// 从原文件第239行开始, 至第241行结束
#define TANGENT_SPACE_ROTATION \
            float3 binormal = \
            cross( normalize(v.normal), normalize(v.tangent.xyz) ) * v.tangent.w; \
            float3x3 rotation = float3x3( v.tangent.xyz, binormal, v.normal )
```

定义一个宏 TANGENT_SPACE_ROTATION，此宏的作用是定义一个类型为 float3x3，名字为 rotation 的 3×3 矩阵。这个矩阵由顶点的法线、切线，以及与顶点的法线切线都相互垂直的副法线组成，构成了一个正交的切线空间。4.2.8 节会讲述切线空间的概念。

4.2.5 与光照计算相关的工具函数

1. Shade4PointLights 函数

Shade4PointLights 函数的定义如下。

```
// 所在文件: UnityCG.cginc 代码
// 所在目录: CGIncludes
// 从原文件第246行开始, 至第282行结束

// 本函数将用在 ForwardBase 类型的渲染通道上。参数 lightPosX、lightPosY、lightPosZ 的
// 4 个分量依次存储了 4 个点光源的 x 坐标、y 坐标、z 坐标。参数 lightColor0、
// lightColor1、lightColor2、lightColor3 依次存储了 4 个点光源的颜色的 RGB 值。lightAttenSq 的
// 4 个分量依次存储了 4 个点光源的二次项衰减系数
float3 Shade4PointLights(float4 lightPosX, float4 lightPosY, float4 lightPosZ,
    float3 lightColor0, float3 lightColor1, float3 lightColor2, float3 lightColor3,
    float4 lightAttenSq,float3 pos, float3 normal)
{
    // 一次性计算顶点到每一个光源之间的 x 坐标差、y 坐标差、z 坐标差
    float4 toLightX = lightPosX - pos.x;
    float4 toLightY = lightPosY - pos.y;
    float4 toLightZ = lightPosZ - pos.z;
    // 一次性计算顶点到每一个光源的距离的平方
    float4 lengthSq = 0;
    lengthSq += toLightX * toLightX;
    lengthSq += toLightY * toLightY;
    lengthSq += toLightZ * toLightZ;
```

```
    // 如果顶点离光源太近了，就微调一个很小的数作为他们的距离
    lengthSq = max(lengthSq, 0.000001);

    // 计算顶点到 4 个光源连线的向量，以及顶点法线 normal 的夹角的余弦值，即顶点到 4 个光源连线在法线的投影
    float4 ndotl = 0;
    ndotl += toLightX * normal.x;
    ndotl += toLightY * normal.y;
    ndotl += toLightZ * normal.z;
    // 因为由 toLightX、toLightY、toLightZ 组成的顶点到 4 个光源连线的向量是没有经过单位化的，
    // 所以 ndotl 变量中的每一个分量必须除以 lengthSq 变量中的每一个分量，即顶点到每一个光源的距离的平方
    float4 corr = rsqrt(lengthSq);
    ndotl = max(float4(0,0,0,0), ndotl * corr);

// 计算出从光源到顶点位置的光的衰减值 attenuation
    float4 atten = 1.0 / (1.0 + lengthSq * lightAttenSq);
// 衰减值再乘以夹角余弦值
    float4 diff = ndotl * atten;
    // 计算出的最终的颜色
    float3 col = 0;
    col += lightColor0 * diff.x;
    col += lightColor1 * diff.y;
    col += lightColor2 * diff.z;
    col += lightColor3 * diff.w;
    return col;
}
```

Shade4PointLights 函数用在顶点着色器的 ForwardBase 渲染通道上。本函数在每一个顶点被 4 个点光源照亮时，利用朗伯光照模型（Lambert lighting model）计算出光照的漫反射效果。Lambert 光照模型会在 10.1 节中阐述。

2. ShadeVertexLightsFull 函数

ShadeVertexLightsFull 函数的定义如下。

```
// 所在文件：UnityCG.cginc 代码
// 所在目录：CGIncludes
// 从原文件第 286 行开始，至第 313 行结束

// 本函数用在顶点着色器中，计算出光源产生的漫反射光照效果
// float4 vertex 顶点的位置坐标
// float4 normal 顶点的位置坐标
// float4 lightCount 参与光照计算的光源数量
// float4 spotLight 光源是不是聚光灯光源
float3 ShadeVertexLightsFull(float4 vertex, float3 normal,
                             int lightCount, bool spotLight)
{
    // Unity 3D 提供的光源位置和光线传播方向在当前摄像机所构成的观察空间中，
    // 所以首先把传递进来的顶点坐标变换到观察空间，顶点的法线也乘以 model-view
    // 矩阵的逆转置矩阵变换到观察空间
    float3 viewpos = UnityObjectToViewPos (vertex);
    float3 viewN = normalize(mul((float3x3)UNITY_MATRIX_IT_MV, normal));
    // UNITY_LIGHTMODEL_AMBIENT 在 UnityShaderVariables.cginc 文件中定义
    float3 lightColor = UNITY_LIGHTMODEL_AMBIENT.xyz;

    for (int i = 0; i < lightCount; i++)
    {
        // 如果 unity_LightPosition[i] 对应的光源是有向平行光，则 unity_LightPosition[i].w
        // 的值为 0，unity_LightPosition[i].xyz 就是光的方向；如果不是有向平行光，w 值
        // 为 1，x、y、z 是光源在观察空间中的位置坐标。总之，toLight 就是顶点位置到光源位
        // 置的连线的方向向量
        float3 toLight = unity_LightPosition[i].xyz -
                                    viewpos.xyz * unity_LightPosition[i].w;
        // toLight 自身的点积实际上就是顶点到光源的距离的平方
        float lengthSq = dot(toLight, toLight);

        // 如果顶点离光源太近，就微调一个很小的数作为它们的距离
        lengthSq = max(lengthSq, 0.000001);
```

```
                // 求出距离的倒数
                toLight *= rsqrt(lengthSq);
                // unity_LightAtten 的定义见 4.1.3 节，光源的衰减计算
                // 公式可以参考 9.3.3 节中的式 (9-1)
                float atten = 1.0 / (1.0 + lengthSq * unity_LightAtten[i].z);

                if (spotLight)
                {
                        float rho = max(0, dot(toLight, unity_SpotDirection[i].xyz));
                        float spotAtt = (rho - unity_LightAtten[i].x) * unity_LightAtten[i].y;
                        atten *= saturate(spotAtt);
                }

                float diff = max(0, dot(viewN, toLight));
                lightColor += unity_LightColor[i].rgb * (diff * atten);
        }
        return lightColor;
}
```

在上述代码段中，变量 rho 由顶点到光源连线方向 toLight 与聚光灯光源的正前照射方向 unity_SpotDirection 求点积而成。也就是说，rho 为 toLight 方向与 unity_SpotDirection 方向的夹角余弦值 $\cos(\rho)$。

由 4.1.3 节中代码段对 unity_LightAtten 的描述，可以知道 unity_LightAtten 的 x 分量为 1/2 张角的余弦值，y 分量为聚光灯 1/4 张角的余弦值减去其 1/2 张角的余弦值。如果该差值不为 0，则 y 为该差值的倒数，否则为 1。令 1/2 张角为 θ，1/4 张角为 Φ，则 x 分量和 y 分量可以分别写成 $\cos(\theta)$、$1/[\cos(\Phi)-\cos(\theta)]$，则这时代码语句：

```
float spotAtt = (rho - unity_LightAtten[i].x) * unity_LightAtten[i].y
```

写成数学公式为

$$\text{spotAtt} = [\cos(\rho)-\cos(\theta)]/[\cos(\Phi)-\cos(\theta)]$$

当 $\rho < \phi$ 时，有 $\cos(\rho) > \cos(\Phi)$，从而可推得 $\cos(\rho)-\cos(\theta) > \cos(\Phi)-\cos(\theta)$，所以这时 spotAtt>1，再经一次 Cg 库函数 saturate 操作后得到 spotAtt 的值为 1。也就是说，当顶点到光源连线方向与聚光灯光源的正前照射方向的夹角小于 1/4 聚光灯张角时，不存在衰减，变量 atten 保持原值。

当 $\rho > \theta$ 时，有 $\cos(\rho)-\cos(\theta) < 0$，从而可推得 spotAtt<0，再经一次 Cg 库函数 saturate 操作后得到 spotAtt 的值为 0。也就是说，当顶点到光源连线方向与聚光灯光源的正前照射方向的夹角大于 1/2 聚光灯张角时，光线衰减至 0，变量 atten 为 0

当 $\rho > \Phi$ 且 $\rho < \theta$ 时，当 ρ 从 Φ 变化到 θ 时，spotAtt 从 1 变化到 0，变量 atten 值与此处计算到的在聚光灯内衰减值相乘。ρ 的不同取值所处的区间如图 4-3 所示。

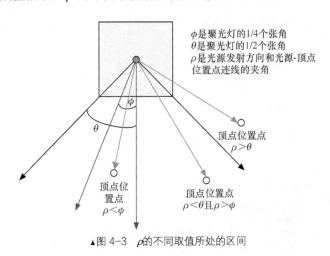

▲图 4-3 ρ 的不同取值所处的区间

　　最后的代码步骤就是利用 Lambert 光照模型（Lambert lighting model）计算出光照的漫反射效果。Lambert 光照模型会在 10.1 节中阐述。

3. ShadeVertexLights 函数

ShadeVertexLights 函数的定义如下。

```
// 所在文件: UnityCG.cginc 代码
// 所在目录: CGIncludes
// 从原文件第 315 行开始，至第 318 行结束
float3 ShadeVertexLights(float4 vertex, float3 normal)
{
    return ShadeVertexLightsFull(vertex, normal, 4, false);
}
```

　　上述代码段中的 ShaderVertexLights 函数就是转调 ShadeVertexLightsFull 函数，指定使用 4 个非聚光灯光源进行光照计算。

　　SHEvalLinearL0L1_SampleProbeVolume、SHEvalLinearL0L1、SHEvalLinearL2、ShadeSH3Order、ShadeSH12Order，还有 ShadeSH9 等函数属于球谐光照领域。本书将会在 7.7 节详细阐述球谐光照。UnityCG.cginc 文件中的和球谐光照相关的函数将会在后面章节中详细分析。

4. TRANSFORM_TEX 宏和 TRANSFORM_UV 宏

通过以下代码定义两个宏。

```
// 所在文件: UnityCG.cginc 代码
// 所在目录: CGIncludes
// 从原文件第 435 行开始，至第 438 行结束
#define TRANSFORM_TEX(tex,name) (tex.xy * name##_ST.xy + name##_ST.zw)
#define TRANSFORM_UV(idx) v.texcoord.xy
```

　　如上述代码所示，TRANSFORM_TEX 即是用顶点中的纹理映射坐标 tex 与待操作纹理 name 的 Tiling（平铺值）和 Offset（偏移值）做一个运算操作。那么什么是 Tiling 和 Offset 呢，Tiling 的默认值为（1, 1），Offset 的默认值为（0, 0），图 4-4 所示的 Tiling 为（5, 5）和 offset(0.5, 0.5)时的效果。假设指定待采样的纹理名为_TextureName 时，在面板中指定的 Tiling 和 Offset 属性的 x、y 值就分别对应_TextureName _ST 变量中的 x、y 分量和 z、w 分量。也就是说，如果声明一个名字为_TextureName 的 sampler2D 类型的纹理采样器变量，要使用纹理的 Tiling 和 Offset 属性，就必须同时定义一个_TextureName_ST 的四维向量（float4、half4、或者 fixed4）才可以。

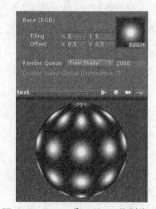

▲图 4-4　Tiling 和 Offset 分别为 5 与 0.5 时的外观表现

5. 结构体 v2f_vertex_lit

通过以下代码定义结构体 v2f_vertex_lit。

```
// 所在文件: UnityCG.cginc 代码
// 所在目录: CGIncludes
// 从原文件第 442 行开始，至第 446 行结束
struct v2f_vertex_lit {
    float2 uv   : TEXCOORD0;
    fixed4 diff : COLOR0;
    fixed4 spec : COLOR1;
};
```

上述代码段中的 v2f_vertex_lit 结构体和之前代码段中的 VertexLight 函数是在 VertexLit 渲染路径中执行光照计算的。v2f_vertex_lit 定义了一个顶点布局格式结构体，该结构体很简单，只用到了一层纹理，另外指定了两种颜色，用来模拟漫反射颜色和镜面反射颜色。

Vertex-Lit 是实现最低保真度的光照且不支持实时阴影的渲染途径，最好使用于旧机器或受限制的移动平台上。VertexLit 渲染途径通常在一个渲染通路中渲染物体，所有光源的照明都是在顶点着色器上进行计算的。这种渲染途径运行速度最快且有最广泛的硬件支持。但由于所有的光照都是在顶点着色器中计算的，因此此渲染途径不支持大部分的逐片元渲染效果，如阴影、法线贴图等。

6. VertexLight 函数

通过以下代码定义 VertexLight 函数。

```
// 所在文件：UnityCG.cginc 代码
// 所在目录：CGIncludes
// 从原文件第 448 行开始，至第 455 行结束
inline fixed4 VertexLight( v2f_vertex_lit i, sampler2D mainTex )
{
    fixed4 texcol = tex2D( mainTex, i.uv );
    fixed4 c;
    c.xyz = ( texcol.xyz * i.diff.xyz + i.spec.xyz * texcol.a );
    c.w = texcol.w * i.diff.w;
    return c;
}
```

VertexLight 是一个简单的顶点光照计算函数，其颜色计算方式就是用顶点漫反射颜色乘以纹理颜色，然后加上纹素的 Alpha 值与顶点镜面反射颜色，两者之和就是最终的颜色。

7. ParallaxOffset 函数

通过以下代码定义 ParallaxOffset 函数。

```
// 所在文件：UnityCG.cginc
// 所在目录：CGIncludes
// 从原文件第 459 行开始，至第 465 行结束
inline float2 ParallaxOffset( half h, half height, half3 viewDir )
{
    h = h * height - height/2.0;
    float3 v = normalize(viewDir);
    v.z += 0.42;
    return h * (v.xy / v.z);
}
```

ParallaxOffset 函数根据当前片元对应的高度图中的高度值 h，以及高度缩放系数 height 和切线空间中片元到摄像机的连线向量，计算到当前片元实际上要使用外观纹理的哪一点的纹理。视差贴图的详细算法思想可参见 11.1.6 节。

8. Luminance 函数

Luminance 函数的代码如下。

```
// 所在文件：UnityCG.cginc 代码
// 所在目录：CGIncludes
// 从原文件第 468 行开始，至第 471 行结束
inline half Luminance(half3 rgb)
{
    return dot(rgb, unity_ColorSpaceLuminance.rgb);
}
```

Luminance 函数把一个 RGB 颜色值转化成亮度值，当前的 RGB 颜色值基于伽马空间或者线性空间，得到的亮度值有不同的结果。

9. LinearRgbToLuminance 函数

LinearRgbToLuminance 函数的代码如下。

```
// 所在文件：UnityCG.cginc 代码
// 所在目录：CGIncludes
// 从原文件第 475 行开始，至第 478 行结束

// 把在线性空间中的颜色 RGB 值转换成亮度值
half LinearRgbToLuminance(half3 linearRgb)
{
    return dot(linearRgb, half3(0.2126729f,0.7151522f, 0.0721750f));
}
```

LinearRgbToLuminance 函数是把一个在线性空间中的 RGB 颜色值转换成亮度值。它实质上就是把一个基于 RGB 颜色空间的颜色值变换到 CIE1931-Yxy 颜色空间中得到对应的亮度值 Y。其变换计算公式为

$$Y = 0.2126729R + 0.7151522G + 0.072175B \tag{4-6}$$

上述代码就是式（4-6）的实现。

4.2.6　与 HDR 及光照贴图颜色编解码相关的工具函数

高动态范围（high dynamic range，HDR）光照是一种用来实现超过了显示器所能表现的亮度范围的渲染技术。如果采用 8 位通道存储每一个颜色的 RGB 分量，则每个分量的亮度级别只有 256 种。显然，只有 256 个亮度级别是不足以描述自然界中的亮度差别的情况的，如太阳的亮度可能是一个白炽灯亮度的数千倍，这将远远超出当前显示器的亮度表示能力。

假如在一个房间中，刺眼的阳光从窗外照进来，若按普通的渲染方法，把阳光的颜色和房间中白墙的颜色都视为"白色"，其 RGB 值为（255, 255, 255），这时窗外的阳光颜色和白墙的颜色看起来是一样的。显然实际情况中，尽管同是"白色"，但阳光肯定比白墙要刺眼得多。所以应使用某种技术，对同为"白色"的阳光和白墙的亮度进行处理，使得它们的亮度能够体现出明显的差异，这种技术就是 HDR。简而言之，HDR 技术就是把尽可能大的亮度值范围编码到尽可能小的存储空间中。

把大数字范围编码到小数字范围的简单方式，就是把大范围中的数字乘以一个缩小系数，线性映射到小范围上。例如，将数列[0, 512.0]中的数字乘以 0.5，映射到[0, 256.0]中。这种方法虽然能表示的亮度范围扩大了，但却导致了颜色带状（color banding）阶跃的问题，如图 4-5 所示。

（a）颜色带状阶跃时的效果　　　　　　（b）颜色平滑渐变的效果

▲图 4-5　颜色带状阶跃时的效果和颜色平滑渐变的效果

　　所以，实际的 HDR 实现一般遵循以下几步：①在每个颜色通道是 16 位或者 32 位的浮点纹理或者渲染目标（float render target）上渲染当前的场景；②使用 RGBM、LogLuv[①]等编码方式来节省所需的内存和带宽；③通过降采样（down sample）计算场景亮度；④根据场景亮度值对场景做一个色调映射（tone mapping），将最终颜色值输出到一个每通道 8 位的 RGB 格式的渲染目标上。

　　渲染目标可以理解为一系列像素点的集合，在计算机中需要用一系列字节表示像素点的 RGBA 信息，最常见的是使用 1 字节表示像素点的一个颜色分量，这样表示一个像素点则需要 4 个字节，共 32 位。但 1 字节表示一个颜色分量，如 Red 分量最多只能表示 256 阶的信息。在很多情况下，尤其是在处理 HDR 信息时，256 阶远远不够用。因此，应采用 16 位或者更高精度的浮点数表示每一位颜色分量。浮点渲染目标正是表示这一个概念。

　　RGBM 是一种颜色编码方式，M 即 shared multiplier。根据 Unity 3D 文档介绍，如果是在伽马工作流（见 2.4.3 节）中，M 的取值范围是[0, 5]；如果在线性工作流中，M 的取值范围是$[0, 5^{2.2}]$。如上所述，为了解决精度不足以存储亮度范围信息的问题，可以创建一个精度更高的浮点渲染目标，但使用高精度的浮点渲染目标会带来另一个问题，即需要更高的内存存储空间和更高的带宽，并且有些渲染硬件无法以操作 8 位精度的渲染目标的速度去操作 16 位浮点渲染目标。为了解决这个问题，需要采用一种编码方法将这些颜色数据编码成一个能以 8 位颜色分量存储的数据。编码方式有多种，如 RGBM 编码、LogLuv 编码等。假如有一个给定的包含了 RGB 颜色分量的颜色值 color，定义了一个编码后的取值"最大范围值"maxRGBM，将其编码成一个含有 R、G、B、M 这 4 个分量的颜色值的步骤如 Unity 3D 引擎提供的 UnityEncodeRGBM 函数所示。

1. UnityEncodeRGBM 函数

```
// 所在文件: UnityCG.cginc 代码
// 所在目录: CGIncludes
// 从原文件第 480 行开始，至第 493 行结束
half4 UnityEncodeRGBM (half3 color, float maxRGBM)
{
    float kOneOverRGBMMaxRange = 1.0 / maxRGBM;
    const float kMinMultiplier = 2.0 * 1e-2;
    // 将 color 的 RGB 分量各自除以 maxRGBM 的倒数，然后取得最大商
    float3 rgb = color * kOneOverRGBMMaxRange;
    float alpha = max(max(rgb.r, rgb.g), max(rgb.b, kMinMultiplier));
    // 用最大商乘以 255 得到结果值之后，取得大于这个结果值的最小整数
    // 然后将这个最小值除以 255 之后，再赋值给变量 alpha
    alpha = ceil(alpha * 255.0) / 255.0;
    // 最小的 multiplier 控制在 0.02
    alpha = max(alpha, kMinMultiplier);
    return half4(rgb / alpha, alpha);
}
```

　　图 4-6 是当 maxRGBM 取值为 8 时，源颜色的其中一个分量从 0 依次取值到 8 后，得到的编码后的值及对应的 shared Multiplier 的取值曲线。从中可以看到最终的编码颜色值控制在[0,1]范围内。而且当源颜色分量值大于 3 时，对应的编码值就在[0.9, 1]间上下波动。

2. DecodeHDR 函数

DecodeHDR 函数的定义如下。

```
// 所在文件: UnityCG.cginc 代码
// 所在目录: CGIncludes
```

[①] LogLuv 编码格式由 Greg Ward 在其论文 "The LogLuv Encoding for Full Gamut, High Dynamic Range Images" 中提出。该编码格式最初被设计用来处理静态图像数据。后经时任 Ninja Theory 公司程序员的 Marco salvi 的改进，此算法能使用在实时渲染中。通过将一个 32 位的像素点的其中 16 位空间用来存储亮度信息，该编码格式可以存储一个非常大的范围的亮度数据值以适应于 HDR 渲染。LogLuv 的编解码算法可以通过一段非常简单但高效的像素着色器函数去完成。

```
// 从原文件第 497 行开始，至第 451 行结束
inline half3 DecodeHDR(half4 data, half4 decodeInstructions)
{
    // 当 decodeInstruction 的 w 分量为 true，即值为 1，要考虑 HDR 纹理中的
    // alpha 值对纹理的 RGB 值的影响，此时的 alpha 变量值为纹理的 alpha 值。如果
    // decodeInstruction 的 w 分量为 false，则 alpha 始终为 1
    half alpha = decodeInstructions.w * (data.a - 1.0) + 1.0;

    // If Linear mode is not supported we can skip exponent part
    // 使用伽马工作流，详见 2.4.3 节
#if defined(UNITY_COLORSPACE_GAMMA)
    return (decodeInstructions.x * alpha) * data.rgb;
#else // 使用线性工作流，详见 2.4.3 节
    // 若使用原生的 HDR，则使用 decodeInstructions 的 x 分量乘以 data 的 RGB 分量即可
    #if defined(UNITY_USE_NATIVE_HDR)
        return decodeInstructions.x * data.rgb;
    #else
        return (decodeInstructions.x * pow(alpha, decodeInstructions.y)) * data.rgb;
    #endif
#endif
}
```

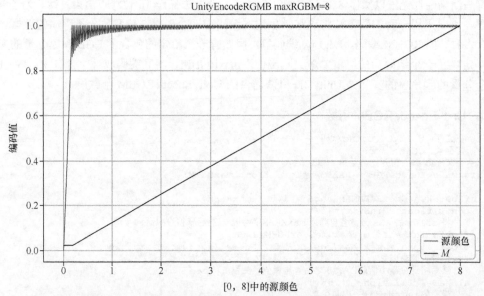

▲图 4-6　当 maxRGBM 的值为 8 时，曲线源颜色表示待编码颜色的其中一个通道从 0 取值到 8 时，对应的编码后的值。曲线 M 则表示待编码颜色的其中一个通道从 0 取值到 8 取值时的 shared Multiplier 值

　　双重低动态范围（double low dynamic range，dLDR）编码格式一般用在移动平台上。dLDR 把在[0,2]范围内的亮度值映射到[0,1]范围内。在编码时，大于 2 的亮度值将被视为 2 进行处理。对使用 dLDR 纹理进行解码操作，如果当前使用的是伽马工作流，则解码的颜色值为源纹理的 RGB 值乘以 2；如果使用的是线性工作流，解码得到的颜色值为源纹理的 RGB 值乘以 4.594 82（$2^{2.2}$）。

3. DecodeLightmapRGBM 函数

DecodeLightmapRGBM 函数的定义如下。

```
// 所在文件: UnityCG.cginc 代码
// 所在目录: CGIncludes
// 从原文件第 517 行开始，至第 529 行结束
inline half3 DecodeLightmapRGBM (half4 data, half4 decodeInstructions)
{
#if defined(UNITY_COLORSPACE_GAMMA) // 在伽马工作流下
    #if defined(UNITY_FORCE_LINEAR_READ_FOR_RGBM)
```

```
        return (decodeInstructions.x * data.a) * sqrt(data.rgb);
    #else
        return (decodeInstructions.x * data.a) * data.rgb;
    #endif
#else
    // 在线性工作流下，以 data.a 为底数，decodeInstructions.y 为指数，求出幂，然后
    //乘以 decodeInstructions.x，作为源颜色的解码系数
    return (decodeInstructions.x * pow(data.a, decodeInstructions.y)) * data.rgb;
#endif
}
```

　　DecodeLightmapRGBM 函数是把一个 RGBM 颜色值解码成一个每通道 8 位的 RGB 颜色。如果在伽马工作流下，且 UNITY_FORCE_LINEAR_READ_FOR_RGBM 宏启用，则解码所得到的 RGB 颜色值为源颜色值的 RGB 颜色值的各分量开平方后，再乘以倍数值 M 的结果。如果 UNITY_FORCE_LINEAR_READ_FOR_RGBM 宏尚未启用，则直接用源颜色值各分量乘以倍数值 M。倍数值 M 为 decodeInstructions 的 x 分量和源颜色值中的 alpha 分量的乘积。

　　alpha 分量的值可以从 UnityEncodeRGBM 函数中计算得知。当 UNITY_NO_RGBM 宏未启用，即引擎使用 RGBM 编码格式编码 HDR 纹理时，DecodeLightmapRGBM 函数由 DecodeLightmap 函数转调用，而 DecodeLightmap 函数则传递 unity_Lightmap_HDR 变量给 DecodeLightmap 函数。unity_Lightmap_HDR 变量是由引擎底层传递给着色器的 uniform 变量，目前尚未在官方文档中公开其具体值，且 Unity 3D 研发工程师也没有在社区上对其进行解答，所以本书无法给出它的准确数学含义，只能将其视为一个解码 RGBM 编码颜色用的系数值。

4. DecodeLightmapDoubleLDR 函数

DecodeLightmapDoubleLDR 函数的定义如下。

```
// 所在文件: UnityCG.cginc 代码
// 所在目录: CGIncludes
// 从原文件第 532 行开始，至第 536 行结束
// 解码一个用 dLDR 编码的光照贴图
inline half3 DecodeLightmapDoubleLDR( fixed4 color )
{
    float multiplier = IsGammaSpace() ? 2.0f : GammaToLinearSpace(2.0f).x;
    return multiplier * color.rgb;
}
```

　　如前所述，在线性工作流下源颜色乘以 2，在伽马工作流下用源颜色乘以 $2^{2.2}$ 即可把颜色解码出来。

5. DecodeLightmap 函数

DecodeLightmap 函数的定义如下。
```
// 所在文件: UnityCG.cginc 代码
// 所在目录: CGIncludes
// 从原文件第 538 行开始，至第 545 行结束
inline half3 DecodeLightmap( fixed4
color, half4 decodeInstructions)
{
#if defined(UNITY_NO_RGBM)
    return DecodeLightmapDoubleLDR( color );
#else
    return DecodeLightmapRGBM( color, decodeInstructions );
#endif
}
```

　　DecodeLightmap 函数依据 UNITY_NO_RGBM 是否开启分别转调用了 dLDR 版本的解码函数 DecodeLightmapDoubleLDR 和 RGBM 版本的解码函数 DecodeLightmapRGBM。

6. unity_Lightmap_HDR 变量和 DecodeLightmap 函数

unity_Lightmap_HDR 变量和 DecodeLightmap 函数的定义如下。

```
// 所在文件: UnityCG.cginc 代码
// 所在目录: CGIncludes
// 从原文件第 547 行开始, 至第 552 行结束
half4 unity_Lightmap_HDR;

inline half3 DecodeLightmap( fixed4 color )
{
    return DecodeLightmap( color, unity_Lightmap_HDR );
}
```

7. DecodeDirectionalLightmap 函数

DecodeDirectionalLightmap 函数的定义如下。

```
// 所在文件: UnityCG.cginc 代码
// 所在目录: CGIncludes
// 从原文件第 571 行开始, 至第 583 行结束
inline half3 DecodeDirectionalLightmap(half3 color, fixed4 dirTex, half3 normalWorld)
{
    // 半朗伯光照模型
    half halfLambert = dot(normalWorld, dirTex.xyz - 0.5) + 0.5;
    // w 分量用来控制该点上辐射入射度的方向性, 即被 dominant 方向影响的程度
    return color * halfLambert / max(1e-4h, dirTex.w);
}
```

光照贴图目前用得比较多而且渲染效果也不错的实现方法是定向光照贴图（directional light map），它是原始光照贴图的增强实现。它主要是通过在预处理与实时还原过程中加入场景中表面的法向量进行运算，进而增强效果。定向光照贴图技术的大致实现方式如下所示。

1）在采样点处把其所处的半球空间中的辐射入射度用某种方法进行采集并保存。

2）以某种方法存储额外的且与该辐射入射度相关的法线信息到烘焙所得的光照贴图中。

3）在运行时的实时渲染过程中，通过光照贴图对片元上的场景辐射入射度，并结合光照信息和方向信息进行还原。

Unity 3D 使用优势定向辐射入射度（dominant directional irradiance）技术实现了定向光照贴图。该方法的原理是将采样点半球空间中的辐射入射度信息处理为一个有向平行光，在实时渲染中就可以使用反射模型进行快速还原；其中的 dominant axis 可以看作该有向平行光的方向。Decode DirectionalLightmap 函数就是实现了这个还原操作。从光照贴图中采样得到的辐射入射度的信息是有向平行光的方向和颜色，即函数的参数 color 和参数 dirTex。在渲染过程中使用某一反射模型，如使用代码中的半朗伯光照模型来还原光照颜色。在一般情况下也会使用方向贴图的空闲的 w 分量来存储一个缩放因子，用来控制该点上辐射入射度的方向性，即被 dominant 方向影响的程度。

8. DecodeRealtimeLightmap 函数

DecodeRealtimeLightmap 函数的定义如下。

```
//该函数对实时生成的光照贴图进行解码, Enlighten 中间件实时生成的光照贴图
// 格式不同于一般的 Unity 3D 的 HDR 纹理
// 例如, 烘焙式光照贴图、反射用光探针, 还有 IBL 图像等
// Englithen 渲染器的 RGBM 格式纹理是在线性颜色空间中定
// 义颜色, 使用了不同的指数操作
// 要将其还原成 RGB 颜色需要做以下操作
inline half3 DecodeRealtimeLightmap( fixed4 color )
{
#if defined(UNITY_FORCE_LINEAR_READ_FOR_RGBM)
    return pow((unity_DynamicLightmap_HDR.x * color.a) *sqrt(color.rgb),
```

```
unity_DynamicLightmap_HDR.y);
#else
    return pow((unity_DynamicLightmap_HDR.x * color.a) *color.rgb,

unity_DynamicLightmap_HDR.y);
#endif
}
```

DecodeRealtimeLightmap 函数用来对 Enlighten 中间件实时生成的光照贴图进行解码。

4.2.7　把高精度数据编码到低精度缓冲区的函数

EncodeFloatRGBA 函数是把一个在区间[0,1]内的浮点数编码成一个 float4 类型的 RGBA 值。这些 RGBA 值虽然使用 float4 类型存储，但其每通道的值也是在区间[0,1]内，通常在使用时会将其乘以 255 后取整为整数。DecodeFloatRGBA 函数则是 EncodeFloatRGBA 函数的逆操作，如下所示。

1. EncodeFloatRGBA 函数和 DecodeFloatRGBA 函数

EncodeFloatRGBA 函数和 DecodeFloatRGBA 函数的定义如下。

```
// 所在文件: UnityCG.cginc 代码
// 所在目录: CGIncludes
// 从原文件第 586 行开始，至第 599 行结束
inline float4 EncodeFloatRGBA( float v )
{
    float4 kEncodeMul = float4(1.0, 255.0, 65025.0, 16581375.0);
    float kEncodeBit = 1.0/255.0;
    float4 enc = kEncodeMul * v;
    enc = frac(enc);
    enc -= enc.yzww * kEncodeBit;
    return enc; // 返回的是一个每分量的浮点数数值都在区间[0,1]内的浮点数
}

// 把一个 float4 类型的 RBGA 纹素值解码成一个 float 类型的浮点数
inline float DecodeFloatRGBA( float4 enc )
{
    float4 kDecodeDot = float4(1.0, 1/255.0, 1/65025.0, 1/16581375.0);
    return dot( enc, kDecodeDot );
}
```

假定要把一个写成分数形式的浮点数 V=98 742/216 236 编码进一个每通道 8 位的整数型 RGBA 像素点中。因为每通道 8 位且为整数型，所以每通道可存储的数值就在整数数列[0,255]中。使用 Windows 系统自带的计算器软件，选择查看菜单中的科学型模式时，可以计算得到浮点数 V 的小数形式的值为 0.428 892 506 335 670 286 168 815 553 376 87。后续的值也使用 Windows 系统自带的计算器软件计算得到。

把小数形式的值 V 映射到[0,255]区间内，需要把 V 乘以 255 得到映射值 M^R，使用计算器软件得到 M^R 为 109.367 589 115 595 922 973 047 966 111 1。因为要把这个映射值编码进一个 8 位整数型 RGBA 像素点中，所以此映射值要截断小数部分。令映射值截断后的整数部分为 $M_I^R = 109$，小数部分为 $M_F^R = 0.367 589 115 595 922 973 047 966 111 1$。把 M_I^R 存储在 RGBA 的 R 通道中。

在片元着色器中进行计算操作时，需要把像素点中的信息规格化（normalized）后输出给片元着色器。此时 RGBA 的 R 通道中存储的值是 109，规格化操作即是把值重新映射到[0,1]范围中，即用 109 除以 255，得到 0.427 450 980 392 156 862 745 098 039 215 69。显然，这个值和原始的以小数形式存储的浮点数 V 的误差值为 0.001 441 525 943 513 423 423 717 514 161。

上面的转换操作只使用了 RGBA 中的 R 通道，因此可以把剩下的 GBA 通道都利用起来。把第一次映射操作后截断的 M_F^R 编码到 G 通道中，即 $M^G = M_F^R \times 255 = 93.735 224 476 960 358 127 231 358 330 5$。

令映射值 M^G 截断后的整数部分为 $M_I^G = 93$，小数部分为 $M_F^G = 0.735\,224\,476\,960\,358\,127\,231\,358\,330\,5$。把 M_I^G 存储在 RGBA 的 G 通道中。

接下来的 BA 通道的计算同上，分别得到 $M_I^B = 187$，$M_F^B = 0.482\,241\,624\,891\,322\,443\,996\,374\,277\,5$；$M_I^A = 122$，$M_F^A = 0.971\,614\,347\,287\,223\,219\,075\,440\,762\,5$，即最终的 RGBA 内的编码值为（109, 93, 187, 122）。

把 RGBA 中的数字解码回浮点数，即执行上述操作的逆操作，按下式可得到解码后的值 V_{decode} 为

$$V_{\text{decode}} = \frac{M_I^R}{255} + \frac{M_I^G}{255^2} + \frac{M_I^B}{255^3} + \frac{M_I^A}{255^4} \tag{4-7}$$

把 RBGA 内的 4 个值代入式（4-7）后，得到 V_{decode}=0.428 892 506 105 879 189 694 437 755 803 56。可以看到 V_{decode} 和原始的 V=0.428 892 506 335 670 286 168 815 553 376 87 的误差已经很小了。

可以看出，传递给 DecodeFloatRGBA 函数的变量 enc 所存储的颜色值编码是已经规格化的，即已经除以 255，所以 kDecodeDot 的值为(1.0,1/255.0,1/65 025.0,1/)16 581 375.0。DecodeFloatRGBA 函数的实现符合式（4-7）中所定义的算法。而 EncodeFloatRGBA 函数的实现并没有完全按照上面所说的编码步骤：把传入参数乘以 255 后，得到整数和小数部分，然后把小数部分再做一次乘以 255 后再取整取小数的递归操作。EncodeFloatRGBA 函数的实现是为了充分利用着色器语言的并行计算性能，尽可能地把执行 4 次的递归操作压缩到一次的计算中实现。此算法由 Unity 3D 工程师 Aras Pranckevičius 优化实现。

2. EncodeFloatRG 函数和 DecodeFloatRG 函数

```
// 所在文件: UnityCG.cginc 代码
// 所在目录: CGIncludes
// 从原文件第 602 行开始, 至第 615 行结束
inline float2 EncodeFloatRG( float v )
{
    float2 kEncodeMul = float2(1.0, 255.0);
    float kEncodeBit = 1.0/255.0;
    float2 enc = kEncodeMul * v;
    enc = frac (enc);
    enc.x -= enc.y * kEncodeBit;
    return enc;
}

inline float DecodeFloatRG( float2 enc )
{
    float2 kDecodeDot = float2(1.0, 1/255.0);
    return dot( enc, kDecodeDot );
}
```

EncodeFloatRG 函数与 DecodeFloatRG 函数的设计思想和 EncodeFloatRGBA 函数以及 DecodeFloatRGBA 函数一样，只是使用了两个通道去进行编码。

3. EncodeViewNormalStereo 函数和 DecodeViewNormalStereo 函数

EncodeViewNormalStereo 函数和 DecodeViewNormalStereo 函数的代码如下。

```
// 所在文件: UnityCG.cginc 代码
// 所在目录: CGIncludes
// 从原文件第 619 行开始, 至第 637 行结束
inline float2 EncodeViewNormalStereo( float3 n )
{
    float kScale = 1.7777;
    float2 enc;
    enc = n.xy / (n.z+1);
```

```
        enc /= kScale;
        enc = enc*0.5+0.5;
        return enc;
}

inline float3 DecodeViewNormalStereo( float4 enc4 )
{
float kScale = 1.7777;
// 从[0,1]映射回[-1,1]空间中
float3 nn = enc4.xyz * float3(2*kScale,2*kScale,0) +
float3(-kScale,-kScale,1);
// 2 / (x^2 + y^2 + z^2)
    float g = 2.0 / dot(nn.xyz,nn.xyz);
    float3 n;
    n.xy = g*nn.xy;
    n.z = g-1;
    return n;
}
```

EncodeViewNormalStereo 函数使用球极投影（stereographic projection）将观察空间中的物体的法线映射为一个 2D 纹理坐标值坐标。首先看一下什么是球极投影：在三维笛卡儿坐标系上定义一个半径为 1 的球，其圆心在坐标系原点处。坐标系的 x 轴沿着书页横边向右，z 轴沿着书页竖边向上，y 轴垂直书页向里，则单位球的空间解析几何方程为 $x^2 + y^2 + z^2 = 1$。

选择一个位置点 $N(0, 0, 1)$，称为该球的北极点（north pole）；再选择一个 $z=0$ 的平面，该平面通过球心和球体相交，相交所得的圆称为赤道（equator）。集合 M 中的任意一个点 P，过点 N 和 P 得到唯一的射线 L。射线 L 和赤道相交于点 P'，则称点 P' 为点 P 的球极投影点，如图 4-7 所示。

当球半径为 1 时，球极投影点 $P' = (X, Y)$ 和球面上任一点 $P=(x, y, z)$ 的关系为

$$(X,Y) = \left(\frac{x}{1-z}, \frac{y}{1-z} \right) \tag{4-8}$$

回到代码中，Unity 3D 的观察空间采用的是右手坐标系，即 x 轴沿着书页横边向右，y 轴沿着书页竖边向上，z 轴垂直书页向里，且摄像机的朝前方向为 z 轴的反方向。显然，两坐标系下的这根"垂直书页"的轴是相互反向的，因此在 Unity 3D 的观察坐标系式（4-8）应变为

$$(X,Y) = \left(\frac{x}{z+1}, \frac{y}{z+1} \right) \tag{4-9}$$

在 Unity 3D 观察坐标系下，如果此时将摄像机放置在球心处，则在观察空间中，某个物体的法线进行球极投影得到的位置点如图 4-8 所示。

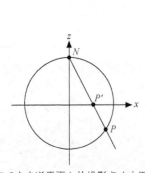

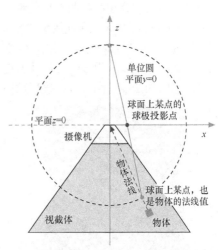

▲图 4-7 点 P 在赤道平面上的投影点（本图取自维基百科）　▲图 4-8 观察坐标系中某物体的法线的球极投影示意

EncodeViewNormalStereo 函数所采用的算法就是前面介绍的算法。从图 4-8 中可以看出，球极投影点的取值范围是[-1,1]。而这些点要编码进一个纹理中去，取值范围需要映射至[0,1]中，代码中 enc=enc*0.5 + 0.5 便是做了这个映射操作。同时为了使编码得到的纹理效果尽可能好，球极投影值应除以一个缩放值后再编码到纹理中。Unity 3D 工程师 Aras Pranckevičius 经过试验，发现缩放值为 1.777 时效果最好，这个缩放值实质上是依赖于摄像机视截体的 FOV 值。1.777 的取值是令视截体截平面的高宽比为 16:9 时得到的。

4. EncodeDepthNormal 函数和 DecodeDepthNormal 函数

EncodeDepthNormal 函数和 DecodeDepthNormal 函数的代码如下。

```
// 所在文件: UnityCG.cginc 代码
// 所在目录: CGIncludes
// 从原文件第 639 行开始，至第 651 行结束
inline float4 EncodeDepthNormal( float depth, float3 normal )
{
    float4 enc;
    enc.xy = EncodeViewNormalStereo (normal);
    enc.zw = EncodeFloatRG (depth);
    return enc;
}

inline void DecodeDepthNormal( float4 enc, out float depth, out float3 normal )
{
    depth = DecodeFloatRG (enc.zw);
    normal = DecodeViewNormalStereo (enc);
}
```

EncodeDepthNormal 函数是调用 EncodeViewNormalStereo 函数把 float3 类型的法线编码到一个 float4 类型的前两个分量，调用 EncodeFloatRG 函数把深度值编码进一个 float4 类型分量的后两个分量。DecodeDepthNormal 则是 EncodeDepthNormal 函数的逆操作。

4.2.8　法线贴图及其编解码操作的函数

法线贴图（normal map）中存储的信息是对模型顶点法线的扰动方向向量。利用此扰动方向向量，在光照计算时对顶点原有的法线进行扰动，从而使法线方向排列有序的平滑表面产生法线方向杂乱无序从而导致表面凹凸不平的效果。因为法线贴图有如此特性，所以在实际应用中需使用"低面数模型+法线贴图"的方式实现高面数模型才能达到的精细效果。图 4-9 是一种法线贴图，在实际使用中大部分法线贴图都呈蓝色。

要在 Unity 3D 中导入和使用法线贴图，需要单击该贴图，在 Inspector 面板中把 Texture Type 选项设置为 Normal map 类型，如图 4-10 所示。之所以要特别设置为这个类型，是因为在不同平台上，Unity 3D 可以利用该平台硬件加速的纹理格式（如果有的话）去对导入的法线贴图进行压缩，同时也因为法线贴图和普通纹理贴图在采样和解码时的方式也有所不同。

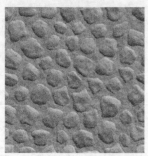

▲图 4-9　法线贴图

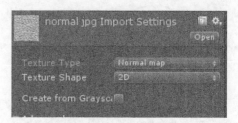

▲图 4-10　将 Texture Type 设置为 Normal map

法线贴图中存储的扰动方向向量不是基于世界坐标系下，也不是基于顶点所处的模型坐标系下，而是在要使用该法线贴图上某一纹素点的片元的切线空间（tangent space）中。在法线贴图范畴内，切线空间坐标系的 3 个坐标轴分别是相互垂直的片元切线（tangent）、法线及副法线（binormal），片元法线作为坐标系的 z 轴。坐标系原点就是片元的位置。

片元的法线、切线和副法线可以在定义顶点格式时指定，然后经过硬件光栅化插值之后生成，因此可以直接考察顶点的法线切线生成方式。一般地，在建模阶段可以明确地给定顶点的法线。而过顶点则有无数条与给定法线垂直的切线，通常都会选定和本顶点所使用的纹理映射坐标方向相同的那一条切线。得到切线和法线之后，将两者叉乘便得到垂直于法线和切线的副法线。构建切线空间的流程如图 4-11 所示。

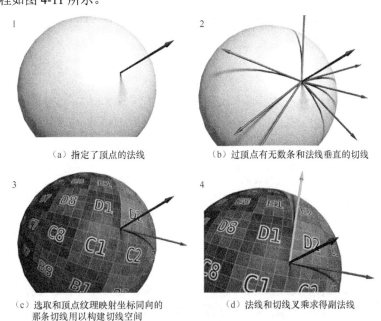

（a）指定了顶点的法线　　　　　　　（b）过顶点有无数和法线垂直的切线

（c）选取和顶点纹理映射坐标同向的　　　（d）法线和切线叉乘求得副法线
　　那条切线用以构建切线空间

▲图 4-11 构建切线空间的流程指定了顶点的法线，过顶点有无数条和法线垂直的切线，
法线和切线叉乘求得副法线（本图源自 opengl-tutorial 网站）

构建好切线空间之后，法线贴图中所存储的向量——法线扰动方向向量，便可以在切线空间中定义，如图 4-12 所示。

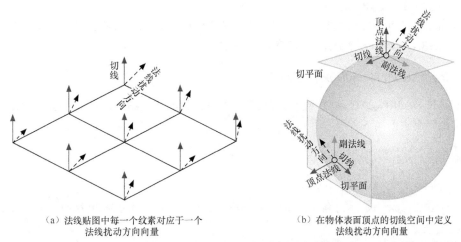

（a）法线贴图中每一个纹素对应于一个　　　　（b）在物体表面顶点的切线空间中定义
　　法线扰动方向向量　　　　　　　　　　　　　法线扰动方向向量

▲图 4-12 在切线空间中定义法线扰动方向向量

法线扰动方向向量的每个分量的取值有正有负，落在区间[-1,1]中，而纹理贴图中每个纹素的每个 RGB 通道值的区间是[0,1]，因此需要把扰动方向向量做一个映射，即

$$\text{TEXEL}_{rgb} = 0.5\text{NORMAL}_{xyz} + 0.5 \tag{4-10}$$

从图 4-12 中可以看出，因为选用了顶点法线作为切线空间的 z 轴，且大多数情况下，法线扰动方向向量对顶点法线的扰动值不是很大，即扰动向量和顶点法线基本重合。扰动向量的 z 值基本上就为 1，对应编码到法线贴图中，G 通道的数字基本也为 1，因此法线贴图大部分都呈蓝色。

由式（4-10）可以推导出把法线纹理的纹素解码回法线扰动方向向量的公式：

$$\text{NORMAL}_{xyz} = 2\text{TEXEL}_{rgb} + 0.5 \tag{4-11}$$

如果不使用 DXT5nm 格式去压缩法线贴图，式（4-11）就是 UnpackNormal 函数中 UNITY_NO_DXT5nm 宏启用时的那一部分解码算法。

1. UnpackNormal 函数

如果 UNITY_NO_DXT5nm 宏启用了，表示引擎使用了 DXT5nm 压缩格式或者 BC5 压缩格式的法线贴图纹理，则调用 UnpackNormalmapRGorAG 函数去解码，如下所示。

```
// 所在文件: UnityCG.cginc 代码
// 所在目录: CGIncludes
// 从原文件第 673 行开始，至第 680 行结束
inline fixed3 UnpackNormal(fixed4 packednormal)
{
#if defined(UNITY_NO_DXT5nm)
    return packednormal.xyz * 2 - 1;
#else
    return UnpackNormalmapRGorAG(packednormal);
#endif
}
```

DXT 是一种纹理压缩格式，以前称为 S3TC。当前很多图形硬件已经支持这种格式，即在显存中依然保持着压缩格式，从而减少显存占用量。目前有 DXT1~5[1]这 5 种编码格式，在 DirectX10及后续版本中，这系列格式称为块状压缩（block compression）[2]，所以 DXT1 称为 BC1，DXT2~3 称为 BC2，DXT4~5 称为 BC3。

DXT 系列压缩格式被很多格式的文件所使用，如 DDS 文件格式就使用了 DXT 系列压缩格式。要使用 DXT 格式压缩图像，要求图像大小至少是 4×4 纹素，而且图像高宽的纹素个数是 2 的整数次幂，如 32×32、64×128 等。

DXT5nm 格式和 BC5 格式类似，当把一个法线存储进 DXT5nm 或者 BC5 格式的法线贴图时，该贴图的 RGBA 纹素的各个通道对应存储的法线的分量是（1,y,1,x）或（x,y,0,1）。

2. UnpackNormalmapRGorAG 函数

UnpackNormalRGorAG 函数便能同时处理这两种格式的法线贴图，并正确地把法线扰动向量从纹素中解码出来，如下所示。

```
// 所在文件: UnityCG.cginc 代码
// 所在目录: CGIncludes
// 从原文件第 663 行开始，至第 672 行结束
fixed3 UnpackNormalmapRGorAG(fixed4 packednormal)
{
    // 无论是 DXT5nm（B3）格式下，packednormal 的 x 分量为 1，w 分量为法线扰动向量的 x，还是 BC5 格
```

---

① 本书支持网站上有 DXT 及 BC 系列格式的详细介绍网页。
② 本书支持网站上有介绍块状压缩的文章。

```
//  式下,packednormal 的 x 分量为法线扰动向量的 x,w 分量为 1,这样的乘法操作确保了 packednormal
//  的 x 分量最后值就是法线扰动向量的 x
packednormal.x *= packednormal.w;

fixed3 normal;
//  假如当前是 DXT5nm 编码,此时 packednormal 为(x,y,1,x); 假如当前是 BC5 编码,
//  此时 packednormal 为(x,y,0,1)。执行完下一句操作后, normal.xy = //(2、x-1、2、y-1)。
normal.xy = packednormal.xy * 2 - 1;
//  执行完下一句操作后, normal.z 的值为
//  normal.z=0, 当 (normal.x)² +(normal.y)²≥0 时
//  normal.z=1, 当 (normal.x)² +(normal.y)²=0 时
//  normal.z = √(1 - (normal.x)² - (normal.y)²)
normal.z = sqrt(1 - saturate(dot(normal.xy, normal.xy)));
return normal; // 返回解码后的法线值
}
```

3. UnpackNormalDXT5nm 函数

UnpackNormalDXT5nm 函数用来解码 DXT5nm 格式的法线贴图,其算法思想和 UnpackNormalmap RGorAG 函数一致,如下所示。

```
// 所在文件: UnityCG.cginc 代码
// 所在目录: CGIncludes
// 从原文件第 653 行开始, 至第 659 行结束
inline fixed3 UnpackNormalDXT5nm(fixed4 packednormal)
{
    fixed3 normal;
    normal.xy = packednormal.wy * 2 - 1;
    normal.z = sqrt(1 - saturate(dot(normal.xy, normal.xy)));
    return normal;
}
```

4.2.9　线性化深度值的工具函数

1. Linear01Depth 函数

Linear01Depth 函数的定义如下。

```
// 所在文件: UnityCG.cginc 代码
// 所在目录: CGIncludes
// 从原文件第 684 行开始, 至第 687 行结束
// 把从深度纹理中取得的顶点深度值 z 变换到观察空间中, 然后映射到[0,1]区间内
// _ZBufferParams 的 x 分量为 1 减去视截体远截面值与近截面值的商, _ZBufferParams 的 y 分量为视截体
// 远截面值与近截面值的商
inline float Linear01Depth( float z )
{
    return 1.0 / (_ZBufferParams.x * z + _ZBufferParams.y);
}
```

从 1.2.5 节中推导的投影矩阵可以看出,片元的深度值往往是非线性的,即从近截面到远截面之间的深度值精度分布不均匀。但在有些场合中需要线性化的深度值,如在观察空间中要利用深度值计算时,便要把从深度纹理贴图中获取到的深度值重新映射到一个线性区域。

裁剪空间中的顶点 z 分量 z_{clip} 和 w 分量 w_{clip} 与观察空间中的顶点 z 分量 z_{view} 和 w 分量 w_{view} 的对应关系为

$$\begin{cases} z_{clip} = z_{view}\dfrac{f}{n-f} + w_{view}\dfrac{nf}{n-f} \\ w_{clip} = (-1) \cdot z_{view} \end{cases} \tag{4-12}$$

式（4-12）中 w_{view} 的值为 1,裁剪空间中的齐次坐标做了透视除法以后,得到的 NDC 坐标

系下顶点的 z 分量 z_{ndc} 为

$$z_{ndc} = \frac{z_{clip}}{w_{clip}} = \frac{\dfrac{z_{view}f + nf}{f - n}}{z_{view}} \tag{4-13}$$

又因为在深度纹理中，深度值 d 可由（4-14）计算而来。

$$d = 0.5z_{ndc} + 0.5 \tag{4-14}$$

所以结合式（4-13）和式（4-14），可以得到在观察空间中的顶点 z 分量 z_{view} 和深度值 d 的关系式如下。

$$z_{view} = \frac{1}{\left[\dfrac{(f-n)d}{nf} - \dfrac{1}{n}\right]} \tag{4-15}$$

因为 Unity 3D 的观察空间基于右手坐标系，且摄像机的朝前方向为观察坐标系的 z 轴反方向，所以式（4-15）得到的 z_{view} 为负值，在使用时要取正数。对式（4-15）取反得到

$$z_{view} = \frac{1}{\left[\dfrac{(n-f)d}{nf} + \dfrac{1}{n}\right]} \tag{4-16}$$

式（4-16）中的 z_{view} 基于观察空间，所以 z_{view} 的取值范围就是从视截体近截面 z 值（式中 n 值）到远截面 z 值（式中 f 值）。如果要把这些值映射到范围内，则用 z_{view} 除以 f 值即可。Linear01Depth 函数的作用就是实现这个功能。把式（4-16）除以 f 值得到

$$z_{[0,1]} = \frac{1}{\left(1 - \dfrac{f}{n}\right)d + \dfrac{f}{n}} \tag{4-17}$$

_ZBufferParams 的 x 分量就是 $\left(1 - \dfrac{f}{n}\right)$，$y$ 分量就是 $\dfrac{f}{n}$。传递进来的参数 z 就是式（4-17）中的 d。

2. LinearEyeDepth 函数

LinearEyeDepth 函数的定义如下。

```
// 所在文件: UnityCG.cginc 代码
// 所在目录: CGIncludes
// 从原文件第 689 行开始，至第 692 行结束
// 把从深度纹理中取得的顶点深度值 z 变换到观察空间中
// _ZBufferParams 的 z 分量为 x 分量除以视截体远截面值，w 分量为 y 分量除以视截体远截面值
inline float LinearEyeDepth( float z )
{
    return 1.0 / (_ZBufferParams.z * z + _ZBufferParams.w);
}
```

ZBufferParams 的 z 分量就是 x 分量除以视截体远截面值，即 $\dfrac{n-f}{nf}$；w 分量是 y 分量除以视截体远截面值，即 $\dfrac{1}{n}$。将两者代入代码中，即得到式（4-16）所示的计算方法。

3. 封装了操作深度纹理的工具宏

Unity 3D 提供了一系列用来操作深度纹理的宏，如下所示。

```
// 所在文件: UnityCG.cginc 代码
// 所在目录: CGIncludes
// 从原文件第 734 行开始, 至第 737 行结束
#define DECODE_EYEDEPTH(i) LinearEyeDepth(i)
// 取得顶点从世界空间变换到观察空间后的 z 值, 并且取其相反数
#define COMPUTE_EYEDEPTH(o) o = -UnityObjectToViewPos( v.vertex ).z
// 取得顶点从世界空间变换到观察空间后的 z 值, 并且取其相反数后将值映射到[0,1]范围内
#define COMPUTE_DEPTH_01 -(UnityObjectToViewPos( v.vertex ).z * _ProjectionParams.w)
// 把顶点法线从世界空间变换到观察空间
#define COMPUTE_VIEW_NORMAL normalize(mul((float3x3)UNITY_MATRIX_IT_MV, v.normal))
```

4.2.10　合并单程立体渲染时的左右眼图像到一张纹理的函数

1. TransformStereoScreenSpaceTex 函数

TransformStereoScreenSpaceTex 函数的定义如下。

```
// 所在文件: UnityCG.cginc 代码
// 所在目录: CGIncludes
// 从原文件第 707 行开始, 至第 712 行结束
#if defined(UNITY_SINGLE_PASS_STEREO)
float2 TransformStereoScreenSpaceTex(float2 uv, float w)
{
    float4 scaleOffset = unity_StereoScaleOffset[unity_StereoEyeIndex];
    return uv.xy * scaleOffset.xy + scaleOffset.zw * w;
}
```

4.1.1 节描述了 unity_StereoScaleOffset 变量的具体含义。TransformStereoScreenSpaceTex 函数即对单程立体渲染用到的左右眼图像,放到一张可渲染纹理的左右两边时要做的缩放和偏移操作。注意,本函数要在 UNITY_SINGLE_PASS_STEREO 宏启用,即使用单程立体渲染时才生效。单程立体渲染参见 4.1.1 节。

2. 参数类型为 float2 的 UnityStereoTransformScreenSpaceTex 函数

参数类型为 float2 的 UnityStereoTransformScreenSpaceTex 函数的定义如下。

```
// 所在文件: UnityCG.cginc 代码
// 所在目录: CGIncludes
// 从原文件第 714 行开始, 至第 717 行结束
inline float2 UnityStereoTransformScreenSpaceTex(float2 uv)
{
    return TransformStereoScreenSpaceTex(saturate(uv), 1.0);
}
```

UnityStereoTransformScreenSpaceTex 函数转调 TransformStereoScreenSpaceTex 函数,实现了对立体渲染时左右眼离屏纹理的形变操作。

3. 参数类型为 float4 的 UnityStereoTransformScreenSpaceTex 函数

参数类型为 float4 的 UnityStereoTransformScreenSpaceTex 函数的定义如下。

```
// 所在文件: UnityCG.cginc 代码
// 所在目录: CGIncludes
// 从原文件第 719 行开始, 至第 722 行结束
inline float4 UnityStereoTransformScreenSpaceTex(float4 uv)
{
    return float4(UnityStereoTransformScreenSpaceTex(uv.xy),
                  UnityStereoTransformScreenSpaceTex(uv.zw));
}
```

参数类型为 float4 类型的 UnityStereoTransformScreenSpaceTex 函数把两组 uv 坐标打包进一个 float4 类型的参数中,调用两次参数类型为 float2 的 UnityStereoTransformScreenSpaceTex 函数,并把返回结果值打包进 float4 类型变量中返回。

4. UnityStereoClamp 函数

UnityStereoClamp 函数的定义如下。

```
// 所在文件: UnityCG.cginc 代码
// 所在目录: CGIncludes
// 从原文件第 723 行开始，至第 726 行结束
// scaleAndOffset 的 x、y 分量包含对纹理的缩放操作参数，z、w 分量包含对纹理
// 的偏移操作参数。本函数把原始的 uv 坐标的 u 分量限定在缩放范围内
inline float2 UnityStereoClamp(float2 uv, float4 scaleAndOffset)
{
    return float2(clamp(uv.x, scaleAndOffset.z,scaleAndOffset.z + scaleAndOffset.x),
                  uv.y);
}
#else // 如果不使用单程立体渲染，则前面定义的函数不做任何操作
#define TransformStereoScreenSpaceTex(uv, w) uv
#define UnityStereoTransformScreenSpaceTex(uv) uv
#define UnityStereoClamp(uv, scaleAndOffset) uv
#endif
```

5. UnityStereoScreenSpaceUVAdjustInternal 函数的两个版本

UnityStereoScreenSpaceUVAdjustInternal 函数的两个版本如下。

```
// 所在文件: UnityCG.cginc 代码
// 所在目录: CGIncludes
// 从原文件第 695 行开始，至第 705 行结束
inline float2 UnityStereoScreenSpaceUVAdjustInternal(float2 uv,float4 scaleAndOffset)
{
    return uv.xy * scaleAndOffset.xy + scaleAndOffset.zw;
}

inline float4 UnityStereoScreenSpaceUVAdjustInternal(float4 uv,float4 scaleAndOffset)
{
    return float4(UnityStereoScreenSpaceUVAdjustInternal(uv.xy, scaleAndOffset),
                  UnityStereoScreenSpaceUVAdjustInternal(uv.zw, scaleAndOffset));
}

#define UnityStereoScreenSpaceUVAdjust(x, y) \
                                UnityStereoScreenSpaceUVAdjustInternal(x, y)
```

　　使用 C# 层运行期 API 函数 Graphics.Blit() 函数进行后处理效果（post-processing effect）时，如果启用了单程立体渲染，则 Blit 函数中用到的纹理采样器（texture sampler）是不能自动地在由两个左右眼图像合并而成的可渲染纹理中进行定位采样的。所以，如果要正确使用该可渲染纹理，需要告诉着色器在采样左（右）眼对应的纹理内容时要做多少缩放和偏移。

　　假定在着色器代码中定义了一个 sampler 类型的纹理采样器变量 texSampler，需要附加定义一个 half4 类型的变量，此变量的命名必须是其对应的纹理采样器变量名加上"_ST"后缀，即 texSampler_ST。然后把该函数传递给 UnityStereoScreenSpaceUVAdjust 宏。UnityStereoScreen SpaceUVAdjust 宏封装了计算缩放和偏移的 UnityStereoScreenSpaceUVAdjustInternal 函数，如 4.2.10 节中的代码段所示。下面的代码则演示了分别在普通渲染和立体渲染中使用 Blit 函数实现后处理效果时，对应的片元着色器中的纹理采样方法。

```
// 不使用立体渲染时的纹理采样操作
uniform sampler2D _MainTex;

fixed4 frag (v2f_img i) : SV_Target
{
    fixed4 myTex = tex2D(_MainTex, i.uv);
    // 其他代码
}

// 使用单程立体渲染时的纹理采样操作
```

```
uniform sampler2D _MainTex;
half4 _MainTex_ST;

fixed4 frag (v2f_img i) : SV_Target
{
    fixed4 myTex=tex2D(_MainTex,UnityStereoScreenSpaceUVAdjust(i.uv, _MainTex_ST));
    // 其他代码
}
```

4.2.11 用来实现图像效果的工具函数和预定义结构体

Unity 3D 定义了一系列用来实现图像效果时所用到的工具函数、顶点着色器使用的顶点描述结构体、从顶点着色器返回传递到片元着色器的结构体。

1. 结构体 appdata_img

结构体 appdata_img 的定义如下。

```
// 所在文件：UnityCG.cginc 代码
// 所在目录：CGIncludes
// 从原文件第 742 行开始，至第 747 行结束
struct appdata_img
{
    float4 vertex : POSITION;      // 顶点的齐次化位置坐标
    half2 texcoord : TEXCOORD0;    // 顶点用到的第一层纹理映射坐标
    UNITY_VERTEX_INPUT_INSTANCE_ID  // 硬件 instance id 值
};
```

在实现图像效果时，顶点着色器会用到一些简单的顶点描述结构体。appdata_img 即定义了这样的结构体。

2. 结构体 v2f_img

结构体 v2f_img 的定义如下。

```
// 所在文件：UnityCG.cginc 代码
// 所在目录：CGIncludes
// 从原文件第 749 行开始，至第 755 行结束
struct v2f_img
{
    float4 pos : SV_Position; // 要传递给片元着色器的顶点坐标，已变换到裁剪空间中
    half2 uv : TEXCOORD0;        // 用到的第一层纹理映射坐标
    UNITY_VERTEX_INPUT_INSTANCE_ID
    // 立体渲染时的左右眼索引。此宏在 UnityInstancing.cginc 文件中定义
    UNITY_VERTEX_OUTPUT_STEREO
};
```

在实现图像效果时，顶点经过顶点处理阶段后，顶点着色器会返回一个结构体传递给片元着色器使用。v2f_img 即定义了这样的一个结构体。

3. MultiplyUV 函数

MultiplyUV 函数的定义如下。

```
// 所在文件：UnityCG.cginc 代码
// 所在目录：CGIncludes
// 从原文件第 757 行开始，至第 761 行结束
float2 MultiplyUV (float4x4 mat, float2 inUV) {
    float4 temp = float4 (inUV.x, inUV.y, 0, 0);
    temp = mul(mat, temp);
    return temp.xy;
}
```

有时需要把纹理坐标从一个空间变换到另一个空间，变换操作自然是使坐标乘以一个矩阵。

MultiplyUV 函数的功能就是把纹理坐标向量从二维填充到四维，右乘变换矩阵得到结果向量后，再取结果向量的前两个分量返回。

4. 实现图像效果时的顶点着色器入口函数 vert_img

vert_img 函数的定义如下。

```
// 所在文件：UnityCG.cginc 代码
// 所在目录：CGIncludes
// 从原文件第 763 行开始，至第 773 行结束
v2f_img vert_img( appdata_img v )
{
    v2f_img o;
    UNITY_INITIALIZE_OUTPUT(v2f_img, o);
    UNITY_SETUP_INSTANCE_ID(v);
    UNITY_INITIALIZE_VERTEX_OUTPUT_STEREO(o);

    o.pos = UnityObjectToClipPos (v.vertex);
    o.uv = v.texcoord;
    return o;
}
```

4.2.12　计算屏幕坐标的工具函数

1. ComputeNonStereoScreenPos 函数

ComputeNonStereoScreenPos 函数的定义如下。

```
// 所在文件：UnityCG.cginc 代码
// 所在目录：CGIncludes
// 从原文件第 776 行开始，至第 783 行结束

#define V2F_SCREEN_TYPE float4

// float4 pos 是在裁剪空间中的一个齐次坐标值
inline float4 ComputeNonStereoScreenPos(float4 pos)
{
    float4 o = pos * 0.5f;
    o.xy = float2(o.x, o.y*_ProjectionParams.x) + o.w;
    o.zw = pos.zw;
    return o;
}
```

2. 如何得到传递给 ComputeNonStereoScreenPos 函数的参数

传入给 ComputeNonStereoScreenPos 函数的参数 pos 是顶点从其局部空间变换到裁剪空间后得到的齐次坐标值。顾名思义，当不使用立体渲染时调用此函数才有效。传递给本函数的参数应是一个在裁剪空间中的齐次坐标，一般调用 UnityObjectToClipPos 函数计算获得，如以下代码所示。

```
// float4 vetexPosInLocalSpace，顶点在其局部空间的坐标值
// clipSpacePos，顶点变换到裁剪空间中的坐标值
// screenPos，屏幕空间（视口空间）坐标值
float4 clipSpacePos = UnityObjectToClipPos(vetexPosInLocalSpace);
float4 screenPos = ComputeNonStereoScreenPos(clipSpacePos);
```

为了分析 ComputeNonStereoScreenPos 函数，假定给该函数传递进来一个顶点 pos，其值的 4 个分量分别是(pos.x, pos.y, pos.z, pos.w)。因为是在齐次裁剪空间中，所以 pos.x 和 pos.y 的取值范围是[-pos.w, pos.w]。为什么取值范围是[-pos.w, pos.w]？因为到了这一步，还没有做透视除法。当做了透视除法（即 pos 的各分量除以 w 分量）以后，x、y 的取值范围是[-1,1]。所以，pos.x 和 pos.y 的取值范围是[-pos.w, pos.w]。

代码 float 0=pos*0.5f 将传进来的 pos 坐标取值范围缩小，方法是乘以 0.5，经过该操作后，变量 o 的 4 个分量值是(pos.x/2,pos.y/2,pos.z/2,pos.w/2)。_ProjectionParams 在 4.1.2 节中有介绍，_Projection Params.x 的取值是 1 或者−1。假定现在令其值为 1，当代码 o.xy = **float2**(o.x, o.y*_ProjectionParams.x) + o.w，执行完之后，变量 o 的 4 个分量值将会是

$$\left(\text{pos.}x/2+\text{pos.}w/2,\text{pos.}y/2+\text{pos.}w/2,\text{pos.}z/2,\text{pos.}w/2\right) \tag{4-18}$$

代码 o.zw = pos.zw，则是把变量 o 的分量复原为刚开始执行本函数时的状态，完成这步操作后，变量 o 的 4 个分量值为

$$\left(\text{pos.}x/2+\text{pos.}w/2,\text{pos.}y/2+\text{pos.}w/2,\text{pos.}z,\text{pos.}w\right) \tag{4-19}$$

因为 pos.x 和 pos.y 的取值范围是[-pos.w,pos.w]，所以式(4-19)中的 x、y 分量便控制在[0,pos.w]范围内了。必须注意的是，ComputeNonStereoScreenPos 函数的函数名中虽然带有 ScreenPos，但调用完该函数后，并不会得到某个顶点在经过一系列变换操作后，对应生成的片元在屏幕坐标系下的坐标值。

3. 从 ScreenPos 中得到真正的视口坐标值

如果要求得在屏幕坐标系下的值，应该使用如下所示代码求得。

```
float4 sPos    // 经 ComputeNonStereoScreenPos 函数计算得到的值
float2 vPP;    // 视口坐标 (view port position)
float2 vPWH;   // 视口的高和宽 (view Port Width & Height)
vPP = sPos.xy / sPos.w * vPWH;
```

在上面的代码中，首先把 sPos 变量的 x、y 分量各自除以自身的 w 分量，该步实质上就是光栅化阶段中的透视除法。经过这一步的除法之后，原来的齐次坐标就变换到笛卡儿坐标系下了，且这个坐标系下 sPos 的 x、y 分量值都被限定在[0,1]范围中。然后再把 x、y 分量分别乘以屏幕的高、宽，得到坐标值 vPP 的 x、y 分量值。代入式(4-19)后，得到计算执行代码的片元的最终视口坐标值算式为

$$\begin{cases} vPP.x = \left[(\text{sPos.}x/2+\text{sPos.}w/2)/\text{sPos.}w\right] \times vPWH.x = (0.5*\text{sPos.}x/\text{sPos.}w+0.5) \times vPWH.x \\ vPP.y = \left[(\text{sPos.}y/2+\text{sPos.}w/2)/\text{sPos.}w\right] \times vPWH.y = (0.5*\text{sPos.}y/\text{sPos.}w+0.5) \times vPWH.y \end{cases} \tag{4-20}$$

在上面的操作中，如果当前视口和屏幕窗口完全重合，视口坐标值可以等同于屏幕窗口坐标值。Unity 3D 封装了一个真正把视口坐标转换成屏幕像素坐标的 UnityPixelSnap 函数，见 4.2.12 节。

4. ComputeScreenPos 函数

ComputeScreenPos 函数的代码如下。

```
// 所在文件: UnityCG.cginc 代码
// 所在目录: CGIncludes
// 从原文件第 785 行开始，至第 791 行结束
inline float4 ComputeScreenPos(float4 pos)
{
    float4 o = ComputeNonStereoScreenPos(pos);
#if defined(UNITY_SINGLE_PASS_STEREO)
    o.xy = TransformStereoScreenSpaceTex(o.xy, pos.w);
#endif
    return o;
}
```

ComputeScreenPos 函数内部转调 ComputeNonStereoScreenPos 函数，并且如果启用了单程立体渲染，就还要调用 TransformStereoScreenSpaceTex 函数(参见 4.2.10 节)去调整其在进行立体

渲染时用到的可渲染纹理的坐标。

5. ComputeGrabScreenPos 函数

ComputeGrabScreenPos 函数的代码如下。

```
// 所在文件: UnityCG.cginc 代码
// 所在目录: CGIncludes
// 从原文件第 793 行开始, 至第 806 行结束
// 参数 pos 是一个基于裁剪空间的齐次坐标值
inline float4 ComputeGrabScreenPos(float4 pos) {
#if UNITY_UV_STARTS_AT_TOP
    float scale = -1.0;
#else
    float scale = 1.0;
#endif
    float4 o = pos * 0.5f; //第 1 步
    o.xy = float2(o.x, o.y*scale) + o.w;// 第 2 步
#ifdef UNITY_SINGLE_PASS_STEREO
    o.xy = TransformStereoScreenSpaceTex(o.xy, pos.w);
#endif
    o.zw = pos.zw;
    return o;
}
```

当把当前屏幕内容截屏并保存在一个目标纹理时,有时要求知道在裁剪空间中的某一点将会对应保存在目标纹理中的哪一点。ComputeGrabScreenPos 函数即是实现这个功能的函数。该函数传递进来在裁剪空间中某点的齐次坐标值,返回该点在目标纹理中的纹理贴图坐标。

在上述代码段中,首先根据 UNITY_UV_STARTS_AT_TOP 宏启动与否确定纹理坐标系的 u 轴和 v 轴的朝向。因为在不同的平台上,纹理坐标系的原点和坐标轴的朝向是不同的。参见 1.4.1 节中关于 Direct3D 和 OpenGL 两平台的纹理空间坐标系的差异。

如果 UNITY_UV_STARTS_AT_TOP 宏启用,表示使用 Direct3D 平台的纹理坐标系。从 4.2.12 节中可知,传递进来的坐标点 pos,其 xy 分量的取值范围是[$-pos.w, pos.w$]。所以经过第 1 步和第 2 步的操作之后,当 scale 等于 1 时,变量 o 的 x、y 分量的取值范围就变成了[0, $pos.w$]。当 scale 等于 1 时,变量 o 的 x 分量的取值范围就变成了[0, $pos.w$];y 分量的取值范围就变成了[$pos.w$, 0],即符合一个纹理映射坐标的取值范围。如果还使用了单程立体渲染,就调用 TransformStereoScreen SpaceTex 函数做进一步处理。

6. UnityPixelSnap 函数

UnityPixelSnap 函数的代码如下。

```
// 所在文件: UnityCG.cginc 代码
// 所在目录: CGIncludes
// 从原文件第 809 行开始, 至第 815 行结束
inline float4 UnityPixelSnap (float4 pos)
{
    float2 hpc = _ScreenParams.xy * 0.5f;
    float2 pixelPos = round((pos.xy / pos.w) * hpc);
    pos.xy = pixelPos / hpc * pos.w;
    return pos;
}
```

UnityPixelSnap 函数的功能是把一个视口坐标转换成屏幕像素坐标。

7. 两个版本的 TransformViewToProjection 函数

两个版本的 TransformViewToProjection 函数如下。

```
// 所在文件: UnityCG.cginc 代码
// 所在目录: CGIncludes
```

```
// 从原文件第 817 行开始，至第 823 行结束
inline float2 TransformViewToProjection (float2 v) {
    return mul((float2x2)UNITY_MATRIX_P, v);
}

inline float3 TransformViewToProjection (float3 v) {
    return mul((float3x3)UNITY_MATRIX_P, v);
}
```

4.2.13　与阴影处理相关的工具函数

1. UnityEncodeCubeShadowDepth 函数

UnityEncodeCubeShadowDepth 函数的定义如下。

```
// 所在文件：UnityCG.cginc 代码
// 所在目录：CGIncludes
// 从原文件第 817 行开始，至第 823 行结束
float4 UnityEncodeCubeShadowDepth(float z)
{
#ifdef UNITY_USE_RGBA_FOR_POINT_SHADOWS
    return EncodeFloatRGBA(min(z, 0.999));
#else
    return z;
#endif
}
```

UnityEncodeCubeShadowDepth 函数的功能是把一个 float 类型的阴影深度值编码进一个 float4 类型的 RGBA 数值中。

2. UnityDecodeCubeShadowDepth 函数

UnityDecodeCubeShadowDepth 函数的定义如下。

```
// 所在文件：UnityCG.cginc 代码
// 所在目录：CGIncludes
// 从原文件第 827 行开始，至第 834 行结束

// 把一个从立方体纹理贴图中获取到的颜色值转化为一个深度值
float UnityDecodeCubeShadowDepth(float4 vals)
{
// 如果从一个点光源生成的阴影中获取到，那么深度值就会被编
// 码放到 R、G、B、A 这 4 个颜色通道中，若再用就要解码出来
#ifdef UNITY_USE_RGBA_FOR_POINT_SHADOWS
    return DecodeFloatRGBA (vals);
#else
    return vals.r;
#endif
}
```

UnityDecodeCubeShadowDepth 函数的功能是把一个 float4 类型的阴影深度值解码到一个 float 类型的浮点数中。

3. UnityClipSpaceShadowCasterPos 函数

UnityClipSpaceShadowCasterPos 函数的代码如下。

```
// 所在文件：UnityCG.cginc 代码
// 所在目录：CGIncludes
// 从原文件第 846 行开始，至第 870 行结束
// vertex，物体顶点在模型空间中的坐标值
// normal，物体法线在模型空间中的坐标值
float4 UnityClipSpaceShadowCasterPos(float4 vertex, float3 normal)
{
    // 把顶点从模型空间转换到世界空间
```

121

```
        float4 wPos = mul(unity_ObjectToWorld, vertex);

        if (unity_LightShadowBias.z != 0.0)
{
            // 把法线 normal 从模型空间转换到世界空间
            float3 wNormal = UnityObjectToWorldNormal(normal);
            //UnityWorldSpaceLightDir 函数计算世界坐标系下光源位置点_WorldSpaceLightPos0 与
            //世界坐标系下点 wPos 的连线的方向向量_WorldSpaceLightPos0 的定义见 4.1.3 节
            float3 wLight = normalize(UnityWorldSpaceLightDir(wPos.xyz));
            // 计算光线与法线的夹角的余弦值
            float shadowCos = dot(wNormal, wLight);
            float shadowSine = sqrt(1-shadowCos*shadowCos);
            // unity_LightShadowBias 各分量值详见 4.1.4 节
            float normalBias = unity_LightShadowBias.z * shadowSine;
            wPos.xyz -= wNormal * normalBias; // 沿着法线进行偏移
        }

        return mul(UNITY_MATRIX_VP, wPos);        //把进行了偏移之后的值变换到裁剪空间
}
```

8.6 节会提到阴影渗漏（shadow acne）的问题，解决阴影渗漏的方式就是让阴影贴图沿着某个方向做一定的偏移。找到正确的偏移量是很复杂的，如果偏移量过大，会导致相互摇摄或光线泄漏伪影；如果偏移量太小，则不会完全消除阴影渗漏。UnityClipSpaceShadowCasterPos函数就是根据法线与光线的夹角的正弦值得到需要的偏移值，然后沿着法线做偏移，如图 4-13所示。

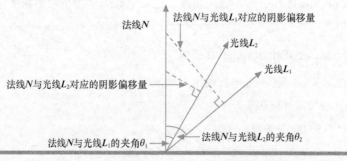

▲图 4-13　UnityClipSpaceShadowCasterPos 函数解决阴影渗漏问题用到的偏移量计算示意

4. UnityApplyLinearShadowBias 函数

UnityApplyLinearShadowBias 函数的定义如下。

```
// 所在文件: UnityCG.cginc 代码
// 所在目录: CGIncludes
// 从原文件第 878 行开始，至第 891 行结束
float4 UnityApplyLinearShadowBias(float4 clipPos)
{
// UNITY_REVERSED_Z 宏的含义参见 4.2.14 节
#if defined(UNITY_REVERSED_Z)
    // 对 UnityClipSpaceShadowCasterPos 函数计算出来的坐标做一个增加，并且要保证不能越过远近截面值
    clipPos.z += max(-1, min(unity_LightShadowBias.x / clipPos.w, 0));
    float clamped = min(clipPos.z,clipPos.w*UNITY_NEAR_CLIP_VALUE);
#else
    clipPos.z += saturate(unity_LightShadowBias.x/clipPos.w);
    float clamped = max(clipPos.z, clipPos.w*UNITY_NEAR_CLIP_VALUE);
#endif
    clipPos.z = lerp(clipPos.z, clamped, unity_LightShadowBias.y);
    // 根据第一次增加后的 z 值和 z 的极值，进行线性插值
    return clipPos;
}
```

UnityClipSpaceShadowCasterPos 函数的功能是将阴影投射者（shadow caster）的坐标沿着其法

线做了一定偏移之后再变换至裁剪空间。UnityApplyLinearShadowBias 函数的功能是将调用
UnityClipSpaceShadowCasterPos 函数得到的裁剪空间坐标的 z 值再做一定的增加。因为这个增加
操作是在裁剪空间这样的齐次坐标系下进行的所以要对透视投影产生的 z 值进行补偿，使得阴影
偏移值不会随着与摄像机的距离的变化而变化，同时必须保证增加的 z 值不能超出裁剪空间的远
近截面 z 值。

5. V2F_SHADOW_CASTER_NOPOS 宏和 SHADOW_CASTER_FRAGMENT 宏

```
// 所在文件: UnityCG.cginc 代码
// 所在目录: CGIncludes
// 从原文件第 894 行开始，至第 913 行结束
#ifdef SHADOWS_CUBE
    // 用来存储在世界坐标系下当前顶点到光源位置的连线向量
    #define V2F_SHADOW_CASTER_NOPOS float3 vec : TEXCOORD0;

    #define TRANSFER_SHADOW_CASTER_NOPOS_LEGACY(o,opos) \
        o.vec = mul(unity_ObjectToWorld, v.vertex).xyz - \_LightPositionRange.xyz;\
        opos = UnityObjectToClipPos(v.vertex);

    // x、y、z 分量为光源的位置，w 分量为光源的照射范围的倒数，TRANSFER_SHADOW_CASTER_NOPOS
    // 的功能是计算在世界坐标系下当前顶点到光源位置的连线向量，同时把顶点位置变换到裁剪空间。
    // _LightPositionRange 着色器变量参见 4.1.3 节
#define TRANSFER_SHADOW_CASTER_NOPOS(o,opos) \
        o.vec = mul(unity_ObjectToWorld, v.vertex).xyz - \_LightPositionRange.xyz;\
        opos = UnityObjectToClipPos(v.vertex);

    // 把一个 float 类型的阴影深度值编码到一个 float4 类型中并返回
    #define SHADOW_CASTER_FRAGMENT(i) \
        return UnityEncodeCubeShadowDepth( \
                    (length(i.vec) + unity_LightShadowBias.x) * _LightPositionRange.w);
#else
    // 渲染由平行光或者聚光灯光源产生的阴影
    #define V2F_SHADOW_CASTER_NOPOS
    #define V2F_SHADOW_CASTER_NOPOS_IS_EMPTY
    #define TRANSFER_SHADOW_CASTER_NOPOS_LEGACY(o,opos) \
        opos = UnityObjectToClipPos(v.vertex.xyz); \
        opos = UnityApplyLinearShadowBias(opos);
    #define TRANSFER_SHADOW_CASTER_NOPOS(o,opos) \
        // UnityClipSpaceShadowCasterPos 函数参见 4.2.13 节
        // UnityApplyLinearShadowBias 参见 4.2.13 节
        opos = UnityClipSpaceShadowCasterPos(v.vertex, v.normal); \
        opos = UnityApplyLinearShadowBias(opos);
    #define SHADOW_CASTER_FRAGMENT(i) return 0;
#endif
```

4.2.14 与雾效果相关的工具函数和宏

1. UNITY_Z_0_FAR_FROM_CLIPSPACE 宏的定义

UNITY_Z_0_FAR_FROM_CLIPSPACE 宏的定义如下。

```
// 所在文件: UnityCG.cginc 代码
// 所在目录: CGIncludes
// 从原文件第 945 行开始，至第 966 行结束
#if defined(UNITY_PASS_PREPASSBASE) || defined(UNITY_PASS_DEFERRED) ||
    defined(UNITY_PASS_SHADOWCASTER)
#undef FOG_LINEAR
#undef FOG_EXP
#undef FOG_EXP2
#endif

#if defined(UNITY_REVERSED_Z)
    #if UNITY_REVERSED_Z == 1
        // 不经 z 轴反向操作的 OpenGL 平台上的裁剪空间坐标
```

```
        // 当裁剪空间坐标未经透视除法时,坐标的 z 值的取值范围是[0,far]; UNITY_RESVERSED_Z
        // 启用了之后,未经透视除法的坐标的 z 值的取值范围是[near,0];离当前摄像机越远其距离值
        // 越小,不符合雾化因子的计算方式,所以要将其重新映射到[0,far]为 0.1。
        // 现令 n = _ProjectionParams.y = 0.1, f = _ProjectionParams.z = 100, coord 的
        // 值为 0,计算后得到值为 100;令 coord 的值为 0.1,计算后得到值为 0;令 coord 值为 0.04,
        // 计算后得到值为 60,即重新把[0.1,0]的数值映射回[0,100]
        #define UNITY_Z_0_FAR_FROM_CLIPSPACE(coord) \
                        max(((1.0-(coord)/
_ProjectionParams.y)*_ProjectionParams.z),0)
        #else
        // 经过 z 轴反向操作的 OpenGL 平台上的裁剪空间坐标,z 值的取值范围是[near, -far]因为在
        // 实践操作中,near 值通常都会取很小,如 0.1 等,[near,-far]近似等于[0,-far],所以为了
        // 提升性能,直接对坐标值取反即可
        #define UNITY_Z_0_FAR_FROM_CLIPSPACE(coord) max(-(coord), 0)
    #endif
#elif UNITY_UV_STARTS_AT_TOP
    // 不经 z 轴反向操作的 OpenGL 平台上的裁剪空间坐标
    // 这时坐标的 z 值的取值范围是[0, far],离当前视点越远距离值越大,所以不用做任何重计算操作
    #define UNITY_Z_0_FAR_FROM_CLIPSPACE(coord) (coord)
#else
    // 不经 z 轴反向操作的 OpenGL 平台上的裁剪空间坐标
    // 这时坐标的 z 值的取值范围是[-near, far],离当前视点越远距离值越大,虽然理论上要处理掉深度值
    // 为负值的问题,但因为是离当前摄像机越远距离值越大,雾化因子依然能保持和离当前摄像机距离值的
    // 增函数关系,所以不用做任何重计算操作
    #define UNITY_Z_0_FAR_FROM_CLIPSPACE(coord) (coord)
#endif
```

在计算雾化因子时,需要取得当前片元和摄像机的距离的绝对值,并且离摄像机越远这个值要越大,如式(4-3)中的 z_p。而这个距离的绝对值要通过片元在裁剪空间中的 z 值计算得到。在不同平台下,裁剪空间的 z 取值范围有所不同。所以 UNITY_Z_0_FAR_FROM_CLIPSPACE 宏就是把各个平台的差异化给处理掉,代码的详细原理参见代码注释。

2. UNITY_REVERSED_Z 宏和 UNITY_NEAR_CLIP_VALUE 宏的定义

UNITY_REVERSED_Z 宏和 UNITY_NEAR_CLIP_VALUE 宏的定义如下。

```
// 所在文件: HLSLSupport.cginc 代码
// 所在目录: CGIncludes
// 从原文件第 626 行开始,至第 637 行结束
// D3D11、PlayStation、XboxOne、Metal、Vulkan、Switch 平台上逆转裁剪空间的 near-far 取值即
// near 值为 1, far 为 0
#if defined(SHADER_API_D3D11) || defined(SHADER_API_PSSL) ||
        defined(SHADER_API_XBOXONE) || defined(SHADER_API_METAL) ||
        defined(SHADER_API_VULKAN) || defined(SHADER_API_SWITCH)
#define UNITY_REVERSED_Z 1
#endif

#if defined(UNITY_REVERSED_Z)
    #define UNITY_NEAR_CLIP_VALUE (1.0) // near 值为 1, far 值为 0
#elif defined(SHADER_API_D3D9) || defined(SHADER_API_WIIU) ||
        defined(SHADER_API_D3D11_9X)
    // D3D9 和 D311 的 9 功能级别依然保持 near 值为 0, far 值为 1
    #define UNITY_NEAR_CLIP_VALUE (0.0)
#else // 其他平台,如 OpenGL(ES)平台保持 near 值为-1, far 值为 1
    #define UNITY_NEAR_CLIP_VALUE (-1.0)
#endif
```

3. 不同雾化因子计算方式下 UNITY_CALC_FOG_FACTOR_RAW 宏的实现

UNITY_CALC_FOG_FACTOR_RAW 宏的实现如下。

```
// 所在文件: UnityCG.cginc 代码
// 所在目录: CGIncludes
// 从原文件第 967 行开始,至第 979 行结束
#if defined(FOG_LINEAR) // 雾化因子线性化衰减
```

```
    // factor = (end-z)/(end-start) = z * (-1/(end-start)) + (end/(end-start))
    #define UNITY_CALC_FOG_FACTOR_RAW(coord) \
                        float unityFogFactor=(coord)*unity_FogParams.z+unity_FogParams.w

#elif defined(FOG_EXP) // 雾化因子指数衰减
    // factor = exp(-density*z) = 1/exp(density*z)
    #define UNITY_CALC_FOG_FACTOR_RAW(coord) \
                    float unityFogFactor = unity_FogParams.y * (coord); \
                    unityFogFactor = exp2(-unityFogFactor)

#elif defined(FOG_EXP2) // 雾化因子指数衰减
    // factor = exp(-(density*z)^2)
    #define UNITY_CALC_FOG_FACTOR_RAW(coord) \
                    float unityFogFactor = unity_FogParams.x * (coord); \
                    unityFogFactor = exp2(-unityFogFactor*unityFogFactor)
#else
    #define UNITY_CALC_FOG_FACTOR_RAW(coord)    float unityFogFactor = 0.0
#endif
```

对式（4-3）进行变形，可以得到

$$f = z_p \frac{-1}{z_{end} - z_{start}} + \frac{z_{end}}{z_{end} - z_{start}} \tag{4-21}$$

unity_FogParams 的 z 分量是 $\dfrac{-1}{z_{end} - z_{start}}$，$w$ 分量是 $\dfrac{z_{end}}{z_{end} - z_{start}}$，代入式（4-21）后得到上述代码段中当 FOG_LINEAR 宏启用时的 UNITY_CALC_FOG_FACTOR_RAW 宏定义。

当 FOG_EXP 宏启用时，unity_FogParams 的 y 分量是 $\dfrac{1}{\ln(density)}$，乘以参数 coord（z_p）后有 $f_{temp} = \dfrac{z_p}{\ln(density)}$，$f_{temp}$ 乘以自身的相反数后有 $f_{temp2} = \dfrac{-z_p^2}{\ln^2(density)}$。Cg 库函数 exp2 是以 2 为底数的指数函数，代入 f_{temp2} 后就是 UNITY_CALC_FOG_FACTOR_RAW 宏的定义，有 $f = 2^{f_{temp2}} = 2^{\frac{-z_p^2}{\ln^2(density)}}$，经变形后可得到式（4-4）。

当 FOG_EXP2 宏启用时，unity_FogParams 的 x 分量是 $\dfrac{1}{\sqrt{\ln(density)}}$，乘以参数 coord（$z_p$）后有 $f_{temp} = \dfrac{z_p}{\sqrt{\ln(density)}}$，$f_{temp}$ 乘以自身的相反数后有 $f_{temp2} = \dfrac{-z_p^2}{\ln(density)}$。把 f_{temp2} 代入以 2 为底数的指数函数后即是 UNITY_CALC_FOG_FACTOR_RAW 宏的定义，有 $f = 2^{f_{temp2}} = 2^{\frac{-z_p^2}{\ln(density)}}$，经变形后可得到式（4-5）。

如果不启用雾化效果，则雾化因子的值为 0。

Unity 3D 引擎提供了控制雾化因子衰减选项的功能。选择 Window|Lighting|Setting 选项，进入 Lighting 面板的 Scene 选项卡。在 Other Settings 选项中选中 Fog 复选框后，有 Color、Mode、Density 这 3 个选项：Color 是雾的颜色，Density 是雾的浓度。Mode 下拉列表中有 Linear、Exponential、Exponential Squared 这 3 个选项，依次对应于启用 FOG_LINEAR、FOG_EXP、FOG_EXP2 这 3 个宏，如图 4-14 所示。

4. UNITY_CALC_FOG_FACTOR 宏和 UNITY_FOG_COORDS_PACKED 宏

通过以下代码定义两个宏。

```
// 所在文件: UnityCG.cginc 代码
// 所在目录: CGIncludes
// 从原文件第 981 行开始，至第 982 行结束
#define UNITY_CALC_FOG_FACTOR(coord)  \
UNITY_CALC_FOG_FACTOR_RAW(UNITY_Z_0_FAR_FROM_CLIPSPACE(coord))
#define UNITY_FOG_COORDS_PACKED(idx,vectype)vectype fogCoord:TEXCOORD##idx;
```

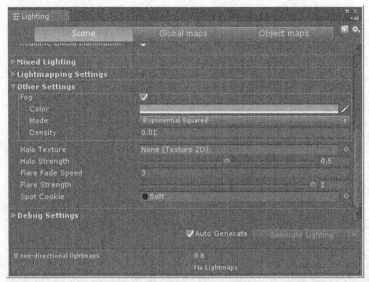

▲图 4-14　Unity 3D 编辑器中控制 fog 属性的 Scene 选项卡

UNITY_CALC_FOG_FACTOR 宏的参数 coord 是未经透视除法的裁剪空间中的坐标值 z 分量，封装了 UNITY_CALC_FOG_FACTOR_RAW 的实现。参数 coord 经过宏 UNITY_Z_0_FAR_FROM_CLIPSPACE 先处理，以解决不同平台下对应的 z 轴倒置的问题。

UNITY_FOG_COORDS_PACKED 宏则是利用顶点格式声明中的纹理坐标语义，借用一个纹理坐标寄存器把雾化因子声明在一个顶点格式结构体中。如果使用 UNITY_FOG_COORDS_PACKED 宏，则在顶点着色器中计算雾化效果。

5. 不同平台和不同雾化因子计算方式下的 UNITY_TRANSFER_FOG 宏

UNITY_TRANSFER_FOG 宏的定义如下。

```
// 所在文件: UnityCG.cginc 代码
// 所在目录: CGIncludes
// 从原文件第 983 行开始，至第 1000 行结束
#if defined(FOG_LINEAR) || defined(FOG_EXP) || defined(FOG_EXP2)
    #define UNITY_FOG_COORDS(idx) UNITY_FOG_COORDS_PACKED(idx, float1)
    #if (SHADER_TARGET < 30) || defined(SHADER_API_MOBILE)
        // 如果使用移动平台或者使用 shade model 2.0 的平台，则在顶点中计算雾化效果
        #define UNITY_TRANSFER_FOG(o,outpos)  \
                    UNITY_CALC_FOG_FACTOR((outpos).z); \
                    o.fogCoord.x = unityFogFactor
    #else
        // 如果是使用 shader model 3.0 的平台，或者使用 PC 以及一些游戏主机平台，就在顶点着色
        // 器中计算每个顶点离当前摄像机的距离。在片元着色器中计算雾化因子
        #define UNITY_TRANSFER_FOG(o,outpos) o.fogCoord.x = (outpos).z
    #endif
#else
    #define UNITY_FOG_COORDS(idx)
    #define UNITY_TRANSFER_FOG(o,outpos)
#endif
```

6. UNITY_FOG_LERP_COLOR 宏

UNITY_FOG_LERP_COLOR 宏的定义如下。

```
// 所在文件：UnityCG.cginc 代码
// 所在目录：CGIncludes
// 从原文件第1003行开始，至第1003行结束
#define UNITY_FOG_LERP_COLOR(col,fogCol,fogFac) \
    col.rgb = lerp((fogCol).rgb, (col).rgb, saturate(fogFac))
```

UNITY_FOG_LERP_COLOR 宏的功能是利用雾的颜色和当前像素的颜色，根据雾化因子进行线性插值运算，得到最终的雾化效果颜色。

7. UNITY_APPLY_FOG_COLOR 宏

UNITY_APPLY_FOG_COLOR 宏的定义如下。

```
// 所在文件：UnityCG.cginc 代码
// 所在目录：CGIncludes
// 从原文件第1004行开始，至第1019行结束
#if defined(FOG_LINEAR) || defined(FOG_EXP) || defined(FOG_EXP2)
    #if (SHADER_TARGET < 30) || defined(SHADER_API_MOBILE)
            //在移动平台或者使用 shader model 2.0 的平台中，因为雾化因子已经
            //在顶点着色器中计算过了，所以直接在片元着色器中插值以计算雾化效果颜色
            #define UNITY_APPLY_FOG_COLOR(coord,col,fogCol) \
                                UNITY_FOG_LERP_COLOR(col,fogCol,(coord).x)
    #else
            // 如果是 PC 或者游戏主机平台，或者是使用 shader model 3.0 的平台
            // 将在片元着色器中计算雾化因子，然后在片元着色器中通过插值计算雾化效果的颜色
    #define UNITY_APPLY_FOG_COLOR(coord,col,fogCol)
UNITY_CALC_FOG_FACTOR((coord).x);\
UNITY_FOG_LERP_COLOR(col,fogCol,unityFogFactor)
    #endif
#else
    #define UNITY_APPLY_FOG_COLOR(coord,col,fogCol)
#endif
#ifdef UNITY_PASS_FORWARDADD
 #define UNITY_APPLY_FOG(coord,col)
UNITY_APPLY_FOG_COLOR(coord,col,fixed4(0,0,0,0))
#else
 #define UNITY_APPLY_FOG(coord,col)
UNITY_APPLY_FOG_COLOR(coord,col,unity_FogColor)
#endif
```

UNITY_APPLY_FOG_COLOR 宏定义在不同平台上的最终雾化效果的颜色计算方法。

第 5 章 Unity 3D 引擎的多例化技术

5.1 多例化技术概述

假设需要绘制有很多模型的场景，而大部分模型使用的是同一个模型，即它们使用同一组顶点数据在渲染时会给它们指定不同的世界坐标，绘制在不同的位置上。想象一个草原场景：每一株小草都是一个包含几个三角形的小模型。你可能会需要绘制很多株草，最终在每帧中你可能会需要渲染上千或者上万株草。因为每株草只由几个三角形构成，所以渲染一株草没有什么性能压力；但如果是成千上万株草，上千上万次的绘制调用（draw call）就会极大地影响性能。需要渲染大量相同模型时，代码看起来会像这样。

5.1.1 不使用 GPU 多例化技术绘制多个相同模型的伪代码

不使用 GPU 多例化技术绘制多个相同模型的伪代码如下。

```
for(unsigned int i = 0; i < amount_of_models_to_draw; i++)
{
    //准备模型的顶点数据、准备世界变换等用到的着色器参数
    //调用绘制操作，把顶点数据投递到渲染流水线中
    //执行流水线的每一步，最终把模型渲染到屏幕
}
```

如果这样绘制同一模型的大量实例（instance），很快就会因为绘制调用过多而达到性能瓶颈。与 GPU 执行绘制顶点的操作本身相比，准备模型的顶点数据和世界变换等用到的着色器"的操作会消耗更多性能，因为这些操作都是在相对缓慢的 CPU 到 GPU 总线（bus）上进行的。因此，即便 GPU 执行渲染顶点非常快，命令 GPU 去准备渲染的操作却不一定会快。

如果能够将数据一次性发送给 GPU，然后使用一个绘制函数让渲染流水线利用这些数据绘制多个相同的物体将会大大提升性能，这种技术就是 GPU 多例化（GPU instancing）技术。

使用 GPU 多例化技术，能够在一个绘制调用中渲染多个相同的物体。原本每绘制一个相同的物体就需要做一次的 CPU 至 GPU 的通信，使用了这种技术之后，变为只需要一次即可。Direct 3D 和 OpenGL 等渲染流水线实作目前已经实现了这个功能。Unity 3D 引擎在此基础上进行包装，使得在每个平台上都能用同一套代码使用 GPU 多例化技术。

以 Direct3D 11 平台为例，当准备好顶点数据、设置好顶点缓冲区之后，接下来进入输入组装阶段（input assemble stage）。输入组装阶段是使用硬件实现的。此阶段根据用户输入的顶点缓冲区信息、图元拓扑（primitive topology）结构信息和描述顶点布局（vertice layout）格式信息，把顶点组装成图元，然后发送给顶点缓冲区。

5.1.2 在 Direct3D 11 中设置输入组装阶段的示例伪代码

在 Direct3D 11 中设置输入组装阶段的示例伪代码如下。

```
// Direct3D 11 的设置输入组装阶段的示例伪代码

// Direct3D 设备上下文
ID3D11DeviceContext* deviceContext = nullptr;
ID3D11InputLayout* layout = nullptr;          // 顶点的布局格式对象
//在设置顶点缓冲区时，要设置的顶点缓冲区在数组中的起始索引
UINT StartSlot = 0;
UINT NumBuffers = 0;                          // 顶点缓冲区的个数
ID3D11Buffer* bufferPointers[2];              // 顶点缓冲区
const UINT* strides = nullptr;                // 记录每个顶点缓冲区的跨度大小的数组
// 记录每个顶点缓冲区首指针在缓冲区数组中的偏移量的数组
const UINT* offsets = nullptr;
D3D11_PRIMITIVE_TOPOLOGY topo = D3D11_PRIMITIVE_TOPOLOGY_TRIANGLELIST;
…// 其他初始化各种对象和参数的代码
deviceContext->IASetInputLayout(layout);      // 设置顶点的布局格式对象
deviceContext->IASetVertexBuffers(StartSlot,  // 设置顶点缓冲区
                                 NumBuffers, bufferPointers, strides, offsets);
deviceContext->IASetPrimitiveTopology(topo); // 设置图元拓扑结构
```

　　GPU 多例化的思想，就是把每个实例的不同信息存储在缓冲区（可能是顶点缓冲区，也可能是存储着着色器 uniform 变量的常量缓冲区）中，然后直接操作缓冲区中的数据来设置。

　　以 5.1.1 节中的方法为例，仅仅因为每次模型的世界变换矩阵不同，就需要调用代价昂贵的绘制调用。而其实每次的调用都是很相似的，在设置世界矩阵时，无非就是更新着色器常量缓冲区中的某个 uniform 变量，这里又是一次 CPU 到 GPU 的传递数据操作。既然可以在定义顶点信息结构体时指定每个顶点的法线、切线和纹理映射坐标等信息，那完全也可以为每个顶点增加一个描述世界矩阵的属性，无非就是在顶点信息结构体中多加一个 float4×4 类型的属性变量而已。

　　假设需要渲染 100 个相同的模型，每个模型有 256 个三角形，那么需要两个缓冲区。一个是用来描述模型的顶点信息，因为待渲染的模型是相同的，所以这个缓冲区只存储了 256 个三角形（如果不用任何的优化组织方式，则有 768 个顶点）；另一个就是用来描述模型在世界坐标下的位置信息。假如不考虑旋转和缩放，100 个模型即占用 100 个 float3 类型的存储空间。

5.1.3　设置顶点输入组装布局

　　通过以下代码，设置顶点转入组装布局。

```
D3D11_INPUT_ELEMENT_DESC layout[] =
{
   {"POSITION" , 0 , DXGI_FORMAT_R32G32B32_FLOAT ,0 , 0,

// 第一个布局元素项
D3D10_INPUT_PER_VERTEX_DATA , 0 } ,
   {"PositionTranslation",0,DXGI_FORMAT_R32G32B32_FLOAT,1,0,
D3D10_INPUT_PER_INSTANCE_DATA , 1 }              // 第二个布局元素项
};
```

　　在上面的描述顶点输入组装布局中，第一个布局元素项描述的是模型的顶点信息，第二个布局元素项描述的是位置信息。注意，D3D11_INPUT_ELEMENT_DESC 结构体中的第五个参数是 D3D10_INPUT_PER_VERTEX_DATA 或 D3D10_INPUT_PER_INSTANCE_DATA，如果是前者，则输入组装阶段会把顶点缓冲区中的每个元素当做顶点处理；而如果是后者，则把顶点缓冲区中的每个元素当做实例来处理。

5.1.4　顶点着色器和片元着色器中对使用 GPU 多例化技术的对应设置

　　设置好输入组装的相关设置后，对应的顶点着色器和片元着色器也要做好对应的设置才能使用多例化技术，如下所示。

```
uniform float4x4 ViewProjMatrix;              // 观察矩阵和投影矩阵的乘积
```

```
// 输入给顶点着色器的顶点信息结构体
struct VS_INPUT
{
    uint uInstanceID : SV_InstanceID;             // 实例 ID
    float3 vPosition : POSITION;                   // 顶点的位置坐标
    float3 vPosTranslation : PositionTranslation;  // 实例的位置坐标
};

struct VS_OUTPUT
{
    float4 Position;                               // 顶点实例在裁剪空间中的坐标值
}

// 顶点着色器入口主函数
VS_OUTPUT VSMain( VS_INPUT input )
{
    VS_OUTPUT vs_out;
    // 因为不做缩放和渲染，所以顶点在模型空间中的原始坐标和对应实例的世界空间中的位置坐标之和就等
    // 同于已经乘以一个世界变换矩阵，然后乘以观察矩阵与投影矩阵的乘积，即做了一次
    // world-view-projection 变换，变换顶点实例至裁剪空间
    vs_out.vPosProj = mul(
        float4( ( input.vPosition + input. vPosTranslation) , 1.0f ) , ViewProjMatrix );
    return vs_out;
}
```

通过上面的步骤，就可以在不同位置上渲染模型了。注意，代码中的每个顶点中都有一个 uInstanceID 变量。要使用 GPU 多例化技术，这个绑定了 SV_InstanceID 语义词的 uInstanceID 变量是必需的，它的值是由输入组装阶段自动生成赋值的。

本节简单介绍了在 Direct3D 平台上如何使用 GPU 多例化技术，示例中演示了对顶点的世界坐标使用多例化，除此之外其他的顶点属性也可以使用该技术，如顶点颜色等。接下来看在 Unity 3D 中如何包装在各平台下此技术的实现。

5.2　如何在材质中启用多例化技术

要在 Unity 3D 中启用 GPU 多例化技术，首先应在材质文件的 Inspector 面板中选中 Enable Instancing 复选框，如图 5-1 所示。

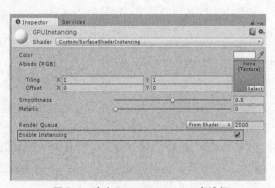

▲图 5-1　选中 Enable Instancing 复选框

必须要注意的是，只有材质文件使用的着色器代码文件中声明了支持 GPU 多例化技术，材质文件的 Inspector 面板中才会出现 Enable Instancing 复选框。引擎提供的 Standard 着色器、StandardSpecular 着色器及所有的外观着色器都支持 GPU 多例化技术。图 5-2 和表 5-1 展示了使用与未使用 GPU 多例化技术的效果和性能比较，可见使用了 GPU 多例化技术后性能大为提升。

▲图 5-2 使用 GPU 多例化技术后的性能效果

表 5-1　　　　　　　　使用和未使用 GPU 多例化技术时的性能差异

参数	描述	未使用 GPU 多例化技术	使用 GPU 多例化技术
FPS	帧数率	58.9	91
Batches	渲染批次数	2005	24
Saved by batching	节省下来的渲染批次数	19	1905

5.3　添加逐实例数据

每一次多例化绘制调用（instanced draw call）时，默认地，Unity 3D 仅对使用了同一网格材质，但是有着不同的位置变换信息的游戏对象进行批次化。为了能够让 GPU 多例化技术不仅应用在只有不同位置变换信息的游戏对象，如位置变换信息相同，但材质颜色不同的游戏对象，也可以使用 GPU 多例化技术。可以在自定义着色器代码中添加逐多例化（per-instance）属性，如下代码所示。

5.3.1　在外观着色器中给材质颜色变量增加 GPU 多例化支持的代码

```
Shader "Custom/InstancedColorSurfaceShader" {
    Properties {
        _Color ("Color", Color) = (1,1,1,1)
        _MainTex ("Albedo (RGB)", 2D) = "white" {}
        _Glossiness ("Smoothness", Range(0,1)) = 0.5
        _Metallic ("Metallic", Range(0,1)) = 0.0
    }

    SubShader {
        Tags { "RenderType"="Opaque" }
        LOD 200
        CGPROGRAM
        // 使用 Unity 3D 标准材质的光照模型，所有光源都启动阴影效果
        #pragma surface surf Standard fullforwardshadows
        // 使用 shader model 3.0
        #pragma target 3.0
        sampler2D _MainTex;
        struct Input
        {
            float2 uv_MainTex;
        };
        half _Glossiness;
        half _Metallic;
        UNITY_INSTANCING_BUFFER_START(Props)
        UNITY_DEFINE_INSTANCED_PROP(fixed4, _Color)
        UNITY_INSTANCING_BUFFER_END(Props)
        void surf (Input IN, inout SurfaceOutputStandard o)
        {
            fixed4 c = tex2D (_MainTex, IN.uv_MainTex) *
                                UNITY_ACCESS_INSTANCED_PROP(Props, _Color);
            o.Albedo = c.rgb;
```

```
            o.Metallic = _Metallic;
            o.Smoothness = _Glossiness;
            o.Alpha = c.a;
        }
        ENDCG
    }
    FallBack "Diffuse"
}
```

上面代码使用 UNITY_INSTANCING_BUFFER_START 宏开始宣告要使用 GPU 多例化技术的变量，使用 UNITY_DEFINE_INSTANCED_PROP 宏声明_Color 变量使用技术，使用 UNITY_INSTANCING_BUFFER_END 宏结束使用技术的宣告。

5.3.2　在 C#层改变 game object 中的多例化材质颜色属性

在 C#代码段中，通过使用 MaterialPropertyBlock 类设置每一个多例化实例的不同颜色，在一个绘制调用中渲染不同颜色的多例化游戏对象，如以下代码所示。

```
MaterialPropertyBlock props = new MaterialPropertyBlock();
MeshRenderer renderer;

foreach (GameObject obj in objects)
{
    float r = Random.Range(0.0f, 1.0f);
    float g = Random.Range(0.0f, 1.0f);
    float b = Random.Range(0.0f, 1.0f);
    props.SetColor("_Color", new Color(r, g, b));
    renderer = obj.GetComponent<MeshRenderer>();
    renderer.SetPropertyBlock(props);
}
```

5.4　在顶点着色器和片元着色器中使用多例化技术

前文提到默认地外观着色器是开启了多例化技术支持的，对于普通的顶点着色器和片元着色器也可以使用此项技术，但要在代码中添加一些关键语句。

5.4.1　在顶点着色器和片元着色器中启用 GPU 多例化技术

在以下代码中，在顶点着色器和片元着色器中启用 GPU 多实例化技术。

```
Shader "SimplestInstancedShader"
{
    Properties
    {
        _Color ("Color", Color) = (1, 1, 1, 1)
    }

    SubShader
    {
        Tags { "RenderType"="Opaque" }
        LOD 100

        Pass
        {
            CGPROGRAM
            #pragma vertex vert        // 声明 vert 函数为顶点着色器入口主函数
            #pragma fragment frag      //声明 frag 函数为片元着色器入口主函数
            // 第 1 步，必须要使用这个编译指示符宣告使用 GPU 多例化技术
            #pragma multi_compile_instancing
            #include "UnityCG.cginc" // 包含头文件，使用启用多例化技术要用到宏

            struct appdata             // 传递给顶点着色器的顶点数据结构体
            {
```

```
        float4 vertex : POSITION;
        UNITY_VERTEX_INPUT_INSTANCE_ID
    };

    struct v2f                          // 顶点着色器传递给片元着色器的数据结构体
    {
        float4 vertex : SV_Position;
        //第 2 步，如果要访问片元着色器中的多例化属性变量，需要使用此宏
        UNITY_VERTEX_INPUT_INSTANCE_ID
    };
    //第 3 步，使用和外观着色器相同的宣告多例化属性变量语句
    UNITY_INSTANCING_CBUFFER_START(Props)
    UNITY_DEFINE_INSTANCED_PROP(float4, _Color)
    UNITY_INSTANCING_CBUFFER_END(Props)

    v2f vert(appdata v)                 // 顶点着色器入口主函数
    {
        v2f o;
        //第 4 步，如果要访问片元着色器中的多例化属性变量，需要使用此宏
        UNITY_SETUP_INSTANCE_ID(v);
        UNITY_TRANSFER_INSTANCE_ID(v, o);
        o.vertex = UnityObjectToClipPos(v.vertex);
        return o;
    }

    fixed4 frag(v2f i) : SV_Target  // 片元着色器入口主函数
    {
        //第 5 步，如果要访问片元着色器中的多例化属性变量，需要使用此宏
        UNITY_SETUP_INSTANCE_ID(i);
        return UNITY_ACCESS_INSTANCED_PROP(_Color);
    }
    ENDCG
    }
    }
}
```

从上面的代码可以看到，要在顶点着色器和片元着色器中使用 GPU 多例化技术，需要在声明传递给顶点着色器的顶点数据结构体 appdata 中，以及声明顶点着色器传递给片元着色器的数据结构体 v2f 中加入 UNITY_VERTEX_INPUT_INSTANCE_ID 宏；在声明材质变量处使用 UNITY_INSTANCING_BUFFER_START、UNITY_DEFINE_INSTANCED_PROP 和 UNITY_INSTANCING_BUFFER_END 宏；在顶点着色器的主入口函数处使用 UNITY_SETUP_INSTANCE_ID 和 UNITY_TRANSFER_INSTANCE_ID 宏进行多例化处理；在片元着色器的主入口函数处使用 UNITY_SETUP_INSTANCE_ID 和 UNITY_ACCESS_INSTANCED_PROP 宏处理和访问多例化属性变量。

5.4.2 UNITY_VERTEX_INPUT_INSTANCE_ID 宏的定义

首先看 UNITY_VERTEX_INPUT_INSTANCE_ID 宏，该宏定义在 UnityInstancing.cginc 文件中。

```
// 所在文件: UnityInstancing.cginc 代码
// 所在目录: CGIncludes
// 从原文件第 69 行开始，至第 71 行结束
#if !defined(UNITY_VERTEX_INPUT_INSTANCE_ID)
#define UNITY_VERTEX_INPUT_INSTANCE_IDDEFAULT_UNITY_VERTEX_INPUT_INSTANCE_ID
#endif
```

可见，UNITY_VERTEX_INPUT_INSTANCE_ID 宏就是 DEFAULT_UNITY_VERTEX_INPUT_INSTANCE_ID 宏。

5.4.3 DEFAULT_UNITY_VERTEX_INPUT_INSTANCE_ID 宏的定义

DEFAULT_UNITY_VERTEX_INPUT_INSTANCE_ID 宏的定义如下。

```
// 所在文件: UnityInstancing.cginc 代码
```

```
// 所在目录: CGIncludes
// 从原文件第 47 行开始，至第 67 行结束
#if defined(UNITY_INSTANCING_ENABLED) ||
    defined(UNITY_PROCEDURAL_INSTANCING_ENABLED) ||
    defined(UNITY_STEREO_INSTANCING_ENABLED)

    // 每一个多例化对象对应的 instance id
    static uint unity_InstanceID;
    // 着色器常量缓冲区 UnityDrawCallInfo
    GLOBAL_CBUFFER_START(UnityDrawCallInfo)
        // 当前渲染批次中是在多例化对象数组中的起始位置
        int unity_BaseInstanceID;
        // 当前渲染批次中的多例化对象的个数，如果是立体渲染，则以双次渲染之前的个数为准
        int unity_InstanceCount;
    GLOBAL_CBUFFER_END

    #ifdef SHADER_API_PSSL
        #define DEFAULT_UNITY_VERTEX_INPUT_INSTANCE_ID uint instanceID;
        #define UNITY_GET_INSTANCE_ID(input) _GETINSTANCEID(input)
    #else
        #define DEFAULT_UNITY_VERTEX_INPUT_INSTANCE_ID uint instanceID : SV_InstanceID;
        #define UNITY_GET_INSTANCE_ID(input) input.instanceID
    #endif

#else
    #define DEFAULT_UNITY_VERTEX_INPUT_INSTANCE_ID
#endif
```

可见，假如以非 PlayStation 平台的 Direct3D 为例,UNITY_VERTEX_INPUT_INSTANCE_ID 宏本质上就是一行代码。

```
uint instanceID : SV_InstanceID;        // 当前渲染批次下的顶点实例 id
```

5.4.1 节中的 struct appdata 展开就是：

```
struct appdata                           // 传递给顶点着色器的顶点数据结构体
{
    float4 vertex : POSITION;
    uint instanceID : SV_InstanceID;     // 当前渲染批次下的顶点实例 id
};
```

以 Direct3D 11 平台为例，该渲染批次下的实例 id 实质上就对应于在 5.4.1 节定义的 uInstanceID，是一个 32 位的无符号整数，用于每一个着色器阶段中识别当前正在被处理的几何体实例。只要声明了绑定了 SV_InstanceID 语义的实例 id 变量，在输入组装阶段渲染流水线会为其赋值上一个实例 id，然后在每一次绘制调用时，实例 id 变量的值将会加 1，当此值超过了 $2^{32}-1$ 之后，将会重置为 0。

5.4.4　UNITY_INSTANCING_BUFFER_START 及另外两个配套的宏的定义

5.4.1 节中，UNITY_INSTANCING_BUFFER_START、UNITY_DEFINE_INSTANCED_PROP 和 UNITY_INSTANCING_BUFFER_END 这 3 个宏的定义如下。

```
// 所在文件: UnityInstancing.cginc 代码
// 所在目录: CGIncludes
// 从原文件第 171 行开始，至第 181 行结束
#if defined(SHADER_API_GLES3) || defined(SHADER_API_GLCORE) ||
    defined(SHADER_API_METAL) || defined(SHADER_API_VULKAN)
        #define UNITY_INSTANCING_CBUFFER_START(name) cbuffer
UnityInstancing_##name {
        #define UNITY_INSTANCING_CBUFFER_END }
    #else
        #define UNITY_INSTANCING_CBUFFER_START(name)
                        CBUFFER_START(UnityInstancing_##name)
        #define UNITY_INSTANCING_CBUFFER_END CBUFFER_END
```

```
        #endif
            #define UNITY_DEFINE_INSTANCED_PROP(type, name)
                                        type
name[UNITY_INSTANCED_ARRAY_SIZE];
```

5.4.5　UNITY_INSTANCED_ARRAY_SIZE 宏的定义

5.4.4 节中的宏 UNITY_INSTANCED_ARRAY_SIZE 的定义如下。

```
// 所在文件：UnityInstancing.cginc 代码
// 所在目录：CGIncludes
// 从原文件第 157 行开始，至第 166 行结束
#ifndef UNITY_MAX_INSTANCE_COUNT
    #define UNITY_MAX_INSTANCE_COUNT 500
#endif
#if (defined(SHADER_API_GLES3) || defined(SHADER_API_GLCORE) ||
      defined(SHADER_API_METAL))
&& !defined(UNITY_MAX_INSTANCE_COUNT_GL_SAME)
    #define UNITY_INSTANCED_ARRAY_SIZE (UNITY_MAX_INSTANCE_COUNT / 4)
#else
    #define UNITY_INSTANCED_ARRAY_SIZE UNITY_MAX_INSTANCE_COUNT
#endif
```

从 5.4.4 节和 5.4.5 节可以看出，UNITY_INSTANCING_BUFFER_START 等 3 个宏的功能是定义一个着色器常量缓冲区，并对应定义一些着色器要使用的变量，所以 5.4.1 节中第 3 步的语句在 Direct3D 11 平台上可以展开为

```
cbuffer UnityInstancingProps {
    float4 _Color[500];
}
```

5.4.6　UNITY_SETUP_INSTANCE_ID 宏的定义

继续看 UNITY_SETUP_INSTANCE_ID 宏，此宏的定义如下。

```
// 所在文件：UnityInstancing.cginc 代码
// 所在目录：CGIncludes
// 从原文件第 147 行开始，至第 149 行结束
#if !defined(UNITY_SETUP_INSTANCE_ID)
#define UNITY_SETUP_INSTANCE_ID(input) DEFAULT_UNITY_SETUP_INSTANCE_ID(input)
#endif
```

5.4.7　DEFAULT_UNITY_SETUP_INSTANCE_ID 和 UNITY_TRANSFER_INSTANCE_ID 宏的定义

UNITY_SETUP_INSTANCE_ID 宏转包装了 DEFAULT_UNITY_SETUP_INSTANCE_ID 宏，该宏的定义如下。

```
// 所在文件：UnityInstancing.cginc 代码
// 所在目录：CGIncludes
// 从原文件第 120 行开始，至第 145 行结束
#if defined(UNITY_INSTANCING_ENABLED) ||
defined(UNITY_PROCEDURAL_INSTANCING_ENABLED)
    || defined(UNITY_STEREO_INSTANCING_ENABLED)

    void UnitySetupInstanceID(uint inputInstanceID)
    {
#ifdef UNITY_STEREO_INSTANCING_ENABLED
        unity_StereoEyeIndex = inputInstanceID & 0x01;
        unity_InstanceID = unity_BaseInstanceID + (inputInstanceID >> 1);
#else
        unity_InstanceID = inputInstanceID + unity_BaseInstanceID;
#endif
```

```
    }

    #ifdef UNITY_PROCEDURAL_INSTANCING_ENABLED
        #ifndef UNITY_INSTANCING_PROCEDURAL_FUNC
            #error "UNITY_INSTANCING_PROCEDURAL_FUNC must be defined."
        #else
            // 过程函数的前置声明
            void UNITY_INSTANCING_PROCEDURAL_FUNC();
            //第 1 步
            #define DEFAULT_UNITY_SETUP_INSTANCE_ID(input)
            {\
                UnitySetupInstanceID(UNITY_GET_INSTANCE_ID(input));\
                UNITY_INSTANCING_PROCEDURAL_FUNC();\
            }
        #endif
    #else
        #define DEFAULT_UNITY_SETUP_INSTANCE_ID(input)
UnitySetupInstanceID(UNITY_GET_INSTANCE_ID(input));
    #endif
    #define UNITY_TRANSFER_INSTANCE_ID(input, output) output.instanceID = UNITY_GET_
INSTANCE_ID(input)
#else
    #define DEFAULT_UNITY_SETUP_INSTANCE_ID(input)
    #define UNITY_TRANSFER_INSTANCE_ID(input, output)
#endif
```

UNITY_PROCEDURAL_INSTANCING_ENABLED 宏表示，如果启用自定义程序处理顶点实例化，那就需要使用者自行定义提供一个名为 UNITY_INSTANCING_PROCEDURAL_FUNC 的宏，以设置顶点的实例 ID，如代码中的"第 1 步"注释所标注的语句所示。如果 UNITY_PROCEDURAL_INSTANCING_ENABLED 宏未定义，则 DEFAULT_UNITY_SETUP_INSTANCE_ID 宏定义为调用 UnitySetupInstanceID 函数。Unity 3D 定义了一个名为 unity_InstanceID 的着色器变量，此变量的定义如下。

```
// 所在文件：UnityInstancing.cginc 代码
// 所在目录：CGIncludes
// 从原文件第 50 行开始，至第 50 行结束
static uint unity_InstanceID;
```

unity_InstanceID 就是用来索引某一个由输入组装生成的用户定义的顶点属性实例，即示例中的_Color 属性的某一个实例。而为了访问这些属性的具体某一个实例值，在 UnityInstancing.cginc 文件中定义了一个 UNITY_ACCESS_INSTANCED_PROP 宏。此宏的功能是利用 unity_InstanceID 取得实例值，具体代码如下。

```
// 所在文件：UnityInstancing.cginc 代码
// 所在目录：CGIncludes
// 从原文件第 184 行开始，至第 184 行结束
#define UNITY_ACCESS_INSTANCED_PROP(name) name[unity_InstanceID]
```

unity_InstanceID 的具体计算操作在 UnitySetupInstanceID 函数中执行。如上面代码所示，如果在非立体渲染的情况下，unity_InstanceID 为当前输入的顶点实例 id 与变量 unity_BaseInstanceID 之和。unity_BaseInstanceID 的定义如下。

5.4.8　着色器常量缓冲区 UnityDrawCallInfo 的定义

```
// 所在文件：UnityInstancing.cginc 代码
// 所在目录：CGIncludes
// 从原文件第 52 行开始，至第 55 行结束
GLOBAL_CBUFFER_START(UnityDrawCallInfo)
    // 当前渲染批次的起始实例，在实例数组中的数组索引值
    int unity_BaseInstanceID;
    // 本渲染批次中对象实例的个数，如果是立体渲染，那么就是在双次渲染前的对象实例个数
    int unity_InstanceCount;
```

GLOBAL_CBUFFER_END

Unity 3D 引入了用来提高渲染效率的批次化渲染（batch render）技术。此技术的基本原理就是通过将一些渲染状态（render state）一致的待渲染对象组成一组，一次性提交给 GPU 进行绘制，而不需要来回地设置渲染状态，这可以显著地节省绘制调用。很显然，使用了 GPU 多例化技术的待渲染对象的渲染状态基本是一致的。因此，对多例化的顶点进行分批次时，引擎底层会指明该批次的起始实例 id 及该批次有多少个实例 id。着色器常量缓冲区中的两个变量便记录了这两个信息。而 UNITY_GET_INSTANCE_ID 宏则是获取到 UNITY_VERTEX_INPUT_INSTANCE_ID 宏所表示的当前渲染批次下的实例 id。

综上，5.4.1 节中注释"第 4 步"标注的 UNITY_SETUP_INSTANCE_ID 和 UNITY_TRANSFER_INSTANCE_ID 宏在 Direct3D 11 平台上展开后的代码如下。

```
// instanceID 就是 appdata 中的 uint instanceID : SV_InstanceID
unity_InstanceID = v.instanceID + unity_BaseInstanceID;
o.instanceID = v.instanceID;
```

5.4.9 5.4.1 节中展开多例化相关的宏之后的代码

5.4.1 节的代码展开后如下所示，宏展开后的代码用较大号的字体展现。

```
Shader "SimplestInstancedShader"
{
    Properties
    {
        _Color ("Color", Color) = (1, 1, 1, 1)
    }
    SubShader
    {
        Tags { "RenderType"="Opaque" }
        LOD 100
        Pass
        {
            CGPROGRAM
            #pragma vertex vert          // 声明 vert 函数为顶点着色器入口主函数
            #pragma fragment frag        // 声明 frag 函数为片元着色器入口主函数
            //第 1 步，必须要使用这个编译指示符宣告使用 GPU 多例化技术
            #pragma multi_compile_instancing
            #include "UnityCG.cginc"     // 包含头文件，使用启用多例化技术要用到宏

            struct appdata               // 传递给顶点着色器的顶点数据结构体
            {
                float4 vertex : POSITION;
                uint instanceID : SV_InstanceID;  // 当前渲染批次下的顶点实例 id
                // UNITY_VERTEX_INPUT_INSTANCE_ID
            };

            struct v2f                   // 顶点着色器传递给片元着色器的数据结构体
            {
                float4 vertex : SV_Position;
                //第 2 步，如果要访问片元着色器中的多例化属性变量，需要使用此宏
                uint instanceID : SV_InstanceID;
                // UNITY_VERTEX_INPUT_INSTANCE_ID
            };
            //第 3 步，使用和外观着色器相同的宣告多例化属性变量语句
            cbuffer UnityInstancingProps {
                float4 _Color[500];
            }
            // UNITY_INSTANCING_CBUFFER_START(Props)
            // UNITY_DEFINE_INSTANCED_PROP(float4, _Color)
            // UNITY_INSTANCING_CBUFFER_END(Props)
            v2f vert(appdata v)          // 顶点着色器入口主函数
            {
                v2f o;
```

```
        //第 4 步，如果要访问片元着色器中的多例化属性变量，需要使用此宏
        unity_InstanceID =
                    v.instanceID + unity_BaseInstanceID;
        o.instanceID = v.instanceID;
        // UNITY_SETUP_INSTANCE_ID(v);
        // UNITY_TRANSFER_INSTANCE_ID(v, o);
        o.vertex = UnityObjectToClipPos(v.vertex);
        return o;
    }
    fixed4 frag(v2f i) : SV_Target // 片元着色器入口主函数
    {
        //第 5 步，如果要访问片元着色器中的多例化属性变量，需要使用此宏
        unity_InstanceID =
                    i.instanceID + unity_BaseInstanceID;
        return _Color[unity_InstanceID]
        // UNITY_SETUP_INSTANCE_ID(i);
        // return UNITY_ACCESS_INSTANCED_PROP(_Color);
    }
    ENDCG
    }
  }
}
```

第6章　前向渲染和延迟渲染

6.1　前向渲染概述

传统的渲染方式下所做的光照计算流程通常称为前向渲染（forward rendering）。这是一种十分直接的方式，在顶点着色器中对所有待渲染对象的顶点进行一系列的变换，这些变换通常是将顶点的法线和位置变换到裁剪空间。如果采用逐片元光照（per-fragment lighting）的方式，在渲染每一帧时，每个片元都要执行一次片元着色器代码，这时需要将所有的光照信息都传递到片元着色器中。虽然在大部分情况下的光源都趋向于小型化，而且其照亮的区域也不大，但即便是光源离这个像素所对应的世界空间中的位置很远，但当片元着色器中计算光照时，还是会把所有的光源都考虑进去。例如，场景中有 n 个光源，那么在每一个片元执行着色器代码时，都必须把这 n 个光源都传递进着色器中去执行光照计算。

前向渲染的方式直截了当且易于理解，但却有一些性能上的缺陷：首先，不能很好地支持场景中存在大量的光源，试考虑场景中有几十上百个光源时，片元着色器要做的运算量会有多大；其次，如果待渲染的场景十分复杂，里面包含了大量的待渲染对象，将不可避免地产生"在屏幕中同一个像素中，其实会被多个物体所对应覆盖渲染"的情况，即有很大的深度复杂度（depth complexity），我们会浪费很多 GPU 资源。例如，如果某像素的深度复杂度的值为 n，表示在每一帧中，这个像素上将有 n 个待渲染对象，进行了 n 次光照计算，而后绘制（即写入该像素的颜色值）。但其实有 $n-1$ 次的光照计算及绘制是无用的，因为只有最靠近摄像机的那个待渲染对象的计算及绘制才会被最终显示到屏幕上。前向渲染的流程如图 6-1 所示。

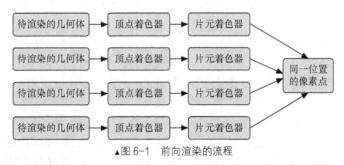

▲图6-1　前向渲染的流程

6.2　延迟渲染概述

延迟渲染（deferred rendering）的出现就是为了解决上述问题。顾名思义，延迟渲染的关键思想是把大部分光照计算等计算量很大的操作，延迟（defer）或者推迟（postpone）到尽可能后的阶段中进行。与在前向渲染中总是将所有的待渲染对象从顶点缓冲区一路线性地渲染到最后的颜色缓冲区的流程不同，延迟渲染将这个过程拆分成了两个处理通路（pass）。

第一个处理通路称为几何处理通路（geometry pass）。在此处理通路中，首先将场景渲染一次，获取到待渲染对象的各种几何信息，如位置向量、颜色向量、法线向量、深度值等，并且会把这些几何信息存储到名为几何缓冲区（geometry buffer），即 G-buffer 缓冲区中，这些缓冲区将会在之后用作更复杂的光照计算。由于有深度测试，所以最终写入 G-buffer 中的各个数据都是离摄像机最近的片元的几何属性，这意味着所有不会出现在最后屏幕上的片元都在深度测试中被丢弃，最后会被留在 G-buffer 中的片元都是必定要进行光照计算的。图 6-2 所示为 G-buffer 在某一帧的画面。

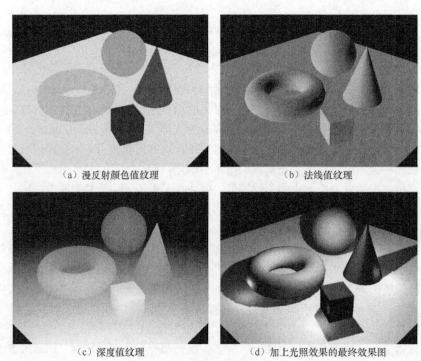

（a）漫反射颜色值纹理　　　　　　　　　　（b）法线值纹理

（c）深度值纹理　　　　　　　　　（d）加上光照效果的最终效果图

▲图 6-2　G-buffer 在某一帧的画面（本图取自维基百科）

G-buffer 在本质上和一个普通纹理类似，因此可以使用对纹理进行采样的着色器内置函数来获得 G-buffer 的每一个纹素。

第二个处理通路称为光照处理通路（lighting pass）。在此处理通路中，将会遍历所有 G-buffer 中的每一纹素。这些纹素的内容是要传给执行光照计算的片元着色器所用到的位置、颜色、法线等参数，这些参数在前向渲染模式下，要么通过片元着色器的 uniform 变量从 CPU 传递进来，要么通过顶点着色器经过光栅化处理阶段插值生成之后传递进来。最关键的是，每一个可渲染物体都要执行一次片元着色器中的光照计算，而在延迟着色器（deferred shader）中只需要执行一次光照计算即可，因为 G-buffer 中的每一个纹素中对应的光照信息都是最终可视的。而延迟渲染器可以在一个和屏幕大小相等的矩形图元上执行之，并最终显示在屏幕上。延迟渲染的流程如图 6-3 所示，每一个待绘制的可渲染对象都不在它们自身的片元着色器中执行光照计算。光照计算集中在一个片元着色器中，该片元着色器由一个大小刚好覆盖住屏幕的矩形图元执行，这个矩形图元的渲染效果就是最终要渲染的画面。

延迟渲染可以不需要消耗大量的性能去执行光照计算，但它本身并不能支持非常大量的光源，因为即使把原来分散到每一个待渲染物体的片元着色器中执行的光照计算集中到最后的片元着色器中去计算，依然是场景中有 n 个光源，就要在最后的片元着色器内用 n 个光源去对每一个片元进行光照计算。因此，要真正能支持大量光源去进行延迟渲染，需要对此技术进行优化。

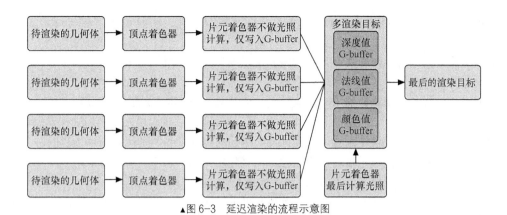

▲图 6-3　延迟渲染的流程示意图

6.3　Unity 3D 中的各种渲染途径

Unity 3D 支持不同的渲染途径。渲染途径就是指在着色器代码中应用光照计算的方式。不同的渲染途径具有不同的性能特征，对光照和阴影计算也有不同的处理方式。

要对整个项目设置某一种渲染途径，可选择 Edit | Project Settings | Graphics 命令，在弹出的 GraphicsSettings 面板中，单击 Tier Settings 选项卡后的 Open Editor 按钮，在弹出的 Tier Settings 面板中的 Rendering Path 属性项就是项目整体的渲染途径设置项，如图 6-4 所示。

Unity 3D 允许在一个工程中使用多个渲染途径，如摄像机 A 使用前向渲染途径进行渲染，摄像机 B 使用延迟渲染途径进行渲染。这时，可在每个摄像机对象的 Camera 组件中的 Rendering Path 属性选项中设置该摄像机专门使用的渲染途径，如图 6-5 所示。摄像机的 Camera 组件的 Rendering Path 属性中的设置可以覆盖整个工程的 Rendering Path 设置。

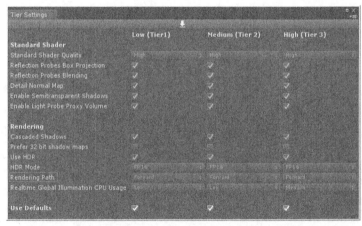

▲图 6-4　Rendering Path 属性项

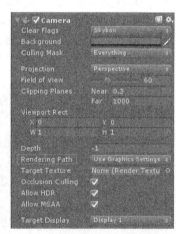

▲图 6-5　设置摄像机专门使用的渲染途径

在图 6-5 展示的设置中，如果选择 Use Graphics Settings 类型，则此摄像机将会使用整个工程的设置，否则就使用专门为它指定的设置。但如果当前显卡不支持所指定的渲染途径，Unity 3D 引擎会自动往下降级渲染途径的类型，直至显卡支持为止。

本书所剖析的 2017.2 版本中，Unity 3D 引擎有 4 种渲染途径，分别为延迟渲染[①]（deferred

---

① deferred shading 一词翻译为"延迟着色"可能更为符合英文单词原意，但考虑到术语的前后统一，本文统一把 deferred shading 译作"延迟渲染"。

rendering)、前向渲染（forward rendering）、旧式延迟渲染（legacy deferred rendering）、旧式顶点照明（legacy vertex lit）。

延迟渲染途径具有光照和阴影效果的保真度最高特点，如果场景中有大量的实时光源，且硬件性能足以支持，则使用这种途径最为合适。

前向渲染途径是引擎默认使用的渲染途径，此渲染途径支持所有典型的图形功能，如法线贴图、逐像素光照、阴影等。但是在默认设置下，即使指定使用逐片元光照模式进行光照计算，前向渲染途径中也仅仅是少数光源会使用逐片元光照模式，其余光源则是逐顶点计算的。

旧式延迟渲染途径类似于延迟渲染途径，只是使用不同的技术实现。旧式延迟渲染途径不支持基于物理渲染（physically based rendering）的标准着色器（standard shader）。

旧式顶点照明途径是一种光照效果保真度最低的渲染途径，此途径不支持实时阴影，可以认为它是前向渲染途径的一个子集。

6.3.1　Unity 3D 的前向渲染途径细节

根据光源对待绘制对象的作用方式，前向渲染途径技术在一个或者多个渲染通路中渲染每一个待绘制对象，光源本身也会依据它们自身的设置和强度在前向渲染途径中得到不同的处理。

1. 实现细节

在前向渲染途径中，若干个最亮的且能照亮每个物体的光源执行逐片元光照计算。剩下的光源中，最多 4 个点光源执行逐顶点光照计算，剩下的光源则以球面调谐（spherical harmonics）的方式计算光照。球面调谐的方式要快得多，但是一种近似的模拟，在 7.7 节中会对球面调谐技术有详细阐述。一个光源是否以逐片元光照的模式去计算光照效果，主要取决于以下几个条件。

条件 1：光源游戏对象的 Light 组件中，如果 Render Mode 选项设置为 Not Important，就必定不使用逐片元光照模式计算光照效果。

条件 2：亮度值最高的，且不满足条件 1 的有向平行光源使用逐片元光照模式计算光照效果。

条件 3：如果光源游戏对象的 Light 组件的 Render Mode 选项设置为 Important，就使用逐片元光照模式计算光照效果。

经过上述条件的筛选之后，如果执行逐片元光照模式的光源个数不大于 Quality Setting 面板中的指明逐片元光源个数上限的 Pixel Light Count 选项值，则可以有更多的光源以逐片元光照的方式进行渲染。

着色器的光照计算在其渲染通路中进行。前向渲染的渲染通路有两种，分别是基本通路和附加通路。在基本通路中，对默认的有向平行光源进行逐片元的光照计算，并且当默认的有向平行光源的 Light 组件中的 Shadow Type 属性为 Soft Shadows 或者 Hard Shadows 时，将会启动阴影效果。所有其他的基于顶点或者基于球谐光照的光源也在基本通路中进行光照计算，物体的自发光和环境光计算也在基本通路中进行。

其他逐片元光照计算的光源则在附加通路中进行光照计算，且每个这样的光源执行一次。

假定光源 $A \sim H$ 的颜色和亮度都一样，其 Light 组件的 Render Mode 属性值也都为 Auto，即它们采用何种模式进行光照计算将由引擎决定。在图 6-6 中，从圆球的角度看来，离圆球越近的光源越亮，所以最亮的 4 个光源 $A \sim D$ 将使用逐片元光照，光源 $D \sim G$ 使用逐顶点光照，光源 $G \sim H$ 使用球谐光照。从图 6-7 中可以看到，光源 D 参与了逐片元光照和逐顶点光照两种模式的计算，光源 G 则参与了逐顶点光照和球谐光照两种模式的计算，这样处理是为了光照效果能平滑地变化而不至于变得很突兀。

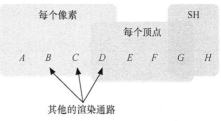

▲图 6-6 场景中的圆球被 *A*~*H* 这 8 个光源照明   ▲图 6-7 光源 *A*~*H* 分属不同的渲染通路

2. 声明一个渲染通路为前向渲染途径中基本通路的设置

如果要指定一个渲染通路为前向渲染途径中的基本通路，则要按如下代码声明定义。

```
Pass {
Tags {"LightMode" = "ForwardBase" } // 使用 ForwardBase 定义本通路为使用前向渲染途径中的基本通路
CGPROGRAM
#pragma multi_compile_fwdbase
…// 其他代码
ENDCG
}
```

在上面的代码中，LightMode 标签的值用来指定着色器的渲染通路类型，引擎将会根据该标签的值决定光照计算方式。Unity 3D 预定义了若干种标签值提供给用户定义使用，如表 6-1 所示。

表 6-1   LightMode 标签所支持的标签值

标签值	功能描述
Always	无论使用哪种渲染途径，该渲染通路总会被渲染，但不计算任何光照
ForwardBase	用于前向渲染途径。该渲染通路会计算环境光（ambient light）、主有向平行光（main directional light）、逐顶点光照、球谐光照和光照贴图（lightmap）
ForwardAdd	用于前向渲染途径。使用本标签的渲染通路会计算附加的（additive）逐片元光照效果，要计算附加逐片元光照效果的光源都会各执行一次该渲染通路
Deferred	用于延迟渲染途径。使用本标签的渲染通路会渲染数据到 G-Buffer 中去
MotionVectors	使用本标签的渲染通路计算逐个游戏对象的运动向量（motion vector）
ShadowCaster	使用本标签的渲染通路会把物体的深度信息渲染到阴影贴图（shadowmap）或者一个深度纹理中
PrepareBase	用于旧式延迟渲染途径。使用本标签的渲染通路会渲染法线和高光反射（specular）的指数部分
PrepareFinal	用于旧式延迟渲染途径。使用本标签的渲染通路通过合并纹理、光源照明和物体自发光得到最后的颜色信息
Vertex	用于旧式顶点照明途径。使用本标签的渲染通路不能使用光照贴图，一切光照计算都是逐顶点计算
VertexLMRGBM	用于旧式顶点照明途径。使用本标签的渲染通路可以使用 RGBM 编码的光照贴图，RGBM 编码的光照贴图相关描述见 4.2.6 节
VertexLM	用于旧式顶点照明途径。使用本标签的渲染通路可以使用 double-LDR 编码的光照贴图，double-LDR 编码的光照贴图相关描述见 4.2.6 节

在基本通路中，如果启用了 OnlyDirectional 标识符，则只对默认的有向平行光光源、环境光、光探针和光照贴图进行计算，原本在基本通路中计算的顶点光照和球谐光照不再计算。另外，除了设置 LightMode 为 ForwardBase 之外，还需要使用编译指示符 multi_compile_fwdbase 指令。只

有启用此指令，才会激活基本通路中进行光照计算所需要的一些宏，如光照衰减值等。

根据使用渲染途径的类型，Unity 3D 会把不同的预定义变量和函数提供给着色器使用。表 6-2 所示为在着色器的基本通路和附加通路中可用的部分着色器变量和函数。

表 6-2　　　　在着色器的基本通路和附加通路中可用的部分着色器变量与函数

变量或函数	变量类型或函数返回类型	功能描述
_LightColor0	fixed4	该通路处理的逐片元光照光源的光颜色
_WorldSpaceLightPos0	half4 或 float4	参见 4.1.3 节
unity_WorldToLight	float4x4	从世界空间到光源空间的变换矩阵，可以用来对 cookie 纹理和光照强度衰减纹理进行采样，参见 9.3.3 节
unity_4LightPosX0 unity_4LightPosY0 unity_4LightPosZ0	float4	前 4 个非重要的点光源在世界空间中的位置，仅用于基本通路，参见 4.1.3 节
unity_4LightAtten0	half4	前 4 个非重要的点光源在衰减系数，仅用于基本通路，参见 4.1.3 节
unity_LightColor	half4[8]	存储了 8 个光源的颜色，前 4 个用于非重要的点光源，仅用于基本通路，参见 4.1.3 节
UnityWorldSpaceLightDir(float4 v)	float3	参见 4.2.4 节
ObjSpaceLightDir(float 4)	float3	参见 4.2.4 节
Shade4PointLights (float4 lightPosX, float4 lightPosY, float4 lightPosZ, float3 lightColor0, float3 lightColor1, float3 lightColor2　float3 lightColor3, float4 lightAttenSq float3 pos, float3 normal)	float3	参见 4.2.5 节

3. 声明一个渲染通路为前向渲染途径中附加通路的设置

如果要指定一个渲染通路为前向渲染途径中的附加通路，则要按如下代码声明定义：

```
Pass {
Tags {"LightMode" = "ForwardAdd" }// 使用 ForwardBase 定义本通路为使用前向渲染途径中的附加通路
Blend One One
CGPROGRAM
#pragma multi_compile_fwdadd//或者使用 multi_compile_fwdadd_fullshadows 编译指示符其他代码
ENDCG
}
```

和基本通路类似，需要把 LightMode 的类型指定为 ForwardAdd 已声明本渲染通路是前向渲染途径中的基本通路，同时也要启用 multi_compile_fwdadd 编译指示符相关的宏、变量和函数。

默认地其他通路是没有阴影效果的，即使光源的 Light 组件中 Shadow Type 属性设置为 Soft Shadows 或者 Hard Shadows 也是没有效果的。要使用阴影效果，就需要把 mulit_compile_fwdadd 指示符改为 multi_compile_fwdadd_fullshadows，才能令点光源和聚光灯光源开启阴影效果。另外，还需要设置混合模式，一般采用 Blend One One。这是因为其他通路是每一个光源执行一次，而大多数情况下是希望每一个光源产生的照明效果是叠加再一次的。如果不采用 Blend One One，则执行本次 additional pass 的光照结果会覆盖上一次的执行结果，这样看起来就好像只受到最后一次执行 additional pass 的光源影响。

6.3.2　Unity 3D 的延迟渲染途径细节

如前文所述，Unity 3D 支持两种延迟渲染途径，即 5.0 版本之前的旧式延迟渲染途径和 5.0

及之后版本的延迟渲染途径。两者的差异不大，主要区别是旧式延迟渲染途径不支持基于物理渲染的标准着色器。本节仅讨论支持标准着色器的延迟渲染途径。

当使用延迟渲染时，能够对待渲染物体进行照明的光源格式在理论上是无限的。所有的光源都执行逐片元光照，因此所有光源都能使用 cookie 纹理和产生阴影，在光照计算中可以使用诸如法线贴图等逐片元光照技术。当然延迟渲染也有以下缺点。

1）不支持真正的反走样（anti-aliasing）功能。

2）无法处理半透明物体的渲染。

3）对显卡的性能有较高要求。显卡必须支持多渲染目标功能，必须使用 shader model 3.0 及以上版本，支持深度纹理和双面模板缓冲（dual stencil buffer）。

4）如果执行延迟渲染的摄像机是正交的，即摄像机的 Camera 组件的 Projection 属性设置为 Orthographic，则摄像机执行的渲染途径将会回退（fall back）到使用前向渲染途径。

延迟渲染中实时光源的渲染开销与该光源所能照射到的像素数成正比，而与场景本身的复杂度无关，所以照射范围很小的光源的光照计算是很高效的。如果它们完全或部分被场景中的物体遮挡住，性能代价则更为低廉。当然，要产生阴影效果的光源比不产生的性能消耗要大得多。在延迟渲染中，投射阴影到场景中的物体仍然需要对产生阴影的光源执行一次或多次渲染计算。

和 6.2 节介绍的延迟渲染原理类似，当要使用延迟渲染时，Unity 3D 引擎要求提供两个渲染通路：

第一个渲染通路用于渲染 G-buffer。在此通路中，会把待渲染物体的漫反射颜色、镜面反射颜色、平滑度（smoothness）、法线、自发光颜色及深度值信息渲染到基于屏幕空间的 G-buffer 中。每一个待渲染物体仅执行一次此通路。在本书剖析的 2017.2 版本的 Unity 3D 引擎中，默认的 G-buffer 包含以下几个可渲染纹理（rendered texture， RT）和一些缓冲区，如表 6-3 所示。

表 6-3　　　　默认的 G-buffer 所包含的可渲染纹理和缓冲区

可渲染纹理或缓冲区	可渲染纹理或缓冲区的纹素格式	功能描述
RT0	ARGB32	RGB 分量存储了漫反射颜色值，A 分量存储了遮蔽值（occlusion）
RT1	ARGB32	RGB 分量存储了镜面反射颜色值，A 分量存储了粗糙度值（roughness）
RT2	ARGB2101010	RGB 分量存储了基于世界坐标的法线值，A 分量未使用
RT3	ARGB2101010（非 HDR 模式下）或 ARGBHalf（HDR 模式下）	存储了自发光值、光照贴图信息、光探针信息
RT4	ARGB32	如果使用阴影蒙版（shadowmask，参见 7.5.2 节）和距离式阴影蒙版（distance shadowmask），则存储了光源遮蔽（light occusion）信息
模板缓冲区	—	—
深度缓冲区	—	—

表 6-3 中提到的 ARGB2101010 的纹素格式是一种较为特殊的格式，这种格式的一个纹素由 12 位组成，其中 10 位用来存储颜色，两位用来存储 Alpha 值。不是所有的显卡都支持这种格式，要检查当前的显卡是否支持本格式，需要在 C#层中调用 SystemInfo.SupportsRenderTextureFormat 函数进行检查。

在引擎提供的 Internal-DeferredShading.shader 文件中预定了 _CameraGBufferTexture0~2 这 3 个着色器变量，分别对应于 RT1~3 这 3 个可渲染纹理。

第二个渲染通路用于执行真正的光照计算。这个通路会使用第一个渲染通路得到的技术来计算最终的光照颜色，然后存储到一个帧缓冲区中。

如果不直接使用 standard.shader 文件作为着色器，但又想使用一个自定义的延迟渲染实现，可以修改引擎内置的 Internal-DeferredShading.shader 文件，然后将其放置到工程 Assets 目录下的 Resource 目录中。然后选择 Edit|Project Settings|Graphics 命令，在 Built-in Shader Setting 项的 Deffed 子项中，选择 Custom Shader 项，在显现出来的 Shader 项中把修改过的 Internal-DeferredShading.shader 文件拖到编辑框中即可。

第7章 Unity 3D的全局光照和阴影

7.1 全局照明和局部照明

全局照明（global illumination，GI）是用于向三维场景中添加更为逼真的光照效果的一组算法总称。全局算法不仅考虑光源发出的光与被照亮物体之间的关系，即直接照明（direct illumination），还考虑光线从某一物体的表面传递到另一个物体的表面时的关系，即间接照明（indirect illumination）。而局部照明（local illumination）则只需要考虑直接照明即可，不考虑光线在物体之间的反射。直接照明和局部照明的示意如图7-1所示。

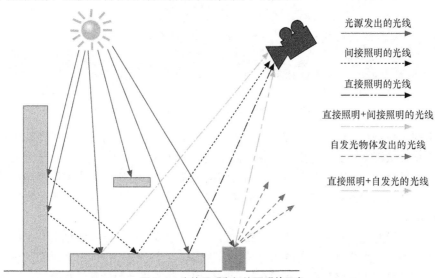

光源发出的光线

间接照明的光线

直接照明的光线

直接照明+间接照明的光线

自发光物体发出的光线

直接照明+自发光的光线

▲图7-1 直接照明和间接照明的示意

在图7-1中，全局照明要考虑的是全部入射到摄像机中的光线，而局部照明则只需要考虑进入摄像机中的那一部分直接照明的光线。从图7-1中引入以下几个概念，如表7-1所示。

表7-1　　　　　　　　　　直接照明和间接照明相关的概念和术语

术语中文	功能描述
物体外表面	场景中的物体网格中的三角形统称为物体外表面
发射的光（emitted light）或发射光的光源	场景中或场景外能向场景射出光线的物体或者光源
直接光源（direct light）或直接照明中的光线	这种光源发出的光入射到场景中的物体外表面，然后直接出射到感光器中
间接光源（indirect light）或间接照明中的光线	这种光源发出的光入射到场景，在传播过程中至少击中了两次场景中的物体外表面，最终出射到感光器中
感光器（sensor）	接受光线并响应的系统，如视网膜或者摄像机

从光源发出并直接照射到物体外表面的入射光，将会被粗糙的物体外表面向四面八方出射出去。这些出射光线经过多次反射散射，到达并照亮了没有被光源直接照亮的物体外表面。这些物体外表面越粗糙，散射的效果就越好，这些光源无法直接照亮的地方（即阴影）就越容易被照亮。早期的做法是通过定义一个附加的环境光颜色（ambient color）来模拟这个效果。这个颜色被直接加到最后的照明结果中，使得阴影中的表面不会完全显示为黑色。

由于光具有在场景中物体外表面间被多次反射/散射的性质，因此全局照明考虑了整个场景中，所有的物体外表面、直接光线、间接光线、发光的光源或物体之间的相互作用。全局照明和局部照明两者的渲染效果的区别如图 7-2 所示。图 7-2（a）所示为全局照明的渲染效果，图 7-2（b）所示为没有使用全局照明的渲染效果。位于天花板灯直射光线之外画面效果缺乏真实感，如灯的外壳颜色显得完全一致，不如图 7-2（a）中有明确的明暗效果。

（a）全局照明的渲染效果　　　　　　　　　　　　（b）局部照明的渲染效果

▲图 7-2　全局照明和局部照明两者的的渲染效果的区别（本图取自维基百科）

光线跟踪（ray tracing）是一种很适合实现全局照明的方法，这种技术通过跟踪场景中的光线传播的轨迹路径来模拟真实世界中的景象。但光线追踪技术目前仍然太慢，不适合大多数需要实时渲染图形的场合，只有在一些非实时的离线渲染上使用光线追踪技术去实现全局照明，如动画片等。目前，使用光栅器对给定顶点进行插值，生成片元，然后对片元进行着色操作，是生成实时图像的标准方法。

随着硬件性能的提升和渲染算法的不断改进，视频游戏等实时渲染领域在一定程度上也可以使用全局照明的方式来渲染了。普遍的方法是只为在场景中静止不动的物体预先针对间接照明进行计算，并把计算结果存储起来，然后在运行时使用这些间接光照信息进行渲染。因为待绘制物是静止不产生变化的，所示这种方法产生的效果在运行时仍然是正确的。

这种预先计算间接光照效果，最后把效果以光照贴图的方式存储，产生一张贴图的过程被形象地比喻成"烘焙出一张糕饼"出来。所以，Unity 3D 把这种技术称为烘焙式全局照明（baked GI），或者称为烘焙式光照贴图（baked lightmapping）。这个光照贴图的最终结果是把场景中静止的游戏对象的光照效果信息合并存成一张大的纹理，供运行时使用。烘焙式全局光照可以利用更多的预计算时间支持用区域面光源（area light）产生的光照效果，以及支持更加逼真柔和的阴影。

从 5.0 版本开始，Unity 3D 还增加了一种被称为预计算实时全局照明（precomputed realtime GI）的新技术。和烘焙式全局照明类似，这种新技术依然限于应用在静态物体上，依然需要一个运行前预计算的阶段。但在预计算阶段中，除了"计算出当前光源发出的光线，沿着当前的传播路径（propagation path）照亮到本物体时的效果"之外，还要处理"如果在运行时有光线沿着别的传播路径传递到本物体表面时，光线应该沿着哪个方向传递出去"的问题。引擎在预计算阶段会计算所有可能的光线传播路径并存储，在运行时，将当前的光源输入预计算的光传播路径中，并计算光照效果。

由于存储的是传播路径，因此使用预计算实时全局照明技术在运行时，光源的数量、类型、位置等属性都可以改变。被照亮物体的材料属性，如吸收光的能力、自己发射光的能力也可以改变。在运行时，间接照明的效果也会相应更新这一切只要保持物体是静态的且形状不发生改变即可。

使用预计算实时全局照明也能产生较为柔和的阴影，但是除非场景很小，否则这些阴影的效果一般会比使用烘焙式全局照明所产生的阴影要粗糙些。

预计算实时全局照明是在运行时才执行最终的光照计算的，但为了达到实时渲染的要求，引擎已将实现它的算法优化到很短时间内完成。在运行时，如果光源或者被照亮物体的相关属性相比预计算阶段发生了很剧烈的变化，则会需要更多的时间计算最终的光照效果。所以，如果运行平台的硬件性能非常有限，使用烘焙式全局照明可能会更高效些。

烘焙式全局照明和预计算实时全局照明都有一个局限性，即只能对静态物体进行操作，移动的物体无法将光线反射到其他物体上，反之亦然。最大程度上解决这个问题的方法是使用光探针（light probe）拾取静态物体的反射光。光探针是场景中的某个位置点，在烘焙阶段或者预计算阶段，在该位置点上测量或者探测光线，并在此位置记录下相关的光照信息。在运行时，运动的物体将从离它最近的光探针中取出间接光照信息并使用上。

从前面可以看出，全局/局部照明和实时/预计算光照是两组不同的概念。前者是对绘制效果能达到一个怎样的仿真度的描述，后者则是执行绘制时所采取的不同算法。虽然对于目前的计算机硬件能力而言，绝大部分全局照明所产生的效果还需要使用预计算光照，以离线的方式实现。

在 Unity 3D 中，无论是使用实时还是预计算光照的方式执行全局或者局部照明，除了选择 Window|Lighting|Setting 命令，在弹出的 Lighting 窗口中设置好各项对应的属性之外，还需要搭配指定场景中的光源的 Light 组件的 Mode 属性，才能正确地启用所需要的照明方式。Light 组件中的 Mode 属性和 Lighting 窗口中的子选项对应关系如表 7-2 所示。

表 7-2　Light 组件中的 Mode 属性和 Lighting 窗口中的子选项对应关系

Light 组件中的 Mode 属性	对应 Lighting 窗口中的子选项	功能描述
Realtime	Realtime Lighting	引擎在运行时才计算光源的光照效果，不做任何预计算操作
Mixed	Mixed Lighting	引擎可以在运行时计算部分光源产生的光照效果，但有很大的限制。部分光源的光照效果可以预计算
Baked	Lightmapping Settings	如果一个光源，它的 Lights 组件的 Mode 属性设置为 Baked，引擎将会在运行前预计算它产生的光照效果，在运行时这些光源将启用

后面的章节将概述光源的几种 Mode 属性的取值，及其相关的一些细节。

7.2　引擎提供的光源类型

为了对场景中的物体进行着色计算，引擎需要知道照在这些物体上的光的亮度、方向和颜色等信息。Unity 3D 引擎提供了以下几种光源的定义。

7.2.1　点光源

点光源（point light）是指处在空间中的某一个位置点，其大小本身可以忽略不计，并且其照亮的范围是一个球体的光源。光的亮度值随着与光源的距离变大而逐渐变小，当超过照亮范围（effect range）时亮度值变为 0。点光源发出的光线在某点的亮度值与某点到光源距离的平方成反比。

7.2.2　聚光灯光源

聚光灯光源（spot light）和点光源类似，聚光灯光源也有光源的位置点和作用范围，与之不同的是聚光灯光源的照亮范围是一个圆锥体，光源位置就在圆锥体的锥顶处。

7.2.3　有向平行光源

有向平行光源（directional light）只有颜色和方向，没有具体的光源位置。有向平行光源发出平行的光，意味着这些光在场景中以相同的方向传播，并且不会随着传播距离发生衰减，所以可以认为有向平行光源的光源位置位于无穷远处。太阳就可以近似视为一个有向平行光源。

默认情况下，每当新建一个 Unity 场景，即一个新的*.unity 文件时，Unity 场景中都会生成名为 Directional Light 的游戏对象，该游戏对象就表征了一个有向平行光，而且被视为主有向平行光源（main directional light）。

选择 Window | Lighting | Settings 命令，弹出 Lighting 面板，可以把这个光源拖放到 Lighting 面板中的 Environment | Sun Source 选项中，如图 7-3 所示，把该光源和系统生成的天空盒（skybox）系统相关联。当关联了天空盒系统后，调整光源的旋转度，就能看到整个场景变亮变暗，从而达到日出日落的效果。

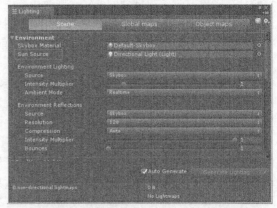

▲图 7-3　绑定主有向平行光源到天空盒系统

如果 Lighting 面板中的 Environment | Environment Lighting | Source 选项被设置为 Skybox 类型，即表示整个场景中的环境光将由天空盒系统提供。环境光在后续章节中介绍。

7.2.4　区域面光源

在上述几个光源类型中，光源本身的大小是忽略不计（如点光源和聚光灯光源）的，或者是不考虑光源的大小和位置的（有向平行光源）。而在实际中，光源本身都有一定的表面积，并且有一定的照亮区域。Unity 3D 的区域面光源（area light）就是这样一种光源。区域面光源的照亮区域是由其所在的空间中的区域矩形所指定的，光从它的一侧表面，均匀地向四面八方发射。对于区域面光源的照明计算相当耗费性能，它不支持实时进行光照计算，因此在运行时不可使用，只能预先烘焙到光照贴图中。区域面光源的作用范围如图 7-4 所示。

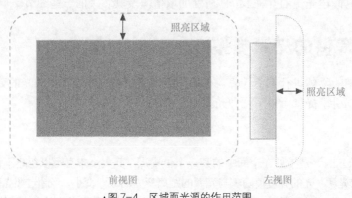

▲图 7-4　区域面光源的作用范围

7.2.5 cookie

在影视中，经常通过灯光效果营造一种让观众误以为真实存在，但本质上是虚拟出来的景象。要营造这种效果，通常是遮蔽一部分光线，通过一部分光线，然后把产生的轮廓图案投射到场景中去。因为营造这种效果的设备及形成的效果很像做曲奇饼用的花纹模具，所以称为 cookie。又因为这种方式很像剪纸艺术，所以又称为 cucoloris，如图 7-5 所示。

Unity 3D 支持在灯光效果中使用这种 cookie 技术。如图 7-6 所示，使用了 cookie 技术模拟了光从窗户中穿透过来，投影到地面上。这种效果只需要一个有向平行光光源和一个被称为 cookie 的纹理就能实现。cookie 纹理中其实只有其 Alpha 通道数据，即透明值数据有效。因为在设计 cookie 纹理时，通常是把它设计成一张灰度图（grayscale image）的形式，所以当导入一个 cookie 纹理时，Unity 3D 引擎提供了把 cookie 纹理的颜色亮度（brightness）信息转为 Alpha 信息的导入选项。

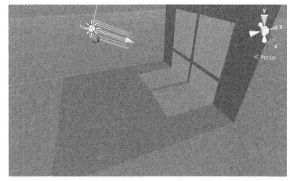

▲图 7-5　在影视中使用 cookie（本图取自维基百科）　　图 7-6　使用有向平行光和 cookie 纹理模拟光从窗户中照射进来投影到地面上的效果（本图取自 Unity 3D Manual）

7.3　使用实时模式光源进行全局照明

每当在 Unity 3D 编辑器中新建一个表征光源的游戏对象时，这个光源都是实时的。该游戏对象上挂接了 Light 组件，并且组件的 Mode 属性设置为 Realtime。这种光源称为实时模式光源。实时是指在每一帧中，这些光源都直接为引擎提供光照计算所需的参数，引擎计算出当前场景的光照效果。场景中的光源或者物体如果发生移动，或者光源的颜色亮度等发生变化，光照效果可以立即得到更新。在 Unity 3D 的 Scene 窗口和 Game 窗口中可以同时观察到更新的光照效果。

默认地，实时模式光源所发出的光线不能从一个被照亮物体的表面反弹（bounce）到另一个物体的表面上。每一个物体只受光源影响，它们之间相互不照亮，相互不影响，即只产生直接照明，不产生间接照明。但 Unity 3D 引擎支持使用实时全局照明，方法是选择 Window|Lighing|Settings 命令，在弹出的 Lighting 窗口中把 Scene 选项卡的 Realtime Lighting 项的 Realtime Global Illumination 复选框选中。选中后，场景内所有的实时模式光源发出的光线同时能执行直接照明和间接照明，即可以进行全局照明。

当光源的位置和强度变化缓慢时，使用实时全局照明的光照计算方式是很有真实感的，如在天空中缓慢移动的太阳就是最好的应用例子。但如果光源的位置或强度变化得过快，使用这种组合方式并不是一个高效率的方案。目前，Unity 3D 使用 Enlighten 渲染器来实现全局照明效果。和烘焙式全局照明相比，实时全局照明将会耗费大量的系统资源计算光照效果，所以这种方式更适用于中高端 PC，或者针对 PS4 和 Xbox One 等最新主机平台的游戏。

当 Lighting 窗口中的 Realtime Lighting|Realtime Global Illumination 复选框被选中，但某个实时模式光源不想为全局照明中的间接照明部分提供贡献时，可以将光源的 Light 组件中的 Indirectional Multiplier 属性设置为 0，这意味着该光源不会为间接照明提供贡献。

当 Lighting 窗口中的 Realtime Lighitng|Realtime Global Illumination 复选框被选中时，Unity 3D 就使用 Enlighten 引擎为静态的物体预先计算它们之间的外表面到外表面的光线传递路径，即预计算实时全局照明，如图 7-7 所示。

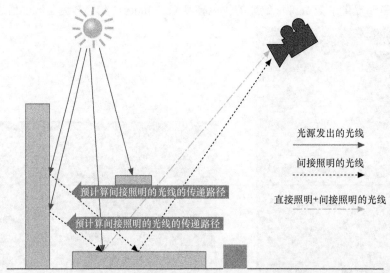

光源发出的光线

间接照明的光线

直接照明+间接照明的光线

预计算间接照明的光线的传递路径

预计算间接照明的光线的传递路径

▲图 7-7　Enlighten 为静态物体之间计算光线的传递，这些光线由实时光源产生

当启用预计算的实时全局光照功能时，将场景中静态的物体表面的光照效果保存成"光照数据资源"（lighting data asset），供运行时使用。Unity 3D 引擎可以在运行时根据这些光照数据文件实时地产生和更新一组低分辨率的光照贴图，从而达到一些单纯使用烘焙式光照贴图无法达成的动态光照效果。

实时光源可以照亮静止和运动的游戏对象，并且可以投射逼真的阴影。这些阴影显示与否，取决于选择 Edit | Project Settings | Quality 命令后，QualitySettings 面板中的 Shadow Distance 项的取值（后面章节用 Shadow Distance 值专指此值）。当生成阴影的位置到当前摄像机的距离大于此值时，此处就不显示阴影。

如果光源能投射阴影（它的 Light 组件的 Shadow Type 属性设置为 Soft Shadows 或 Hard Shadows），场景中的动态和静态的游戏对象所对应的深度信息都将被渲染成阴影贴图（shadow map）。这些游戏对象的材质中的着色器将会对这个贴图进行采样，以便它们可以互相投射实时阴影。

7.4　使用烘焙式光照贴图进行全局照明

其挂接的 Light 组件的 Mode 属性设置为 Baked 的光源称为烘焙模式光源。Unity 3D 将会在运行前预先计算这些光源产生的直接照明和间接照明信息，烘焙（baked）到光照贴图或光探针上，当前场景中静态物体表面的颜色信息烘焙到光照贴图，用以照亮动态物体的照明信息则烘焙到光探针，在运行时不再重新计算这些照明信息。在烘焙出来的光照贴图中，可以存储静止的游戏对象投射到静止的游戏对象的阴影，可以在运行时直接使用而不需要去计算。

因为所有的光照信息都是预计算的（见图7-8），在运行时无法获得烘焙模式光源发出光线的方向信息，所以不能产生镜面反射[1]（specular reflection）效果，烘焙模式光源也不会因为场景的改变而使其光照效果发生变化。一个被烘焙模式光源照射下的运动的游戏对象，无法向另一个无论运动或者静止的游戏对象投射阴影；而被烘焙模式光源照射下的静止的游戏对象，可以投射较低分辨率的阴影到运动的游戏对象上，能产生低分辨率的阴影，但要使用光探针才能达成这种效果。

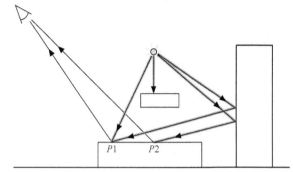

▲图7-8　在烘焙模式下，Enlighten 渲染器预计算了所有的光线传递路径

烘焙式贴图在运行期是不可改变的。场景中的一个物体在使用光照贴图去照亮它的同时，也可以使用实时光源，以颜色叠加的方式作用在它上面。所以，如果不想产生"同时用了光照贴图和实时光源，场景变得比预料中的更亮了"的问题，在烘焙光照贴图完毕之后，可以把场景中的实时光源都去掉。

与使用实时光源相比，因为烘焙式光照贴图需要包含更详细的直接照明信息，所以使用烘焙式光照贴图要占用更多的内存。

7.5 使用混合光照进行全局照明

其挂接的 Light 组件的 Mode 属性设置为 Mixed 的光源称为混合模式光源。混合模式光源可以在运行时改变其位置、朝向、大小、光的颜色和强度等属性，但这种改变不能随心所欲，而是有较大的限制。混合模式光源可以照亮静止和运动的游戏对象，并且一直贡献直接照明，可按选择提供间接照明。被混合模式光源照射下的运动的游戏对象总是能在其他运动的游戏对象上投射实时阴影。

在场景中，所有的混合模式光源将使用同一种混合光照模式（mixed lighting mode）。要设置混合光照模式，选择 Window|Lighting|Settings 命令，弹出 Lighting 窗口，在 Scene 选项卡下便可看到 Mixed Lighting 选项，这就是混合光照模式的设置选项。该选项下面有两个子选项，分别是 Baked Global Illumination 复选框和 Lighting Mode 下拉列表，如图7-9所示。

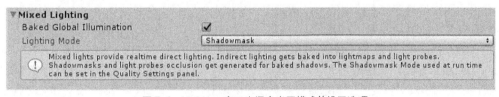

▲图7-9　Lighting 窗口中混合光照模式的设置选项

---

[1] 10.2 节会详细解释镜面反射模型。

如果一个光源本身并不需要参与游戏的相关逻辑，那么它可以考虑设置成混合模式的光源。因为由混合模式光源提供的直接照明是在运行时计算，所以静止的游戏对象将会在最大程度上保持预期的视觉效果。

在混合光照模式下，Mixed Lighting 选项下的 Lighting Mode 子选项有 3 种，它们分别是 Baked Indirect、Shadowmask、Subtractive。

7.5.1　Baked Indirect 照明模式

对于混合模式光源，当 Lighting 窗口中的 Lighting Mode 选项被设置为 Baked Indirect 时，Unity 3D 仅对光源提供的间接照明部分进行预计算。而所有离当前摄像机的距离小于 Shadow Distance 值的阴影，都是在运行时实时计算。在本模式下，物体之间阴影投射与接受的关系如表 7-3 所示。

表 7-3　　　　　　　　　　　　物体之间阴影投射与接受的关系

物体及其位置	运动的投射阴影的物体		静止的投射阴影的物体	
	在 Shadow Distance 值范围之内	在 Shadow Distance 值范围之外	在 Shadow Distance 值范围之内	在 Shadow Distance 值范围之外
运动的接受阴影投射的物体	产生阴影，使用阴影贴图	不产生阴影	产生阴影，使用阴影贴图	不产生阴影
静止的接受投影投射的物体	产生阴影，使用阴影贴图	不产生阴影	产生阴影，使用阴影贴图	不产生阴影

7.5.2　Shadowmask 照明模式

阴影蒙版（shadowmask）是一种纹理，它和与之搭配使用的光照贴图纹理使用相同的 uv 采样坐标和纹理分辨率。阴影蒙版的每一个纹素中存储着它对应的场景某位置点上至多四个光源在此的遮挡消息，即记录着这一点中，有多少个光源能照得到，对多少个光源照不到的信息。至于为什么最多支持四个光源，原因是在目前的 GPU 架构中，一个纹理像素最多只支持四个颜色通道，如 RGBA。

在此模式下，Unity 3D 预先计算从静止的游戏对象投射到其他静止的游戏对象上的阴影，即由间接照明贡献的阴影，并将它们存储在一个单独的阴影蒙版纹理中，因此 Unity 3D 在阴影蒙版中存储的唯一的阴影信息是静止的游戏对象投射到其他静止的游戏对象上的阴影。如果某处有超过 4 个光源产生阴影，则多出来的混合模式光源将会转用烘焙式光照计算引用，具体哪个光源转用烘焙式光照计算阴影由引擎决定。每个光探针可以存储最多 4 个光源的遮挡信息。如果 4 个以上的光源发出的光线相交，其余的混合模式光源则会（自动地）改为使用烘焙模式，并且这些光照信息是预先计算好的。又因为混合模式光源的阴影蒙版在运行时是有保留的，所以运动的游戏对象所投下的阴影可以与预计算并存储在阴影蒙版中的阴影正确地合成，而不会导致重复投影（double shadowing）的问题。

为了开启这个功能，可以把混合光照的照明模式改为 Shadowmask，如图 7-10 所示。

在这个模式中，间接照明效果和阴影衰减都存储在了光照贴图中，阴影被存储在一张额外的贴图（阴影蒙版）上。当只有主定向光源时，所有被照亮的物体都会作为红色出现在阴影蒙版中。红色是因为阴影信息存储在纹理的 Red 通道中。事实上，贴图中至多可以储存 4 个光照的阴影，因为它只有 4 个通道，如图 7-11 所示。

在 Shadowmask 模式下，其他静止的游戏对象向一个静止的游戏对象投射阴影时，是不受 Shadow Distance 选项的范围限制的，只有运动的游戏对象向静止的游戏对象投射阴影时才受此限制。其他运动的游戏对象向一个动态游戏对象投射阴影时，要在 Shadow Distance 范围内才能生效，且此部分阴影是通过阴影贴图实现的。同时运动的游戏对象也可以从静止的游戏对象处接受阴影的投射，而这部分的阴影则是通过光探针实现的，这些阴影的保真程度取决于场景中光探针的亮度。一般来说，阴影蒙版纹理贴图的分辨率比实时阴影贴图的分辨率要低一些。

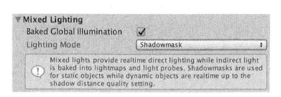

▲图 7-10　在混合光照模式下使用阴影蒙版

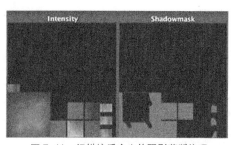

▲图 7-11　经烘焙后产生的阴影蒙版纹理

Unity 3D 引擎自动对静态和动态游戏对象生成的重叠阴影进行组合，因为控制静态游戏对象的光照与阴影信息的阴影蒙版和控制动态游戏对象的光照与阴影信息的阴影贴图将会被编码成遮蔽信息（occlusion information）。

在 Shadowmask 模式下，物体之间阴影投射与接受的关系如表 7-4 所示。

表 7-4　　　　　　　　　　　物体之间阴影投射与接受的关系

物体及其位置	运动的投射阴影的物体		静止的投射阴影的物体	
	在 Shadow Distance 值范围之内	在 Shadow Distance 值范围之外	在 Shadow Distance 值范围之内	在 Shadow Distance 值范围之外
运动的接受阴影投射的物体	产生阴影，使用阴影贴图	不产生阴影	产生阴影，使用光探针	产生阴影，使用光探针
静止的接受投影投射的物体	产生阴影，使用阴影贴图	不产生阴影	产生阴影，使用阴影蒙版	产生阴影，使用阴影蒙版

7.5.3　Subtractive 照明模式

在 Subtractive 模式下，将光源的直接照明部分烘焙进光照贴图，而将在其他模式下会用来组合动态和静态阴影的信息丢弃。因为所有的光源被烘焙进光照贴图了，所以 Unity 3D 引擎不会在运行时做任何光照计算。除了主有向平行光源之外，在其他混合模式光源的照射下，静止的游戏对象都不会产生任何镜面反射或者高光效果，也无法接收从运动的游戏对象投射来的阴影。运动的游戏对象能被实时照明，并支持光泽反射，但这些运动的游戏对象只能借助于光探针才能从静止的游戏对象处接收阴影。

在 Subtractive 模式下，主有向平行光（通常是太阳）是唯一的光源，它将运动的游戏对象上的阴影实时地投射到静止的游戏对象。从静止的游戏对象投射到其他静止的游戏对象上的阴影会被烘焙到光照贴图中，即便是主有向平行光也是如此。Unity 3D 引擎无法保证烘焙的阴影和实时阴影能正确地融合，所以在 Lighting 窗口设置了 Realtime Shadow Color 选项。Unity 3D 使用该选项指定的颜色组合实时阴影和预烘焙的阴影，如图 7-12 所示。

▲图 7-12　Subtractive 光照模式下的 Realtime Shadow Color 选项

在 Subtraactive 模式下，物体之间阴影投射和接受的关系如表 7-5 所示。

表 7-5　　　　　　　　　　　　　物体之间阴影投射与接受的关系

物体及其位置	运动的投射阴影的物体		静止的投射阴影的物体	
	在 Shadow Distance 值范围之内	在 Shadow Distance 值范围之外	在 Shadow Distance 值范围之内	在 Shadow Distance 值范围之外
运动的接受阴影投射的物体	产生阴影，使用阴影贴图	不产生阴影	产生阴影，使用光探针	产生阴影，使用光探针
静止的接受投影投射的物体	产生阴影，只使用主光源产生的阴影贴图	不产生阴影	产生阴影，使用光照贴图	产生阴影，使用光照贴图

7.6　光探针照明的细节

7.6.1　光探针照明概述

使用光照贴图可以大幅提升场景渲染的真实程度，但缺点是光照贴图无法作用在非静态的物体上，所以看上去运动的物体和场景就显得很不协调。因此，为了解决这个问题，Unity 3D 引入了光探针照明（probe lighting）技术模拟使用光照贴图的效果。光探针照明的大致原理是：在某一光探针（light probe）的所在位置点上对光照信息进行采样，然后从该光探针相邻的其他光探针的位置上对光照信息进行采样，把这些采样得到的光照信息进行插值运算，便可算出这些光探针之间的某个位置的光照信息。在运行期这些计算插值的速度很快，可以达到实时渲染的要求。利用光探针技术可以避免运动的物体的光照效果和整个使用静态光照贴图的场景不协调的感觉。

光探针照明是一种能够快速而近似地模拟实际光照效果的技术。这种技术适用于类似游戏等需要实时渲染的应用场合，在这些应用中光探针通常被应用在人物角色或者一些动态的物体上；还可以向使用了层次细节等级（level of detail，LOD）技术的静态场景提供在渲染不同细节的场景时所需要的光照信息。光探针技术在运行时的性能很高效，并且它用到的光照信息可以在运行之前快速地被预计算出来。

从实现的技术角度来说，光探针照明技术对照亮在 3D 空间中某一个指定点的光照信息在运行前的预计算阶段进行采样，然后把这些信息通过球谐函数（spherical harmonic function，球面调和函数）进行编码打包存储。在游戏运行时，通过着色器程序可以把这些光照信息编码快速地重建出光照原始效果。Unity 3D 是通过 Light Probe 组件实现光探针照明技术的。

类似于光照贴图，光探针也存储了场景中的照明信息。不同之处在于，光照贴图存储的是光线照射到场景物体表面的照明信息，而光探针则存储的是穿过场景中空白空间的光线信息。如图 7-13 所示圆点表示被布置在两个方盒周围的光探针，光探针之间的连线表示在空间中光线的传递路径。

使用光探针照明技术有时会有一些限制。例如，要处理光的高频信息，球谐函数的阶数就要增大，而当提升阶数时所需要的性能耗费也会逐步提升。因此，Unity 3D 在编码打包光照信息时用的函数都是低阶球谐函数（low order spherical harmonic function），即会忽略光的一些高频信息。目前 Unity 3D 引擎使用了三阶球谐函数进行处理。

在 3D 空间中的一个位置点上，因为有且只使用一个球面表达式（spherical representation）用于描述光照，所以光探针照明技术不适合用于描述光线穿过一个很大的物体时的情况。在这种情况下光照会发生很多变动，从而无法精准地进行模拟。另一个限制就是，因为球谐函数是在一个球面上对光照信息进行编码，所以对于一个大型的有着平坦表面的物体，或者是一个有着凹面的物体，光探针照明技术也是不甚适用的。如果想在一个大的物体上应用光探针照明技术，则需要使用 Light Probe Proxy Volume 组件辅助实现。

▲图 7-13 光探针与光线传播路径（本图取自 Unity 3D 帮助文档）

光探针可以用来存储进入探针所在点的所有照明信息，也可以只存储由场景内的其他物体表面传递过来的间接照明信息。在着色器程序中使用光探针的方式也很灵活，既可以在顶点着色器中用来进行逐顶点光照计算，也可以在片元着色器中结合法线贴图进行逐片元光照计算，甚至可以在顶点着色器中对光探针提供的间接照明部分进行逐顶点的光照计算，在片元着色器中结合法线贴图对直接照明部分进行逐像素的光照计算。

7.6.2 在场景中布置光探针

光探针组件不能直接挂接到一个游戏对象上，通常需要依赖光探针组（light probe group）组件挂接。光探针组组件可以挂接在场景中的任意一个游戏对象。当向场景中添加一个光探针组游戏对象时，场景中用黄色小球表示的就是光探针。这些光探针可以在编辑器被编辑，也可以指定它们的位置、数量等。在场景中的光探针要达到一定的数量才能被正确地烘焙。

最简单的光探针布局方式是将光探针排列成一个规则的 3D 网格样式，这样的设置方式简单高效，但是会消耗大量的内存，因为每一个光探针本质上是一个球形的、记录了当前采样点周围环境的纹理图像。并且如果一片区域的照明信息都差不多，那么就没有必要使用大量光探针。光探针一般用于照明效果突然改变的场合，如从一个较为明亮的区域进入一个较为阴暗的区域。

正因为如此，应用中的一些用于实现其他功能的标识点可以被作为位置参考点放置光探针。例如，在赛车游戏中，通常会在赛道上设置路径点，供人工智能模块或者其他模块使用。这些路径点的位置就是很好的放置光探针的参照物，可以在编辑器内手工摆放光探针，也可以通过脚本程序自动摆放。

目前 Unity 3D 引擎还不支持所有平面化的光探针组，即光探针不能平坦地分布在一个水平面上，光探针之间在垂直方向上需要有高度差。

7.6.3 使用光探针

光探针在进行插值计算时，需要用空间中的一点来表示这个接受光线的网格位置，一般地都会使用网格包围盒的中心位置。当然，也可以自定义一个接受光线的位置，方法是把场景中一个游戏对象的 Transform 属性赋给 MeshRenderer 组件中的 Light Probe Anchor 属性即可。如果一系在列外观上是连接在一起的，但实质上是相互独立的，由多个 MeshRenderer 一一对应的网格，用这些网格各自的包围盒中心点当作插值计算点时，光照效果就会在其接缝处断开，样子将显得很突兀。这种使用第三方游戏对象的 Transform 作为插值计算点的方式，就是解决这个问题的最好方法。

7.6.4　光探针代理体

从 5.4 版本开始，Unity 3D 引擎增加了一个名为光探针代理体（light probe proxy volume，LPPV）的新功能。如前面所述，光探针代理体是一个"解决无法直接用使用光探针技术去处理的大型动态的游戏对象的问题"的组件。在 Inspector 面板中，这个组件的属性选项如图 7-14 所示。

在图 7-14 中，Bounding Box Mode 属性用于设置光探针代理体所占据范围的边界，它有 3 个选项，分别如下：

- Automatic Local：默认属性，会在游戏对象自身的局部空间内计算代理体的边界，经过插值的光探针位置将在这个范围内产生。如果当前的光探针代理体组件所在的游戏对象没有同时绑定有 Renderer 子类组件，将会在这个代理体的作用范围自动生成一个默认包围盒（default bounding box）以对应之。包围盒将会涵盖当前的 Renderer，以及选定了 Use Proxy Volume 选项的那些子游戏对象中的 Renderer 所占据的范围。
- Automatic World：和 Automatic Local 的属性类似，当选用此项时，会基于世界空间计算代理体的边界。
- Custom：此模式能让用户在编辑器界面上自定义代理体的边界大小。此模式和 Automatic Local 模式类似，都是在游戏对象自身的局部空间中设置的，因此需要用户自行确保当前游戏对象及其带有 Renderer 组件，且启用了 Use Proxy Volumne 选项的子游戏对象都被自定义的包围盒给包含住。

Resolution Mode 属性用来指定光探针代理体中的光探针的分布密度，它有如下两个选项。

- Automatic：默认选项，配合 Density 属性，指定了每单位长度中，在 x、y、z 轴上的光探针的数量计算。所以，光探针具体的数量，在指定了 Density 属性之后，就取决于边界的大小。
- Custom：自定义，用下拉菜单来设置 x、y、z 轴上每个光探针的个数。个数从 1 开始，以 2 的次方递增，最大到 32。

要启用光探针代理体组件，则需要一个挂接上了 Renderer 子类组件，如 MeshRenderer 组件的游戏对象，并且光探针代理体组件最好和 Renderer 子类组件挂接在同一个游戏对象上。如果不是挂接在同一个游戏对象上，就需要在 Renderer 组件所在游戏对象的 Inspector 面板上显式地指定引用了哪个光探照代理体，如图 7-15 所示。

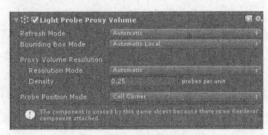

▲图 7-14　光探针代理体的属性选项

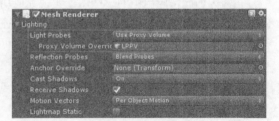

▲图 7-15　显式地指定渲染器引用了哪个光照体

7.6.5　反射用光探针

当使用后文将会阐述的标准着色器时，每一个材质都会有一定程度的高光镜面反射，以及对周围环境的环境映射。在硬件性能无法使用实时光线追踪的情况下，需要将预先计算环境的渲染结果缓存到一个立方体贴图中，然后在运行期根据当前的视点把贴图中的内容贴到待渲染物体的表面，以产生环境映射效果。

从 Unity 5.x 开始，可以用反射用光探针（reflection probe）动态地产生周围环境的贴图，用

以产生环境映射的效果。要创建一个反射用光探针，可以通过选择 GameObject|Light|Reflection Probe 命令，生成成一个带有 ReflectionProbe 组件的游戏对象。

反射用光探针通过渲染立方体贴图来捕获环境景象，这意味着它会对场景进行六次渲染，立方体贴图的每个面渲染一次。默认情况下，其类型设置为烘焙模式，即将 ReflectionProbe 组件在 Inspector 面板上的 Type 属性设置为 Baked。ReflectionProbe 组件的 Type 属性有以下 3 个可选项。

- Baked：在编辑阶段生成一个存储了光探针周围环境景象的立方体贴图。设置为 Baked 类型的反射用光探针只能对场景中标记为 Reflection Probe Static 的游戏对象进行取景烘焙，如图 7-16 所示。一旦烘焙完成之后，立方体贴图就不会发生变化，所以不会受物体位置的实时变化的影响。还可以像摄像机一样，指定反射用光探针的 Culling Mask 属性和 Clipping Planes 属性将不需要烘焙到贴图的游戏对象剔除。

- Realtime：在运行时实时生成并更新立方体贴图，此时对场景中的游戏对象进行取景生成时就不仅限于静态的了，这种类型的光探针最为耗费性能，刷新光探针以更新贴图内容也需要耗费较长时间，所以通过设置 Refresh Mode 属性和 Time Slicing 属性以控制刷新的时机和频率。这种模式下也可以通过指定反射用光探针的 Culling Mask 属性和 Clipping Planes 属性将不需要烘焙的游戏对象剔除。

- Custom：选择此模式时，类似于选择 Baked 类型，在编辑阶段中生成一个存储光探针周围环境景象的立方体贴图。但如果此时的 Dynamic Objects 复选框被选中，则没有标记为 Reflection Probe Static 的游戏对象也能被烘焙到贴图中。另外，此模式下也可以直接指定一张立方体贴图作为渲染用的环境景象。

当一个游戏对象横跨了多个反射用光探针时，并且绑定在此游戏对象上的 Mesh Renderer 组件上的 Reflection Probes 属性项的值不为 Off 时，Mesh Renderer 组件会自动把游戏对象所触及的所有反射用光探针添加到一个它维护的内部数组中，如图 7-17 所示。

▲图 7-16　设置游戏对象的 Reflection Probe
子系统为 Static

▲图 7-17　MeshRenderer 组件中的 Reflection Probes
属性和它触及的反射用光探针数组

Mesh Renderer 组件的 Reflection Probes 选项有 4 种使用反射用光探针的方法，分别如下。

- Off：表示不使用反射用光探针。

- Simple：表示只使用内部数组中 Weight 值最大的反射用光探针。

- Blend Probes：将启用反射用光探针，且游戏对象所占空间如果和多个反射用光探针的作用区域重叠，则混合只发生在光探针之间。这种模式适用于室内环境。如果游戏对象附近没有反射用光探针，渲染器将使用天空盒作为默认反射，但默认反射和反射用光探针之间不会混合。

- Blend Probes and Skybox：将启用反射用光探针，且游戏对象所占空间如果和多个反射用光探针的作用区域重叠，则混合能发生在光探针之间或者光探针与天空盒之间。这种模式适用于室外环境。

再回到 Reflection Probe 组件，除了 Type 属性之外，Inspector 面板中还有其他一些重要的属性暴露出来供用户调整，如图 7-18 所示。

- **Importance**：此值将影响一个 Mesh Renderer 组件存储在内部数组中的多个反射用光探针它们各自的权重值（Weight 属性）的混合比例。当一个游戏对象处在多个反射用光探针所框定的作用区域时，首先会考虑每个反射用光探针的 Importance 属性值，然后在此基础上才会考虑每个反射用光探针与该游戏对象之间重叠区域的体积大小。也就是说，Importance 属性值的优先级高于重叠区域体积的计算。

- **Box Size**：用来框定该反射用光探针的作用范围立方体的长宽高值。进入此范围的带有 MeshRenderer 组件的游戏对象会自动和这个反射用光探针产生关联。当该反射用光探针的 Box Projection 属性也开启时，此 Box Size 属性值会影响该反射用光探针的立方体贴图的贴图映射效果。

- **Box Offset**：反射用光探针的作用范围立方体的中心点相对于其自身 transform 属性中的 Position 值的偏移量。当选中 Box Projection 复选框时，Probe Origin 属性值会影响该反射用光探针的立方体贴图的贴图映射效果。

▲图 7-18　Reflection Probe
组件的各项属性

- **Box Projection**：在一般情况下，立方体贴图上对场景景象进行反射的内容，是假设无限远的地方都能反射过来并且形成图像的，并且被反射的物体与该反射用光探针的距离发生变化时，贴图中的反射内容不会发生改变。这个特性一般只适用于室外场景，而室内场景则要启用 Box projection 选项。此选项在 shader model 3.0 及以上版本可用，允许反射用光探针仅反射场景中有限距离内的物体，且这些物体与本光探针的距离发生变化时，反射图案的内容也同样发生变化。

- **Shadow Distance**：此参数决定了离光探针多远的阴影将会被反射进立方体贴图内容中。此值的特性和 Quality Settings 面板中的 Shadow Distance 属性一样，数值越小，能反射进贴图内容中的阴影就越少，如果设置为 0 就完全不反射阴影到贴图内容中。

为了反射出实际的环境，反射用光探针首先要对天空盒的立方体贴图进行采样，这个立方体贴图就是在 4.1.7 节中声明的 unity_SpecCube0 变量。除了 unity_SpecCube0 之外，Unity 3D 为还为着色器提供了另一个给反射用光探针使用的数据，该反射用光探针使用的立方体贴图是在 4.1.7 节中声明的 unity_SpecCube1 变量。引擎可以对这两个反射用光探针的数据进行混合。

7.7　探讨基于球谐函数的全局光照

球谐光照是基于预计算辐射度传输（precompute radiance transfer，PRT）理论实现的一种实时渲染技术。预计算辐射度传输技术能够实时重现在区域面光源[1]照射下的全局照明效果。这种技术

---

[1] 7.2.4 节介绍了区域面光源的定义。

通过在运行前对场景中光线的相互作用进行预计算,计算每个场景中每个物体表面点的光照信息,然后用球谐函数(spherical harmonic lighting)对这些预计算的光照信息数据进行编码,在运行时读取数据进行解码,重现光照效果。

球谐光照使用新的光照方程来代替传统的光照方程,并将这些新方程中的相关信息使用球谐基函数投影到频域,存储成一系列的系数。在运行渲染过程中,利用这些预先存储的系数信息对原始的光照方程进行还原,并对待渲染的场景进行着色计算。这个计算过程是对无限积分进行有限近似的过程。

简单地说,球谐光照的基本步骤就是把真实环境中连续的光照方程离散化,得到离散的光照方程,然后其对这些离散的光照方程进行分解,分解后进行球谐变换,得到球谐系数,在运行时根据球谐系数重新还原光照方程。

7.7.1 半球空间的光照方程

这个光照模型只不过是真实的物理光照模型的简化。因为真实的物理光照模型的计算公式相当复杂,要完全实时计算是很困难的,所以要采用一个对真实模型进行了简化的光照模型,如式(7-1)所示。该式实际上是在半球空间中对光线方向函数 V 的亮度函数 L 函数进行积分,其中的积分下标表述了对应的积分空间,在实际中即为当前点的法线方向所对应到的一个半球空间。

$$L(x, \boldsymbol{\omega}_o) = L_e(x, \boldsymbol{\omega}_o) + \int_s f_r(x, \boldsymbol{\omega}_i \rightarrow \boldsymbol{\omega}_o) L(x', \boldsymbol{\omega}_i) G(x, x') V(x, x') \mathrm{d}\boldsymbol{\omega}_i \qquad (7\text{-}1)$$

在式(7-1)中, $L(x, \boldsymbol{\omega}_o)$ 表示在位置 x 上,方向为 $\boldsymbol{\omega}_o$ 的光线的辐射度; $L_e(x, \boldsymbol{\omega}_o)$ 表示物体在位置 x 上,自发射方向为 $\boldsymbol{\omega}_o$ 的光线的辐射度; $f_r(x, \boldsymbol{\omega}_i \rightarrow \boldsymbol{\omega}_o)$ 表示在位置 x 处的 BRDF 定义,入射光方向为 $\boldsymbol{\omega}_i$,出射光方向为 $\boldsymbol{\omega}_o$; $L(x', \boldsymbol{\omega}_i)$ 表示从其他物体上的位置点 x' 处,沿着 $\boldsymbol{\omega}_i$ 方向照射过来的光线的辐射度; $G(x, x')$ 表示位置 x 与 x' 之间的几何关系; $V(x, x')$ 表示位置 x 与 x' 之间是否存在遮挡。

上面的基于辐射度的方程表明,某个待考察的半球空间的出射辐射度值等于入射辐射度值的立体角微分在半球球面上的积分。而入射辐射度值则利用辐射度传输算法或者光线跟踪算法产生。在现阶段的硬件体系中,很难高效快速解出式中的积分结果。因此,为了能实时地算出球面上每个点的出射辐射度的积分运算,使用了蒙特卡洛积分估算法近似地模拟。首先看蒙特卡洛积分估算法的定义。

7.7.2 蒙特卡洛积分估算法的定义

讲述蒙特卡洛积分估算法离不开概率论和随机过程的相关理论。本节将从随机变量及其概率密度分布函数谈起。

设 X 是一个随机变量, x 是任意的实数,以下函数称为 X 的累积分布函数(cumulative distribution function),简称分布函数。

$$F(x) = P\{X \leqslant r\}, \quad -\infty < r < \infty \qquad (7\text{-}2)$$

用自然语言描述式(7-2)的含义是:如果把随机变量 X 看作实数轴上的一个随机的位置点(式(7-2)中的 $X \leqslant r$ 和 $-\infty < r < \infty$ 表示任意一个实数值),那么分布函数 $F(x)$ 在 x 处的函数值就表示 X 落在区间上 $(-\infty, x)$ 的概率。

对于随机变量 X 的分布函数 $F(x)$,如果存在非负函数 $f(x)$,使得对于任意实数 x 有

$$F(x) = \int_{-\infty}^{x} f(t)\,dt \tag{7-3}$$

则称 X 为连续型随机变量，并且称函数 $f(x)$ 为 X 的概率密度函数（probability density function），简称概率密度。和分布函数 $F(x)$ 的含义类似，概率密度函数 $f(x)$ 在 x 处的函数值表示 X 落在点 x 的概率。

结合式（7-2）和式（7-3），可以得到：

$$F(x_2) - F(x_1) = \int_{-\infty}^{x_2} f(t)\,dt - \int_{-\infty}^{x_1} f(t)\,dt = \int_{x_1}^{x_2} f(t)\,dt \tag{7-4}$$

若连续性随机变量 X 的概率密度函数为 $f(x)$，且有积分式 $\int_{-\infty}^{\infty} xf(x)\,dx$ 绝对收敛，则称积分 $\int_{-\infty}^{\infty} xf(x)\,dx$ 为随机变量的数学期望（expected value），可记作：

$$E(X) = \int_{-\infty}^{\infty} xf(x)\,dx \tag{7-5}$$

数学期望是随机试验中每次可能结果的概率[式（7-5）中的 $f(x)$]乘以其每次结果[式（7-5）中的 x]的总和[式（7-5）中的求积分操作]。它反映随机变量平均取值的大小。

大数定律揭示了随着随机试验的次数接近无穷大，随机变量的数值的算术平均值几乎肯定地收敛于期望值的规律。所以又有

$$E(X) \approx \frac{1}{N}\sum_{1}^{N} X_i \tag{7-6}$$

假如把随机变量 X 写成实数 x 的函数 $g(x)$，则式（7-6）可以写为

$$E[g(x)] \approx \frac{1}{n}\sum_{1}^{n} g(x_i) \tag{7-7}$$

整合式（7-4）、式（7-5）和式（7-7），可以得到如下等式：

$$\int_{-\infty}^{\infty} g(x)\,dx = \int_{-\infty}^{\infty} \frac{1}{f(x)} f(x) g(x)\,dx \approx \frac{1}{N}\sum_{1}^{N} \frac{g(x_i)}{f(x)} \tag{7-8}$$

式（7-8）的含义，用自然语言描述就是，对整个实数集合做积分操作的值，可以用若干个随机变量值 X_i[即 $g(x_i)$]，以及这些随机变量值对应的概率密度函数 $f(x)$，通过运算去逼近。当随机变量的采样点越多时，则越逼近真实积分操作的值。式（7-8）的积分式中，可以给积分的上下限指定具体数值以作计算，即蒙特卡洛积分估算法。

现在回到单位球面空间上的出射辐射度的积分，要使用蒙特卡洛积分估算法计算这个积分，就必须在球面上进行采样。因为是均匀采样，所以分布函数值为

$$\int_{0}^{4\pi} f(x)\,dx = 1 \tag{7-9}$$

对于球面空间的积分区域，即需要在整个球面上采样分布离散的点，可以首先在一个二维平面上采样得到一个随机点，然后将其映射到球面空间上。从式（7-9）中可以得到概率密度函数 $f(x) = \frac{1}{4\pi}$。假如在一个 xOy 平面上取得一个点，其坐标值为 (ξ_x, ξ_y)，将其映射到球面坐标中的天顶角 θ 和方位角 φ，则映射关系如下：

$$\left(2\arccos\left(\sqrt{1-\xi_x}\right), 2\pi\xi_y\right) \to (\theta, \varphi) \tag{7-10}$$

采样点在二维平面上的分布规律是两边多中间少，这样才能保证将采样点映射到球面坐标系统之后条样点均匀且随机，如图 7-19 所示。

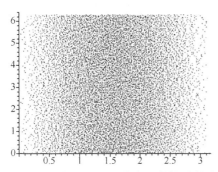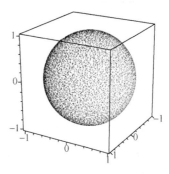

▲图 7-19 将二维平面上的随机采样点映射到三维球面（本图取自 Robin Green 的论文 "Spherical Harmonc Lighting:The Gritty Details"）

结合式（7-8）～式（7-10），使用蒙特卡洛积分估算法对原始积分方程近似模拟的算式为

$$\int_0^{4\pi} g(x)\mathrm{d}x \approx \frac{1}{N}\sum_{i=i}^{N} g(x_i)\omega(x_i) = \frac{4\pi}{N}\sum_{i=i}^{N} g(x_i) \qquad (7\text{-}11)$$

式中，N 为采样点的数量；$\omega(x_i)$ 为权重函数，由采样点 i 所对应的出现概率来决定，可以表示为 x_i 处的概率密度函数的倒数，即 $\omega(x_i) = \dfrac{1}{f(x_i)}$。

因为是均匀采样，故而得到的每个球面采样点的概率是相同的，所以 $\omega(x_i)$ 就变为一个常数因子，它的取值取决于球的表面积。如果考察的空间是一个半径为 1 的单位球，则常数因子为 4π，所以最后得到式（7-11）中最右边的离散求和表达式。

7.7.3 球谐函数

光具有波粒二象性的特点，因此光可以视为一种电磁波，故而光波具有电磁波的所有性质。这些性质可以从电磁场的基本方程——麦克斯韦方程组推导出来。首先介绍麦克斯韦方程组。

$$\begin{cases} \nabla \cdot \boldsymbol{D} = \rho \\[4pt] \nabla \cdot \boldsymbol{B} = 0 \\[4pt] \nabla \times \boldsymbol{E} = -\dfrac{\partial \boldsymbol{B}}{\partial t} \\[6pt] \nabla \times \boldsymbol{H} = J + \dfrac{\partial \boldsymbol{D}}{\partial t} \end{cases} \qquad (7\text{-}12)$$

式中，矢量 $\boldsymbol{D}$、$\boldsymbol{B}$、$\boldsymbol{E}$、$\boldsymbol{H}$ 分别为电感应强度、磁感应强度、电场强度、磁场强度；标量 ρ 为自由电荷体密度；J 为传导电流密度；∇ 算子称为哈密顿子，在三维直角坐标系中其算子展开形式为

$$\nabla = \frac{\partial}{\partial x}\boldsymbol{i} + \frac{\partial}{\partial y}\boldsymbol{j} + \frac{\partial}{\partial z}\boldsymbol{k} \qquad (7\text{-}13)$$

对上述方程中的物理量和微分方程的含义感到陌生的读者可暂不深究，目前只需理解这几个微分方程将任意时刻、空间中任意一点上的电磁场的时空关系和同一时空点的场源联系在一起。

麦克斯韦方程组描述了电磁现象的变化规律，指出了任何时间变化的电场将在周围空间产生变化的磁场，任何随时间变换的磁场将在周围空间产生变化的电场，这些电场和磁场相互联系，相互激发，并且以一定的速度向周围空间传播。所以，这些交变电磁场就是在空间中以一定的速度由近而远传播的电磁波，应满足波动返程。对于在各向同性的均匀介质中传递的电磁波，可推

导出为波速、波的电场强度、波的磁场强度三者建立联系的波动方程：

$$\begin{cases} v = \dfrac{1}{\sqrt{\mu\varepsilon}} \\[2mm] \nabla^2 \boldsymbol{E} - \dfrac{1}{v^2}\dfrac{\partial^2 \boldsymbol{E}}{\partial t^2} = 0 \\[2mm] \nabla^2 \boldsymbol{H} - \dfrac{1}{v^2}\dfrac{\partial^2 \boldsymbol{H}}{\partial t^2} = 0 \end{cases} \tag{7-14}$$

上式中，∇^2 称为拉普拉斯算子。在三维直角坐标系下 ∇^2 的展开形式为

$$\nabla^2 = \frac{\partial^2}{\partial x^2}\boldsymbol{i} + \frac{\partial^2}{\partial y^2}\boldsymbol{j} + \frac{\partial^2}{\partial z^2}\boldsymbol{k} \tag{7-15}$$

从上面的公式可以看出，电磁波（在本书的语境中可以特指光波）的波动方程就是波的电场强度和磁场强度关于时间的二阶偏微分方程。光波中包含电场矢量和磁场矢量，从波的传播特性来看，它们应处于同样的地位，但从光与传播介质的相互作用来看其作用不同。在大部分应用场合下，磁场的作用远比电场弱，甚至不起作用。经实验证明，能使照片底片感光的是电场，对人眼视网膜起作用的也是电场。因此，通常把光波中的电场强度矢量 $\boldsymbol{E}$ 称为光矢量，并且将电场强度和磁场强度统一用符号 f 表示为一般形式：

$$\begin{cases} v = \dfrac{1}{\sqrt{\mu\varepsilon}} \\[2mm] \nabla^2 f - \dfrac{1}{v^2}\dfrac{\partial^2 f}{\partial t^2} = 0 \end{cases} \tag{7-16}$$

通常可以在 3 种坐标系下求解波动方程，即在直角坐标系、柱面坐标系、球面坐标系上求解。一个各向同性的点光源，它向外发射的光波是球面光波，球面光波所满足的波动方程依然是式中的方程。在球面坐标系中讨论球面光波最为方便，在球面坐标系上描述空间中的一个点，需要使用径向 r、天顶角 θ 和方位角 ϕ 三个维度。球面上某个点场强 f 就是以 r、θ、φ 为自变量的函数，求场强就可以归结为对拉普拉斯方程的计算。根据直角坐标系和球面坐标系的换算关系：

$$\begin{cases} x = r\sin\theta\cos\varphi \\ y = r\sin\theta\sin\varphi \\ z = r\cos\varphi \end{cases} \tag{7-17}$$

可以把球面坐标系下的拉普拉斯方程 $\nabla^2 f = 0$ 转写为

$$\frac{1}{r^2}\frac{\partial}{\partial r}\left(r^2\frac{\partial f}{\partial r}\right) + \frac{1}{r^2\sin\theta}\frac{\partial}{\partial\theta}\left(\sin\theta\frac{\partial f}{\partial\theta}\right) + \frac{1}{r^2\sin^2\theta}\frac{\partial^2 f}{\partial\varphi^2} = 0 \tag{7-18}$$

式（7-18）为一个偏微分方程，函数 f 具有多个自变量（球面坐标的 3 个分量 r、θ、φ），无法直接进行求解，因此利用分离变量法将球面坐标系下的式（7-18）分解为多个常微分方程，然后进行求解。

令 $f(r,\theta,\varphi) = R(r)Y(\theta,\varphi)$，代入式（7-18），得到：

$$\frac{Y}{r^2}\frac{\mathrm{d}}{\mathrm{d}r}\left(r^2\frac{\mathrm{d}R}{\mathrm{d}r}\right) + \frac{R}{r^2\sin\theta}\frac{\partial}{\partial\theta}\left(\sin\theta\frac{\partial Y}{\partial\theta}\right) + \frac{R}{r^2\sin^2\theta}\frac{\partial^2 Y}{\partial\varphi^2} = 0 \tag{7-19}$$

方程两边同时乘以 $\dfrac{r^2}{YR}$，经整理可得到：

$$\frac{1}{R}\frac{\mathrm{d}}{\mathrm{d}r}\left(r^2\frac{\mathrm{d}R}{\mathrm{d}r}\right) = -\frac{1}{Y\sin\theta}\frac{\partial}{\partial\theta}\left(\sin\theta\frac{\partial Y}{\partial\theta}\right) - \frac{1}{Y\sin^2\theta}\frac{\partial^2 Y}{\partial\varphi^2} = l(l+1), l\text{ 为常数} \tag{7-20}$$

于是，式（7-18）可分离为如下两个式子：

$$\frac{\mathrm{d}}{\mathrm{d}r}\left(r^2\frac{\mathrm{d}R}{\mathrm{d}r}\right) - l(l+1)R = 0 \tag{7-21}$$

$$\frac{1}{\sin\theta}\frac{\partial}{\partial\theta}\left(\sin\theta\frac{\partial Y}{\partial\theta}\right) + \frac{1}{\sin^2\theta}\frac{\partial^2 Y}{\partial\varphi^2} + l(l+1)Y = 0 \tag{7-22}$$

其中，式（7-21）为欧拉方程，是一个常微分方程，可以直接求解；但式（7-22）为球谐函数方程，依然是偏微分方程，所以需要进一步分离变量才能求解。再令 $Y(\theta,\varphi) = \Theta(\theta)\,\Phi(\varphi)$，代入式（7-22）中，可得到：

$$\frac{\Phi}{\sin\theta}\frac{\mathrm{d}}{\mathrm{d}\theta}\left(\sin\theta\frac{d\Theta}{d\theta}\right) + \frac{\Theta}{\sin^2\theta}\frac{\mathrm{d}^2\Phi}{\mathrm{d}\varphi^2} + l(l+1)\Theta\Phi = 0 \tag{7-23}$$

式（7-23）两边同时乘以 $\dfrac{\sin^2\theta}{\Theta\Phi}$，经整理可得到：

$$\frac{\sin\theta}{\Theta}\frac{\mathrm{d}}{\mathrm{d}\theta}\left(\sin\theta\frac{\mathrm{d}\Theta}{\mathrm{d}\theta}\right) + l(l+1)\sin^2\theta = -\frac{1}{\Phi}\frac{\mathrm{d}^2\Phi}{\mathrm{d}\varphi^2} = m^2,\ m\text{ 为常数} \tag{7-24}$$

于是，式（7-22）可以分离为如下两个常微分方程：

$$\frac{\mathrm{d}^2\Phi}{\mathrm{d}\varphi^2} + m^2\Phi = 0 \tag{7-25}$$

$$\sin\theta\frac{\mathrm{d}}{\mathrm{d}\theta}\left(\sin\theta\frac{\mathrm{d}\Theta}{\mathrm{d}\theta}\right) + \left[l(l+1)\sin^2\theta - m^2\right]\Theta = 0 \tag{7-26}$$

综上，球面坐标系下拉普拉斯偏微分方程（7-18）通过分离变量法可分离成 3 个常微分方程，即式（7-21）、式（7-25）和式（7-26）。一旦得到这 3 个方程的解 $R(r)$、$\Phi(\theta)$、$\Phi(\varphi)$，球面坐标系下的拉普拉斯偏微分方程的解便可以得到：

$$f(r,\theta,\varphi) = R(r)\Phi(\theta)\Phi(\varphi)$$

求解方程（7-21），得到的解为

$$R(r) = Cr^l + \frac{D}{r^{l+1}},\ l = 0,1,2,\cdots, C、D\text{ 为常数} \tag{7-27}$$

求解方程（7-25），$\Phi(\varphi)$ 是一个以 2π 为周期的函数，即 $\Phi(\varphi)$ 应该满足周期性边界条件 $\Phi(\varphi) = \Phi(\varphi+2\pi)$，因此 m 必须为整数。综上，求解方程（7-25）的解为

$$\Phi(\varphi) = A_m\cos(m\varphi) + B_m\sin(m\varphi),\ m = 0,1,2,\cdots \tag{7-28}$$

式（7-28）又可以写成指数函数的形式，如下所示

$$\Phi(\varphi) = \mathrm{e}^{im\varphi} \tag{7-29}$$

求解方程（7-26）的步骤要复杂一些，令 $x = \cos\theta$，$y(x) = \Theta(\theta)$，则有 $\dfrac{\mathrm{d}\Theta(\theta)}{\mathrm{d}\theta} = \dfrac{\mathrm{d}y}{\mathrm{d}x}$ $\dfrac{\mathrm{d}x}{\mathrm{d}\theta} = -\sin\theta\dfrac{\mathrm{d}y}{\mathrm{d}x}$，再推导可得如下等式。

$$\sin\theta\frac{\mathrm{d}}{\mathrm{d}\theta}\left(\sin\theta\frac{\mathrm{d}\Theta}{\mathrm{d}\theta}\right)=\sin\theta\frac{\mathrm{d}}{\mathrm{d}x}\frac{\mathrm{d}x}{\mathrm{d}\theta}\left(-\sin^2\theta\frac{\mathrm{d}y}{\mathrm{d}x}\right)=\left(1-x^2\right)\frac{\mathrm{d}}{\mathrm{d}x}\left[\left(1-x^2\right)\frac{\mathrm{d}y}{\mathrm{d}x}\right] \tag{7-30}$$

代入方程（7-26），可以得到 m 阶的连带勒让德方程（associated Legendre equation），如下所示。

$$\frac{\mathrm{d}}{\mathrm{d}x}\left[\left(1-x^2\right)\frac{\mathrm{d}y}{\mathrm{d}x}\right]+\left[l\left(l+1\right)-\frac{m^2}{\left(1-x^2\right)}\right]y=0 \tag{7-31}$$

特别地，当 $m=0$ 时，式（7-31）中的方程退化为勒让德方程（Legendre equation），如下所示。

$$\frac{\mathrm{d}}{\mathrm{d}x}\left[\left(1-x^2\right)\frac{\mathrm{d}y}{\mathrm{d}x}\right]+\left[l\left(l+1\right)\right]y=0 \tag{7-32}$$

把式（7-31）和式（7-32）的函数 y 写为 $P_l^m(x)$，则解式（7-32）得到如下函数式。

$$P_l^0\left(x\right)=\frac{1}{2^l l!}\frac{\mathrm{d}^l}{\mathrm{d}x^l}\left(x^2-1\right)^l,\ l\in\left[0,\infty\right] \tag{7-33}$$

式（7-33）就是式（7-32）的解，这个函数又称为勒让德多项式（Legendre polynomial）。解式（7-31）则可得到如下函数式。

$$\begin{cases} P_l^m\left(x\right)=\dfrac{\left(-1\right)^m}{2^l l!}\left(1-x^2\right)^{\frac{m}{2}}\dfrac{d^{l+m}}{dx^{l+m}}\left(x^2-1\right)^l,\ m>0,l\in\left[0,\infty\right] \\[3mm] P_l^{-m}\left(x\right)=\left(-1\right)^m\dfrac{\left(l-m\right)!}{\left(l+m\right)!}P_l^m\left(x\right),\ m<0,l\in\left[0,\infty\right] \end{cases} \tag{7-34}$$

式（7-34）中的两个函数式称为连带勒让德多项式（associated Legendre polynomial），而用伴随勒让得多项式定义的函数 $\Theta(\theta)$ 则为

$$\Theta\left(\theta\right)=P_l^m\left(\cos\theta\right),\ l\in\mathbb{N},l\geqslant|m| \tag{7-35}$$

所以球谐函数的表达式为

$$Y_l^m\left(\theta,\varphi\right)=K_l^m\Phi\left(\varphi\right)\Theta\left(\theta\right)=K_l^m\mathrm{e}^{\mathrm{i}m\varphi}P_l^m\left(\cos\theta\right),\ l\in\mathbb{N},m=0,\pm1,\pm2,\cdots,\pm l \tag{7-36}$$

式中，K_l^m 为归一化因子，经过归一化之后，关于 l 和 m 的球谐函数 Y_l^m 表示为

$$Y_l^m\left(\theta,\varphi\right)=\left(-1\right)^m\sqrt{\frac{\left(2l+1\right)}{4\pi}\frac{\left(l-|m|\right)!}{\left(l+|m|\right)!}}P_l^m\left(\cos\theta\right)\mathrm{e}^{\mathrm{i}m\varphi} \tag{7-37}$$

综上，球谐函数的定义，以及球谐函数背后的勒让德方程及多项式的由来都介绍清楚了。接下来便进入重点——球谐光照。

7.7.4　正交对偶基函数和球谐光照

球谐光照的核心就是球面亮度信号编码和重建。信号在满足一定条件下，可以分解为一系列正弦谐波的和，谐波频率以倍频增长，这就是傅里叶级数。经过全局光照计算后，物体表面上的每个点会得到一个球面的亮度信号，但不可能为每个点都保存一个环境贴图，因此需要对这个定义在球面的亮度信号进行编码。而在实时重现时，利用编码快速重建原球面亮度信号，进而计算光照效果。这便是球谐光照的关键思想。

从傅里叶变换相关的知识可得知，一个原始信号波可以由一系列带有缩放因子的简谐波叠加而成，这些简谐波的波函数就称为基函数。要想以后利用这些简谐波的基函数重建原始信号波，就必须事先求得每个基函数的缩放因子。而重建原始信号波，只需将各个基函数经过它们的缩放

因子运算处理后，再求和即可。

假定有一个原始函数 $O(x)$，自变量 $x \in D$，选取了 N 基函数集（有 N 个基函数的函数集合）定义该函数的近似函数 $\tilde{O}(x)$。首先需要得到每个基函数 $B_i(x)$ 的系数 c_i，作为基函数的加权值，然后求和，如下所示。

$$O(x) \approx \tilde{O}(x) = \sum_{i=1}^{N} c_i B_i(x) \tag{7-38}$$

系数 c_i 则为原函数 $O(x)$ 与基函数 $B_i(x)$ 的对偶函数 $\tilde{B}_i(x)$ 的卷积和，如下所示。

$$c_i = \int_D O(x)\tilde{B}_i(x)\mathrm{d}x \tag{7-39}$$

基函数的对偶函数则要满足以下条件，方可成为对偶函数：

$$\int_D B(x)\tilde{B}_i(x)\mathrm{d}x = \delta_{i,j}, \delta_{i,j} = \begin{cases} 1, & i=j \\ 0, & \text{其他取值} \end{cases} \tag{7-40}$$

有多种基函数可以用来重建信号波，如傅里叶级数中的余弦信号等，但在球谐光照中使用的基函数是正交基函数。正交基函数有两个重要的属性，首先是正交性，当给定两个不同的基函数 $B_i(x)$ 和 $B_j(x)$ 且有 $i \neq j$ 时，这两个基函数乘积的积分为 0，如下所示。

$$\int_D B_i(x)B_j(x)\mathrm{d}x = 0 \tag{7-41}$$

正交基函数的另一个属性是规范化特性，即基函数 $B_i(x)$ 和它自己的乘积的积分的值为 1，如下所示。

$$\int_D B_i(x)B_i(x)\mathrm{d}x = 1 \tag{7-42}$$

采用规范化正交基函数进行信号波重建有两个重要的优点：一是在这种正交基函数上进行函数投影（function projection）较为方便；二是这些正交基函数中的乘积积分可高效地进行计算。

第一个优点是因为要进行函数投影首先要求得基函数自身的加权系数，且规范化正交基函数的对偶函数就是它们自身，所以欲求得式（7-39）中的系数 c_i，不需要另算对偶函数，直接用基函数代入即可。

当需要计算多个近似函数的乘积积分时，充分利用第二个优点可以大幅提高计算效率。假如有两个原始函数 $O_a(x)$ 和 $O_b(x)$ 的近似函数为 $\tilde{O}_a(x)$ 和 $\tilde{O}_b(x)$，它们通过各自的基函数 $\tilde{O}_a(x)$ 和 $\tilde{O}_b(x)$ 及系数 c_{ai} 与 c_{bi} 表示，两者近似函数的乘积积分。

$$\int_D \tilde{O}_a(x)\tilde{O}_b(x)\mathrm{d}x = \int_D \left[\sum_i c_{ai} B_i(x)\right]\left[\sum_j c_{bj} B_j(x)\right]\mathrm{d}x = \sum_i \sum_j c_{ai}c_{bj}\int_D B_i(x)B_j(x)\mathrm{d}x \tag{7-43}$$

因为规范化正交的基函数，当给定两个不同的基函数 $B_i(x)$ 和 $B_j(x)$ 且有 $i \neq j$ 时，这两个基函数乘积的积分为 0，所以式（7-43）求和数项中的大部分值为 0，只剩下 $i=j$ 的项为 $\sum_i c_{ai}c_{bj}\int_D B_i(x)B_i(x)\mathrm{d}x$。最后根据式（7-42）所示，规范化正交基函数乘积的积分值为 1，故而当前积分全部为 1。所以

$$\int_D \tilde{O}_a(x)\tilde{O}_b(x)\mathrm{d}x = \sum_i c_{ai}c_{bi} \tag{7-44}$$

正交多项式的含义和优点介绍完毕，球谐光照中使用的球谐函数序列就是一组正交基函数。

对于渲染应用，通常会采用实数值的球谐函数，因此式（7-34）中的虚数部是不使用的。基于球面坐标系下的实数球谐函数的定义如下。

$$Y_l^m(\theta,\varphi) = \begin{cases} \sqrt{2}K_l^m P_l^{-m}(\cos\theta)\sin(-m\varphi), & \text{当} m < 0 \text{时} \\ K_l^m P_l^m(\cos\theta), & \text{当} m = 0 \text{时} \\ \sqrt{2}K_l^m P_l^m(\cos\theta)\cos(m\varphi), & \text{当} m > 0 \text{时} \end{cases} \tag{7-45}$$

有了正交基函数，便可以把原始的分布在球面空间上的函数进行球谐投影（spherical harmonic projection）。球谐投影即把原始函数改用球谐基函数进行近似代替。假设原始函数为 $g(s)$，s 是关于球面坐标系的天顶角 θ 和方位角 φ 的函数，作为基函数的球谐函数 $Y_l^m(\theta,\varphi)$ 可改写成 $Y_l^m(s)$。投影后的近似函数为 $\tilde{g}(s)$。根据规范化正交基函数的对偶性质，正交基函数的对偶函数便是它自身，因此这时加权系数 c_l^m 为

$$c_l^m = \int_S g(s)Y_l^m(s)\mathrm{d}s \tag{7-46}$$

再结合式（7-38），可得到投影后的近似函数 $\tilde{g}(s)$ 为

$$\tilde{g}(s) = \sum_{l=0}^{l_{\max}} \sum_{m=-l}^{l} c_l^m Y_l^m(s) \tag{7-47}$$

式（7-47）就是重建原始信号波的过程，把事先计算的各项加权系数与对应球谐函数相乘，然后对这些乘积进行累加，即为近似的原始信号。

式（7-47）中的两个求和符号书写起来不方便，可以考虑用一个映射关系把两个求和符号整理为一个。令一维索引值 i 与系数 (l,m) 的映射关系为 $i = l^2 + l + m$，则系数序列如下所示。

$$c_0 = c_0^0, c_1 = c_1^{-1}, c_2 = c_1^0, c_3 = c_1^1, c_4 = c_2^{-2}, c_5 = c_2^{-1}, c_6 = c_2^0, \cdots, c_e = \cdots \tag{7-48}$$

因此，可以把式（7-46）写成不用 m、l 而是用 i 的形式，如下所示。

$$c_i = \int_S g(s)Y_i(s)\mathrm{d}s \tag{7-49}$$

结合式（7-8），采用蒙特卡洛积分估算法，已知球面上概率密度函数 $f(x) = \dfrac{1}{4\pi}$，所以将式（7-49）离散化后可得到

$$c_i = \frac{4\pi}{N} \sum_{j=1}^{N} g(s_j)Y_i(s_j) \tag{7-50}$$

综合上面的各个公式可以看出，一个 $l_{\max}$ 阶的球谐函数需要用 $l_{\max}$ 的 2 次方个系数和基函数来逼近重建原函数，因为 $2 \times [0+1+2+\cdots+(l_{\max}-1)] \div 2 + n = l_{\max}^2$。理论上需要无穷项的基函数才能完美地重建原始信号波，但这是不可能的，所以只能用近似的"限制带宽"的方法，即 $l_{\max}$ 的取值不能过大，只取有限的低频（就是 l 取值较小的）基函数，而将高频（就是 l 取值较大的）基函数忽略掉。这也决定了基于球谐函数重建的信号波会丢失很多高频信号，即亮度信号的细节会发生变化。

到此为止，已经有了这一系列的系数 c_i 的计算方式，又有一系列已经选定的基函数，因此可以对球面上的光照函数进行投影和还原了。

回头再看式（7-1）中定义的原始光照方程式，表示在位置 x 处的 BRDF 定义的 $f_r(x,\omega_i \to \omega_o)$ 分量，因为对于一个漫反射表面来说，在各个方向上反射光线均相同，即不随 ω_i 的变化而变化，所以可以用一个常数 k 来控制。如果不考虑自发光的 $L_e(x,\omega_o)$ 分量，这时式（7-1）原始方程可

简化为

$$L(x, \boldsymbol{\omega}_{\mathrm{o}}) = k \int_{\mathrm{s}} L(x', \omega_{\mathrm{i}}) G(x, x') V(x, x') \mathrm{d}\omega_{\mathrm{i}} \tag{7-51}$$

以不带遮挡关系的漫反射计算为例，因为不带遮挡，所以 $V(x, x')$ 的值应该为 1，否则为 0。那么式（7-51）就变为 $L(x, \boldsymbol{\omega}_{\mathrm{o}}) = k \int_{\mathrm{s}} L(x', \omega_{\mathrm{i}}) G(x, x') \mathrm{d}\omega_{\mathrm{i}}$。若 $L(x', \boldsymbol{\omega}_{\mathrm{i}})$ 和 $G(x, x')$ 用球谐函数表示，则根据式（7-43）和式（7-44），$L(x, \boldsymbol{\omega}_{\mathrm{o}}) = k \int_{\mathrm{s}} L(x', \omega_{\mathrm{i}}) G(x, x') \mathrm{d}\omega_{\mathrm{i}}$ 最终变成各自基函数系数 $\overset{L}{C_l^m}$ 和 $\overset{G}{C_l^m}$ 的乘积之和，即

$$L(x, \boldsymbol{\omega}_{\mathrm{o}}) \approx \sum_{l=0}^{l\max} \sum_{m=-l}^{l} \overset{L}{C_l^m} \overset{G}{C_l^m} Y_l^m \tag{7-52}$$

所以，通过使用有限个基函数及其系数值，便能逼近模拟出无限积分才能达到的效果，这就是本节所深入阐述和推导的球谐光照的关键思想。再次用简练的不涉及细节的语言描述一遍球谐光照操作的过程，就是：

为了求得原始光照计算函数 light（s）的积分结果，选用若干组基函数 $B_i(s)$ 和这些基函数对应的加权系数 c_i，将各组基函数和加权系数相乘，然后累加乘积值，这个累加值就近似等于原始函数 light(s)z 的积分结果。$B_i(s)$ 就是球谐函数，而 c_i 则未知待求得。采样若干个自变量 s_i，得到每一个自变量 s_i 对应的原始计算函数和基函数的乘积，再累加可得到 c_i。最后便可以求得原始光照计算函数的积分近似计算结果。

7.7.5　Unity 3D 中的球谐光照

Unity 3D 的内置 shader 库中定义了若干工具函数，可以用来计算球谐光照。接下来详细解析这些工具函数的含义和实现原理。

Unity 3D 使用了 3 阶的伴随勒让得多项式作为基函，即 l 的最大取值为 2。

直角坐标系下 3 阶球谐函数的系数如表 7-6 所示，共 9 个，其中 $r = \sqrt{x^2 + y^2 + z^2}$。

表 7-6　　　　　　　　　　直角坐标系下 3 阶球谐函数的系数

	$m=-2$	$m=-1$	$m=0$	$m=1$	$m=2$
$l=0$			$Y_0^0 = \sqrt{\dfrac{1}{4\pi}}$		
$l=1$		$Y_1^{-1} = \sqrt{\dfrac{3}{4\pi r^2}} y$	$Y_1^0 = \sqrt{\dfrac{3}{4\pi r^2}} z$	$Y_1^1 = \sqrt{\dfrac{3}{4\pi r^2}} x$	
$l=2$	$Y_2^{-2} = \dfrac{1}{2}\sqrt{\dfrac{15}{\pi}} \dfrac{xy}{r^2}$	$Y_2^{-1} = \dfrac{1}{2}\sqrt{\dfrac{15}{\pi}} \dfrac{yz}{r^2}$	$Y_2^0 = \dfrac{1}{4}\sqrt{\dfrac{5}{\pi}} \dfrac{3z^2-r^2}{r^2}$	$Y_2^1 = \dfrac{1}{2}\sqrt{\dfrac{15}{\pi}} \dfrac{zx}{r^2}$	$Y_2^2 = \dfrac{1}{4}\sqrt{\dfrac{15}{\pi}} \dfrac{x^2-y^2}{r^2}$

最终的光照函数就是表 7-6 中每一项 Y_l^m 和基函数系数 c_l^m 的叠.加，又因为球谐光照所讨论的球面空间是在一个单位球空间中的，所以表 7-6 中的 r 项的值为 1，故而在考察的单位球球面上的位置点 (x, y, z) 组成的向量也是一个单位化的向量。

在重建光照过程中，因为使用的光照颜色是 RGB 颜色，每一个分量都需要和这 9 个系数进行运算操作，并且因为每个光颜色分量的波长不同，所以对应的 c_l^m 也不同。因此，需要 27 个数字去做这些操作，这 27 个数字存储在 7 个 float4 变量中，这 7 个 float4 变量在文件中定义，由引擎在程序运行时传递进来。

1. 球谐光照要用到的系数

通过以下代码定义球谐光照要用到的系数。

```
// 所在文件: UnityShaderVariables.cginc 代码
// 所在目录: CGIncludes
// 从原文件第 133 行开始, 至第 139 行结束
    half4 unity_SHAr;
    half4 unity_SHAg;
    half4 unity_SHAb;
    half4 unity_SHBr;
    half4 unity_SHBg;
    half4 unity_SHBb;
    half4 unity_SHC;
```

上述代码中, unity_SHAr 的前 3 个分量对应于表 7-6 中 $l=1$ 时的各项 Y_l^m 与红色光分量对应的 c_l^m 的乘积; 最后一个分量则对应于 $l=0$ 时 Y_l^m 常数值与对应的 c_l^m 的乘积; unity_SHAg 对应于绿光分量; unity_SHAb 对应于蓝光分量。

2. SHEvalLinearL0L1 函数

通过以下代码定义 SHEvalLinearL0L1 函数。

```
// 所在文件: UnityCG.cginc 代码
// 所在目录: CGIncludes
// 从原文件第 321 行开始, 至第 331 行结束
// 传递进来的 normal 参数是一个单位化的 half4 类型的向量, 其 w 分量为=1.0
// 即单位球面上的一点, 又可视为从单位球圆心到这一点的连线的向量
half3 SHEvalLinearL0L1(half4 normal)
{
    half3 x;
    // 因为 normal.w 的值为 1, 所以 unity_SHAr 最后一项与 normal.w 的
    // 乘积和传进来的球面上的点的位置没有关系
    // 这一项是重建光照效果时, l=0 时的多项式 Y(m,l) 的值
    x.r = dot(unity_SHAr,normal);
    x.g = dot(unity_SHAg,normal);
    x.b = dot(unity_SHAb,normal);
    return x;
}
```

实质就是把每个待计算的球面上的某个点传递给分别执行表中 $l=1$ 时的各项多项式进行计算操作, 得到各项的乘积之后, 再叠加起来返回。这也是在此使用"各分量先各自相乘最后相加"的点积函数的原因。

3. SHEvalLinearL2 函数

函数 SHEvalLinearL2 的功能则是计算 $l=2$ 时的各个对应值。

```
// 所在文件: UnityCG.cginc 代码
// 所在目录: CGIncludes
// 从原文件第 334 行开始, 至第 348 行结束
half3 SHEvalLinearL2(half4 normal)
{
    half3 x1, x2;
    half4 vB = normal.xyzz * normal.yzzx;
    x1.r = dot(unity_SHBr,vB);
    x1.g = dot(unity_SHBg,vB);
    x1.b = dot(unity_SHBb,vB);

    half vC = normal.x*normal.x - normal.y*normal.y;
    x2 = unity_SHC.rgb * vC;
    return x1 + x2;
}
```

上面代码中的 half4 vB = normal.xyzz * normal.yzzx，就是构造出表 7-6 中 *l*=2 时左数前 4 项的多项式中的 *xy*、*yz*、*z*²、*xz*。变量 half vC = normal.x*normal.x - normal.y*normal.y 就对应表 7-6 中 *l*=2 右数第一项中的 *x*²−*y*²。有了计算 *l*=0,1,2 时的光照结果的函数，便可以把它们组合起来，提供 3 阶的球谐光照计算，函数 ShadeSH9 就用于实现该功能。

4. ShadeSH9 函数

通过以下代码定义 ShadeSH9 函数。

```
// 所在文件：UnityCG.cginc 代码
// 所在目录：CGIncludes
// 从原文件第 352 行开始，至第 365 行结束
half3 ShadeSH9(half4 normal)
{
    // 计算 l=0,1 时的光照结果
    half3 res = SHEvalLinearL0L1(normal);
    // 计算 l=2 时的光照结果并累加上一个计算结果
    res += SHEvalLinearL2(normal);
    // 光照结果是在线性空间中定义的，如果启用了伽马空间则要换算
#ifdef UNITY_COLORSPACE_GAMMA
    res = LinearToGammaSpace(res);
#endif
    return res;
}
```

函数 ShaderSH9 就是把 SHEvalLinearL0L1 和 SHEvalLinearL2 两个函数的计算结果叠加起来，然后根据伽马空间的宏是否启用决定是否要把计算结果从线性颜色空间中，变换到伽马空间中。

ShadeSH3Order 函数则是只保留 *l*=2 时的重建光照计算部分的 ShaderSH9 函数，在本版本中该函数已经不再使用，保留下来只是为了兼容 5.x 版本的旧着色器代码，如下。

5. ShadeSH3Order 函数

通过以下代码定义 ShadeSH3Order 函数。

```
// 所在文件：UnityCG.cginc 代码
// 所在目录：CGIncludes
// 从原文件第 368 行开始，至第 378 行结束
half3 ShadeSH3Order(half4 normal)
{
    half3 res = SHEvalLinearL2 (normal);
#ifdef UNITY_COLORSPACE_GAMMA
    res = LinearToGammaSpace (res);
#endif
    return res;
}
```

ShadeSH12Order 函数的功能是保留 *l*=0,1 时的重建光照计算部分的 ShaderSH9 函数的内容，代码如下。

6. ShadeSH12Order 函数

通过以下代码定义 ShadeSH12Order 函数。

```
// 所在文件：UnityCG.cginc 代码
// 所在目录：CGIncludes
// 从原文件第 422 行开始，至第 432 行结束
half3 ShadeSH12Order(half4 normal)
{
    half3 res = SHEvalLinearL0L1 (normal);
#ifdef UNITY_COLORSPACE_GAMMA
    res = LinearToGammaSpace (res);
#endif
```

```
    return res;
}
```

7. unity_ProbeVolumeSH 变量

unity_ProbeVolumeSH 变量在 UnityShaderVariables.cginc 文件中声明，如下所示。

```
// 所在文件: UnityShaderVariables.cginc 代码
// 所在目录: CGIncludes
// 从原文件第 311 行开始，至第 312 行结束
#if UNITY_LIGHT_PROBE_PROXY_VOLUME
    UNITY_DECLARE_TEX3D_FLOAT(unity_ProbeVolumeSH);
```

8. 宏 UNITY_DECLARE_TEX3D_FLOAT

unity_ProbeVolumeSH 变量使用另一个宏 UNITY_DECLARE_TEX3D_FLOAT 定义，此宏定义在 HLSLSupport.cginc 文件中，代码如下。

```
// 所在文件: HLSLSupport.cginc 代码
// 所在目录: CGIncludes
// 从原文件第 311 行开始，至第 324 行结束
// 如果使用 GLSL core 版本，则 Texture3D 类型不需要加上 half 类型大小说明符
#if defined(UNITY_COMPILER_HLSLCC) && !defined(SHADER_API_GLCORE)
#define UNITY_DECLARE_TEX3D_FLOAT(tex)      Texture3D_float tex;\
                                            SamplerState sampler##tex
#define UNITY_DECLARE_TEX3D_HALF(tex)       Texture3D_half tex;\
                                            SamplerState sampler##tex
#else
    #define UNITY_DECLARE_TEX3D_FLOAT(tex)  Texture3D tex; SamplerState sampler##tex
    #define UNITY_DECLARE_TEX3D_HALF(tex)   Texture3D tex; SamplerState sampler##tex
#endif
```

从上述代码中可知，如果着色器编译器使用 HLSLcc 编译器，并且不是把 Cg/HLSL 代码转换为 GLSL 代码，UNITY_DECLARE_TEX3D_FLOAT(unity_ProbeVolumeSH) 的含义是声明一个 Texture3D_float 类型的纹理变量 unity_ProbeVolumeSH，同时声明一个 SamplerState 类型的采样器状态变量，其名字为 samplerunity_ProbeVolumeSH；如果使用其他着色器编译器，无论是 FLOAT 还是 HALF 就统一不加类型大小后缀，unity_ProbeVolumeSH 统一声明成 Texture3D 类型。

Cg/HLSL 代码中声明为 Texture3D 类型的纹理是一种异于一般二维的称为立体纹理（volume texture）的纹理。立体纹理是传统二维纹理在逻辑上的扩展。二维纹理是一张简单的位图片，用来给三维模型提供表面颜色值；而一个三维纹理可以认为是由多张二维纹理"堆叠"而成的，用于描述三维空间数据的图片。立体纹理通过三维纹理坐标进行访问。立体纹理可以有一系列细节级别，每一级都较上一级缩小 1/2，如图 7-20 所示。

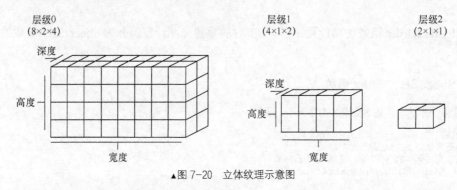

▲图 7-20　立体纹理示意图

Unity 3D 还提供了对立体纹理进行采样操作的宏，依据使用的不同着色器编译和目标平台，这个采样操作宏对应着不同的实现。

9. UNITY_SAMPLE_TEX3D_SAMPLER 宏版本 1

UNITY_SAMPLE_TEX3D_SAMPLER 宏的第 1 个版本如下。

```
// 所在文件: HLSLSupport.cginc 代码
// 所在目录: CGIncludes
// 从原文件第 445 行开始, 至第 455 行结束
// 这个宏使用了 Direct3D 11 版本的语法
#define UNITY_SAMPLE_TEX3D_SAMPLER(tex,samplertex,coord) \
                         tex.Sample(sampler##samplertex,coord)
```

10. UNITY_SAMPLE_TEX3D_SAMPLER 宏版本 2

另一个版本的宏定义如下。

```
// 所在文件: HLSLSupport.cginc 代码
// 所在目录: CGIncludes
// 从原文件第 524 行开始, 至第 524 行结束
// 如果使用 GLSL core 版本, 则 Texture3D 类型不需要加上 half 类型大小说明符
// 这个宏使用了 Direct3D 9 版本的语法
#define UNITY_SAMPLE_TEX3D_SAMPLER(tex,samplertex,coord) tex3D(tex,coord)
```

11. 和光探针代理体相关的着色器变量

再回到和光探针代理体定义相关的代码, 如下所示。

```
// 所在文件: UnityShaderVariables.cginc 代码
// 所在目录: CGIncludes
// 从原文件第 314 行开始, 至第 324 行结束
    CBUFFER_START(UnityProbeVolume)
        float4 unity_ProbeVolumeParams;
        float4x4 unity_ProbeVolumeWorldToObject;
        float3 unity_ProbeVolumeSizeInv;
        float3 unity_ProbeVolumeMin;
    CBUFFER_END
#endif
```

unity_ProbeVolumeParams 变量的 4 个分量含义: x 分量为 1 时表示启用本光照体代理体, 为 0 时表示不启用; y 分量为 0 时表示在世界空间中进行计算, 为 1 时表示在代理体的模型空间中计算; z 分量则表示体积纹理的宽度方向上纹素的大小。假如该方向上纹素的个数为 64, 则该值为 1/64, 即 0.015 625。

unity_ProbeVolumeWorldToObject 定义了从世界空间转换到光探针代理体局部空间的变换矩阵。

unity_ProbeVolumeSizeInv 是该光探针代理体的长宽高的倒数。unity_ProbeVolumeMin 是该光探针代理体左下角的 x、y、z 坐标。

12. SHEvalLinearL0L1_SampleProbeVolume 函数

理解了和光探针代理体相关的几个着色器变量所表示的具体含义, 就可以一一分析出 SHEvalLinearL0L1_SampleProbeVolume 函数的含义。该函数的代码如下。

```
// 所在文件: UnityCG.cginc 代码
// 所在目录: CGIncludes
// 从原文件第 380 行开始, 至第 419 行结束
#if UNITY_LIGHT_PROBE_PROXY_VOLUME

half3 SHEvalLinearL0L1_SampleProbeVolume(half4 normal, float3 worldPos)
{
    // 根据当前空间的取值, 判断是在局部空间还是在全局空间中处理光探针
    const float transformToLocal = unity_ProbeVolumeParams.y;
    // 取得纹理 U 坐标方向上的纹素的大小, 假如 U 方向的纹素个数为 64, 则纹素大小为 0.015 625
    const float texelSizeX = unity_ProbeVolumeParams.z;

    //把球谐函数的 3 阶系数以及探针遮盖信息打包到一个纹素中
    //------------------------
```

```
//| ShR | ShG | ShB | Occ |
//-------------------------

// 如果在局部空间中处理，就要把待处理点乘以一个从世界坐标到局部空间上的矩阵转换回去
float3 position=(transformToLocal==1.0f) ?

mul(unity_ProbeVolumeWorldToObject,float4(worldPos,1.0)).xyz :

                            worldPos;
// 根据当前传递进来的位置点的坐标，求得当前位置点相对于光探针代理体的最左下角位置点的偏移，
// 然后各自除以光探针代理体的长宽高，得到归一化的纹理映射坐标
float3 texCoord = (position - unity_ProbeVolumeMin.xyz) *
                  unity_ProbeVolumeSizeInv.xyz;

texCoord.x = texCoord.x * 0.25f;

// 假设 texelSizeX 为 0.015625，那么 U 方向的纹理坐标初始取值范围限制在 0.0078125~0.2421875
float texCoordX = clamp(texCoord.x, 0.5f * texelSizeX, 0.25f - 0.5f * texelSizeX);

// 依次取得对红、绿、蓝颜色分量的球谐函数系数
texCoord.x = texCoordX;
half4 SHAr = UNITY_SAMPLE_TEX3D_SAMPLER(unity_ProbeVolumeSH,
                                unity_ProbeVolumeSH, texCoord);

texCoord.x = texCoordX + 0.25f;
half4 SHAg = UNITY_SAMPLE_TEX3D_SAMPLER(unity_ProbeVolumeSH,
                                unity_ProbeVolumeSH, texCoord);

texCoord.x = texCoordX + 0.5f;
half4 SHAb = UNITY_SAMPLE_TEX3D_SAMPLER(unity_ProbeVolumeSH,
                                unity_ProbeVolumeSH, texCoord);

half3 x1;
x1.r = dot(SHAr, normal);
x1.g = dot(SHAg, normal);
x1.b = dot(SHAb, normal);
return x1;
}
#endif
```

在预计算阶段，光探针把空间中某一点的球谐函数系数编码进一个立体纹理中，在运行时再从立体纹理中采样得到系数，然后根据该点的法线值重建出光照效果。SHEvalLinearL0L1_SampleProbeVolume 函数就是实现该功能。如函数名所示，该函数从纹理中采样得到的颜色信息，其数值就是当 l=1 和 l=0 时的各项 Y_l^m 与对应的 c_l^m 的乘积。

SHEvalLinearL0L1_SampleProbeVolume 函数把对纹理进行采样时使用的纹理映射坐标按 R、G、B 分段压缩到长度为 0.25 的一个段中，在对颜色取样时就需要重新计算出各 R、G、B 分量对应的纹理映射坐标，代码中已注释了如何计算。该计算方法可以参见图 7-21。

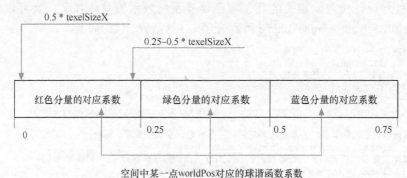

▲图 7-21　从立体纹理中采样得到球谐函数系数

7.8 引擎中的渲染阴影的功能

Unity 3D 支持一个游戏对象所表征的物体投射阴影（cast shadow）到其他在它附近的物体表面上，或者是它自身的表面上。在画面上显示阴影效果，可以有效地提升场景的纵深感和真实感。

7.8.1 在光源空间中确定产生阴影的区域

确定产生阴影的区域的方法是把光源想象成一个摄像机（暂称为光源相机），光源相机的位置就是光源位置，光源相机的朝向就是光线发出的方向。在要绘制的场景中的物体前，用光源相机对场景执行一次取景操作。这个取景操作不做任何绘制处理，仅把在光源相机所在角度所有可视的片元的深度信息存储在一个帧缓冲区（frame buffer）中，称为阴影贴图（shadow map）。在真正渲染时，把每一个待输出的片元再次放到光源相机的角度下（把片元从世界空间坐标系变换到以光源相机位置为原点，光源的朝前（forward）和朝右（right）方向为坐标轴的坐标系下）去计算深度值。如果这次计算的深度值比深度贴图中的深度值要离光源相机远，就表示它落在某个阴影区域了。Unity 3D 引擎采用的算法原理其实就是这一种，只是在细节处理上更为复杂。

7.8.2 在屏幕空间中确定产生阴影的区域

除了在光源空间中就能确定阴影的覆盖范围之外，还可以基于屏幕空间确定产生阴影的区域，主要有以下几个步骤。

1）从当前摄像机位置处进行取景操作，这个取景操作不做任何绘制处理，仅将当前摄像机所在角度下的所有可视片元的深度信息存储在一个深度纹理（为便于区分理解，可称为"第一步纹理"，下同）中。如果是延迟渲染，"第一步纹理"原本就已经存在了，就在 G-Buffer 中；如果是前向渲染，就需要做一遍取景操作生成此"第一步纹理"。

2）利用光源相机对场景执行一次取景操作。这次取景操作也是不做任何绘制处理，仅将在光源相机所在角度下的所有可视片元的深度信息存储在深度纹理（称为"第二步纹理"）中。

3）在屏幕空间中，当前摄像机做一次阴影收集（shadows collection）计算，这个搜集过程的流程是：当前最终要绘制的每一个片元，根据它在"第一步纹理"中的对应深度值 D_1，反求得该片元在世界空间中的坐标。接着把这个坐标从世界空间转换到光源空间中得到阴影坐标，用该阴影坐标在"第二步纹理"中进行采样，得到深度值 D_2。如果 $D_1 > D_2$，表示本片元光源无法照射到，所以是在阴影内。把这些"某片元是否在阴影内，如果在的话该处的阴影有多浓"等信息存储进一个纹理中，便形成最终的屏幕空间阴影贴图。

最后在渲染场景物体计算其阴影时，只需要在片元着色器中按照当前处理的片元在屏幕空间中的位置，对第三步生成的屏幕空间阴影进行贴图采样即可。

在本书所剖析的版本中，获取屏幕空间阴影贴图的着色器文件在 DefaultResourcesExtra 目录下的 Internal-ScreenSpaceShadows.shader 文件中，该着色器的名字为 Hidden/Internal-ScreenSpaceShadows。

7.8.3 如何启用阴影

在 Unity 3D 中，产生阴影需要游戏对象的多个组件共同配合指定。首先在每一个可渲染 game object 上的 MeshRenderer 组件上有 Cast Shadow 和 Receive Shadow 两个属性。Cast Shadow 属性用来决定本物体是否会向场景中投射阴影，有四个可选项。其中，Off 选项表示无论有多少光线照射到它上面，它都不会投射阴影到场景中；Two Sided 选项表示无论在绘制该可渲染物体时是否开启了背面拣选（backface culling），无论是在它的前方或者后方照射到它表面，该物体都可以产生阴影。如图 7-22 所示，橙色高亮矩形框包围的是一个单面的平面 mesh，mesh 本身不可视，但依然能投射阴影。从它的背后看，这个平面是被拣选出来所以不被渲染的，但因为它的 Cast shadow 属性选择了 Two Sided 选项，所以仍形成阴影投射在地面上。如果选择 On 选项，这种"光源照向它的背向"的情况就不会产生阴影，只有照向它的正向才可以。Shadow Only 选项则表示阴影的产生取决于本可渲染物体是否被背面拣选，但无论是否产生阴影，本可渲染物体都不绘制出来。

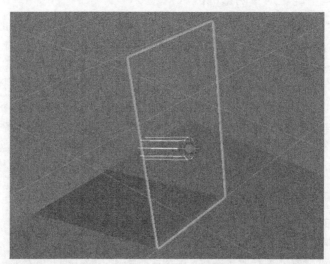

▲图 7-22　使用了 Two Siderd 选项的平面 mesh

MeshRenderer 组件的 Receive Shadows 属性决定了阴影是否能投射在本物体上。

除了指定 MeshRenderer 组件中的相关属性外，对每一个光源上的 Light 组件，也需要指定它的相关阴影属性去控制光源投射阴影，如表 7-7 所示。

表 7-7　　　　　　　　　　　　　　Light 组件中的相关阴影选项

属性	功能描述
Shadow Type	此项属性 3 个可选项 No Shadows、Hard Shadows、Soft Shadows 对应于不产生阴影、产生硬阴影、产生软阴影
	使用硬阴影的方式，引擎将不对生成的阴影进行反走样操作，因此将会产生较为锐利的呈锯齿状的边缘。硬阴影真实感要差些，但相对而言性能较为高效
	使用软阴影的方式，引擎将会耗费更多性能去对阴影进行反走样操作，柔化其边缘，降低锯齿感
Strength	这个值指定了阴影"有多黑"，从理论上来说，场景中只要光线不到达的地方就应该是漆黑一片什么都看不见的，但实际上因为大气对光线的散射，以及被其他物体所反射的光线照射过来，阴影区域依然会有部分光线到达，并不是完全漆黑一片
Resolution	阴影贴图的分辨率
Bias	用来对阴影的最初生成位置进行微调，避免出现阴影和投射面发生相互嵌入交错的问题
Normal Bias	用来对阴影的最初生成位置沿着待渲染物体的法线方向进行微调，避免出现阴影和投射面发生相互嵌入交错的问题
Shadow Near Plane	类似于真实摄像机的近截平面（near plane）的概念，场景中的物体一旦离光源的距离小于此值，该物体就不向场景内投射阴影

7.8.4　透视走样和层叠式阴影贴图

当使用阴影贴图时，通常会有透视走样（perspective aliasing）的问题。透视走样是指阴影越靠近摄像机，其边缘的锯齿化（走样）现象就越严重。这是因为阴影贴图的分辨率是固定的，而透视投影的效果是近大远小，同样大小的一个阴影所对应的阴影贴图中纹素的大小也是固定的。而在渲染时，当阴影越是靠近摄像机，就越容易出现多个片元从阴影贴图中的同一个纹素进行采样的情况，这几个片元得到的是同一个阴影值，因而产生锯齿边。

使用更高分辨率的阴影贴图可以降低边缘锯齿，但是这样会在渲染时占用更多的内存和带宽。层叠式阴影贴图（cascaded shadow map，CSM）可以较好地兼顾精度和性能的问题。这种技术与使用单个阴影贴图的区别主要在于：将摄像机的视截体（view frustum）按一定比例分成若干层级（cascade），每个层级对应一个子视截体（subfrustum），每一层级单独计算相关的阴影贴图，这样在渲染大场景的阴影时，就可以避免使用单张阴影贴图的各种缺点。Unity 3D 引擎采用层叠式阴影贴图技术实现了大部分的阴影。层叠式阴影贴图原理如图 7-23 所示。

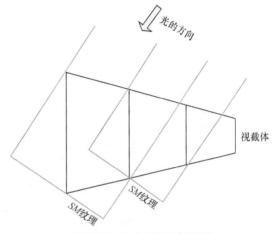

▲图 7-23　层叠式阴影贴图原理

要使用层叠式阴影贴图技术，首先要为每一个层级对应的子视截体构建一个投影矩阵（projection matrix）。在构建投影矩阵时，必须要使得生成的阴影贴图中，不在当前视野范围内的无关区域尽可能少（或者说生成阴影贴图的有效分辨率要尽可能高）。也就是说，要计算出一个和当前层级所对应的子视截体尽可能重合的投影矩阵。这个投影矩阵一般使用正交投影矩阵，该投影矩阵由一个能包住子视截体的，且与光源空间坐标系轴对齐的轴对齐包围盒（axis aligned bounding box，AABB）所对应生成，如图 7-24 所示。

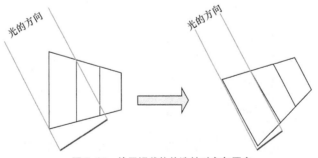

▲图 7-24　给子视截体构造轴对齐包围盒

因为在渲染时，摄像机的位置朝向等属性会即时改变，所以它对应的视截体，以及每个层级对应的子视截体也会不断变换，子视截体的轴对齐包围盒也要跟着对应变化。这样可能导致出现先后两帧中轴对齐包围盒发生突变，进而导致生成的阴影贴图的有效分辨率可能在这连续的两帧中也发生突变，产生阴影抖动（flickering）问题。解决这个问题的方法之一是把使用轴对齐包围盒改为使用包围球，因为包围球随着子视截体的变化而发生大小变化的程度相对轴对齐包围盒而言要小得多，如图 7-25 所示。更好的解决方案是一种称为"渐进式变换视截体"[①]的方法，该方法在改善阴影抖动问题的同时，还能在一定程度上改善因为光栅化带来的抖动问题。

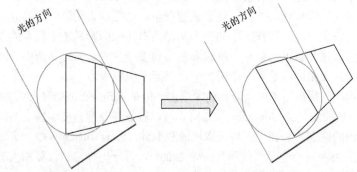

▲图 7-25　给子视截体构造包围球代替轴对齐包围盒

　　Unity 3D 引擎在 Quality Settings 对话框中提供了和层叠式阴影设置相关的选项，如图 7-26 所示，可以指定把视截体分为多少个层级，每个层级各占的比例是多少。

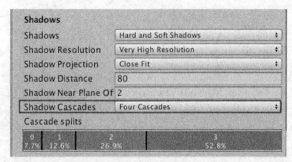

▲图 7-26　在 Quality Settings 对话框中设置层级的数量及各自占有的比例

---

① 此项技术在"Practical Cascaded Shadow Maps"一文中提出，作者是 Fan Zhang、Alexander Zaprjagaev 和 Allan Bentham。这篇文章被收录在 *ShaderX⁷ - Advanced Rendering Techniques* 一书中。

第8章 UnityShadowLibrary.cginc 文件分析

8.1 阴影与全局照明系统的关系

Unity 3D 引擎可以根据宏 SHADOWS_SCREEN 和 LIGHTMAP_ON 是否启用决定是否在全局照明系统下对阴影进行混合处理。如果这两个宏同时启用，则 HANDLE_SHADOWS_BLENDING_IN_GI 定义为 1，即宣告在全局照明下也对阴影进行处理。宏 SHADOWS_SCREEN 本质上是一个着色器多样体，表示是否在屏幕空间中处理阴影计算，如以下代码所示。

```
// 所在文件: UnityShadowLibrary.cginc 代码
// 所在目录: CGIncludes
// 从原文件第 3 行开始，至第 15 行结束
#ifndef UNITY_BUILTIN_SHADOW_LIBRARY_INCLUDED
#define UNITY_BUILTIN_SHADOW_LIBRARY_INCLUDED

// Shadowmap helpers.
#if defined( SHADOWS_SCREEN ) && defined( LIGHTMAP_ON )
    #define HANDLE_SHADOWS_BLENDING_IN_GI 1
#endif
```

8.2 聚光灯光源生成的阴影

Unity 3D 引擎会根据不同类型的光源，用不同的计算方式对应计算光源所产生的引擎。引擎提供的阴影计算库中，有用聚光灯光源生成和用点光源生成的阴影。当启用 SPOT 宏时，表示使用聚光灯生成，如以下代码所示。

8.2.1 启用 SPOT 宏

```
// 所在文件: UnityShadowLibrary.cginc 代码
// 所在目录: CGIncludes
// 从原文件第 26 行开始，至第 39 行结束
#if defined (SHADOWS_DEPTH) && defined (SPOT)

    // 如果没有声明 shadowmap，则声明一个阴影贴图纹理 ShadowMapTexture
    #if !defined(SHADOWMAPSAMPLER_DEFINED)
        UNITY_DECLARE_SHADOWMAP(_ShadowMapTexture);
        #define SHADOWMAPSAMPLER_DEFINED
    #endif

    // 阴影贴图纹理的偏移量和纹素的大小
    #if defined (SHADOWS_SOFT)
        float4 _ShadowOffsets[4];
        float4 _ShadowMapTexture_TexelSize;
        #define SHADOWMAPSAMPLER_AND_TEXELSIZE_DEFINED
    #endif
```

在上述代码中，如果启用了 SHADOWS_SOFT，即启用了软阴影效果，就还需要用到其

他采样点去进行阴影的柔化操作。变量_ShadowOffsets[4]取出了阴影某个采样点的 4 个偏移
采样点。

8.2.2 UNITY_DECLARE_SHADOWMAP 宏的定义

UNITY_DECLARE_SHADOWMAP 宏在 HLSLSupport.cginc 文件中定义，用来声明一个阴影
纹理。除此之外，在文件中还定义了其他对阴影进行操作的宏，如进行采样操作的宏 UNITY_
SAMPLE_SHADOW、进行投影计算的宏 UNITY_SAMPLE_SHADOW_PROJ。这些宏在不同的平
台下使用不同版本的着色器编译器，有着不同的实际定义，如下所示。

```
// 所在文件：HLSLSupport.cginc 代码
// 所在目录：CGIncludes
// 从原文件第 353 行开始，至第 395 行结束

// 如果使用的是完全的 D3D11 功能，或者 D3D11 中的 9.0 功能级别子集
// 或者 HLSLcc 作为着色器编译器
#if defined(SHADER_API_D3D11) || defined(SHADER_API_D3D11_9X)
     || defined(UNITY_COMPILER_HLSLCC)
#if defined(SHADER_API_D3D11_9X) // 如果使用了 D3D11 中的 9.0 功能级别子集

// D3D11 的 9.x 功能级别的运行期库中有一些 bug。如果不显式地指定 Texture2D 和
// SamplerComparisonState 的存放位置，会强制地把它们放在同一个变量绑定槽位（slot），因此显式地指定
// slot 以试图解决这个问题。如果不能解决，底层驱动会跳过本次的指令绘制调用，直接用 register 指令指定
// 使用 t15 寄存器存放 texture，s15 存放 comparison sampler
        #define UNITY_DECLARE_SHADOWMAP(tex) \
                Texture2D tex : register(t15); \
                SamplerComparisonState sampler##tex : register(s15)
    #else // 否则就不用显式地指定存放的位置
        #define UNITY_DECLARE_SHADOWMAP(tex) \
                Texture2D tex; SamplerComparisonState sampler##tex
#endif

// 对阴影纹理进行采样的宏
#define UNITY_SAMPLE_SHADOW(tex,coord)
        tex.SampleCmpLevelZero(sampler##tex,(coord).xy,(coord).z)
// 对阴影纹理进行投影计算的宏
#define UNITY_SAMPLE_SHADOW_PROJ(tex,coord)
  tex.SampleCmpLevelZero(sampler##tex,(coord).xy/(coord).w,(coord).z/(coord).w)


// =====================================================================

// 如果着色器编译器在后端使用了 hlsl 转换 glsl 的代码转译操作，且目标平台支持使用原生的 shadow map
// 指令（函数），则分别使用 sampler2DShadow 类型声明阴影纹理，shadow2D 函数执行阴影纹理采样，
// shadow2DProj 进行纹理投影计算
#elif defined(UNITY_COMPILER_HLSL2GLSL) && defined(SHADOWS_NATIVE)
        #define UNITY_DECLARE_SHADOWMAP(tex) sampler2DShadow tex
        #define UNITY_SAMPLE_SHADOW(tex,coord) shadow2D (tex,(coord).xyz)
#define UNITY_SAMPLE_SHADOW_PROJ(tex,coord) shadow2Dproj (tex,coord)

// =====================================================================

#elif defined(SHADER_API_D3D9) // 只使用 D3D9 平台的着色器指令和函数
        #define UNITY_DECLARE_SHADOWMAP(tex) sampler2D tex
        #define UNITY_SAMPLE_SHADOW(tex,coord) tex2Dproj \(tex,float4((coord).xyz,1)).r
#define UNITY_SAMPLE_SHADOW_PROJ(tex,coord) tex2Dproj (tex,coord).r

// =====================================================================

#elif defined(SHADER_API_PSSL) // 目标平台是 PlayStation
        // PlayStation 4:内置的 PCF
#define UNITY_DECLARE_SHADOWMAP(tex) Texture2D tex;.\
                                SamplerComparisonState sampler##tex
#define UNITY_SAMPLE_SHADOW(tex,coord) \
        tex.SampleCmpLOD0(sampler##tex,(coord).xy,(coord).z)
#define UNITY_SAMPLE_SHADOW_PROJ(tex,coord)
```

```
        tex.SampleCmpLOD0(sampler##tex,(coord).xy/(coord).w,(coord).z/(coord).w)

// ====================================================================

#elif defined(SHADER_API_PSP2) //目标平台是PSP2
    #define UNITY_DECLARE_SHADOWMAP(tex) sampler2D tex
// 在PSP2 vita平台中,当shadowCoord的z分量值大于1时,阴影的比较操作会返回0而不是返回1,这样
// 会在某些情况下给开发者带来困扰,所以使用clamp函数对z分量范围进行限制
#define UNITY_SAMPLE_SHADOW(tex,coord) tex2D<float>(tex, \
                    float3((coord).xy, clamp((coord).z, 0.0, 0.999999)))
#define UNITY_SAMPLE_SHADOW_PROJ(tex,coord)tex2DprojShadow(tex, coord)

// ====================================================================
#else // 除了上述明确声明之外的目标平台,如果不支持原生的阴影操作函数,则使用和操作普通2D纹理类似的
#函数,宏 SAMPLE_DEPTH_TEXTURE 包装了这些普通2D纹理函数
    #define UNITY_DECLARE_SHADOWMAP(tex) sampler2D_float tex
#define UNITY_SAMPLE_SHADOW(tex,coord) \
        ((SAMPLE_DEPTH_TEXTURE(tex,(coord).xy) < (coord).z)? 0.0 : 1.0)
#define UNITY_SAMPLE_SHADOW_PROJ(tex,coord) \
        ((SAMPLE_DEPTH_TEXTURE_PROJ(tex,UNITY_PROJ_COORD(coord)) < \
        ((coord).z/(coord).w)) ? 0.0 : 1.0)
#endif
```

在上面的代码段中,如果目标平台是 D3D9,即宏 SHADER_API_D3D9 被启用,那么两个宏 UNITY_SAMPLE_SHADOW 和 UNITY_SAMPLE_SHADOW_PROJ 都转调用了 Cg 内置库函数 tex2DProj。区别在于第一个宏中,传递给 tex2DProj 函数的 4D 向量 coord 的 w 分量是 1,而另一个传给 tex2DProj 的函数参数保持原值;在其他平台,UNITY_SAMPLE_SHADOW 有时又定义为 Cg 内置库函数 tex2D。tex2D 函数和 tex2DProj 的区别就在于:tex2Dproj 函数 coord 在把参数传递进去之后,会把参数除以 coord 的 w 分量后,再进行后续运算;而 tex2D 函数则不会。两者的区别用下面的示例代码可以说明。

```
// 下面两个语句的效果是等价的
float4 textureColor = tex2Dproj(projectiveMap, coord);
float4 textureColor = tex2D(projectiveMap, coord.xy/ coord.w);
```

8.2.3　SAMPLE_DEPTH_TEXTURE 及类似的宏

如果能使用着色器本身支持的和阴影相关的操作函数,即宏 SHADOW_NATIVE 被启用,就直接使用这些函数;如果不支持,就使用普通2D纹理函数对纹理进行采样。这些函数 Unity 3D 已经用宏包装了一层,如以下代码所示。

```
// 所在文件: HLSLSupport.cginc 代码
// 所在目录: CGIncludes
// 从原文件第 310 行开始,至第 328 行结束
#if defined(SHADER_API_PSP2)
half4 SAMPLE_DEPTH_TEXTURE(sampler2D s,float4 uv)
{return tex2D<float>(s, (float3)uv);}
half4 SAMPLE_DEPTH_TEXTURE(sampler2D s, float3 uv) {return tex2D<float>(s, uv); }
half4 SAMPLE_DEPTH_TEXTURE(sampler2D s, float2 uv) {return tex2D<float>(s, uv); }
#define SAMPLE_DEPTH_TEXTURE_PROJ(sampler, uv)  (tex2DprojShadow(sampler, uv))
#define SAMPLE_DEPTH_TEXTURE_LOD(sampler, uv)  (tex2Dlod<float>(sampler, uv))
#define SAMPLE_RAW_DEPTH_TEXTURE(sampler, uv)  SAMPLE_DEPTH_TEXTURE(sampler, uv)
#define SAMPLE_RAW_DEPTH_TEXTURE_PROJ(sampler, uv) \
SAMPLE_DEPTH_TEXTURE_PROJ(sampler, uv)
#define SAMPLE_RAW_DEPTH_TEXTURE_LOD(sampler, uv) \
SAMPLE_DEPTH_TEXTURE_LOD(sampler, uv)
#else
// 只采样深度值,所以只需要用到 depth texture 的 texel 的 red 分量即可
#define SAMPLE_DEPTH_TEXTURE(sampler, uv) (tex2D(sampler, uv).r)
#define SAMPLE_DEPTH_TEXTURE_PROJ(sampler, uv) (tex2Dproj(sampler, uv).r)
#define SAMPLE_DEPTH_TEXTURE_LOD(sampler, uv) (tex2Dlod(sampler, uv).r)
// 需要用到 depth texture 的 texel 的所有分量
#define SAMPLE_RAW_DEPTH_TEXTURE(sampler, uv) (tex2D(sampler, uv))
```

```
#define SAMPLE_RAW_DEPTH_TEXTURE_PROJ(sampler, uv) (tex2Dproj(sampler, uv))
#define SAMPLE_RAW_DEPTH_TEXTURE_LOD(sampler, uv) (tex2Dlod(sampler, uv))
#endif
```

8.2.4　UnitySampleShadowmap 函数版本 1

理解了宏的定义，继续回到 UnityShadowLibrary.cginc 的代码分析 UnitySampleShadowmap 函数，该函数的功能就是根据给定的阴影坐标，在阴影深度贴图中进行采样，获取阴影坐标对应的贴图纹素的深度值，如下。

```
// 所在文件: UnityShadowLibrary.cginc 代码
// 所在目录: CGIncludes
// 从原文件第 41 行开始，至第 90 行结束
// float4 shadowCoord 是场景中某个空间位置点，该位置点已经变换到产生阴影的
// 那个光源的光源空间。判断 shadowCoord 是否在阴影下，以及判断该阴影的浓度
inline fixed UnitySampleShadowmap (float4 shadowCoord)
{
    // 如果使用软阴影，并且不使用 D3D11 的 9.x 的功能等级
    #if defined (SHADOWS_SOFT) && !defined (SHADER_API_D3D11_9X)
        half shadow = 1;
        // 如果着色器不支持原生的阴影操作函数
        #if !defined (SHADOWS_NATIVE)
            // 除以 w，进行透视除法，把坐标转化到一个 NDC 坐标上执行操作
            float3 coord = shadowCoord.xyz / shadowCoord.w;
            float4 shadowVals;
            // 获取到本采样点四周的四个偏移采样点的深度值，然后存储到 shadowVals 变量中
            shadowVals.x = SAMPLE_DEPTH_TEXTURE(_ShadowMapTexture,
                                                coord +_ShadowOffsets[0].xy);
            shadowVals.y = SAMPLE_DEPTH_TEXTURE(_ShadowMapTexture,
                                                coord + _ShadowOffsets[1].xy);
            shadowVals.z = SAMPLE_DEPTH_TEXTURE(_ShadowMapTexture,
                                                coord + _ShadowOffsets[2].xy);
            shadowVals.w = SAMPLE_DEPTH_TEXTURE(_ShadowMapTexture,
                                                coord + _ShadowOffsets[3].xy);
            // 如果本采样点四周的 4 个采样点的 z 值都小于阴影贴图采样点的 z 值，就表示该点不处于阴
            // 影区域。_LightShadowData 的 r 分量，即 x 分量表示阴影的强度值
            half4 shadows = (shadowVals < coord.zzzz) ? _LightShadowData.rrrr : 1.0f;
            // 阴影值为本采样点四周的 4 个采样点的阴影值的平均值
            shadow = dot(shadows, 0.25f);
        #else
            // 如果是在移动平台上，使用 tex2D 函数进行采样
            #if defined(SHADER_API_MOBILE)
                float3 coord = shadowCoord.xyz / shadowCoord.w;
                half4 shadows;
                shadows.x = UNITY_SAMPLE_SHADOW(_ShadowMapTexture,
                                                coord + _ShadowOffsets[0]);
                shadows.y = UNITY_SAMPLE_SHADOW(_ShadowMapTexture,
                                                coord + _ShadowOffsets[1]);
                shadows.z = UNITY_SAMPLE_SHADOW(_ShadowMapTexture,
                                                coord + _ShadowOffsets[2]);
                shadows.w = UNITY_SAMPLE_SHADOW(_ShadowMapTexture,
                                                coord + _ShadowOffsets[3]);
                shadow = dot(shadows, 0.25f);
            // D3D9 平台使用 tex2Dproj 函数
            #elif defined (SHADER_API_D3D9)
                float4 coord = shadowCoord / shadowCoord.w;
                half4 shadows;
                shadows.x = UNITY_SAMPLE_SHADOW_PROJ(_ShadowMapTexture,
                                                coord + _ShadowOffsets[0]);
                shadows.y = UNITY_SAMPLE_SHADOW_PROJ(_ShadowMapTexture,
                                                coord + _ShadowOffsets[1]);
                shadows.z = UNITY_SAMPLE_SHADOW_PROJ(_ShadowMapTexture,
                                                coord + _ShadowOffsets[2]);
                shadows.w = UNITY_SAMPLE_SHADOW_PROJ(_ShadowMapTexture,
                                                coord + _ShadowOffsets[3]);
                shadow = dot(shadows, 0.25f);
            #else // 其他未特别声明的平台
```

```
                    float3 coord = shadowCoord.xyz / shadowCoord.w;
                    float3 receiverPlaneDepthBias =
                                      UnityGetReceiverPlaneDepthBias(coord, 1.0f);
                    shadow = UnitySampleShadowmap_PCF3x3(
                                      float4(coord, 1), receiverPlaneDepthBias);
             #endif
         shadow = lerp(_LightShadowData.r, 1.0f, shadow);
         #endif
```

其他未特别声明的平台中，如果要从阴影纹理中采样，需要调用函数 UnityGetReceiverPlaneDepthBias 得到。此函数的详细分析在 8.6 节中。

8.2.5　UnitySampleShadowmap 函数版本 2

第 2 个版本的 UnitySampleShadowmap 函数如下。

```
// 所在文件: UnityShadowLibrary.cginc 代码
// 所在目录: CGIncludes
// 从原文件第 91 行开始，至第 103 行结束
      #else // 如果不用软阴影，就不需要对阴影进行柔化
          // 使用着色器支持的阴影操作函数 shadow2Dproj 来进行纹理投影，在这里宏 UNITY_SAMPLE_
          // SHADOW_PROJ 即是 shadow2Dproj
          #if defined (SHADOWS_NATIVE)
              half shadow = UNITY_SAMPLE_SHADOW_PROJ(_ShadowMapTexture, shadowCoord);
                   //进行线性插值，让阴影值落在当前阴影强度和1之间。计算公式如下: _LightShadowData.r+
                   //shadow * (1- _LightShadowData.r)
                   shadow = lerp(_LightShadowData.r, 1.0f, shadow);
          #else // 如果没有着色器内建的阴影操作函数，就直接比较当前判断点的 z 值和阴影图中对应点的 z
          #值，然后返回
              half shadow = SAMPLE_DEPTH_TEXTURE_PROJ(_ShadowMapTexture,
              UNITY_PROJ_COORD(shadowCoord)) < (shadowCoord.z / shadowCoord.w) ?
              _LightShadowData.r : 1.0;
          #endif
      #endif
      return shadow;
}

#endif // #if defined (SHADOWS_DEPTH) && defined (SPOT)
```

8.3　点光源生成的阴影

当启用 SHADOWS_CUBE 宏时，将使用点光源生成阴影。和聚光灯光源不同的是，点光源生成的阴影，其阴影深度贴图存储在一个立方体纹理（cube texture）中。贴图中某一点纹素所存储的深度值，即某处离光源最远且光线能照射得到的那个位置的深度值。

8.3.1　从立方体纹理贴图中取得纹素对应的深度值

下面的代码展示了如何从一个立方体贴图中取得某纹素对应的深度值。通常一个有着 RGBA 通道的纹理，如果仅用来存储深度值，一般只用到其中一个通道，通常是 Red 通道。

代码段 SampleCubeDistance

Unity 3D 引擎充分地利用 R、G、B、A 这 4 个通道的存储空间，把一个浮点数编码进 4 个通道中，以提高深度值的精度，代码如下所示。

```
// 所在文件: UnityShadowLibrary.cginc 代码
// 所在目录: CGIncludes
// 从原文件第 111 行开始，至第 122 行结束

#if defined (SHADOWS_CUBE)
```

```
// 如果使用立方体纹理映射贴图作为一个阴影深度纹理
samplerCUBE_float _ShadowMapTexture;

// vec 是从原点发出，指向立方体上某点位置的连线向量，也是立方体纹理的贴图坐标
inline float SampleCubeDistance (float3 vec)
{
    // 如果是 D3D9 或者 D3D11 的 9.x 功能层级，用 texCUBE
#if ((SHADER_TARGET < 25) && defined(SHADER_API_D3D9)) ||
    defined(SHADER_API_D3D11_9X)
    return UnityDecodeCubeShadowDepth(texCUBE(_ShadowMapTexture, vec));
#else
    return UnityDecodeCubeShadowDepth(texCUBElod(_ShadowMapTexture, float4(vec, 0)));
#endif
}
```

上述代码中调用了 UnityDecodeCubeShadowDepth 函数，此函数的详细分析见 4.2.13 节。texCUBE 函数和 texCUBElod 函数的区别在于：前者如果使用两个参数版本，是不带 mipmap 采样的；而后者则会依据不同的 mipmap 进行不同精度的采样。

8.3.2　对采样值进行混合计算

实现了从立方体贴图中进行采样之后就可以根据当前位置进行阴影判断了。UnitySampleShadowmap 函数接受一个 float3 类型的值，此值是当前待判断是否在阴影中的片元在光源空间中的坐标。计算出该坐标到光源之间的距离，并且归一化，然后在该坐标位置点的右上前方、左下前方、左上后方、右下后方偏移，各取得对应纹素的深度值。UnitySampleShadowmap 函数如以下代码所示。

```
// 所在文件：UnityShadowLibrary.cginc 代码
// 所在目录：CGIncludes
// 从原文件第 123 行开始，至第 134 行结束

    inline half UnitySampleShadowmap (float3 vec)
    {
        float mydist = length(vec) * _LightPositionRange.w;
        mydist *= 0.97; // 稍微做一点偏移

#if defined (SHADOWS_SOFT)
        float z = 1.0/128.0;
        float4 shadowVals; // 取得 4 个采样点的深度值
        shadowVals.x = SampleCubeDistance (vec+float3( z, z, z));
        shadowVals.y = SampleCubeDistance (vec+float3(-z,-z, z));
        shadowVals.z = SampleCubeDistance (vec+float3(-z, z,-z));
        shadowVals.w = SampleCubeDistance (vec+float3( z,-z,-z));
```

图 8-1 演示了如何取得 4 个采样点的深度，4 个小方块表示从光源发出并穿过 4 个采样点（小圆圈表示）的射线落在立方体纹理的某一面中所采得的纹素。

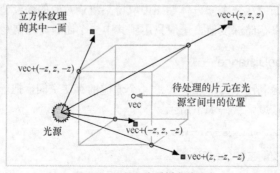

▲图 8-1　取得 4 个采样点的深度

取得 4 个采样点后，判断它们的深度值是否小于当前片元的深度值，如果是则表示当前片元在阴影中，此时从 _LightShadowData 变量（4.1.4 节详细解释了此变量）中取出表示阴影强度的 r 分量；否则，就直接返回 1。最终把 4 个分量的值累加后除以 4 得到最终结果，后续代码就执行该判断操作，如下所示。

```
// 所在文件：UnityShadowLibrary.cginc 代码
// 所在目录：CGIncludes
// 从原文件第 135 行开始，至第 141 行结束

// 如果深度贴图纹理中的 4 个采样点对应深度值都小于当前片元到光源的距离值
// 表示当前片元在阴影中
        half4 shadows = (shadowVals < mydist.xxxx) ? _LightShadowData.rrrr : 1.0f;
        return dot(shadows,0.25);
    #else
        float dist = SampleCubeDistance (vec);
        return dist < mydist ? _LightShadowData.r : 1.0;
    #endif
}

#endif // #if defined (SHADOWS_CUBE)
```

如上述代码所示，如果宏 SHADOWS_SOFT 不启用，即不使用软阴影效果，就直接用 vec 变量所对应的采样点的深度值进行判断即可。

8.4 预烘焙的阴影

8.4.1 LPPV_SampleProbeOcclusion 函数

LPPV_SampleProbeOcclusion 函数的定义如下。

```
// 所在文件：UnityShadowLibrary.cginc 代码
// 所在目录：CGIncludes
// 从原文件第 150 行开始，至第 175 行结束

// 启用了光探针代理体才可使用本函数
#if UNITY_LIGHT_PROBE_PROXY_VOLUME

half4 LPPV_SampleProbeOcclusion(float3 worldPos)
{
    // unity_ProbeVolumeParams 在 7.7.5 中有详细解析
    const float transformToLocal = unity_ProbeVolumeParams.y;
    // U 方向中纹素的个数
    const float texelSizeX = unity_ProbeVolumeParams.z;

    // 把球谐函数的 3 阶系数及光探针遮蔽信息打包到一个纹素中，详见 7.7.5 节中关于从纹理中取得纹素并
    // 解码的部分
    //------------------------
    //| ShR | ShG | ShB | Occ |
    //------------------------

    // 判断是在世界空间还是在局部空间中进行计算
    float3 position = (transformToLocal == 1.0f) ?
            mul(unity_ProbeVolumeWorldToObject, float4(worldPos, 1.0)).xyz : worldPos;

    // unity_ProbeVolumeSizeInv.xyz 分别表示光探针代理体的长宽高方向上的
    // 纹素个数然后获得本位置点对应的纹理映射坐标
    float3 texCoord = (position - unity_ProbeVolumeMin.xyz) *
unity_ProbeVolumeSizeInv.xyz;
    // UNITY_SAMPLE_TEX3D_SAMPLER 和 unity_ProbeVolumeSH 定义在 HLSLSupport.cginc 文件中，
    // 在 7.7.5 节中有对它们的详细说明
    texCoord.x = max(texCoord.x * 0.25f + 0.75f,0.75f + 0.5f * texelSizeX);
    return UNITY_SAMPLE_TEX3D_SAMPLER(
                        unity_ProbeVolumeSH,unity_ProbeVolumeSH, texCoord);
```

```
    }
#endif
```

8.4.2　UnitySampleBakedOcclusion 函数版本 1

当使用阴影蒙版时，UnitySampleBakedOcclusions 函数用来返回烘焙的阴影的衰减值，如以下代码所示。

```
// 所在文件: UnityShadowLibrary.cginc 代码
// 所在目录: CGIncludes
// 从原文件第 178 行开始，至第 195 行结束
fixed UnitySampleBakedOcclusion(float2 lightmapUV, // 光照贴图的 UV 坐标
                                float3 worldPos) // 待处理的片元在世界坐标系上的位置点
{
// 如果启动了阴影蒙版
#if defined (SHADOWS_SHADOWMASK)
    #if defined(LIGHTMAP_ON)
            // 如果启用了光照贴图，则从光照贴图中提取遮蔽蒙版信息
            fixed4 rawOcclusionMask = UNITY_SAMPLE_TEX2D_SAMPLER(
                                    unity_ShadowMask, unity_Lightmap, lightmapUV.xy);
    #else
        fixed4 rawOcclusionMask = fixed4(1.0, 1.0, 1.0, 1.0);
        #if UNITY_LIGHT_PROBE_PROXY_VOLUME
            if (unity_ProbeVolumeParams.x == 1.0)
                // 如果开启了光探针代理体，从位置点 worldPos 所处的光探
                // 针代理体处取得此处的原始遮蔽信息
                rawOcclusionMask = LPPV_SampleProbeOcclusion(worldPos);
            else // 否则就仍从阴影蒙版贴图中取得遮蔽信息
                rawOcclusionMask = UNITY_SAMPLE_TEX2D(
                                    unity_ShadowMask, lightmapUV.xy);
        #else
            rawOcclusionMask = UNITY_SAMPLE_TEX2D(
                                unity_ShadowMask, lightmapUV.xy);
        #endif // #if UNITY_LIGHT_PROBE_PROXY_VOLUME
    #endif // #if defined(LIGHTMAP_ON)
    return saturate(dot(rawOcclusionMask, unity_OcclusionMaskSelector));
```

unity_ShadowMask 变量是一个阴影蒙版纹理，4.1.7 节对它详细解释过。

8.4.3　UNITY_SAMPLE_TEX2D_SAMPLER 宏的定义

在上述代码段中，宏 UNITY_SAMPLE_TEX2D_SAMPLER 和宏 UNITY_SAMPLE_TEX2D 封装了在不同平台下对一个 2D 纹理的采样操作指令，如以下代码所示。

```
// 所在文件: HLSLSupport.cginc 代码
// 所在目录: CGIncludes
#if defined(SHADER_API_D3D11) || defined(SHADER_API_XBOXONE) ||
defined(UNITY_COMPILER_HLSLCC) || defined(SHADER_API_PSSL)
// 本行在原文件第 414 行
#define UNITY_SAMPLE_TEX2D(tex,coord) tex.Sample (sampler##tex,coord)
// 本行在原文件第 415 行
#define UNITY_SAMPLE_TEX2D_SAMPLER(tex,samplertex,coord) \
tex.Sample (sampler##samplertex,coord)
#else
    // 本行在源文件第 496 行
#define UNITY_SAMPLE_TEX2D(tex,coord) tex2D (tex,coord)
    // 本行在原文件第 497 行
    #define UNITY_SAMPLE_TEX2D_SAMPLER(tex,samplertex,coord) tex2D (tex,coord)
#endif
```

再回到 8.4.2 节所示的代码。注意 fixed4 rawOcclusionMask = UNITY_SAMPLE_TEX2D_SAMPLER(unity_ShadowMask, unity_Lightmap, lightmapUV.xy)这一个语句。假定在 Direct3D11 平台下，这个语句段进行宏代替后变为如下代码：

```
rawOcclusionMask = unity_ShadowMask.Sample(samplerunity_Lightmap, lightmapUV.xy)
```

unity_Lightmap 变量在 4.1.7 节中有详细解释。如前所述，主光照贴图的采样器可以为多个纹理所使用，阴影蒙版贴图 unity_ShadowMask 也是采样主光照贴图的采样器。

8.4.4　UnitySampleBakedOcclusion 函数版本 2

UnitySampleBakedOcclusion 函数的第 2 个版本如下。

```
// 所在文件：UnityShadowLibrary.cginc 代码
// 所在目录：CGIncludes
// 从原文件第 196 行开始，至第 207 行结束
#else
    #if UNITY_LIGHT_PROBE_PROXY_VOLUME && !defined(LIGHTMAP_ON)
            && !UNITY_STANDARD_SIMPLE
        fixed4 rawOcclusionMask = fixed4(1.0, 1.0, 1.0, 1.0);
        if (unity_ProbeVolumeParams.x == 1.0)
            rawOcclusionMask = LPPV_SampleProbeOcclusion(worldPos);
            return saturate(dot(rawOcclusionMask,unity_OcclusionMaskSelector));
    #endif
    return 1.0;
#endif // #if defined (SHADOWS_SHADOWMASK)
}
```

变量 unity_OcclusionMaskSelector 在 UnityShaderVariables.cginc 文件中定义，这个变量是 fixed4 类型，用来控制当前渲染的光源中哪些通道可用。7.5.2 节提到，阴影蒙版的每一个纹素中，存储着它对应的场景某位置点上至多 4 个光源在此的遮挡消息，即记录着这一点中有多少个光源能照得到，对多少个光源照不到的信息。unity_OcclusionMaskSelector 就用来控制这些遮挡。

8.4.5　UnityGetRawBakedOcclusions 函数

UnityGetRawBakedOcclusions 函数的功能和 UnitySampleBakedOcclusion 函数相似，不同之处在于它没有使用 unity_OcclusionMaskSelector 变量选择其中的通道，如以下代码所示。

```
// 所在文件：UnityShadowLibrary.cginc 代码
// 所在目录：CGIncludes
// 从原文件第 210 行开始，至第 228 行结束
fixed4 UnityGetRawBakedOcclusions(float2 lightmapUV, float3 worldPos)
{
#if defined (SHADOWS_SHADOWMASK)
    #if defined(LIGHTMAP_ON)
        return UNITY_SAMPLE_TEX2D_SAMPLER(unity_ShadowMask,
                                unity_Lightmap, lightmapUV.xy);
    #else
        half4 probeOcclusion = unity_ProbesOcclusion;

        #if UNITY_LIGHT_PROBE_PROXY_VOLUME
            if (unity_ProbeVolumeParams.x == 1.0)
                probeOcclusion = LPPV_SampleProbeOcclusion(worldPos);
        #endif

        return probeOcclusion;
    #endif
#else
    return fixed4(1.0, 1.0, 1.0, 1.0);
#endif
}
```

变量 unity_ProbesOcclusion 在 UnityShaderVariables.cginc 文件中定义，它是一个 fixed4 类型的变量。通过调用引擎 C# 层提供的 API 方法：MaterialPropertyBlock.CopyProbeOcculusionArrayFrom，可以从客户端向引擎填充此数值。

8.4.6　UnityMixRealtimeAndBakedShadows 函数

如函数名所示，**UnityMixRealtimeAndBakedShadows** 函数可以对实时阴影和烘焙阴影进行混合。这个函数的主要算法思想是：按平常的做法衰减实时阴影，然后取其和烘焙阴影的最小值。具体代码如下。

```
// 所在文件：UnityShadowLibrary.cginc 代码
// 所在目录：CGIncludes
// 从原文件第 231 行开始，至第 272 行结束
half UnityMixRealtimeAndBakedShadows(half realtimeShadowAttenuation,
                                     half bakedShadowAttenuation,
                                     half fade)
{
    // 如果基于深度贴图的阴影、基于屏幕空间的阴影、基于立方体纹理的阴影这三者都没有打开
#if !defined(SHADOWS_DEPTH) && !defined(SHADOWS_SCREEN)
&& !defined(SHADOWS_CUBE)
    // 如果没有使用蒙版阴影
    #if defined (LIGHTMAP_SHADOW_MIXING) && !defined (SHADOWS_SHADOWMASK)
    // 在 subtractive 模式下，没有阴影存在，参见表 7-5
            return 0.0;
    #else // 使用了阴影蒙版，直接返回预烘焙的衰减值
            return bakedShadowAttenuation;
    #endif
#endif

#if (SHADER_TARGET <= 20) || UNITY_STANDARD_SIMPLE
    // 如果 shade model 不大于 2.0，且启用了阴影蒙版，由于 SM2.0 的指令条数有限制，不进行阴影
    // 淡出和混合的计算，直接比较两者的衰减值，返回小者即可
    #if defined (SHADOWS_SHADOWMASK)
            return min(realtimeShadowAttenuation,bakedShadowAttenuation);
    #else // 直接返回实时阴影的衰减值
            return realtimeShadowAttenuation;
    #endif
#endif
#if defined (SHADOWS_SHADOWMASK) // 如果是启用了阴影蒙版值
    #if defined (LIGHTMAP_SHADOW_MIXING)
            // 实时阴影加上淡化参数后，将它限制在[0,1]范围内
            // 然后将它和预烘焙阴影衰减值比较，返回较小者
            realtimeShadowAttenuation = saturate(realtimeShadowAttenuation + fade);
            return min(realtimeShadowAttenuation,bakedShadowAttenuation);
    #else // 否则就根据淡化参数在实时阴影衰减值和预烘焙阴影衰减值之间进行线性插值
            return lerp(realtimeShadowAttenuation,bakedShadowAttenuation, fade);
    #endif

#else
    half attenuation = saturate(realtimeShadowAttenuation + fade);
    // 不使用阴影蒙版值，则用实时阴影衰减值加上淡化参数后返回
    // 而如果不使用光照贴图，且用光探针代理体，就把处理过的实时阴影衰减
    // 值和预烘焙阴影衰减值进行比较，返回较小者
    // 对于相减模式，处理 LPPV 烘焙的遮着信息
#if UNITY_LIGHT_PROBE_PROXY_VOLUME && !defined(LIGHTMAP_ON)
        && !UNITY_STANDARD_SIMPLE
        if (unity_ProbeVolumeParams.x == 1.0)
            attenuation = min(bakedShadowAttenuation, attenuation);
    #endif
    return attenuation;
#endif
}
```

8.5　阴影的淡化处理

8.5.1　UnityComputeShadowFadeDistance 函数和 UnityComputeShadowFade 函数

为了淡化阴影，要定义以下两个函数。

```
// 所在文件: UnityShadowLibrary.cginc 代码
// 所在目录: CGIncludes
// 从原文件第 278 行开始，至第 288 行结束
// 根据当前片元到当前摄像机的距离值，计算阴影的淡化程度
float UnityComputeShadowFadeDistance(
                        float3 wpos, // 待计算的当前片元在世界坐标系下的位置坐标值
                        float z) // 待计算的当前片元在世界坐标系下到当前摄像机的距离
{
    // 4.1.4 节中有 unity_ShadowFadeCenterAndType 的详细介绍
    // 计算当前点到 unity_ShadowFadeCenterAndType 点的距离
    float sphereDist = distance(wpos, unity_ShadowFadeCenterAndType.xyz);
    return lerp(z, sphereDist, unity_ShadowFadeCenterAndType.w);
}

half UnityComputeShadowFade(float fadeDist)
{
    return saturate(fadeDist * _LightShadowData.z + _LightShadowData.w);
}
```

8.5.2　梯度计算

阴影深度贴图中存储的是片元的深度，一般地，贴图的纹素一般只使用一个颜色通道存储深度值，因此可以将阴影深度贴图等同于一张灰度图。如果将贴图中的每一个纹素的灰度值看作纹理映射坐标 u,v 的一个二元函数，则有灰度函数

$$g = \mathrm{gray}(u,v) \tag{8-1}$$

有了灰度函数，则可以用偏微分描述贴图的灰度变化。因为 $\mathrm{gray}(u,v)$ 函数在某点处有多个方向，所以该点处的方向导数也不唯一。要想找到灰度变化最大的方向，即沿着此方向灰度函数进行求导时，导数的值最大的那个方向就需要用到梯度（gradient）。

梯度是一个向量值，有大小和方向。它在某点处的方向，就是 $\mathrm{gray}(u,v)$ 函数沿着该方向求导时得到的导数值最大的方向。而这个最大的导数值，即梯度向量的向量长度称为梯度值。$\mathrm{gray}(u,v)$ 函数的自变量 u 和 v 在它们的定义域范围中，一一对应的梯度值就组成了关于 u 和 v 的梯度函数。

如果 $\mathrm{gray}(u,v)$ 函数在 u 和 v 的定义域处处有偏导数，那么 $\mathrm{gray}(u,v)$ 函数的梯度函数 $\nabla f(u,v)$ 的定义如下。

$$\nabla f(u,v) = \begin{bmatrix} \dfrac{\partial\, \mathrm{gray}(u,v)}{\partial u} \\[2mm] \dfrac{\partial\, \mathrm{gray}(u,v)}{\partial v} \end{bmatrix} = \begin{bmatrix} \mathrm{gray}'_u(u,v) \\[1mm] \mathrm{gray}'_v(u,v) \end{bmatrix} \tag{8-2}$$

在任意点 (u_0,v_0) 处，二元函数 $\mathrm{gray}(u,v)$ 的梯度值的计算公式为

$$\left| \nabla f(u_0,v_0) \right| = \sqrt{\left[\, \mathrm{gray}'_u(u_0,v_0)\,\right]^2 + \left[\, \mathrm{gray}'_v(u_0,v_0)\,\right]^2} \tag{8-3}$$

从式（8-2）和式（8-3）中可以看出，求梯度首先需要求出水平和垂直方向的偏导数。由于阴影深度贴图的灰度是离散值，无法直接使用基于连续函数的微分运算，因此需要使用差分运算。差分又分为前向差分和逆向差分两种。在离散的情况下，描述阴影深度贴图的灰度函数的自变量 u 和 v 的取值范围是 0 和正整数，并且每相邻两个纹素的自变量的差值为 1。式（8-2）使用前向差分描述为

$$\nabla f(u,v) = \begin{bmatrix} \dfrac{\partial\, \mathrm{gray}(u,v)}{\partial u} \\[2mm] \dfrac{\partial\, \mathrm{gray}(u,v)}{\partial v} \end{bmatrix} = \begin{bmatrix} \mathrm{gray}_u(u+1,v) - \mathrm{gray}_u(u,v) \\[1mm] \mathrm{gray}_v(u,v+1) - \mathrm{gray}_v(u,v) \end{bmatrix} \tag{8-4}$$

8.6　计算深度阴影的偏移值

在使用阴影贴图技术实现阴影时，如果不对阴影效果进行微调，往往会出现交错条纹状阴影的情况，这种现象通常被形象地比喻成"痤疮"（acne），称为阴影渗漏（shadow acne）。未处理和已处理阴影渗漏问题的效果图对比如图 8-2 所示。

（a）未处理　　　　　　　　　　　　　　（b）已处理

▲图 8-2　未处理和已处理阴影渗漏问题的效果图对比

产生阴影渗漏的主因是阴影深度贴图分辨率的问题，即因为阴影深度贴图的分辨率较小，导致在场景中多个片元在计算阴影时对应上了同一个阴影深度贴图的纹素，因而导致判断该片元到底在不在光线可到达的片元之前或者之后出现了问题。

如图 8-3 所示，片元 A、B、C、D 都对应于一个阴影贴图中的采样判定点 p，L_a、L_b、L_c、L_d 分别对应于光源到片元 A、B、C、D 的距离，L 对应于光源到采样判定点 p 的距离。

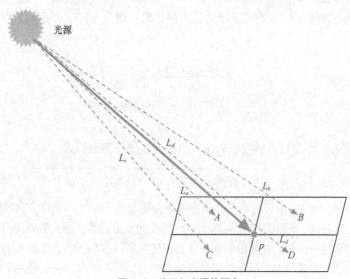

▲图 8-3　片元与光源的距离

因为阴影深度贴图的分辨率不够大，导致 A、B、C、D 这 4 个在光源空间中处于不同位置坐标的片元对应在同一个阴影深度贴图的位置点 p 上，并且 p 所对应的深度值为 L，即光源到这一被照亮的位置点的距离为 L。如果该位置点 p 所对应的片元的位置与光源的距离不大于 L，该片元被照亮；大于 L 就被遮盖住。

在图 8-3 中，因为 4 个片元 A、B、C、D 都没有被其他物体遮挡住，所以无论虚线 L_a、L_b、L_c、L_d 所表示的长度是多少，都应该能被光源所照亮。但在实际计算中，因为阴影深度贴图的分辨率，4 个片元都只能使用 L 作为进行判断照亮与否的距离。所以最终 $L_a < L$、$L_c < L$，片元 A 和 C 被照亮；$L_b > L$、$L_d > L$，片元 B 和 D 被遮挡，导致出现了图 8-2 所示的交错条纹状阴影。

解决阴影渗漏最直接的方法就是把计算出的 L_a、L_b、L_c、L_d 的长度，沿着这些线的反方向"往回拉一拉"，即减去一个微小的偏移值，使得最终 L_a、L_b、L_c、L_d 的长度都小于 L，这样原本应该能被照亮的地方就确实被照明了。这种方法称为调整阴影偏差（shadow bias）。

使用调整阴影偏差有一个很大的问题，就是较难定量地针对当前被照明物体的表面凹凸程度设置准确的偏差值。如果偏移值过小，依然还会有些应被照亮的片元没被照亮；而如果偏移值过大，就会导致影物飘离（Peter Panning[①]），即原本某些应该被遮住不被照亮的片元反被照亮，显得物体和它的影子分开了似的，如图 8-4 所示。

（a）影物飘离效果　　　　　　　　　　　　（b）正确渲染阴影效果

▲图 8-4　影物飘离和正确渲染阴影效果对比

可以看到，设置阴影偏差值是"施朱太赤着粉太白"的操作，要找到一个刚好能够消除阴影渗漏的值是需要一定的技巧和算法的。目前 Unity 3D 引擎着色器中采用的阴影偏差值的计算方法是基于物体斜度（slope）的，称为"基于斜度比例的深度偏差值"（slope scale based depth bias）算法。

大部分改善对阴影深度贴图采样误差的算法，其核心思想是分析待绘制场景中的各部分内容对采样误差的影响程度。

首先约定阴影深度贴图的采样坐标 (u,v) 的取值范围是 $[0,1]×[0,1]$，分辨率为水平方向上 R_u 个纹素、垂直方向上 R_v 个纹素；接着约定当前的视口分辨率为水平方向上 R_i 个像素、垂直方向上 R_j 个像素。那么可以建立某片元的屏幕空间坐标 (i,j) 与阴影深度贴图采样坐标 (u,v) 的映射关系，如下所示。

$$\begin{cases} u = U(i,j,z) \\ v = V(i,j,z) \end{cases} \tag{8-5}$$

式中，z 为观察空间中待渲染物体的某可见片元的 z 坐标值；函数 U 和 V 为已知 i、j、z，求得 u、v 的算法式。

---

① Peter Pan 是苏格兰剧作家 James Matthew Barrie 所创作的长篇小说 *Peter Pan* 的主角，中文译作"彼得·潘"，昵称为"小飞侠"。用 Peter Panning 来描述影物飘离的现象，则是类比于小飞侠飞起来，人和投影在地面上的影子分开不连在一起。

191

8.6.1　UnityGetReceiverPlaneDepthBias 函数

通过以下代码定义 UnityGetReceiverPlaneDepthBias 函数。

```
// 所在文件: UnityShadowLibrary.cginc 代码
// 所在目录: CGIncludes
// 从原文件第 301 行开始，至第 327 行结束
// 根据给定的在屏幕空间中的阴影坐标值，计算阴影接受平面的深度偏移值
float3 UnityGetReceiverPlaneDepthBias(float3 shadowCoord,float biasMultiply)
{
        float3 biasUVZ = 0;

#if defined(UNITY_USE_RECEIVER_PLANE_BIAS) &&
        defined(SHADOWMAPSAMPLER_AND_TEXELSIZE_DEFINED)
        // 得到当前纹理坐标点与水平方向的邻居坐标点
        float3 dx = ddx(shadowCoord);
        float3 dy = ddy(shadowCoord);
        biasUVZ.x = dy.y * dx.z - dx.y * dy.z;
        biasUVZ.y = dx.x * dy.z - dy.x * dx.z;
        biasUVZ.xy *= biasMultiply / ((dx.x * dy.y) - (dx.y * dy.x));
        const float UNITY_RECEIVER_PLANE_MIN_FRACTIONAL_ERROR = 0.01f;
        float fractionalSamplingError =
                    dot(_ShadowMapTexture_TexelSize.xy, abs(biasUVZ.xy));
        biasUVZ.z = -min(fractionalSamplingError,
UNITY_RECEIVER_PLANE_MIN_FRACTIONAL_ERROR);
        #if defined(UNITY_REVERSED_Z)
            biasUVZ.z *= -1;
        #endif
#endif
        return biasUVZ;
}
```

现代 GPU 为了提高效率，会同时对至少 4 个片元进行并行处理。而且这 4 个片元一般以 2×2 的方式组织排列。在实际计算中，计算某一片元与它水平（或垂直）方向上的邻接片元的属性（如它的纹理坐标）的一阶差分值，便可以近似等于该片元在水平（或垂直）方向上的导数。这个计算水平（或垂直）一阶差分值（或者称导数值），在 Cg/HLSL 平台上用 ddx[①]（或 ddy）函数计算，在 GLSL 平台上用 dFdx（或 dFdy）函数计算。因为 ddx/ddy（或 dFdx/dFdy）函数需要用到片元的属性，因此只能在片元着色器中使用它们。

8.6.2　UnityCombineShadowcoordComponents 函数

通过以下代码，定义 UnityCombineShadowcoordComponents 函数。

```
// 所在文件: UnityShadowLibrary.cginc 代码
// 所在目录: CGIncludes
// 从原文件第 333 行开始，至第 338 行结束
// 组合一个阴影坐标的不同分量并返回最后一下分量
// 参见 UnityGetReceiverPlaneDepthBias
float3 UnityCombineShadowcoordComponents(
float2 baseUV,  // 本采样点对应的阴影贴图 uv 坐标
float2 deltaUV, // 本采样点对应的 uv 坐标的偏移量
float depth, // 本采样点存储的深度值
float3 receiverPlaneDepthBias) // 接受阴影投射的平面的深度偏差值
{
        // 阴影贴图的 uv 采样坐标，还有对应的深度值都加上偏移值
        float3 uv = float3(baseUV + deltaUV,depth + receiverPlaneDepthBias.z);
        uv.z += dot(deltaUV, receiverPlaneDepthBias.xy);
        return uv;
}
```

[①] 网络上有一篇名为 *An introduction to shader derivative functions* 的文章，作者是 Giuseppe Portelli。这篇文章详细地介绍了着色器语言中和导数计算相关的函数。读者可自行搜索这篇文章详细了解 Cg 语言中 ddx、ddy 等导数相关的函数的作用。

8.7 PCF 阴影过滤的相关函数

阴影会产生锯齿效果的原因是，在对某片元"判断它是否在阴影之内"而进行深度测试时，要把该片元从当前摄像机的观察空间转换到光源空间中。因为转换矩阵不一样，且阴影深度贴图的分辨率不够大，导致在观察空间中的多个片元对应于阴影深度贴图中的同一个纹素。例如，两个黑色锯齿中间的空白部分，本来这部分应该也是处于黑色阴影中的，但因为采样到的阴影深度贴图中的纹素"刚好"不是黑色的，即那个纹素刚好不在黑色阴影下，所以就导致产生犬牙交错状的锯齿现象。

要解决锯齿效果的最直接也最简单的方式自然就是提高阴影深度贴图的分辨率，但提高贴图的分辨率将会带来急剧增长的内存空间占用过大的问题，而且这种方法也只是能够减轻而无法从算法程度上解决锯齿现象。在实际的实现中，通常采用适中分辨率的阴影深度贴图加上区域采样方法改善锯齿现象。

因为阴影深度贴图的纹素中存储的不是一般纹理的颜色信息，而是存储的深度信息，对深度值取均值会产生不正确的深度结果，所以锯齿现象不能通过对某纹素周边邻接的纹素取值然后求平均值来消除。百分比切近滤波（percentage-close filtering，PCF）方法，是对阴影比较测试后的值进行滤波，可以使生成的阴影边缘平滑柔和。PCF 方法的具体步骤是：在片元着色器中，把当前操作的片元 f 先变换到光源空间，然后经投影和视口变换到阴影深度贴图空间中，假设变换后深度值为 z，对应的贴图坐标为 (u, v)，该坐标对应的纹素的深度值为 z_0。进行到这一步，如果不使用 PCF 方法，那么直接就根据 z 和 z_0 的大小判断该片元要么在阴影中全黑，要么不在阴影中不黑。而 PCF 方法则是对贴图坐标 (u, v) 处的周边纹素也进行采样获取其深度值，再和当前片元的深度值 z 比较，如果在阴影中标为 1，不在阴影中标为 0，并把这些 01 值每项累加求得平均值。这些平均值落在 [0,1] 中，这样阴影就有浓淡之分而不像未使用 PCF 方法之前的非明即暗，从而达到柔化边缘，减少锯齿的效果。图 8-5 演示了使用 3×3 的 PCF 方法采样效果。

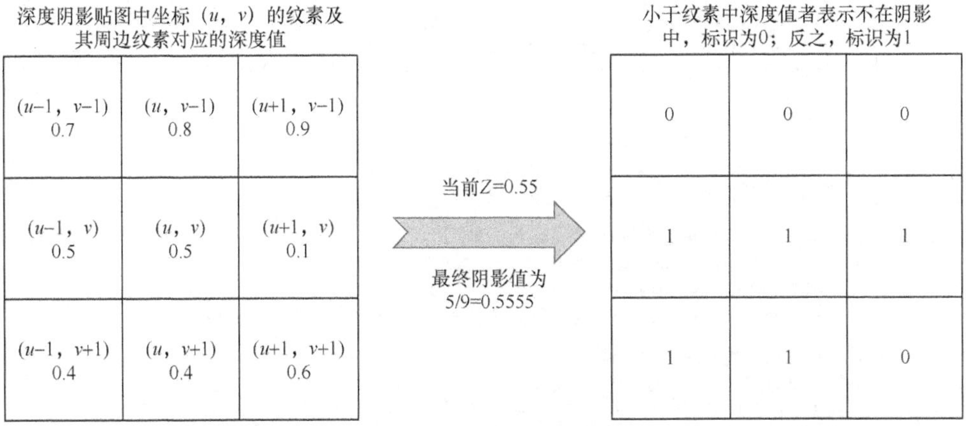

▲图 8-5 3×3 的 PCF 采样效果

图 8-5 中，如果令最终阴影值为 shadow，待采样的阴影纹理贴图 depthTexture，写成伪代码格式的数学表达式为

$$shadow = \sum_{i=0}^{n} (v_i \text{Weight}[i]) \tag{8-6}$$

当 $\text{tex2D}(depthTexture, uv + uv\text{Offset}[i]).r < z$ 时，$v_i = 1$；当 $\text{tex2D}(depthTexture, uv + uv\text{Offset}[i]).r \geq z$ 时，$v_i = 0$

式中，Weight 为各个采样点的权重值，即对阴影的贡献值。

显然图 8-5 中的 Weight 值是一个常数，为 1/9。

8.7.1　UnitySampleShadowmap_PCF3x3NoHardwareSupport 函数

当目标平台没有使用硬件实现的 PCF 功能时，引擎提供 UnitySampleShadowmap_PCF3x3NoHardwareSupport 函数，用着色器代码实现如上所示的 3×3 PCF 采样的功能，代码如下。

```
// 所在文件: UnityShadowLibrary.cginc 代码
// 所在目录: CGIncludes
// 从原文件第 461 行开始，至第 484 行结束
half UnitySampleShadowmap_PCF3x3NoHardwareSupport(
float4 coord, float3 receiverPlaneDepthBias)
{
    half shadow = 1;

#ifdef SHADOWMAPSAMPLER_AND_TEXELSIZE_DEFINED
    float2 base_uv = coord.xy;
    float2 ts = _ShadowMapTexture_TexelSize.xy;
    shadow = 0;

    // 取得本采样点纹素的左上方纹素 1
    shadow += UNITY_SAMPLE_SHADOW(_ShadowMapTexture,
            UnityCombineShadowcoordComponents(base_uv,
            float2(-ts.x, -ts.y), coord.z, receiverPlaneDepthBias));

    // 取得本采样点纹素的正上方纹素 2
    shadow += UNITY_SAMPLE_SHADOW(_ShadowMapTexture,
            UnityCombineShadowcoordComponents(base_uv,
            float2(0, -ts.y), coord.z, receiverPlaneDepthBias));

    // 取得本采样点纹素的右上方纹素 3
    shadow += UNITY_SAMPLE_SHADOW(_ShadowMapTexture,
            UnityCombineShadowcoordComponents(base_uv,
            float2(ts.x, -ts.y), coord.z, receiverPlaneDepthBias));

    // 取得本采样点纹素的正左方纹素 4
    shadow += UNITY_SAMPLE_SHADOW(_ShadowMapTexture,
            UnityCombineShadowcoordComponents(base_uv,
            float2(-ts.x, 0), coord.z, receiverPlaneDepthBias));

    // 本采样点纹素 5
    shadow += UNITY_SAMPLE_SHADOW(_ShadowMapTexture,
            UnityCombineShadowcoordComponents(base_uv,
            float2(0, 0), coord.z, receiverPlaneDepthBias));

    // 取得本采样点纹素的正右方纹素 6
    shadow += UNITY_SAMPLE_SHADOW(_ShadowMapTexture,
            UnityCombineShadowcoordComponents(base_uv,
            float2(ts.x, 0), coord.z, receiverPlaneDepthBias));

    // 取得本采样点纹素的左下方纹素 7
    shadow += UNITY_SAMPLE_SHADOW(_ShadowMapTexture,
            UnityCombineShadowcoordComponents(base_uv,
            float2(-ts.x, ts.y), coord.z, receiverPlaneDepthBias));

    // 取得本采样点纹素的正下方纹素 8
    shadow += UNITY_SAMPLE_SHADOW(_ShadowMapTexture,
            UnityCombineShadowcoordComponents(base_uv,
            float2(0, ts.y), coord.z, receiverPlaneDepthBias));

    // 取得本采样点纹素的右下方纹素 9
    shadow += UNITY_SAMPLE_SHADOW(_ShadowMapTexture,
            UnityCombineShadowcoordComponents(base_uv,
            float2(ts.x, ts.y), coord.z, receiverPlaneDepthBias));
    shadow /= 9.0; // 取得平均值
#endif
```

```
    return shadow;
}
```

8.7.2 用于进行 PCF 过滤的辅助函数

纹素的采样个数取决于采样内核所执行的区域大小。一个纹素个数为 $m \times m$ 的深度阴影贴图，如果要把所有纹素都用来进行采样计算，需要 $n = m^2$ 次采样计算，这显然是很不切实际的。因此，Unity 3D 引擎使用了一些减少 PCF 纹素采样次数的优化算法。

对于图 8-6 所示的一个采样内核（也称为滤波器），如果不经算法优化，即便使用直接支持一次取样 4 个纹素的硬件指令，也依然需要做 9 次纹理采样操作，而经优化后只需要做 4 次就能达到同样的效果。纹理采样的次数直接决定了滤波操作的性能效率。经优化算法[①]后，可以把一个 n 阶的滤波器 $(n-1)^2$ 次采样降到 $\left(\dfrac{n}{2}\right)^2$ 次采样，从而大大提升执行效率。

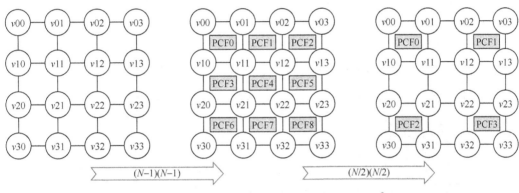

▲图 8-6 PCF 采样次数，从 $(n-1)^2$ 次采样优化至只使用 $\left(\dfrac{n}{2}\right)^2$ 次采样

Unity 3D 引擎使用了若干不同规格的等腰直角三角形，在 4 阶、6 阶、8 阶采样内核上进行覆盖，以获取不同纹素对阴影的贡献程度，然后遵循 n 阶采样内核执行 $\left(\dfrac{n}{2}\right)^2$ 次采样的规则进行 PCF 处理。下面的代码就是进行 PCF 操作的一系列工具函数。

1. _UnityInternalGetAreaAboveFirstTexelUnderAIsocelesRectangleTriangle 函数

_UnityInternalGetAreaAboveFirstTexelUnderAIsocelesRectangleTriangle 函数的代码如下。

```
// 所在文件：UnityShadowLibrary.cginc 代码
// 所在目录：CGIncludes
// 从原文件第 353 行开始，至第 356 行结束
// 根据给定的三角形的高 triangleHeight，得到以 triangleHeight 值为高的等腰直角三角形的面积
float _UnityInternalGetAreaAboveFirstTexelUnderAIsocelesRectangleTriangle(
    float triangleHeight)
{
    return triangleHeight - 0.5;
}
```

上述代码是根据一个给定高的等腰直角三角形计算该三角形的面积。该三角形的高以纹素为单位，因此，直接令高减去 0.5 即可得其面。如图 8-7 所示，可知等腰直角三角形的高和面积之

---

① 网络上有一篇名为 "Fast conventional shadow filtering" 的文章，作者是 Holger Gruen。此文详细地阐述了减少 PCF 采样次数的算法原理。

间的数值关系。

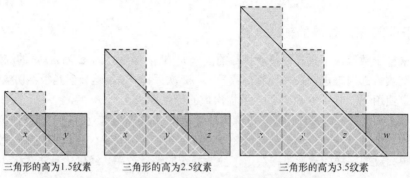

三角形的高为1.5纹素　　　三角形的高为2.5纹素　　　　　三角形的高为3.5纹素

▲图 8-7　等腰直角三角形的高和面积之间的数值关系

　　在下面的代码中，给定一个高为 1.5 纹素、底为 3 纹素的等腰直角三角形，在不同的水平方向偏移值的情况下，对于覆盖在 4 个连续的纹素方格上的这个三角形，求每个方格上放置的部分的面积。

2.　_UnityInternalGetAreaPerTexel_3TexelsWideTriangleFilter 函数

　　_UnityInternalGetAreaPerTexel_3TexelsWideTriangleFilter 函数的代码如下。

```
// 所在文件: UnityShadowLibrary.cginc 代码
// 所在目录: CGIncludes
// 从原文件第 367 行开始，至第 389 行结束

// 本函数假定本等腰三角形的高为 1.5 纹素，底为 3 纹素，共占据了 4 个纹素点，本函数返回本三角形分别被
// 这 4 个纹素点分割了多少面积
void _UnityInternalGetAreaPerTexel_3TexelsWideTriangleFilter(
                        float offset, // 取值范围是[-0.5,0.5]，为 0 时表示三角形居中
                        out float4 computedArea, out float4 computedAreaUncut)
{
    // 假设 offset 为 0，则 offset01SquaredHalved 为 0.125
    // computedAreaUncut.x 和 computedArea.x 为 0.125
    // computedAreaUncut.w 和 computedArea.w 也为 0.125

    // 假设 offset 为 0.5，则 offset01SquaredHalved 为 0.5
    // computedAreaUncut.x 和 computedArea.x 为 0
    // computedAreaUncut.w 和 computedArea.w 也为 0
    float offset01SquaredHalved = (offset + 0.5) * (offset + 0.5) * 0.5;
    computedAreaUncut.x = computedArea.x = offset01SquaredHalved - offset;
    computedAreaUncut.w = computedArea.w = offset01SquaredHalved;

    //当 offset 等于 0 时，computedAreaUncut.y 为 1
    //当 offset 等于 0.5 时，computedAreaUncut.y 为 0.5. computedArea.y 为 0.5
    computedAreaUncut.y =
    _UnityInternalGetAreaAboveFirstTexelUnderAIsocelesRectangleTriangle(1.5 - offset);
    float clampedOffsetLeft = min(offset,0);
    float areaOfSmallLeftTriangle = clampedOffsetLeft * clampedOffsetLeft;
    computedArea.y = computedAreaUncut.y - areaOfSmallLeftTriangle;

    //当 offset 为 0 时，computedAreaUncut.z 和 computedArea.z 都为 1
    computedAreaUncut.z =
    _UnityInternalGetAreaAboveFirstTexelUnderAIsocelesRectangleTriangle(1.5 + offset);
    float clampedOffsetRight = max(offset,0);
    float areaOfSmallRightTriangle = clampedOffsetRight * clampedOffsetRight;
    computedArea.z = computedAreaUncut.z - areaOfSmallRightTriangle;
}
```

　　假设传递进来的 offset 分别为 0、−0.5、0.5，对应的 computedAreaUncut 和 computedArea 的

值如图 8-8 所示。

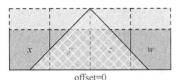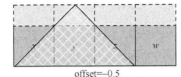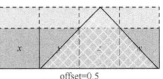

offset=0
computedAreaUncut=(0.125, 1, 1, 0.125)
computedArea=(0.125, 1, 1, 0.125)

offset=−0.5
computedAreaUncut=(0.5, 1.5, 0.5, 0)
computedArea=(0.5, 1.25, 0.5, 0)

offset=0.5
computedAreaUncut=(0, 0.5, 1.5, 0.5)
computedArea=(0, 0.5, 1.25, 0.5)

▲图 8-8 _UnityInternalGetAreaPerTexel_3TexelsWideTriangleFilter 函数的不同返回值

有时并不需要知道每个纹素上面覆盖着的部分三角形的面积，而只需要知道这些部分三角形的面积占总面积的百分比。函数_UnityInternalGetWeightPerTexel_3TexelsWideTriangleFilter 就可实现这个功能，本质上该函数就是转调_UnityInternalGetAreaPerTexel_3TexelsWideTriangleFilter 函数获取到部分三角形后再除以总面积。

3. _UnityInternalGetWeightPerTexel_3TexelsWideTriangleFilter 函数

_UnityInternalGetWeightPerTexel_3TexelsWideTriangleFilter 函数的代码如下。

```
// 所在文件: UnityShadowLibrary.cginc 代码
// 所在目录: CGIncludes
// 从原文件第 395 行开始，至第 399 行结束

// 本函数假定等腰直角三角形的高为 1.5 纹素，底为 3 纹素，该三角形覆盖在 4 个纹素点上
// 本函数将求出每个垫在纹素点上面的那部分三角形的面积，并求出各部分面积占总面积的比例并返回
void _UnityInternalGetWeightPerTexel_3TexelsWideTriangleFilter(
        float offset,
        out float4 computedWeight)// 每个垫在纹素点上面的那部分三角形的面积占总面积的比例
{
    float4 dummy;
    // 获取每个纹素上面的部分三角形的面积
    _UnityInternalGetAreaPerTexel_3TexelsWideTriangleFilter(
                                    offset, computedWeight, dummy);
    computedWeight *= 0.44444;//0.4444444…是总面积 2.25 的倒数
}
```

接下来的函数则处理一个高为 2.5 纹素、底为 5 纹素的等腰直角三角形，求得在不同的水平方向偏移值的情况下，覆盖在 6 个连续的纹素方格上的三角形每个方格上放置的部分的面积分别是多少。其计算方式和"高为 1.5 纹素底为 3 纹素"的较小三角形相同，并且由于对称性，可以直接调用计算较小三角形的_UnityInternalGetAreaPerTexel_3TexelsWideTriangleFilter 函数得到结果后，对应补加上多出来的面积片即可，如图 8-9 所示。

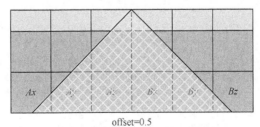

offset=0.5
texelsWeightsA=(0.02, 0.16, 0.32)
texelsWeightsB=(0.32, 0.16, 0.02)

▲图 8-9 高为 2.5 纹素、底为 5 纹素的等腰直角三角形
在 6 个纹素点上分别覆盖了的面积示意图

4.　_UnityInternalGetWeightPerTexel_5TexelsWideTriangleFilter 函数

_UnityInternalGetWeightPerTexel_5TexelsWideTriangleFilter 函数的代码如下。

```
// 所在文件: UnityShadowLibrary.cginc 代码
// 所在目录: CGIncludes
// 从原文件第 409 行开始，至第 425 行结束
// 本函数假定一个等腰直角三角形的高为 2.5 纹素，底为 5 纹素，该三角形覆盖在 6 个纹素点上
// 本函数将求出每个垫在纹素点上面的那部分三角形的面积，并求出各部分面积占总面积的比例并返回
void _UnityInternalGetWeightPerTexel_5TexelsWideTriangleFilter(float offset,
out float3 texelsWeightsA, // 每个垫在纹素点上面的那部分三角形的面积占总面积的比例
out float3 texelsWeightsB) // 每个垫在纹素点上面的那部分三角形的面积占总面积的比例
{
    float4 computedArea_From3texelTriangle;
    float4 computedAreaUncut_From3texelTriangle;
    // 按高为 1.5 纹素，底为 3 纹素，覆盖在 4 个纹素点上的方法先算出其中 4 个纹素点
    // 剩余的两个重用_UnityInternalGetAreaPerTexel_3TexelsWideTriangleFilter
    // 的计算结果来计算最终大小
    _UnityInternalGetAreaPerTexel_3TexelsWideTriangleFilter(offset,
            computedArea_From3texelTriangle, computedAreaUncut_From3texelTriangle);

    // 0.16 是三角形总面积 6.25 的倒数，求得各部分面积占总面积的比例
    texelsWeightsA.x = 0.16 * (computedArea_From3texelTriangle.x);
    texelsWeightsA.y = 0.16 * (computedAreaUncut_From3texelTriangle.y);
    texelsWeightsA.z = 0.16 * (computedArea_From3texelTriangle.y + 1);
    texelsWeightsB.x = 0.16 * (computedArea_From3texelTriangle.z + 1);
    texelsWeightsB.y = 0.16 * (computedAreaUncut_From3texelTriangle.z);
    texelsWeightsB.z = 0.16 * (computedArea_From3texelTriangle.w);
}
```

最后的辅助函数是处理一个高为 3.5 纹素、底为 7 纹素的等腰直角三角形，求得在不同的水平方向偏移值的情况下，覆盖在 8 个连续纹素方格上的这个三角形每个方格上放置的部分的面积。算法和上一个三角形类似，代码如下。

5.　_UnityInternalGetWeightPerTexel_7TexelsWideTriangleFilter 函数

```
// 所在文件: UnityShadowLibrary.cginc 代码
// 所在目录: CGIncludes
// 从原文件第 434 行开始，至第 452 行结束
// 本函数假定一个等腰直角三角形的高为 3.5 纹素，底为 7 纹素，该三角形覆盖在 8 个纹素点上
// 本函数将求出每个垫在纹素点上面的那部分三角形的面积，并求出各部分面积占总面积的比例并返回
void _UnityInternalGetWeightPerTexel_7TexelsWideTriangleFilter(float offset,
out float4 texelsWeightsA, // 每个垫在纹素点上面的那部分三角形的面积占总面积的比例
out float4 texelsWeightsB) // 每个垫在纹素点上面的那部分三角形的面积占总面积的比例
{
    // 按高 1.5 纹素，宽 3 纹素，覆盖在 4 个纹素点上的方法先算出其中 4 个纹素点
    // 剩余的两个重用_UnityInternalGetAreaPerTexel_3TexelsWideTriangleFilter
    // 的计算结果来计算最终大小
    float4 computedArea_From3texelTriangle;
    float4 computedAreaUncut_From3texelTriangle;
    _UnityInternalGetAreaPerTexel_3TexelsWideTriangleFilter(offset,
            computedArea_From3texelTriangle, computedAreaUncut_From3texelTriangle);

    // 0.081632 是三角形总面积 12.25 的倒数，求得各部分面积占总面积的比例
    texelsWeightsA.x = 0.081632 * (computedArea_From3texelTriangle.x);
    texelsWeightsA.y = 0.081632 * (computedAreaUncut_From3texelTriangle.y);
    texelsWeightsA.z = 0.081632 * (computedAreaUncut_From3texelTriangle.y + 1);
    texelsWeightsA.w = 0.081632 * (computedArea_From3texelTriangle.y + 2);
    texelsWeightsB.x = 0.081632 * (computedArea_From3texelTriangle.z + 2);
    texelsWeightsB.y = 0.081632 * (computedAreaUncut_From3texelTriangle.z + 1);
    texelsWeightsB.z = 0.081632 * (computedAreaUncut_From3texelTriangle.z);
    texelsWeightsB.w = 0.081632 * (computedArea_From3texelTriangle.w);
}
```

8.7.3 执行 PCF 过滤操作的函数

获取了在不同纹素下的三角形覆盖比例之后，可以根据减少 PCF 采样次数的原则进行阴影采样操作。UnitySampleShadowmap_PCF3x3Tent 函数是对四阶的采样内核进行操作，因此，可以将 PCF 采样次数精简到 4 次，UnitySampleShadowmap_PCF3x3Tent 函数如以下代码所示。

```
// 所在文件: UnityShadowLibrary.cginc 代码
// 所在目录: CGIncludes
// 从原文件第 489 行开始，至第 529 行结束
half UnitySampleShadowmap_PCF3x3Tent(float4 coord, float3 receiverPlaneDepthBias)
{
    half shadow = 1;
#ifdef SHADOWMAPSAMPLER_AND_TEXELSIZE_DEFINED
#ifndef SHADOWS_NATIVE // 如果没有硬件，不支持用硬件指令实现 PCF 采样
                       // 则转调用软件方法实现 3×3 的采样
    return UnitySampleShadowmap_PCF3x3NoHardwareSupport(coord,receiverPlaneDepthBias);
#endif
// 把单位化纹理映射坐标转为纹素坐标, _ShadowMapTexture_TexelSize.zw
// 为阴影贴图的长和宽方向各自的纹素个数
    float2 tentCenterInTexelSpace = coord.xy * _ShadowMapTexture_TexelSize.zw;

    // floor 函数向下取整
    float2 centerOfFetchesInTexelSpace = floor(tentCenterInTexelSpace + 0.5);

    // 计算 tent 中点到 fetch 点中点的偏移值
    float2 offsetFromTentCenterToCenterOfFetches =
                        tentCenterInTexelSpace - centerOfFetchesInTexelSpace;

    // 为便于理解，现在假定 tentCenterInTexelSpace 为 ( 4, 6 ), 则
    // centerOfFetchesInTexelSpace = (4,6)
    // offsetFromTentCenterToCenterOfFetches = (0,0)

    // 求出基于每个纹素的权重
    // 判断每个纹素所占有的部分三角形的权重，根据上面给定的数值，可以得到
    // texelsWeightsU = (0.0556,0.4444,0.4444,0.0556)
    // texelsWeightsV = (0.0556,0.4444,0.4444,0.0556)
    float4 texelsWeightsU, texelsWeightsV;
    _UnityInternalGetWeightPerTexel_3TexelsWideTriangleFilter(
                        offsetFromTentCenterToCenterOfFetches.x, texelsWeightsU);
    _UnityInternalGetWeightPerTexel_3TexelsWideTriangleFilter(
                        offsetFromTentCenterToCenterOfFetches.y, texelsWeightsV);

    // 每次提取会覆盖一组的 2×2 的纹素
    // 该组的权重是纹素权重的和
    // 根据上面的数值，可以得到
    // fetchesWeitghtsU = (0.5,0.5) fetchesWeightsV = (0.5,0.5)
    float2 fetchesWeightsU = texelsWeightsU.xz + texelsWeightsU.yw;
    float2 fetchesWeightsV = texelsWeightsV.xz + texelsWeightsV.yw;
    // 根据上面的数值，可以得到
    // texelsWeightsU = (0.0556,0.4444,0.4444,0.0556)
    // texelsWeightsV = (0.0556,0.4444,0.4444,0.0556)

    // 经计算之后
    // fetchesOffsetsU = (-0.6112, 0.1112), fetchesOffsetsV = (-0.6112, 0.1112),
    // 假定 texelSize.xy 都为 0.01, 则最终
    // fetchesOffsetsU = (-0.006112, 0.001112), fetchesOffsetsV = (-0.006112, 0.001112)
    float2 fetchesOffsetsU = texelsWeightsU.yw / fetchesWeightsU.xy + float2(-1.5,0.5);
    float2 fetchesOffsetsV = texelsWeightsV.yw / fetchesWeightsV.xy + float2(-1.5,0.5);
    fetchesOffsetsU *= _ShadowMapTexture_TexelSize.xx;
    fetchesOffsetsV *= _ShadowMapTexture_TexelSize.yy;

    // 采样点开始的纹理贴图坐标
    float2 bilinearFetchOrigin =
                    centerOfFetchesInTexelSpace * _ShadowMapTexture_TexelSize.xy;
    // fetchesWeightsU.x 对应于 x0, fetchesWeightsU.y 对应于 x1
    // fetchesWeightsV.x 对应于 y0, fetchesWeightsV.y 对应于 y1
```

```
    // 双线性过滤
    shadow =  fetchesWeightsU.x * fetchesWeightsV.x *
    UNITY_SAMPLE_SHADOW( _ShadowMapTexture,
                    UnityCombineShadowcoordComponents(
                        bilinearFetchOrigin,
                        float2(fetchesOffsetsU.x, fetchesOffsetsV.x),
                        coord.z, receiverPlaneDepthBias));

     shadow += fetchesWeightsU.y * fetchesWeightsV.x *
     UNITY_SAMPLE_SHADOW( _ShadowMapTexture,
                    UnityCombineShadowcoordComponents(
                        bilinearFetchOrigin,
                        float2(fetchesOffsetsU.y, fetchesOffsetsV.x),
                        coord.z, receiverPlaneDepthBias));

    shadow += fetchesWeightsU.x * fetchesWeightsV.y *
    UNITY_SAMPLE_SHADOW( _ShadowMapTexture,
                    UnityCombineShadowcoordComponents(
                        bilinearFetchOrigin,
                        float2(fetchesOffsetsU.x, fetchesOffsetsV.y),
                        coord.z, receiverPlaneDepthBias));

    shadow += fetchesWeightsU.y * fetchesWeightsV.y *
    UNITY_SAMPLE_SHADOW( _ShadowMapTexture,
                    UnityCombineShadowcoordComponents(bilinearFetchOrigin,
                        float2(fetchesOffsetsU.y, fetchesOffsetsV.y),
                        coord.z, receiverPlaneDepthBias));
#endif
    return shadow;
}
```

　　计算采样的阴影值采用的是双线性插值方式，上述代码中举例的具体数值代入后计算可得到 4 个采样点。原始阴影采样点和 4 个 PCF 采样点的位置关系如图 8-10 所示。

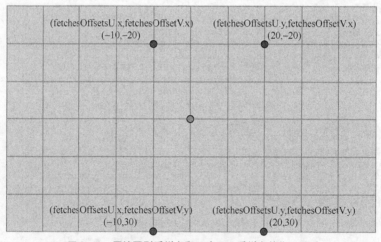

▲图 8-10　原始阴影采样点和 4 个 PCF 采样点的位置关系

　　UnitySampleShadowmap_PCF5x5Tent 函数和 UnitySampleShadowmap_PCF7x7Tent 函数的算法思想和 UnitySampleShadowmap_PCF3x3Tent 函数类似，在此不展开说明。

8.7.4　基于 3×3 内核高斯模糊的 PCF 过滤操作

　　百分比切近过滤技术是非加权的区域采样方法，可以对采样区域进行加权的方法使得相交区域对片元的亮度的贡献依赖于该区域与片元中心的距离。当直线经过某一个片元时，该片元的亮度 F 是在两者相交的区域 A 上，对滤波器函数 $W(x,y)$ 的积分。

高斯模糊（Gaussian blur）滤波技术就是基于加权区域采样的思想，对待处理区域进行模糊处理。把高斯模糊应用在硬阴影的边缘时，可以对硬阴影的边缘锯齿现象进行模糊化，产生软阴影的边缘柔化效果。高斯模糊效果的滤波器函数为高斯滤波器（Gaussian filter），滤波器函数 $W(x,y)$ 和亮度 F 如下。

$$W(x, y) = \frac{1}{\sqrt{2\pi}\sigma} e^{-\frac{x^2+y^2}{2\sigma^2}} \tag{8-7}$$

$$F = \int_A W(x, y)\mathrm{d}A \tag{8-8}$$

从式（8-7）和式（8-8）可以看到，要求解某片元 F 处的亮度值计算量非常大，可以采用离散计算的方法去模拟计算。首先将片元均匀分割成 n 个子片元，则每个子片元的所在面积为 $\frac{1}{n}$；然后计算每个子片元对原片元的亮度贡献，并将其保存在一个二维加权表中；接着求出所有中心落于直线段内的子片元，并计算这些子片元对原片元亮度的贡献的和。假如每个片元可以划分为 $n = 3\times3$ 个子片元，则加权表可以设置为

$$\begin{bmatrix} w_1 & w_2 & w_3 \\ w_4 & w_5 & w_6 \\ w_7 & w_8 & w_9 \end{bmatrix} = \frac{1}{16}\begin{bmatrix} 1 & 2 & 1 \\ 2 & 4 & 2 \\ 1 & 2 & 1 \end{bmatrix} \tag{8-9}$$

当 n 越大的时候，高斯分布曲面就越平滑。高斯模糊是根据高斯公式先计算出周围片元对需要模糊的那个片元的影响程度，即权重值，然后对图像中该像素的颜色值进行卷积计算，最后得到该片元的颜色值。

1. UnitySampleShadowmap_PCF3x3Gaussian 函数

Unity 3D 引擎提供了 UnitySampleShadowmap_PCF3x3Gaussian 函数，在 PCF 采样的基础上，用高斯模糊算法重建了各采样点的权重值，如以下代码所示。

```
// 所在文件: UnityShadowLibrary.cginc 代码
// 所在目录: CGIncludes
// 从原文件第 646 行开始, 至第 681 行结束
half UnitySampleShadowmap_PCF3x3Gaussian(float4 coord, float3 receiverPlaneDepthBias)
{
    half shadow = 1;
#ifdef SHADOWMAPSAMPLER_AND_TEXELSIZE_DEFINED
    #ifndef SHADOWS_NATIVE
        return UnitySampleShadowmap_PCF3x3NoHardwareSupport(
                                    coord, receiverPlaneDepthBias);
    #endif

  // 求得每个采样点的权重
    const float2 offset = float2(0.5, 0.5);
    float2 uv = (coord.xy * _ShadowMapTexture_TexelSize.zw) + offset;
    float2 base_uv = (floor(uv) - offset) * _ShadowMapTexture_TexelSize.xy;
    float2 st = frac(uv);

    float2 uw = float2(3 - 2 * st.x, 1 + 2 * st.x);
    float2 u = float2((2 - st.x) / uw.x - 1, (st.x) / uw.y + 1);
    u *= _ShadowMapTexture_TexelSize.x;

    float2 vw = float2(3 - 2 * st.y, 1 + 2 * st.y);
    float2 v = float2((2 - st.y) / vw.x - 1, (st.y) / vw.y + 1);
    v *= _ShadowMapTexture_TexelSize.y;

    half sum = 0;
```

```
    sum += uw[0] * vw[0] *
        UNITY_SAMPLE_SHADOW(_ShadowMapTexture,
            UnityCombineShadowcoordComponents(base_uv, float2(u[0], v[0]),
                                    coord.z, receiverPlaneDepthBias));

    sum += uw[1] * vw[0] *
        UNITY_SAMPLE_SHADOW(_ShadowMapTexture,
            UnityCombineShadowcoordComponents(base_uv, float2(u[1], v[0]),
                                    coord.z, receiverPlaneDepthBias));
    sum += uw[0] * vw[1] *
        UNITY_SAMPLE_SHADOW(_ShadowMapTexture,
            UnityCombineShadowcoordComponents(base_uv, float2(u[0], v[1]),
                                    coord.z, receiverPlaneDepthBias));
    sum += uw[1] * vw[1] *
        UNITY_SAMPLE_SHADOW(_ShadowMapTexture,
            UnityCombineShadowcoordComponents(base_uv, float2(u[1], v[1]),
                                    coord.z, receiverPlaneDepthBias));
    shadow = sum / 16.0f;
#endif
    return shadow;
}
```

　　UnitySampleShadowmap_PCF5x5Gaussian 函数和 UnitySampleShadowmap_PCF3x3Gaussian 函数的算法思想类似，在此也不做展开讨论。而 UnitySampleShadowmap_PCF3x3 等各个 PCF 函数则是转调用 UnitySampleShadowmap_PCF3x3Tent 等函数实现的，如下所示。

2. UnitySampleShadowmap_PCF3x3 等一系列函数

```
// 所在文件：UnityShadowLibrary.cginc 代码
// 所在目录：CGIncludes
// 从原文件第 736 行开始，至第 749 行结束
half UnitySampleShadowmap_PCF3x3(float4 coord, float3 receiverPlaneDepthBias){
    return UnitySampleShadowmap_PCF3x3Tent(coord, receiverPlaneDepthBias);
}
half UnitySampleShadowmap_PCF5x5(float4 coord, float3 receiverPlaneDepthBias){
    return UnitySampleShadowmap_PCF5x5Tent(coord, receiverPlaneDepthBias);
}
half UnitySampleShadowmap_PCF7x7(float4 coord, float3 receiverPlaneDepthBias){
    return UnitySampleShadowmap_PCF7x7Tent(coord, receiverPlaneDepthBias);
}
#endif // UNITY_BUILTIN_SHADOW_LIBRARY_INCLUDED
```

第 9 章　AutoLight.cginc 文件分析

AutoLight.cginc 文件包含了一系列用来进行照明和阴影计算的函数，这些照明和阴影计算的函数被使用于后续章节详细分析的 Unity 3D 标准着色器中。本章将重点讲述此文件中关于聚光灯和有向平行光的计算原理。

9.1　DIRECTIONAL 宏的定义

DIRECTIONAL 宏的定义如下。

```
// 所在文件: AutoLight.cginc 代码
// 所在目录: CGIncludes
// 从原文件第 3 行开始，至第 16 行结束
#ifndef AUTOLIGHT_INCLUDED
#define AUTOLIGHT_INCLUDED

#include "HLSLSupport.cginc"
#include "UnityShadowLibrary.cginc"

// 如果没有使用点光源和聚光灯光源，没有定义一个有向平行光光源，没有使用点 cookie 和有向平行光 cookie，
// 则默认定义一个有向平行光
#if !defined(POINT) && !defined(SPOT) && !defined(DIRECTIONAL) && !defined(POINT_COOKIE)
&& !defined(DIRECTIONAL_COOKIE)
    #define DIRECTIONAL
#endif
```

9.2　有向平行光产生的基于屏幕空间的阴影的相关函数

9.2.1　启用UNITY_NO_SCREENSPACE_SHADOWS宏时TRANSFER_SHADOW宏的定义

启用 UNITY_NO_SCREENSPACE_SHADOWS 宏时 TRANSFER_SHADOW 宏的定义如下。

```
// 所在文件: AutoLight.cginc 代码
// 所在目录: CGIncludes
// 从原文件第 19 行开始，至第 23 行结束

// 如果在屏幕空间中处理阴影
#if defined (SHADOWS_SCREEN)
// 当屏幕空间层叠式阴影（screen space cascaded shadow map）不启用时，宏
// UNITY_NO_SCREENSPACE_SHADOWS 被启用，引擎的 C#层代码有
// BuiltinShaderDefine.UNITY_NO_SCREENSPACE_SHADOWS 对应控制设置
#if defined(UNITY_NO_SCREENSPACE_SHADOWS)
    // UNITY_DECLARE_SHADOWMAP 在 8.2.2 节中有详细说明
    //声明一个名为_ShadowMapTexture 的阴影纹理贴图
        UNITY_DECLARE_SHADOWMAP(_ShadowMapTexture);
        #define TRANSFER_SHADOW(a) a._ShadowCoord = \
                mul(unity_WorldToShadow[0], mul( unity_ObjectToWorld, v.vertex ));
```

TRANSFER_SHADOW 宏定义了这样一个功能：首先把一个顶点从它的局部坐标系转换到世界坐标系下，即 mul（unity_ObjectToWorld, v.vertex）语句的功能；接着把该世界坐标值变换到阴

影空间中，得到在阴影空间中的坐标值，并赋值给 a._ShadowCoord。

　　从代码中可以看到，使用 TRANSFER_SHADOW 宏时，传给它的参数 a 必然是一个结构体，并且含有一个名为_ShadowCoord 的成员变量，而且该语句中包含一块 v.vertex 的代码。这也就是说，这个宏必须搭配其他代码语句使用，并且"其他代码语句"要包含一个变量名为 v 的结构体，且这个结构体中必须包含一个 4D 向量类型的、名为 vertex 的成员变量。

　　_ShadowCoord 变量在代码段中有定义，是一个 unityShadowCoord4 类型的变量，而 unityShadowCoord4 又在 UnityShadowLibrary.cginc 文件中有定义，为 fixed4 类型。通过宏 SHADOW_COORDS 可以声明_ShadowCoord 变量绑定一个 TEXTCOORD 语义。

9.2.2　启用 UNITY_NO_SCREENSPACE_SHADOWS 宏时的 unitySampleShadow 函数

```
// 所在文件：AutoLight.cginc 代码
// 所在目录：CGIncludes
// 从原文件第 24 行开始，至第 38 行结束
// 阴影的强度
    inline fixed unitySampleShadow (unityShadowCoord4 shadowCoord)
    {
        // UNITY_SAMPLE_SHADOW 宏在 8.2.2 节中有详细说明
        #if defined(SHADOWS_NATIVE)
            fixed shadow = UNITY_SAMPLE_SHADOW(_ShadowMapTexture, shadowCoord.xyz);
            shadow = _LightShadowData.r + shadow * (1-_LightShadowData.r);
            return shadow;
        #else
            // SAMPLE_DEPTH_TEXTURE 宏在 8.2.3 节中有详细说明
            unityShadowCoord dist =
                    SAMPLE_DEPTH_TEXTURE(_ShadowMapTexture, shadowCoord.xy);
            // 在 tegra 处理器上，如果参数直接把_LightShadowData.x 传给 Cg
            // 库函数 max，会因为参数类型精度的问题而导致混乱和不精确，
            // 所以在此要先把_LightShadowData.x 复制给一个 unityShadowCoord
            // 类型变量 lightShadowDataX，然后传递给 max 函数
            // _LightShadowData 在 4.1.4 节中有详细解释
            unityShadowCoord lightShadowDataX = _LightShadowData.x;
            // 比较当前片元的深度值和对应的贴图纹素中表示的深度值
            unityShadowCoord threshold = shadowCoord.z;
            // 如果深度贴图中的深度值大于当前片元的深度值, 表示当前片元在阴影之外, dist>threshold
            // 的值为 1, 这时 max 函数返回的是 1
            // 如果深度贴图中的深度值小于当前片元的深度值, 表示当前片元在阴影之内, dist>threshold
            // 的值为 0, 这时 max 函数返回的值是 lightShadowDataX
            return max(dist > threshold, lightShadowDataX);
        #endif
    }
```

9.2.3　未启用 UNITY_NO_SCREENSPACE_SHADOWS 宏时 TRANSFER_SHADOW 宏的定义

　　当关闭 UNITY_NO_SCREENSPACE_SHADOWS 宏时，即用基于屏幕空间的阴影时，阴影纹理贴图和阴影坐标的声明与定义方式如下。

```
// 所在文件：AutoLight.cginc 代码
// 所在目录：CGIncludes
// 从原文件第 40 行开始，至第 53 行结束
// 当启用屏幕空间层叠式阴影
  #else // UNITY_NO_SCREENSPACE_SHADOWS
        UNITY_DECLARE_SCREENSPACE_SHADOWMAP(_ShadowMapTexture);
        // ComputeScreenPos 在 4.2.12.1 节和 4.2.12.4 节中有详细解释
        #define TRANSFER_SHADOW(a) a._ShadowCoord = ComputeScreenPos(a.pos);
        inline fixed unitySampleShadow (unityShadowCoord4 shadowCoord)
        {
            fixed shadow = UNITY_SAMPLE_SCREEN_SHADOW(_ShadowMapTexture, shadowCoord);
            return shadow;
        }
```

```
    #endif

    #define SHADOW_COORDS(idx1) unityShadowCoord4 _ShadowCoord : TEXCOORD##idx1;
    #define SHADOW_ATTENUATION(a) unitySampleShadow(a._ShadowCoord)
#endif
```

9.2.4　UNITY_SAMPLE_SCREEN_SHADOW 宏和 UNITY_DECLARE_SCREENSPACE_ SHADOWMAP 宏的定义

UNITY_DECLARE_SCREENSPACE_SHADOWMAP 宏、UNITY_SAMPLE_SCREEN_SHADOW 宏在 HLSLSupport.cginc 文件中定义，如以下代码所示。

```
// 所在文件: HLSLSupport.cginc 代码
// 所在目录: CGIncludes

// 如果启用了和立体渲染相关的宏
#if defined(UNITY_STEREO_INSTANCING_ENABLED) ||
defined(UNITY_STEREO_MULTIVIEW_ENABLED)
// 本行代码在原文件第 807 行
#define UNITY_DECLARE_SCREENSPACE_SHADOWMAP UNITY_DECLARE_TEX2DARRAY
// 本行代码在原文件 808 行
    #define UNITY_SAMPLE_SCREEN_SHADOW(tex, uv) \
                UNITY_SAMPLE_TEX2DARRAY(tex, float3((uv).x/(uv).w,\
                            (uv).y/(uv).w, (float)unity_StereoEyeIndex) ).r
    #define UNITY_DECLARE_SCREENSPACE_TEXTURE UNITY_DECLARE_TEX2DARRAY
    #define UNITY_SAMPLE_SCREENSPACE_TEXTURE(tex, uv) \
                UNITY_SAMPLE_TEX2DARRAY(tex, float3((uv).xy,\
                                    (float)unity_StereoEyeIndex))
#else // 如果没有启用立体渲染，那么基于屏幕空间的 screen space 的阴影贴图实质上就是
                // 一个普通的 sampler2D 类型。要对该纹理采样，调用 tex2DProj 即可
// 本行代码在原文件第 814 行
#define UNITY_DECLARE_SCREENSPACE_SHADOWMAP(tex) sampler2D tex
// 本行代码在原文件 815 行
#define UNITY_SAMPLE_SCREEN_SHADOW(tex, uv) \
                tex2Dproj( tex, UNITY_PROJ_COORD(uv) ).r
    #define UNITY_DECLARE_SCREENSPACE_TEXTURE(tex) sampler2D tex;
    #define UNITY_SAMPLE_SCREENSPACE_TEXTURE(tex, uv) tex2D(tex, uv)
#endif
```

上述代码段和 9.2.1 节的代码段的主要区别在于：后者的 TRANSFER_SHADOW 宏，其对阴影坐标的获得，是把当前待处理的片元变换到光源空间中；而前者的 TRANSFER_SHADOW 宏，其对阴影坐标的获得，是把当前待处理的片元变换到屏幕空间中，因为需要使用屏幕空间阴影贴图来实现阴影。关于屏幕空间阴影贴图的大概原理可参阅 7.8.2 节。

9.3　Unity 3D 5.6 版本后的阴影和光照计算工具函数

9.3.1　UnityComputeForwardShadows 函数

UnityComputeForwardShadows 函数的定义如下。

```
// 所在文件: AutoLight.cginc 代码
// 所在目录: CGIncludes
// 从原文件第 61 行开始，至第 105 行结束

//   本函数从 Unity 3D 5.6 版本后添加
// 此版本的函数根据传递进来的某片元在世界空间下的坐标、使用的光照贴图坐标，
// 以及它所在的屏幕坐标，计算出该片元的阴影值为多少
half UnityComputeForwardShadows(
float2 lightmapUV, // 片元使用的光照纹理贴图的采样坐标
float3 worldPos, // 片元在世界空间中的世界坐标
float4 screenPos)// 屏幕坐标
```

205

```
{
    // 阴影淡化值 fade value
    // _WorldSpaceCameraPos 是当前摄像机在世界空间中的位置值，4.1.1 节介绍了它的定义 UNITY_MATRIX_V
    // 是当前摄像机对应的观察矩阵，在 4.1.1 节中有其类型定义以及详细说明
    // 用片元位置点和当前摄像机位置点的连线向量与当前摄像机的
    // 朝前方向向量做点积，得到的就是连线向量的实际长度值
    float zDist = dot(_WorldSpaceCameraPos - worldPos,UNITY_MATRIX_V[2].xyz);

    // UnityComputeShadowFadeDistance 函数和 UnityComputeShadow 函数都在
    // UnityShadowLibrary.cginc 文件中定义。8.5.1 节中有
    // 这两个函数的详细说明
    float fadeDist = UnityComputeShadowFadeDistance(worldPos, zDist);
// 根据淡化距离，求得实时转烘焙的阴影淡化值
    half realtimeToBakedShadowFade = UnityComputeShadowFade(fadeDist);

    // 当使用阴影蒙版时，UnitySampleBakedOcclusions 函数用来返回烘焙的阴影的衰减值，8.4.2 节和
    // 8.4.4 节中有 UnitySampleBakedOcclusion 函数的详细说明
    half shadowMaskAttenuation = UnitySampleBakedOcclusion(lightmapUV, worldPos);

    half realtimeShadowAttenuation = 1.0f;
    // 计算主有向平行光产生的实时阴影
    #if defined (SHADOWS_SCREEN)
        #if defined(UNITY_NO_SCREENSPACE_SHADOWS)
            // 如果不是基于屏幕空间生成阴影，把片元坐标从世界坐标系下变
            // 换到光源空间下后进行采样
            realtimeShadowAttenuation = unitySampleShadow(
                    mul(unity_WorldToShadow[0], unityShadowCoord4(worldPos, 1)));
        #else // 否则把片元从世界坐标系下变换到屏幕空间中采样。下面这段用屏幕坐标进行采样的代码，
        #只有LIGHTMAP_ON 宏未被启用时会执行到，这时不能使用光照贴图
            realtimeShadowAttenuation = unitySampleShadow(screenPos);
        #endif
    #endif

#if defined(UNITY_FAST_COHERENT_DYNAMIC_BRANCHING) && defined(SHADOWS_SOFT)
        && !defined(LIGHTMAP_SHADOW_MIXING)
    // 使用 UNITY_BRANCH 分支，明确告知着色器编译器生成真正的动态分支功能
    // 避免执行性能消耗较大的阴影 fetch 操作
    UNITY_BRANCH
    if (realtimeToBakedShadowFade < (1.0f - 1e-2f))
    {
#endif
        // 计算聚光灯光源产生的实时阴影，从实时阴影贴图中取得衰减值
        #if (defined (SHADOWS_DEPTH) && defined (SPOT))
            unityShadowCoord4 spotShadowCoord =
                mul(unity_WorldToShadow[0], unityShadowCoord4(worldPos, 1));
            realtimeShadowAttenuation = UnitySampleShadowmap(spotShadowCoord);
        #endif

        //计算点光源产生的实时阴影，从实时阴影贴图中取得衰减值
        #if defined (SHADOWS_CUBE)
            realtimeShadowAttenuation = UnitySampleShadowmap(worldPos - _LightPositionRange.xyz);
        #endif

#if defined(UNITY_FAST_COHERENT_DYNAMIC_BRANCHING) && defined(SHADOWS_SOFT) &&
        !defined(LIGHTMAP_SHADOW_MIXING)
    }
    #endif
    // 最后混合实时的、阴影蒙版的，以及实时转烘焙的阴影值
    return UnityMixRealtimeAndBakedShadows(realtimeShadowAttenuation,shadowMaskAttenuation,
realtimeToBakedShadowFade);
}
```

9.3.2　不同编译条件下的 UNITY_SHADOW_COORDS、UNITY_TRANSFER_SHADOW 和 UNITY_SHADOW_ATTENUATION 宏的定义

UNITY_SHADOW_COORDS、UNITY_TRANSFER_SHADOW 和 UNITY_SHADOW_ATTENUATION 这 3 个宏的定义如下。

```
// 所在文件: AutoLight.cginc 代码
// 所在目录: CGIncludes
// 从原文件第 107 行开始, 至第 151 行结束
#if defined(SHADER_API_D3D11) || defined(SHADER_API_D3D12) ||
defined(SHADER_API_D3D11_9X) || defined(SHADER_API_XBOXONE) ||
defined(SHADER_API_PSSL)
    #define UNITY_SHADOW_W(_w) _w
#else
    #define UNITY_SHADOW_W(_w) (1.0/_w)
#endif

// 如果定义了在全局照明下进行阴影混合的宏, 使用既有的 SHADOW_COORDS 宏、TRANSFER_SHADOW 宏、
// SHADOW_ATTENUATION 宏对应定义一个需要带坐标的版本
#if defined(HANDLE_SHADOWS_BLENDING_IN_GI)
    #define UNITY_SHADOW_COORDS(idx1) SHADOW_COORDS(idx1)
    #define UNITY_TRANSFER_SHADOW(a, coord) TRANSFER_SHADOW(a)
#define UNITY_SHADOW_ATTENUATION(a, worldPos) SHADOW_ATTENUATION(a)

#elif defined(SHADOWS_SCREEN) && // 如果定义了屏幕空间中处理阴影
!defined(LIGHTMAP_ON) && // 且不使用贴图
// 没有使用层叠式屏幕空间阴影贴图
!defined(UNITY_NO_SCREENSPACE_SHADOWS)
// 当有两个有向平行光时, 主有向平行光在全局照明的相关代码中进行处理。第二个有向平行光在屏幕空间中进行
// 阴影计算
// 如果使用了阴影蒙版, 且不是在 D3D9 和 OpenGLES 平台下, 那就从烘焙出来的光照贴图中取得阴影数据
    #if defined(SHADOWS_SHADOWMASK) && !defined(SHADER_API_D3D9) &&
        !defined(SHADER_API_GLES)
    #define UNITY_SHADOW_COORDS(idx1) \
            unityShadowCoord4 _ShadowCoord : TEXCOORD##idx1;
    // 4.1.7 节对 unity_LightmapST 变量有详细说明
    // 因为阴影是在屏幕空间中进行处理, 所以阴影坐标的 x、y 分量就是光照贴图的 u、v 贴图坐标换算而来的。
    // 对于用 coord 乘以 unity_LightmapST.xy 后再加上 unity_LightmapST.zw 的这样一个计算方式,
    // 其原理在 4.2.5 节中有详细解释。注意, 当 LIGHTMAP_ON 为 false 时才能进入代码此处, 但
    // LIGHTMAP_ON 为 false 并不等于不能使用 unity_LightmapST
    #define UNITY_TRANSFER_SHADOW(a, coord) \
            { a._ShadowCoord.xy = coord * unity_LightmapST.xy + unity_LightmapST.zw;\
              a._ShadowCoord.zw = ComputeScreenPos(a.pos).xy;}
    // 计算阴影衰减, 转调用了 UnityComputeForwardShadows 函数
    #define UNITY_SHADOW_ATTENUATION(a, worldPos) \
            UnityComputeForwardShadows(a._ShadowCoord.xy, worldPos, \
                    float4(a._ShadowCoord.zw, 0.0, UNITY_SHADOW_W(a.pos.w)));
    #else
        #define UNITY_SHADOW_COORDS(idx1) SHADOW_COORDS(idx1)
// 如果不从主光照贴图 unity_LightmapST 中计算阴影坐标, 就使用 9.2.1 节中定义的 TRANSFER_SHADOW 计算
        #define UNITY_TRANSFER_SHADOW(a, coord) TRANSFER_SHADOW(a)
    #define UNITY_SHADOW_ATTENUATION(a, worldPos) \
                UnityComputeForwardShadows(0, worldPos, a._ShadowCoord)
#endif
// 其他条件下
#else
#define UNITY_SHADOW_COORDS(idx1) \
            unityShadowCoord2 _ShadowCoord : TEXCOORD##idx1;
// 如果使用阴影蒙版, 那么根据光照图纹理 uv 坐标求出阴影坐标
    #if defined(SHADOWS_SHADOWMASK) \
        #define UNITY_TRANSFER_SHADOW(a, coord) \
            a._ShadowCoord = coord * unity_LightmapST.xy + unity_LightmapST.zw;
            // 如果使用立方体阴影, 或者光探针代理体等有体积空间的阴影实现, 需要把在世界空间中的坐标也
            // 传递进去
        #if (defined(SHADOWS_DEPTH) || defined(SHADOWS_SCREEN) ||
            defined(SHADOWS_CUBE) || UNITY_LIGHT_PROBE_PROXY_VOLUME)
                #define UNITY_SHADOW_ATTENUATION(a, worldPos) \
                    UnityComputeForwardShadows(a._ShadowCoord, worldPos, 0)
        #else // 否则, 给 UnityComputeForwardShadows 函数传递的 worldPos 参数为 0
            #define UNITY_SHADOW_ATTENUATION(a, worldPos) \
                UnityComputeForwardShadows(a._ShadowCoord, 0, 0)
        #endif
    #else // 如果不使用阴影蒙版, 就不用实现 transfer shadow 的操作
        #define UNITY_TRANSFER_SHADOW(a, coord)
        #if (defined(SHADOWS_DEPTH) || defined(SHADOWS_SCREEN) ||
            defined(SHADOWS_CUBE))
```

```
                    #define UNITY_SHADOW_ATTENUATION(a, worldPos) \
                                UnityComputeForwardShadows(0, worldPos, 0)
            #else
                #if UNITY_LIGHT_PROBE_PROXY_VOLUME
                    #define UNITY_SHADOW_ATTENUATION(a, worldPos) \
                                UnityComputeForwardShadows(0, worldPos, 0)
                #else
                    #define UNITY_SHADOW_ATTENUATION(a, worldPos) \
                                UnityComputeForwardShadows(0, 0, 0)
                #endif
            #endif
        #endif
#endif
```

这里的代码段中宏判断条件过于复杂，阅读起来容易让人糊涂，图 9-1 把上面的代码段图表化，更加清楚地显示了在不同多样体关键字开启条件下各宏的实际定义。

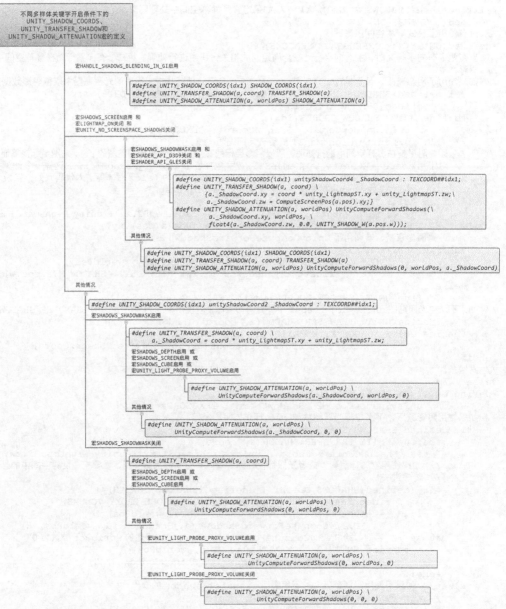

▲图 9-1　不同编译条件下 UNITY_SHADOW_COORDS、UNITY_TRANSFER_SHADOW 和 UNITY_SHADOW_ATTENUATION 宏的定义

9.3.3 计算点光源的光亮度衰减的宏

计算点光源的光亮度衰减的宏如下。

```
// 所在文件: AutoLight.cginc 代码
// 所在目录: CGIncludes
// 从原文件第 153 行开始, 至第 160 行结束
#ifdef POINT
    // 存储着点光源发出的光线在空间中各个位置值的衰减值纹理
    sampler2D _LightTexture0;
    // 原来的_LightMatrix0, 从 5.4 版本开始此变量改名为 unity_WorldToLight
    unityShadowCoord4x4 unity_WorldToLight;
    #define UNITY_LIGHT_ATTENUATION(destName, input, worldPos) \
        // 首先把世界坐标系的坐标值 worldPos 变换到光源空间中
        // 这里得到的 lightCoord 是一个采样值, 在对后面的光源衰减纹理和采样时使用
        unityShadowCoord3 lightCoord = \
            mul(unity_WorldToLight, unityShadowCoord4(worldPos, 1)).xyz; \
        // 求出这一点的阴影衰减值
        fixed shadow = UNITY_SHADOW_ATTENUATION(input, worldPos); \
        // 从光源衰减信息纹理中取出此处的衰减值, 然后在 UNITY_ATTEN_CHANNEL 通道中输出, 再和
        // 对应的阴影衰减值相乘, 得到最后结果
        fixed destName = tex2D(_LightTexture0, \
            dot(lightCoord, lightCoord).rr).UNITY_ATTEN_CHANNEL * shadow;
#endif
```

_LightTexture0 是一张包含光源衰减信息的衰减纹理, lightCoord 做一个和自身的点积操作, 实质上就是计算出光源空间中位置点 lightCoord 到光源位置点的距离的平方; 然后利用这个距离值重组 (swizzle) 出一个二维向量, 用作衰减纹理的索引坐标。为什么用"空间某点到光源位置点的距离的平方"作为该点对应的衰减纹理索引？原因就是点光源的光亮度衰减公式为

$$\text{attenuation} = \frac{1}{K_C + K_L d + K_Q d^2} \tag{9-1}$$

式中, d 为某点到光源的距离; K_C、K_L、K_Q 分别为控制衰减的常系数、一次系数和二次系数。

在实际世界中, 来自一个点光源的光亮度是以 $1/K_Q d^2$ 的方式衰减的, 但在图形学中为了能让光照效果有更大的"可调性", 所以加上了常系数和一次系数用以调整。从数学角度来说, 常数项和一次项对整体的效果影响远远没有二次项那么大。所以上面的代码使用二次项即可。

从纹理中取得衰减值之后, 再乘以该处的阴影值, 就可以得到光线在这点 worldPos 处的光亮度衰减值。一般地, 点光源的光亮度衰减值纹理如图 9-2 所示。

▲图 9-2 点光源的光亮度衰减值纹理

9.3.4 计算聚光灯光源的光亮度衰减的宏

计算聚光灯光源的光亮度衰减的宏如下。

```
// 所在文件: AutoLight.cginc 代码
// 所在目录: CGIncludes
// 从原文件第 162 行开始, 至第 178 行结束
#ifdef SPOT
    sampler2D _LightTexture0;
    unityShadowCoord4x4 unity_WorldToLight;
    sampler2D _LightTextureB0;
```

```
inline fixed UnitySpotCookie(unityShadowCoord4 LightCoord)
{
    return tex2D(_LightTexture0, LightCoord.xy / LightCoord.w + 0.5).w;
}

// 根据式（9-1）中的数学原理，用距离值的平方作为衰减值纹理图的索引
inline fixed UnitySpotAttenuate(unityShadowCoord3 LightCoord)
{
    return tex2D(_LightTextureB0, dot(LightCoord, LightCoord).xx).UNITY_ATTEN_CHANNEL;
}

#define UNITY_LIGHT_ATTENUATION(destName, input, worldPos) \
    unityShadowCoord4 lightCoord = \
        mul(unity_WorldToLight, unityShadowCoord4(worldPos, 1)); \
    fixed shadow = UNITY_SHADOW_ATTENUATION(input, worldPos); \
    fixed destName = (lightCoord.z > 0) * UnitySpotCookie(lightCoord) * \
        UnitySpotAttenuate(lightCoord.xyz) * shadow;
#endif
```

在点光源下，存储着光亮度随着距离而衰减的信息的纹理由代码中的_LightTexture0 负责读取；而在聚光灯下，这张纹理则由_LightTextureB0 读取。其采样坐标的计算方式和点光源有相似的地方。在 UnitySpotAttenuate 函数中，也是根据式（9-1）中的数学原理，求得位置点中光源位置点的距离的平方，得到衰减值。通常聚光灯用的"光亮度随着距离而衰减的信息"的纹理和点光源的是一样的。

聚光灯光源照射范围内某一点的光亮度，它的衰减值除了和它与光源点的距离有关之外，还和它与光源点的连线与光源照射方向的夹角有关。同样的到光源点的距离，夹角越大的位置点其衰减值就越大。UnitySpotCookie 函数就是用来处理和夹角有关的衰减值。unityShadowCoord4 类型参数 LightCoord，其 LightCoord 的 w 分量为 LightCoord 的 z 分量乘以 2 后，再除以半张角 HalfSpotAngle 的余切值，即 $\left[x, y, \dfrac{2z}{\text{ctan(HalfSpotAngle)}}\right]$。所以，UnitySpotCookie 函数中计算纹理映射坐标的公式如下。

```
float2 uv = LightCoord.xy / LightCoord.w + 0.5
```

可以转写为（x 和 y 分量分开来写）

```
float u = LightCoord.x / (LightCoord.z * 2 / ctan(HalfSpotAngle)) + 0.5
float v = LightCoord.y/ (LightCoord.z * 2 / ctan(HalfSpotAngle)) + 0.5
```

上面的两个公式，如果令当前位置点（x,z）和点（y,z），各自到光源所在点的连线和 z 轴的夹角各自为 AngleXZ 和 AngleYZ，可以改写为

```
// tan(curAngleXZ) = LightCoord.x / LightCoord.z
float u = 0.5 * tan(AngleXZ) / tan(HalfSpotAngle) + 0.5;
// tan(AngleYZ) = LightCoord.y / LightCoord.z
float v = 0.5 * tan(AngleYZ) / tan(HalfSpotAngle) + 0.5;
```

从三角函数知识可以知道，在一个定义域周期内，正切函数是一个单调增函数，而且当前的夹角 AngleXZ 或 AngleYZ 的绝对值不大于半张角 HalfSpotAngle，所以 $\dfrac{\text{tan(AngleXZ)}}{\text{tan(HalfSpotAngle)}}$ 的比值肯定就是控制在[-1,1]的范围内。因此，在上面的公式中，两角的正切值比值要乘以 0.5 再加上 0.5，就是为了把最终的 u、v 值归一化到[0,1]范围内。这些计算如图 9-3 所示。通常随着夹角而变换的衰减纹理常用图 9-4 所示的贴图。

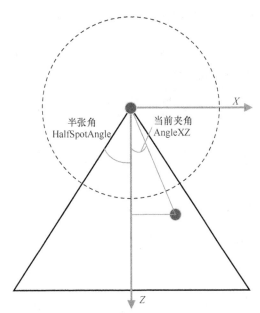

▲图 9-3　UnitySpotCookie 函数中计算纹理采样坐标的原理

▲图 9-4　存储着聚光灯光源的光亮度值随张角变化而变化的纹理

9.3.5　计算有向平行光源的光亮度衰减的宏

计算有向平行光源的光亮度衰减的宏如下。

```
// 所在文件: AutoLight.cginc 代码
// 所在目录: CGIncludes
// 从原文件第 180 行开始，至第 182 行结束
#ifdef DIRECTIONAL
#define UNITY_LIGHT_ATTENUATION(destName, input, worldPos) \
    fixed destName = UNITY_SHADOW_ATTENUATION(input, worldPos);
#endif
```

如 7.2.3 节所述，有向平行光源的光亮度不会随着光的传播距离的变化而发生衰减，因此此处所示的 UNITY_LIGHT_ATTENUATION 宏只需要内部转调 UNITY_SHADOW_ATTENUATION 宏，计算阴影产生的衰减效果即可。

9.3.6　计算带 cookie 的点光源的光亮度衰减的宏

在 Light 组件中，当选择 Type 属性项为 Point 时，可以向 Cookie 属性项指定一个立方体纹理。Light 组件所表征的点光源使用此立方体纹理产生 cookie 投影效果。此时，点光源的光亮度衰减值除了取决于光源自身发出的光线之外，还与产生 cookie 效果的立方体纹理中的纹素值有关。

计算带 cookie 的点光源的光亮度衰减的宏如以下代码所示。

```
// 所在文件: AutoLight.cginc 代码
// 所在目录: CGIncludes
// 从原文件第 184 行开始，至第 192 行结束
```

```
#ifdef POINT_COOKIE
    // 产生 cookie 效果的立方体纹理采样器, 在 Light 组件中的 Cookie 属性项中指定
    samplerCUBE _LightTexture0;
    unityShadowCoord4x4 unity_WorldToLight;
    sampler2D _LightTextureB0; // 点光源光线亮度衰减值纹理图, 参见图 9-2
#define UNITY_LIGHT_ATTENUATION(destName, input, worldPos) \
        // 把坐标转换从世界坐标系下转换到光源坐标系下
        unityShadowCoord3 lightCoord = \
            mul(unity_WorldToLight, unityShadowCoord4(worldPos, 1)).xyz; \
        fixed shadow = UNITY_SHADOW_ATTENUATION(input, worldPos); \
        // 计算光源发出光线的衰减方式, 和点光源一样
        fixed destName = tex2D(_LightTextureB0, \
            dot(lightCoord, lightCoord).rr).UNITY_ATTEN_CHANNEL * \
            texCUBE(_LightTexture0, lightCoord).w * shadow;
#endif
```

9.3.7　计算带 cookie 的有向平行光源的光亮度衰减的宏

计算带 cookie 的有向平行光源的光亮度衰减的宏如下。

```
// 所在文件: AutoLight.cginc 代码
// 所在目录: CGIncludes
// 从原文件第 194 行开始, 至第 201 行结束
#ifdef DIRECTIONAL_COOKIE
    sampler2D _LightTexture0; // 产生 cookie 效果的纹理采样器
    unityShadowCoord4x4 unity_WorldToLight;
    #define UNITY_LIGHT_ATTENUATION(destName, input, worldPos) \
    unityShadowCoord2 lightCoord = mul(unity_WorldToLight, \
                        unityShadowCoord4(worldPos, 1)).xy; \
        fixed shadow = UNITY_SHADOW_ATTENUATION(input, worldPos); \
        fixed destName = tex2D(_LightTexture0, lightCoord).w * shadow;
#endif
```

　　和点光源一样, 有向平行光源也可以指定 cookie 纹理以产生 cookie 阴影效果。和不带 cookie 的类似, 带 cookie 的有向平行光源的光亮度衰减, 其光线本身是不随距离的变化而产生亮度衰减的, 对衰减值有影响的是产生 cookie 的纹理。

第 10 章　基于物理的光照模型

基于物理的着色（Physically Based Shading，PBS）技术，就是指按照物体表面各种材质与光线的相互作用的物理学原理，用数学建模的方法建立起一系列的光照模型（lighting model），从而使得渲染出来的图像更接近真实世界中的外观，更有质地感的一种技术。

在讨论 PBS 之前，先讨论在实时渲染领域中流行的几种光照模型。完整地模拟自然界的光照需要耗费大量的计算，在目前的硬软件条件下，实时渲染上要完整真实地模拟更是不可能，所以必须用很多简化的方式近似地模拟。

10.1 漫反射和 Lambert 光照模型

Lambert 漫反射光照模型基于朗伯余弦定律（Lambertian cosine law），描述各向同性的漫反射（diffuse reflection）。"漫"字的含义比较晦涩难解。《牛津高阶英汉双解词典》对 diffuse 一词的翻译为"弥漫的""扩散的"。因此，diffuse reflection 更准确的意思应该是"物体内部大量微粒子表面的反射"或者是物体内部的散射"。

如图 10-1 所示，漫反射是指当光线从前介质传播到后介质时，在后介质内部经过若干次散射（scatter）后，再以图 10-2 所示的"在一个半球空间内，向四面八方反射出来"的方式，即再次从后介质传播到出前介质的一个过程。

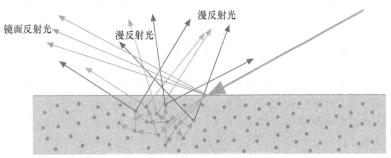

▲图 10-1　光的漫反射的形成示意图

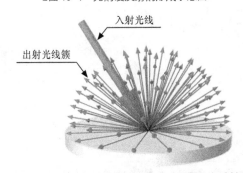

▲图 10-2　入射光在一个半球空间内，从四面八方反射出来

从图 10-1 可以看到在漫反射过程中，光可能很快地从后介质传播出来，也可能经过多次传播后才出来，甚至被后介质吸收不传出来。所以，Lambert 光照模型忽略了光在后介质内部传播的距离，假定了漫反射中光的入射处和出射处是在同一个点。同时，Lambert 光照模型并不考虑对光进行反射的材质表面的粗糙度（roughness），即两个同样材料的物体，只要光的强度和入射角相等，无论这两个材料的表面哪个更光滑，计算得到的漫反射值也一样。有些漫反射光照模型把材质的表面粗糙度也考虑进去，如 Oren-Nayar reflectance model。

朗伯余弦定律指出，产生漫反射的表面上一点处任意方向的反射光强度和入射光与表面法向量的夹角成正比，而与当前观察者所处的观察角度无关，所以 Lambert 光照模型描述的这些反射光，只要入射角度固定，则无论从哪个角度反射出来的光线都是一样亮的。

假设入射光的光强度为 I_{di}，漫反射出来的光强度为 I_{do}，则漫反射光强度计算公式如下。

$$I_{do} = I_{do} K_d \max(\cos\theta, 0) \tag{10-1}$$

式中，$\cos\theta$ 为入射光线和表面法线的夹角余弦值；K_d 为漫反射系数，取决于入射光线的波长（颜色）、光源至入射点的距离，以及物体表面的各种物理性质。

漫反射系数的取值范围一般为[0,1]。在实时渲染中，漫反射系数一般作为物体材质的一个参数。

环境光（ambient light）描述了场景中各个物体之间反射的光线。环境光在场景中经过多次反射后从各个方向抵达到物体的表面点，最终从物体的表面点处，这些反射的光线将以同等强度向各个方向上发散。物体表面点上的环境光入射光的强度与入射光的方向无关，反射出来的出射光与观察方向也无关。假设环境光的入射光强度为 I_{ai}，出射光强度为 I_{ao}，以及决定这些环境光出射出来的光线，最终会变成多大光强度的、一般作为物体材质的参数之一的环境光反射系数 K_a，有如下公式求得环境光出射的强度：

$$I_{ao} = K_a I_{ai} \tag{10-2}$$

对于有些材质，它除了反射外部投射过来的光之外，自身还对外发射出光。在考虑光照效果时通常会把这一部分的自发光（emissive light）也考虑进去。自发光的发射强度一般定义为 I_{eo}。

Lambert 光照模型则定义为上述的漫反射光、环境光、自发光之和，即 $I_{Lambertian} = I_{ao} + I_{eo} + I_{do}$。

10.2 镜面反射和 Phong 光照模型

漫反射效果是为了描述不光滑表面的行为，而镜面反射（specular reflection）则是为了产生高光，从而使物体表现出高光的效果来。以图 10-1 中的镜面反射光线为例，入射角等于反射角，且入射光线、反射光线和表面法线在同一个平面上，且当观察者沿着某个方向才能看到这个特定的入射光线的反射光。如图 10-3 所示，当观察视线向量落入以反射方向向量为中心的圆锥体内才能看到这些高光效果。

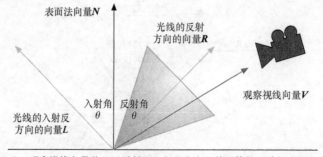

▲图 10-3　观察视线向量落入以反射方向向量为中心的圆锥体内才能看到高光效果

相对于表面法向量 N，光线的入射反向向量 L 与表面法向量 N 的入射角和反射角两个角度相等。现在需要求得光线的反射方向向量 R，已知入射反向向量和表面法向量，可利用向量运算法则求得，如图 10-4 所示。

由图 10-4 可知：$R = 2P + L$，即先要求得向量 P。令向量 L 在向量 N 上进行投影，得到向量 S，则向量 $P = S - L$。又根据向量的投影公式，可得 $S = \dfrac{L \cdot N}{\| N \|^2} N$。在光照模型中，把表面法向量 N 设为单位向量，则代入上述各个公式，可最终得到反射向量 $R = 2(L \cdot N)N - L$。

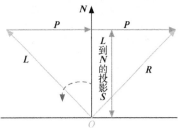

▲图 10-4 计算反射向量的示意图

计算得到反射向量 R 后，考察反射向量 R 和观察向量 V 的夹角 ρ。对于完美的光亮表面，仅当 ρ 为 0 时，即观察向量和反射向量的夹角为 0 时，反射点 O 处的光亮可见；对于非完美光亮的表面，最大的高光处产生于夹角为 0 处，即其余弦值最大处，并且会随着夹角的增加而减小。因此，可以利用观察向量和反射向量的点积，即以这两个单位向量的夹角余弦值为底，以对象的表面光滑度 sh 为指数，对这个"随着夹角的增加而迅速减少"的光学现象进行数学建模。设入射光的光强度为 I_{si}，镜面反射出来的光强度为 I_{so}，以及决定这些镜面反射出来的光线，最终会变成多大光强度的、一般作为物体材质的参数之一的镜面反射系数 K_s，有如下公式求得镜面反射的光强度：

$$I_{so} = K_s I_{si} [\max(R \cdot V, 0)]^{sh} \qquad (10\text{-}3)$$

由学者 Bùi Tường Phong 提出的 Phong 光照模型即可视为 Lambert 模型加上镜面反射项（$I_{Phong} = I_{Lambertian} + I_{so}$）。

10.3 Blinn-Phong 光照模型

较之 Lambertian 光照模型，Phong 光照模型的效果更好一些，性能上也比较高效。但如图 10-3 所示，当观察点越靠近入射光方向时，就会出现反射向量和视线向量的夹角大于 90°，从而出现两向量的点积为负数的情况。这就是为什么在式（10-3）中需要在向量点积值和 0 之间做一个 max 判断操作。这种硬性地控制取值就会带来如图 10-5 所示的效果，远处黑暗处的过渡显得比较突兀，突然间而不是逐渐地变黑下来。

为解决此问题，美国学者 Jim Blinn 在 Phong 光照模型基础上提出了半角向量（halfway vector），以改善原始 Phong 光照模型的渲染效果和性能速度上的情况。在 Blinn-Phong 光照模型中，不是用反射向量 R 与观察向量 V 进行点积，而是用表面法向量 N 和半角向量 H 进行点积。半角向量，顾名思义，即入射光线反向向量 L 与观察向量 V 的夹角中分线向量，所以有半角向量 $H = \dfrac{L+V}{\| L+V \|}$。

Blinn-Phong 光照模型中的镜面反射项则为

$$I_{so} = K_s I_{si} (H \cdot N)^{sh} \qquad (10\text{-}4)$$

使用 Blinn-Phong 光照模型的效果如图 10-6 所示，相比于 Phong 光照模型，其镜面反射效果更柔和，明暗过渡显得更为平滑些，而且因为不用计算反射向量，所以执行性能更为高效。

基本上 Blinn-Phong 光照模型就是游戏产业中，尤其是在移动平台上，最兼顾效果和性能的光照模型。随着硬件运算能力的提升和对更高品质真实感光照的追求，开发者在寻求更接近真实世界的光照模型。最近流行的基于物理的光照模型就是一种，从名字来看，这种模型能更加真实地反映物理上光和材质上的能量的转换。

▲图 10-5　远处黑暗处的过渡显得比较突兀

▲图 10-6　使用 Blinn-Phong 光照模型的效果

10.4 基于物理的光照模型的相关概念

10.4.1　光的折射和折射率

　　某介质的某处对光的折射率（refractive index）即光在真空中的传播速度与光在此介质某处的传播速度之比。介质某处的折射率越高，使入射光发生折射的能力越强。如果某种介质各向同性，它处处的折射率都相等，则这种介质就称为均匀介质（homogeneous medium）。介质的折射率与介质自身的电磁性质密切相关。另外，同一种介质对不同频率的光的折射率也不一样，这种现象称为色散（chromatic dispersion），如图 10-7 所示。

　　当光线由相对光密介质（光传播速度相对较慢的介质）射向相对光疏介质（光传播速度相对较快的介质）时，且入射角大于临界角，即可发生全反射。

　　同一单色光在不同介质中传播时，其频率不变，波长发生变化。以 λ 表示光在真空中的波长，n 表示介质的折射率，则光在介质中的波长 λ' 为

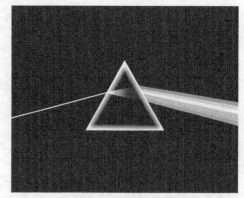

▲图 10-7　光的色散现象

$$\lambda' = \frac{\lambda}{n} \tag{10-5}$$

　　设光在某介质中某处的速度为 v，由于真空中的光速为 c，因此某介质中某处的绝对折射率 n 为

$$n = \frac{c}{v} \tag{10-6}$$

　　因为光在真空中传播的速度必定大于在任何介质中传播的速度，因此绝对折射率 n 必然大于 1。当光从介质 1 射入介质 2 发生折射时，入射角 θ_i 和折射角 θ_r 的正弦值比 n_{21} 称为介质 2 相对于介质 1 的折射率，即相对折射率，有：

$$n_{21} = \frac{\sin \theta_i}{\sin \theta_r} \tag{10-7}$$

　　结合式（10-6）和式（10-7），可以推导出介质 1 的绝对折射率 n_1 和介质 2 的绝对折射率 n_2，与入射角 θ_i、折射角 θ_r 有如下关系：

$$n_1 \sin \theta_i = n_2 \sin \theta_r \qquad (10\text{-}8)$$

上面内容是从几何光学角度看待与总结光的折射，接下来从电磁学的观点分析光的折射。光是一种电磁波，某介质对光的折射率可以用复数定义为以下形式：

$$N' = N - iK \qquad (10\text{-}9)$$

这种用复数定义的折射率称为复折射率。其中实部 N 表示吸收性介质（光在其内部传播时会发生能量损耗的介质）的折射率，和前面公式所描述的相同，它的大小和光在吸收性介质中的传播速度有关；虚部的 K 则决定了光波在吸收性介质中传播时的衰减（即对光的能量的吸收）。

10.4.2　均匀介质

光线与物质的相互作用（light-matter interaction）的最简单情况，就是光线在均匀介质中传播。对于可见光而言，透明介质的复折射率的虚部是很小的，即这种介质不会把大部分光吸收掉，透明玻璃和纯净的水就是透明介质最好的例子。

如果介质能够吸收可见光，则光的传播距离越远，被吸收得就越多，但在均匀介质中方向还是会被改变，只是光的能量会随着不断传播被逐渐吸收而减弱。透明介质，如水和空气，其实也是会吸收光能的，只要是量够大，这种光能在传播过程中被吸收的效果就会很明显。

10.4.3　散射

光线在均匀介质中总是沿着直线传播，但是在非均匀介质（heterogeneous medium）中，因为同一种介质中的不同部分对光的折射率不同，所以光线将不严格地沿着直线传播。如果介质的折射率缓慢且连续变化，光线传播的路径就会逐渐变成曲线；如果折射率突然改变，如光线碰到介质中的其他杂质，光线就会发生散射（scattering），即一束光会被分成很多束，向不同方向传播。如果不考虑在传播过程中光被吸收的能量，散射光的总能量保持不变。

用手电筒的光来描述散射效果是最容易理解的。假如在一个没有月光和其他人造光源照射着的晚上，有人在你的面前打开手电筒，从左向右地照射，这样你可以看到一道从左向右传播的光柱。按道理说，手电筒是在你的面前从左向右，而不是直接对着你的眼睛照射，那光线怎么会进入你的眼睛让你感到光的存在呢？这是因为，在真实世界中的大气中存在大量的微小颗粒和尘埃，由于这些微颗粒的存在（介质中存在很多杂质），所以大气对光的折射率会发生剧烈变化，光线发生了向四面八方传递的散射，因而你能看到这道从左向右的光柱。

再次回看 10.1 节与 10.2 节中提到的漫反射和镜面反射这两个概念，在中文术语中的漫反射通常对应于英文中的 diffusion、subsurface scattering 概念。如图 10-8 所示，当一束光照射到物体的表面时，其中一部分光（虚线所表示的）将会进入被照亮物体的物体内部，经过若干次折射后被介质吸收，或者在介质内部进行散射，一些散射光最终会重新从照射表面中出来。这个光的传递过程便是通常所称的漫反射。一束白光照射物体，经过介质吸收并散射后，有些频率的光被介质吸收了，有些频率的光则被散射出来，形成了漫反射颜色。如果把这些颜色缓存下来形成一张纹理贴图，那么这个贴图称为反照率贴图（albedo mapping）。

除去进入被照亮物体内部之外的那部分光线之外，还有一部分直接在被照亮物体的表面被反射（反弹）出去，方向是在入射点法线的另一边的反方向，如图 10-8 所示的实线所表示的光。这个行为类似于向一面墙扔出一个球，当发生完全弹性碰撞之后，球会以一个相反的角度反射出去。通常用镜面反射来描述这个效果，而且在大多数场合中，如果单用反射来表示光的反射行为，通常就是特指镜面反射。

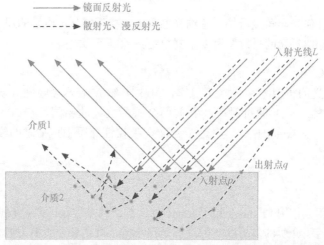

▲图 10-8　由光的散射形成的漫反射效果和由光线直接反射所形成的镜面反射效果

从前面的描述可以看出，散射（漫反射）和反射（镜面反射）是相互独立的，并且遵循能量守恒原则，即离开照射表面的光的能量不能大于进入该照射表面的光的能量。如果光线被散射了，必须要先进入介质的表面，这意味着这部分光线将不参与镜面反射。所以在编辑材质时，如果希望材质有高反射（镜面反射）率的效果，就应降低散射（漫反射）率的效果，如图 10-9 所示。

▲图 10-9　在同样的光照的条件下，从完全散射（漫反射）效果到完全反射（镜面反射）效果

如果进入照射表面的光的能量为 1，则散射（漫反射）能量 E_d 和反射（镜面反射）能量 E_s 之和应为

$$E_d + E_s \leqslant 1 \tag{10-10}$$

这种能量守恒原则基于物理渲染的重要原则，通过遵循该原则，可以让艺术家在符合物理定律的基础上调整散射和反射值，确保不会偏离规则太远。

10.4.4　双向反射分布函数

当光线照射到物体表面后，其中一部分光线的能量被物体吸收，另一部分光能被物体表面以散射和镜面反射的形式传导出去。如图 10-2 所示，被散射的光线的传导方向是向半球空间四面八方传导出去的。双向反射分布函数（bidirectional reflectance distribution function，BRDF）描述的就是表面入射的光线的能量和从表面出射的光线的能量的比例关系。用数学语言可描述为：当沿立体角 ω_i 的方向入射到点 p 的光辐射亮度为 $L_i(p, \omega_i)$ 时，计算朝向观察者的立体角 ω_o 方向上有多少辐射亮度 $L_o(p, \omega_o)$ 离开点 p。辐射亮度的概念和含义参见 2.1.2 节。

辐射亮度定义为辐射表面在其单位投影面积的单位立体角内发出的辐射通量，而辐射入射度定义为单位面积被照射的辐射通量。由式（2-11）和式（2-13）可知，有辐射入射度 $dE(p, \omega_i) = L_i(p, \omega_i) \cos \theta_i \, d\omega_i$。根据几何光学的线性假设，出射的微分辐射亮度 $dL(p, \omega_o)$ 与微分辐射入射度 $dE(p, \omega_i)$ 成正比。针对特定的一对立体角方向 ω_o 和 ω_i，出射的微分辐射亮度与微分辐射入射度的比例就为某表面的 BRDF 函数，如下所示。

$$f_r(p, \omega_o, \omega_i) = \frac{d L_o(p, \omega_o)}{L_i(p, \omega_i) \cos \theta_i d\omega_i} \tag{10-11}$$

从式（10-11）可以看出，BRDF 是一个有单位的数字，其单位为球面度的倒数，即 sr^{-1}。在这里有读者可能会有疑问，为什么用出射的微分辐射亮度与微分辐射入射度做比值，而不是用出射的微分辐射亮度与入射的微分辐射亮度做比值，形成一个无单位的常数呢？原因就是从辐射亮度的定义可以看出，辐射亮度需要使用单位立体角进行定义，而在一个单位立体角中，入射的光线可能是来自四面八方的，如图 10-10 所示。

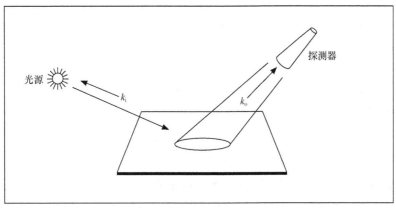

▲图 10-10　定义 BRDF 的原因

要测量某个表面出射的辐射亮度 $L(p, \omega_o)$，使用辐射亮度测试仪（图 10-10 中的探测器）读出测量得到的度数即可。而要测量入射的辐射亮度 $L_i(p, \omega_i)$，则应必须保证光源不能太小，要完全把图中探测器对应的圆锥体所对应的立体角（ω_i）范围填满；但同时也不能太大，光源一旦大于探测器的立体角，表面本身的入射的辐射亮度 $L_i(p, \omega_i)$ 就大于测量值。也就是说，如果采用入射的辐射亮度对 BRDF 进行定义，测量过程很容易受到光源形状的影响，不如直接用辐射入射度进行测量来得精确。测定表面的辐射入射度则简单得多，只要保证光源很小，而且没有来自其他方向的光干扰即可。

BRDF 满足交换律和能量守恒定律，即在某一表面，当光的入射方向和出射方向对调时，其 BRDF 值保持不变；入射方向的光的能量，等于表面出射方向的光的能量与被表面吸收的能量之和。

同一表面对不同频率的光（不同颜色的光）的 BRDF 反射率可能不一样，因此 BRDF 和光的频率有关。在图形学中，如果使用 RGB 表示光的颜色，通常 3 个分量各有自己的 BRDF 函数。

考虑来自方向 l 的入射光辐射亮度 $L_i(l)$，由式（2-11）和式（2-13）可得到：

$$L_i(l) = \frac{d\Phi}{d\omega_i dA} = \frac{d\Phi}{d\omega_i dA \cos \theta_i} = \frac{dE(l)}{d\omega_i \cos \theta_i} \tag{10-12}$$

则照射到某一面积微元对应的表面上，来自方向 l 的入射光所贡献的微分辐照入射度 $dE(l)$ 为

$$dE(l) = L_i(l)d\omega_i \cos \theta_i \tag{10-13}$$

经由表面反射到某一方向 $\boldsymbol{v}$ 的，由来自方向 $\boldsymbol{l}$ 的入射光所贡献的出射的微分辐射亮度为

$$\mathrm{d}L_o(\boldsymbol{v}) = f(\boldsymbol{l},\boldsymbol{v}) \otimes \mathrm{d}E(\boldsymbol{l}) = f(\boldsymbol{l},\boldsymbol{v}) \otimes L_i(\boldsymbol{l})\mathrm{d}\omega_i \cos\theta_i \tag{10-14}$$

$f(\boldsymbol{l},\boldsymbol{v})$ 为给定入射出射方向对应的 BRDF 函数。前面提到对应于不同频率的光，同一处的 BRFD 函数有所不同，所以如果使用 RGB 颜色的形式表示一束入射光，式（10-14）中 $f(\boldsymbol{l},\boldsymbol{v})$ 和 $L_i(\boldsymbol{l})$ 则各自对应于一个三维向量，向量中的每一个分量存储了对应于每一种频率的光的 BRDF 和入射光的辐射亮度具体值。符号 $\otimes$ 表示按向量的分量相乘。

如果要得到来自上半球空间中所有方向入射光线，对沿着 $\boldsymbol{v}$ 方向出射所贡献的出射辐射亮度，将式（10-14）对半球所有方向的入射光线进行积分即可：

$$L_o(\boldsymbol{v}) = \int_\Omega f(\boldsymbol{l},\boldsymbol{v}) \otimes L_i(\boldsymbol{l}) \cos\theta_i d\omega_i \tag{10-15}$$

式（10-15）称为反射方程（reflectance equation），用来计算沿着某一方向 $\boldsymbol{v}$ 的出射辐射亮度。对于点光源、方向光等理想化的精准光源（punctual light），计算过程可以大大简化。当考察单个精准光源照射表面时，此时表面上的一点只会被来自一个方向的一条光线照射到，所以式（10-15）中的积分项可以省略，此时沿着某一方向 $\boldsymbol{v}$ 的出射辐射亮度为

$$L_o(\boldsymbol{v}) = f(\boldsymbol{l},\boldsymbol{v}) \otimes E_1 \cos\theta_i \tag{10-16}$$

即此时的出射辐射亮度为辐射入射度与入射方向与表面法线的夹角 θ_i 的乘积，然后乘以 BRDF 函数。对于 n 个精准光源，只需对其进行简单累加即可：

$$L_o(\boldsymbol{v}) = \sum_{k=1}^{n} f(\boldsymbol{l}_k,\boldsymbol{v}) \otimes E_{1_k} \cos\theta_{i_k} \tag{10-17}$$

式（10-16）和式（10-17）使用的是光源的入射辐射度 E，对于阳光等全局光，可以认为整个场景的入射辐射度是一个常数；而对于点光源，根据式（2-14）便可求出到达表面的入射辐射度。

式（10-15）中的反射方程是对表面所处的半球空间中所有方向的入射光线积分，这里面包括来自精准光源直接照射过来的光线，也包括从周围环境反射的光线。处理来自周围环境的光线可以大幅提高光照的真实程度，在实时图形学中，通常把这部分光照信息缓存到纹理中，用基于图像的光照（image based lighting，IBL）来模拟。

1967 年 Torrance-Sparrow 在论文 "Theory for Off-Specular Reflection From Roughened Surfaces" 中使用辐射度学和微表面理论建立了模拟真实光照的 BRDF 模型，1981 年 Cook-Torrance 在论文 "Reflectance Model for Computer Graphics" 中把这个模型引入计算机图形学领域，现在这个模型已经成为基于物理渲染的标准光照模型，称为 Cook-Torrance 模型。

10.4.5　菲涅尔反射

在日常生活中会有这样一种体验：观察一个湖面时，在离观察者近的地方，由于光线能穿透水，水就显得清澈，能够看清湖底下的景象；离湖越远的地方，湖底的东西就越看不清楚。在离视野最远处，即水平面和视线夹角最小的地方，水面就变成一面镜子，即完全看不到水底的景象，而只能看到岸边景物在水面上的倒影。这一种近强折射远强反射的效果称为菲涅尔反射（Fresnel reflectance），如图 10-11 所示的效果。

菲涅尔方程（Fresnel equation）用来对菲涅尔反射进行定量描述。参考图 10-12，菲涅尔方程描述了光线从绝对折射率为 η_1 的介质 1 进入绝对折射率 η_2 的介质 2，经过两介质的相交面时，在相交面被反射的光强度占整个入射光强度的比值。令此值为 R，又因为遵守能量守恒原则，且在不考虑折射进介质 2 中的光被吸收的情况下，被折射进介质 2 的光强度占整个入射光强度的比值为 $T=1-R$。

▲图 10-11　菲涅尔反射效果

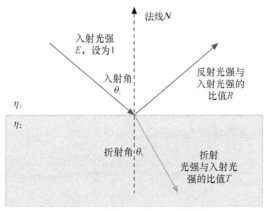

▲图 10-12　光的入射、反射和折射

在物理学上，电阻率超过 $10\Omega \cdot cm$ 的物质便被认为是电介质（dielectric）。电介质的带电粒子被原子、分子的内力或分子间的力紧密束缚着，因此这些粒子的电荷为束缚电荷。在外电场作用下，这些电荷也只能在微观范围内移动，产生极化（polarized）。而绝缘体则不能产生极化。在静电场中，电介质内部可以存在电场，这是电介质与导体的基本区别。纯净的水是一种电介质。

计算电介质的反射光强比值 R 的菲涅尔方程如下。

$$R = \frac{1}{2}\left[\left(\frac{\eta_1 \cos\theta_i - \eta_2 \cos\theta_t}{\eta_1 \cos\theta_i + \eta_2 \cos\theta_t}\right)^2 + \left(\frac{\eta_1 \cos\theta_t - \eta_2 \cos\theta_i}{\eta_1 \cos\theta_t + \eta_2 \cos\theta_i}\right)^2\right] \tag{10-18}$$

结合斯奈尔定律，透视角的余弦值可以转写为

$$\cos\theta_t = \sqrt{1 - \left(\frac{\eta_1}{\eta_2}\sin\theta_i\right)^2} \tag{10-19}$$

结合式（10-18）和式（10-19）可以看出，在理论上，当入射角 θ_i 为 90° 时，R 的值为 1，即光线完全反射，没有任何光线透射入介质 2 中，并且当 θ_i 越趋向于 90° 时，R 的值会越来越大。这也就解释了图 10-11 中所产生的"越往远处越看不到湖底，只能看到湖岸的倒影"的原因。

对于介质是金属一类的导体（conductor）的情况，通常不使用介质的折射率，而是直接利用入射角和折射角的三角函数关系得到，计算导体的反射光强比值 R 的菲涅尔方程如下。

$$R = \frac{1}{2}\left[\frac{\sin^2(\theta_i - \theta_t)}{\sin^2(\theta_i + \theta_t)} + \frac{\tan^2(\theta_i - \theta_t)}{\tan^2(\theta_i + \theta_t)}\right] \tag{10-20}$$

从上面的公式中可以看出，要利用菲涅尔方程式计算反射光比值是比较复杂的，涉及大量的三角函数计算。Schlick 提供了一个近似的比值计算公式。

$$R_{\text{Schlick}} = R_0 + (1 - R_0)\{1 - \cos[\max(\theta_i, \theta_t)]\}^5 \tag{10-21}$$

式中，R_0 称为基础反射比例（base reflectivity），即当垂直观察时所得到的反射比例。

电介质的基础反射比例可以依据式（10-18），令 θ_i 和 θ_t 均为 0，由下式得到：

$$R_0 = \left(\frac{\eta_1 - \eta_2}{\eta_1 + \eta_2}\right)^2 \tag{10-22}$$

对于导体介质，不能直接代入 0 入射角和 0 折射角到式（10-20）中计算它们的基础反射比例，而是通过实验总结得到基础反射比例。

图 10-13 所示为光线从空气射向不同材质时的反射光强比值。从图 10-13 中可以看到，当光线入射角趋向于 90°时，反射光强值趋向于 1。从图 10-13 中可观察到，所考察的电介质（钻石、玻璃、水）材质的基础反射比例的起始值都不会高于 0.17。而所考察的导体材质的基础反射比例的起始值更高一些，并且大多在 0.5～1.0 变化。此外，由于导体对不同波长的光的基础反射率是不同的，当一束白光照射到导体上时，组成白光的各种色光的基础反射率都不同。这种现象是金属特有的，在电介质或者绝缘体物体中观察不到。

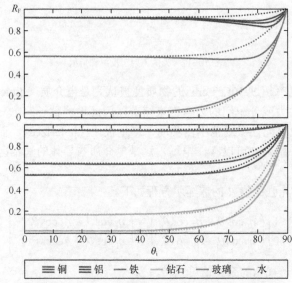

▲图 10-13　光线从空气射向不同材质时的反射光强比值
（本图取自 Akenine-Möller, Tomas, Eric Haines, and Naty Hoffman. Real-time rendering, Third Edition. CRC Press, 2008）

根据相较于电介质材质，这些金属材质所独有的特性，引入了金属工作流（metalness workflow）的概念，基于物理的光照模型，需要引入使用一个被称为金属度（metalness）的参数来参与描述待渲染物体的表面材质。金属度用来描述一个材质的表面是金属还是非金属。

不同材质平面的基础反射比例可以在网络上查到相关的数据表格，图 10-14 就是一些常见材质的基础反射比例。

材料	F_0（线性）	F_0（sRGB）	颜色
水	(0.02, 0.02, 0.02)	(0.15, 0.15, 0.15)	
塑料/玻璃（低）	(0.03, 0.03, 0.03)	(0.21, 0.21, 0.21)	
塑料（高）	(0.05, 0.05, 0.05)	(0.24, 0.24, 0.24)	
玻璃（高）/红宝石	(0.08, 0.08, 0.08)	(0.31, 0.31, 0.31)	
钻石	(0.17, 0.17, 0.17)	(0.45, 0.45, 0.45)	
铁	(0.56, 0.57, 0.58)	(0.77, 0.78, 0.78)	
铜	(0.95, 0.64, 0.54)	(0.98, 0.82, 0.76)	
金	(1.00, 0.71, 0.29)	(1.00, 0.86, 0.57)	
铝	(0.91, 0.92, 0.92)	(0.96, 0.96, 0.97)	
银	(0.95, 0.93, 0.88)	(0.98, 0.97, 0.95)	

▲图 10-14　一些常见材质的基础反射比例（由 Naty Hoffman 提供）

所有电介质材质表面的基础反射率都不会高于 0.17，而导体材质表面的基础反射率起点比较高，并且（大多）在 0.5～1.0 变化。此外，对于导体或者金属表面而言，基础反射率一般是带有色彩的，因为沿着入射光线的反射率会随着波长的不同而不同，这也是 R_0 要用 RGB 三原色来表示的原因。

现实世界中一个材质要么是金属，金属度为 1；要么不是金属，金属度为 0，不能两者皆是。但是大多数基于物理的光照模型的实现中，都允许在[0,1]区间内指定金属度。这主要是由于材质所用到的纹理精度不足以描述一个拥有诸如细沙、刮痕等有非常细微变化的金属表面。通过调整金属度值，对应地实现细沙、刮痕等有着细微变化的效果。

10.4.6　微表面和 Cook-Torrance 模型

普通的光照模型假设要进行光照计算的区域是一个平滑的表面，表面的方向可以用一个单一的法向量来定义。而基于微表面（microfacet）的光照模型则认为要进行光照计算的区域是由无数个微小表面组成的粗糙区域，这些微表面是人眼不可见的，但其尺寸又远比光的波长要长。所有这些微小表面都可以看成完美的镜面，可以将入射光线出射到一个单独的方向。这样产生的效果就是，当一个表面越粗糙，表面上的微表面的排列朝向就越混乱。这些无序取向排列的结果就是，入射光线更趋向于向四面八方发散（scatter）开来，进而产生分布范围更广泛的镜面反射。而与之相反的是，对于一个光滑的平面，光线大体上会更趋向于向同一个方向出射，出射亮度更为锐利，但出射区域更小，如图 10-15 所示。

▲图 10-15　当表面越光滑时，高光出射就越强烈，但区域就越小

基于微表面光照模型的物理渲染遵循能量守恒（energy conservation）定律，即一个不自发光的表面，其出射光线的能量永远不能超过入射光线的能量。从图 10-15 可以看到，随着粗糙度的

上升，即微表面的排列顺序越杂乱无序，高光出射区域会增加，但是其亮度却会下降。如果不管出射区域的大小而让每个像素的高光出射强度都一样，那么粗糙的表面就会出射出过多的能量，而这样就违背了能量守恒定律。这也就是为什么要如图 10-15 所示的一样，光滑平面的高光出射更强烈但更集中，而粗糙平面的高光出射更昏暗更发散。

为了遵守能量守恒定律，基于物理的渲染模型必须对漫反射光和镜面反射光做出明确的区分。如 10.4.3 节所提到的，当一束光线碰撞到一个表面时，会分成折射部分和反射部分，反射部分就是会直接反射而不会进入物体表面内部的那部分光线，而折射部分就是余下的会进入表面并被吸收的那部分光线。

一般来说，折射进入物体表面内部的光线的能量并非全部都会吸收，而这部分光线基本上会继续沿着随机的方向传播，然后和其他粒子碰撞直至能量完全耗尽或者再次离开这个表面。而光线脱离物体表面后将会协同构成该表面的漫反射颜色。在很多简化的基于物理的渲染模型中会对此进行简化，即折射进表面之内所有的折射光都会被完全吸收而不会散开。而使用了次表面散射（subsurface scattering）技术的渲染模型则把这个问题也考虑了进去，使用次表面散射的渲染模型将显著地提升皮肤、大理石或者蜡质等材质的渲染效果，但需要消耗更多的性能。

对于金属材质的表面来说，当讨论到反射与折射时还有一个细节需要注意。金属表面对光的反应与非金属材质和电介质材质相比是不同的。它们遵从的反射与折射原理是相同的，但是所有的折射光都会被直接吸收而不会散开，只留下镜面反射光，即金属表面不会显示出漫反射颜色。由于金属与电介质之间存在这样明显的区别，因此它们两者在基于物理的渲染模型中被区别处理。

1. 法线分布函数

虽然使用法线贴图也可以描述表面的细节，但不管如何提升贴图精度仍然会有一定的缺失，更无法反馈眼睛无法看到的微小细节。在微表面模型中，进行光照计算的区域并不能使用一个法向量来表示表面的方向，只能用一个法线分布函数来描述组成光照计算区域上的一点的所有微表面的法线分布概率。

如图 10-16 所示，看似光滑的某个要进行光照计算的表面区域，实质上是由很多朝向各异且可以视为完美镜面的微表面组成的。当光线从方向 ω_i 照射到某一微表面，而观察者沿着给定的方向 ω_o 观察时，由于一个完美镜面只会将入射光线从方向 ω_i 反射到关于法线对称的方向 ω_o，而方向 ω_i 和方向 ω_o 是已经确定的，因此只有法线方向正好是 ω_o 和 ω_i 的半角向量 h 的那些微表面才会将光线反射到 ω_o 方向，从而被观察者看到。如果把法线分布函数写成关于半角向量的函数，即 $D(h)$，那么可以把法线分布函数近似地理解为：当给定一个半角向量 h 时，法线分布函数会返回其法线"恰好是" h 的微表面的个数占待光照计算表面区域中微表面总数的比例。

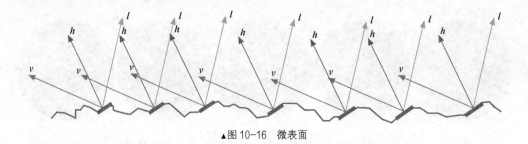

▲图 10-16　微表面

目前有很多种法线分布函数都可以从统计学上来估算微表面的总体朝向度，Unity 3D 使用了 Trowbridge-Reitz GGX 函数作为法线分布函数，公式如下：

$$D(\boldsymbol{h}) = \frac{\text{roughness}^2}{\pi \left[(\boldsymbol{n} \cdot \boldsymbol{h})^2 (\text{roughness}^2 - 1) + 1 \right]^2} \quad\quad (10\text{-}23)$$

式中，roughness 为表面粗糙程度，即微表面杂乱无章的程度；$\boldsymbol{n}$ 为表面的宏观法向量；$\boldsymbol{h}$ 为半角向量。

2. 几何衰减因子函数

实际上并不是所有的微表面都能接收到入射光线或者把光线出射出去，如图 10-17 所示。图 10-17（a）中一部分原本入射到某微表面的光线被其他微表面遮挡住，这种现象称为遮挡（shadowing）；图 10-17（b）中，一部分微表面反射出去的光线被另一部分微表面挡住了，这种现象称为蒙盖（masking）；图 10-17（c）中光线在微表面之间还会互相反射，这也是除了光在介质内部进行散射形成漫反射效果之外，还有一部分漫反射效果的形成来源，在建模高光时忽略这部分相互反射的光线。

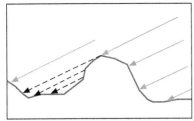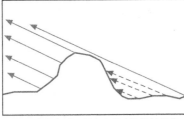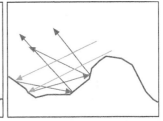

（a）部分微表面被其他微表面遮挡住无法接收光线　　（b）部分微表面反射出来的光线被遮挡住　　（c）光线在微表面之间相互反射

▲图 10-17　由微表面组成的表面区域

遮挡-蒙盖项可以用几何衰减因子（geometrical attenuation factor）函数 $G(\omega_i, \omega_o)$ 定义，该函数输入值是入射光线方向 ω_i 和光线的出射方向 ω_o，输出值为光线未被遮挡或蒙盖，能从 ω_i 出射到 ω_o 方向的比例。在编程实践中，光线的出射方向 ω_o 通常指片元到当前摄像机的连线向量。Unity 3D 使用了 Smith-Schlick 函数作为遮挡-蒙盖项可以用几何衰减因子的函数，公式如下。

$$\begin{cases} K = \dfrac{\text{roughness}^2}{2} \\ G(\omega_i, \omega_o) = \dfrac{1}{(\boldsymbol{n} \cdot \omega_i)(1 - K) + K} \dfrac{1}{(\boldsymbol{n} \cdot \boldsymbol{v})(1 - K) + K} \end{cases} \quad (10\text{-}24)$$

式中，roughness 为表面粗糙程度；$\boldsymbol{n}$ 为表面的宏观法向量。

在本书剖析的 Unity 3D 版本中，式（10-24）由 UnityStandardBRDF.cginc 文件中的 SmithJointGGXVisibilityTerm 函数封装实现，但 Unity 3D 的实现版本是这个公式的近似。

10.4.7　定义菲涅尔方程

完美镜面并不会将所有光线都反射掉，而是一部分被反射，一部分被折射，反射比例遵循菲涅尔方程。把菲涅尔方程定义成法向量 $\boldsymbol{n}$ 和入射光线方向向量 ω_i 的函数为 $F(\boldsymbol{n}, \omega_i)$。Unity 3D 使用了 Fresnel-Schlick 函数近似模拟，如果把法向量 $\boldsymbol{n}$ 用前面提到的半角向量 $\boldsymbol{h}$ 代替，则有如下公式：

$$F(\boldsymbol{h}, \omega_i) = C_{\text{spec}} + (1 - C_{\text{spec}})(1 - \boldsymbol{h} \cdot \omega_i)^5 \quad\quad (10\text{-}25)$$

式（10-25）实质上就是 10.4.5 节中提到的式（10-21），式中的 C_{spec} 为入射光线垂直于表面时的菲涅耳反射率，参见式（10-22）。

10.4.8　Cook–Torrance BRDF 模型

Torrance-Sparrow 基于微表面理论，用上述的法线分布函数 $D(h)$、几何衰减因子函数 $G(\omega_i, \omega_o)$、菲涅尔方程函数 $F(h, \omega_i)$ 和待光照计算的表面的宏观法线 N 建立了 BRDF 模型，公式如下。

$$\begin{cases} h = \dfrac{\omega_o + \omega_i}{\|\omega_o + \omega_i\|} \\[3mm] f(\omega_i, \omega_o) = \dfrac{D(h)F(h, \omega_i)G(\omega_i, \omega_o)}{4\cos\theta_i\cos\theta_o} = \dfrac{D(h)F(h, \omega_i)G(\omega_i, \omega_o)}{4(n \cdot \omega_i)(n \cdot \omega_o)} \end{cases} \tag{10-26}$$

式中，θ_i 和 θ_o 分别为向量 ω_i、ω_o 与半角向量 h 的夹角。

这个模型引入计算机图形学，被称为 Cook-Torrance 模型。Cook-Torrance 的论文里式（10-26）中分母里的系数由 4 改成了圆周率 π。但目前大部分基于物理的光照模型的具体实现中使用了 4。式（10-26）的推导过程本书从略，有兴趣的读者可以自行查找相关论文阅读理解。

除去镜面反射部分的 BRDF 模型之外，在渲染时还应包含漫反射部分的 BRDF 模型。漫反射部分的 BRDF 公式如下。

$$f_{\text{diffuse}}(\omega_i, \omega_o) = \frac{c}{\pi} \tag{10-27}$$

式中，c 为物体表面的原始颜色，可以认为是材质中的反照率贴图颜色，即对入射光的各分量的漫反射比例。

Unity 3D 并没有直接使用 Cook-Torrance 的漫反射 BRDF 模型，而是使用了 Disney 提出的模型，公式如下。

$$\begin{cases} f_{\text{D90}} = 0.5 + 2\text{roughness}(h \cdot \omega_i)^2 \\[2mm] f_{\text{DisneyDiffuse}}(\omega_i, \omega_o) = \dfrac{c}{\pi}[1 + (f_{\text{D90}} - 1)(1 - n \cdot \omega_i)^5][1 + (f_{\text{D90}} - 1)(1 - n \cdot \omega_o)^5] \end{cases} \tag{10-28}$$

式中，c 为物体表面的反照率颜色，roughness 为表面粗糙程度，即微表面杂乱无章的程度；n 为表面的宏观法向量；ω_i 为光线入射方向向量；ω_o 为光线出射方向向量。

本书剖析的 Unity 3D 版本中实际使用的公式并没有除以 π。UnityStandardBRDF.cginc 文件中的 DisneyDiffuse 函数封装了此公式的实现。

Cook-Torrance BRDF 模型中包含漫反射项和镜面反射项的公式为

$$f_{\text{cook-torrance}} = K_d f_{\text{diffuse}} + K_s f_{\text{specular}} \tag{10-29}$$

式中，K_d 为入射光线中被折射进材质内部的能量比率；K_s 为从入射光线材质表面被反射出来的能量比例。要达到真实的光照效果，K_d 和 K_s 则要遵循能量守恒定律，两者之和不能大于 1。

第 11 章　Unity 3D 标准着色器和 Standard.shader 文件分析

从 5.0 版本开始，Unity 3D 引入了一套新的基于物理渲染原理的着色器，称为标准着色器。在本书所分析的版本中，标准着色器有三种不同的版本，分别是 Standard 版本、Standard（Specular Setup）版本和 Standard（Roughness Setup）版本。这三个版本的大致架构是相同的，主要区别在于其使用的工作流程（workflow）不同，即所使用的材质参数不同。Standard（Specular Setup）版本使用镜面工作流（specular workflow），可以直接指定物体表面的镜面高光反射颜色；而 Standard 版本则使用金属工作流，需要根据材质的金属度和漫反射部分的颜色确定镜面高光反射颜色。

这 3 个版本的实现文件分别是 DefaultResourcesExtra 目录下的 Standard.shader、StandardSpecular.shader 和 StandardRoughness.shader 三个文件。本书将详细分析 Standard 版本的标准着色器，即 Standard.shader 文件。

在分析 Standard.shader 的代码文件之前，首先逐一分析标准着色器在 Inspector 面板中的各项材质属性。

11.1　标准着色器中的各项材质属性

11.1.1　Rendering Mode 属性

第一个属性是标准着色器的渲染模式，对应于 Inspector 面板中的 Rendering Mode 属性，如图 11-1 所示。此属性可以让用户选择待渲染物体是否透明（transparency），如果是则要选择对应的混合模式。Rendering Mode 属性有 4 个可选项。

▲图 11-1　Rendering Mode 属性

- Opaque：Opaque 是默认的选项，当一个待渲染的物体是一个普通不透明的固体时可以选用此项。
- Cutout：当选择此项时，待渲染物体可以有透明区域，并且透明区域和不透明区域之间有硬边缘（hard edge），即从不透明到透明区域之间没有柔和的过渡区域，而是立刻从不透明到透明。在这种模式下，不能有半透明（semi-transparent）区域。
- Transparent：用于渲染诸如明亮的玻璃和塑料等透明物体。在这个模式下，材质自身会拥有一个透明值参数。这个参数是基于材质用到的纹理或者顶点颜色的 Alpha 值产生的。使用此模式渲染的物体，其表面上的反射产生的高亮光斑仍将以完全清晰的方式保持可见，就像真正的透明材料一样。

- Fade：允许材质的透明值参数将整个物体淡出，包括其表面上的高亮光斑也一起淡出。当希望物体淡入淡出时此模式是很有效的。

11.1.2　Albedo 属性

反照率（albedo）参数用来控制物体的基本表面颜色，其对应于 Inspector 面板中的 Albedo 属性，如图 11-2 所示。材质的反照率属性可以通过指定一个单独颜色作为表面颜色，也可以通过指定一个纹理贴图作为表面颜色。

▲图 11-2　Albedo 属性

如图 11-2 所示，Albedo 属性既可以指定一个单独的颜色来设置，也可以指定一张纹理贴图作为反照率数据源。这个纹理贴图就是反照值贴图（albedo mapping），用来表征物体的表面颜色。必须注意的是，反照率贴图不能包含任何光照信息和阴影信息。材质的反照率颜色值（albedo color）和漫反射颜色值（diffuse color）很容易混淆，这两个概念很接近，但又有一点区别。简单地说，一张漫反射贴图，除了记录了物体材料本身所看起来的颜色之外，还记录了当前光照下的阴影信息及一些高亮细节；而反照率贴图则移除了这些额外信息，而只记录了材料本身的颜色，如图 11-3 所示。

（a）漫反射贴图　　　　　　　　　　　　　　　（b）反照率贴图

▲图 11-3　漫反射贴图和反照率贴图对比

反照率颜色中的 Alpha 值用来控制材质的透明程度，只有当 Inspector 面板中的 Rendering Mode 属性值不设置为 Opaque 时才生效。

11.1.3　Metal 属性

当使用金属工作流时，物体表面对光线的反射率（reflectivity）将受 Metallic 属性（即金属度属性）的影响。在金属工作流模式下，镜面反射依然会产生，它的产生也是依据 Metallic 属性的具体设置值计算而成的。除了可以用来渲染金属材质的物体之外，金属工作流也能支持渲染非金属的材质。

材料的 Metallic 属性参数用来定义物体表面"有多像金属"。当物体表面更具有金属性质时，它会更多地反射周围环境的景象，同时其自身的反照率颜色变得更不明显。当物体的 Metallic 属性设置至最大值时，它的表面完全反射显示了周围环境的景象。如图 11-4 所示，物体的 Metallic 属性越高，其自身反照率颜色就越不明显，对周围环境景象的反射就越清晰。

默认情况下，如果没有给 Metallic 属性赋值上一个纹理贴图，物体的金属度将由 Inspector 面板中的 Metallic 属性对应的滑块控件调节参数，如图 11-5 所示。

▲图 11-4　Metallic 属性与反照率颜色的关系

▲图 11-5　利用滑块控件调节参数

但如果物体的表面已经使用了反照率纹理贴图，则可以使用特定的金属度纹理贴图来控制材质表面上的金属和平滑度级别的变化。例如，某角色模型使用的纹理贴图包含衣服，以及一些金属拉链，显然金属拉链比布料具有更高的金属度。为了达到此目的，可以指定使用金属度纹理贴图，而不是使用单个滑块值。

11.1.4　Smoothness 属性

平滑度（Smoothness）属性在镜面工作流和金属工作流两个模式中都有，它对应于 Inspector 面板中 Smoothness 属性。在两种工作流下，其工作方式也很相似，如图 11-6 所示。如果 Metallic 属性和 Specular 属性都没有赋上纹理贴图，那么平滑度属性都由滑块控件调整设置；如果赋上了纹理贴图，那么平滑度属性则从对应的纹理贴图中获取。

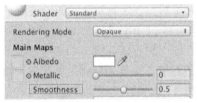
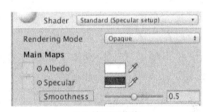

（a）金属工作流　　　　　　　　　　（b）镜面工作流

▲图 11-6　Smoothness 属性

平滑度属性主要用来控制 10.4.6 节介绍的微表面的分布情况。光滑表面，即平滑度属性值较大的表面，具有很少的微表面分布，或者根本没有，因此光线以均匀且集中的方式反射出来；而粗糙表面，即平滑度属性值较小的表面，微表面分布得较多较广，而因为在其微观表面细节处具有高峰和低谷，因此光线会以随机且多个角度反射出来，这些角度会产生漫反射颜色，而没有明显的镜面反射效果。简单地说，通过该参数可以控制待渲染物体的表面的光滑程度，物体表面越光滑，其镜面反射效果就越明显。如图 11-7 所示，Smoothness 属性的取值范围为 0～1，值越大，表示其表面越光滑，微表面上的不光滑凹凸越小。

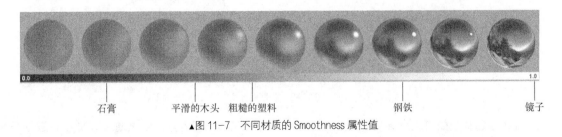

石膏　　　　平滑的木头　粗糙的塑料　　　　　　　钢铁　　　　　镜子

▲图 11-7　不同材质的 Smoothness 属性值

在平滑度较低的情况下，因为微观表面的细节是凹凸不平的，并且会散射光线，表面上每个点出射的光线都来自广阔的区域，所以显得模糊不清，无法显示物体周围环境的景象；而在平滑度较高的情况下，表面上每点出射的光线则来自狭窄聚焦的区域，从而能更清晰地反射物体所处环境的景象。

11.1.5　Normal Map 属性

法线贴图是凹凸贴图（bump mapping）的一种，4.2.8 节已经对法线贴图进行了详细阐述，此处不再赘述。标准着色器也用了法线贴图以增强表面的凹凸不平的感觉。

11.1.6　Height Map 属性

使用法线贴图技术可以让低面数模型产生高面数模型才有的凹凸不平的光照效果，但法线贴图技术只是利用光照后的明暗变化产生的视觉欺骗让人感觉到细节存在。当镜头移动观察真正的高面数模型时，能让人感觉到物体表面高低起伏所产生的遮蔽效果。所以为了达到这种更真实的效果，一种称为虚拟置换（virtual displacement）的技术应运而生。虚拟置换技术也有多种实现方式，其中一种就是使用高度图（height map）的视差贴图（parallax mappng）方式。

视差贴图根据储存在纹理中的数据对平面特定区域的顶点的高度进行位移，这些存储了位移值数据的纹理就是高度图。使用了高度图之后，模型上的每个三角形对应的每个片元的位置坐标就不只是由光栅化处理阶段插值生成，而是插值生成后的坐标再加上高度图提供的，沿着片元的法线方向进行位移的位移值而成。高度图通常是一张黑白的灰度图，表示物体表面的凹陷程度，图 9-4 就可以视为高度图的一个例子。图 9-4 中，越黑的点表示物体表面凹陷越深，而纯白色的点则表示会附着在物体表面上。

视差贴图技术使用视线与物体表面相交检测的思想，如图 11-8 所示，向量 V 表示视线观察方向的逆方向。图 11-8 中弯曲的线段表示高度贴图中的数值在垂直坐标轴上的表达。如果物体的表面进行实际移动了，那么摄像机应该看到的是高度值为 $H(B)$ 处，即对应的点 B 处的表面。然而物体表面并没有发生实际的移动，观察方向将在点 A 处与表面相交。视差贴图技术就是要让在位置 A 的片元不再使用点 A 处的外观纹理贴图坐标，而是使用点 B 的，随后用点 B 的纹理坐标对外观纹理贴图进行采样，这样观察者就像看到了点 B 一样。

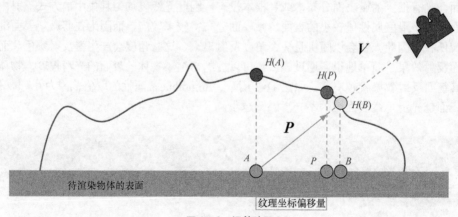

▲图 11-8　视差贴图 1

现在问题就是如何从点 A 得到点 B 的外观纹理贴图坐标。视差贴图尝试通过对向量 V 进行缩放的方式解决这个问题，要缩放的大小是点 A 处对应的高度，因此将向量 V 的长度缩放为在点 A 处对高度图进行采样得来的高度值 $H(A)$。得到向量 P，然后向量 P 向待渲染物体的表面投影，得到图 11-8 中的纹理坐标偏移量，对应于点 P，此时实际上使用的是点 P 对应的外观纹理贴图。因为此时点 P 处对应的和点 B 处其位置临近，其两者的高度偏移也接近，这种方法还差强人意。但由于向量 P 的缩放值是根据高度值 $H(A)$ 得到的，当表面的高度变化很快时，看起来就会不真实，因为向量 P 对应的点 P 最终不会和期望的点 B 接近，如图 11-9 所示。

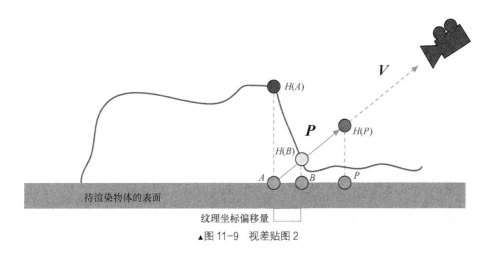

▲图 11-9　视差贴图 2

前面的算法思想还有一个问题，就是其视线相交检测是在世界空间中进行的，当物体表面发生旋转之后难以指定向量 P 获取到哪一个纹理映射坐标。所以，为了使得向量 P 的 xy 分量一直和表面对齐，需要和法线贴图一样，把算法变换到切线空间中进行：将向量 V 转换到切线空间中，经变换的向量 P 的 x 分量和 y 分量将分别与片元的切线和副法线对齐。其在切线空间中切线和副法向量与片元的纹理映射坐标的坐标轴方向相同，因此可以用向量 P 的 xy 分量作为纹理坐标的偏移量，这样就可不用考虑表面的方向。

在实现视差贴图时，需要使用纹理外观贴图、法线贴图及一个高度图，因为视差贴图生成"表面发生位移"的视觉欺骗，当光照条件和位移大小不匹配时这种视觉欺骗就会失效。法线贴图通常可以利用工具软件根据高度贴图生成，法线贴图和高度图一起用能保证光照条件和位移能相匹配，如图 11-10 所示。

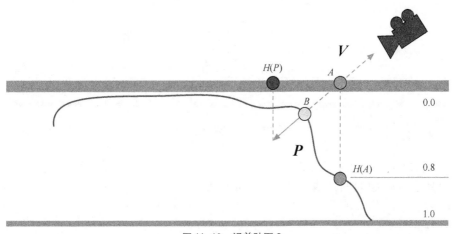

▲图 11-10　视差贴图 3

图 11-10 中所用到的高度图是由图 11-9 用到的高度图反色生成的，原来高凸的地方变成了低洼，因此反色高度图又可以称为洼度图[①]。用洼度图模拟洼度比模拟高度更容易一些。

图 11-10 中洼度值为 0 的平面是渲染时的实际表面。点 A 是当前视线下在表面上看到的点，点 B 是经视差效果处理后应该被看到的点。点 A 和点 B 对应的外观纹理贴图坐标是不同的，需要估计 A、B 之间纹理坐标的偏移，偏移量（x_{offset}, y_{offset}）可以通过如下公式估算。

$$\begin{cases} x_{offset} = \dfrac{viewDir.x}{viewDir.z} H(A)factor \\[2mm] y_{offset} = \dfrac{viewDir.y}{viewDir.z} H(A)factor \end{cases} \tag{11-1}$$

式中，viewDir 为图 11-10 中向量 V 单位化之后的向量值；$H(A)$ 为点 A 处的洼度值。

该公式总体上符合视觉的规律。当视线与物体表面的夹角越大，$\dfrac{viewDir.x}{viewDir.z}$ 和 $\dfrac{viewDir.y}{viewDir.z}$ 的值也就越大，计算出来的偏移量也就越大，足以达到视觉欺骗的效果。通常因为这样估算出来的偏移值过大，所以需要乘以一个缩放系数 factor 以把值缩放到一个合理的范围。一般地，此值设置为 0.1 时视觉效果最好。

但式（11-1）有一个很严重的问题，即当视线接近水平时，所用到的外观纹理会有很多地方发生扭曲。为了更精确地得出偏移量，需要进一步优化式（11-1）对应的算法设计。

优化方式是将洼度贴图分层，每层的间隔相同，沿着视线方向向下探，每次高度下降一层，当视线与某一层的交点的洼度值小于该处洼度贴图中的洼度时停止。如图 11-11 所示，T_2 处的实际洼度比该层的洼度 0.4 要大，继续向下；到了 T_3 时实际洼度则比该层的洼度要小，因此选取 T_3 作为 T_0 处偏移之后的外观纹理贴图坐标。这种方式使精度提升了很多，而且分层越细，精度越高。

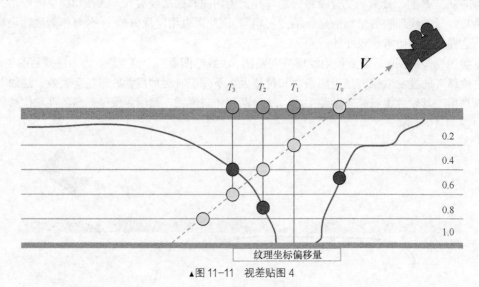

▲图 11-11　视差贴图 4

图 11-11 的算法在很大程度上改善了式（11-1）带来的问题，但此算法也会产生其他问题，如图 11-12 所示，渲染出来的效果有很明显的重叠现象。

[①] 有些书籍把反色的高度图称为深度图，但读者容易把深度图和深度纹理贴图等概念混淆，因此本书把反色高度图称为洼度图，即低洼度值图之意。

▲图 11-12 未经优化处理的视差贴图算法产生的重叠现象

如图 11-13 所示，假设在当前视角下，视线 V_n 经过表面上某一点 T_n，按之前的方式逐层探测应该要得到的偏移值，从图 11-13 中可以看出 0.2、0.4 层都不符合条件，继续向下探测至 0.6 层，相交于点 P_2 处，此时点 P_2 对应的注度值依然大于 0.6 层的注度值，还需继续向下探测至 0.8 层，相交于点 P_3。此时点 P_3 对应的注度值依然小于 0.8 层的注度值。所以选取点 T_n 和点 T_0 一样，都选取了 T_3 处的外观纹理贴图坐标作为偏移后的纹理坐标，因此发生了重叠现象。

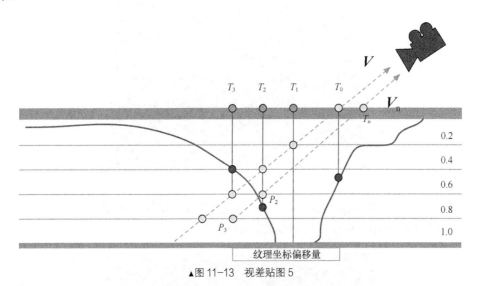

▲图 11-13 视差贴图 5

为了解决这个问题，可以通过线性插值的方式来确定偏移后的纹理坐标，使精度进一步提升，而且更平滑。如图 11-14 所示，不再简单地选取 T_3 处的外观纹理贴图坐标作为偏移后的纹理坐标，而是根据一个比值 R 来对外观纹理贴图坐标进行线性插值。图 11-14 中的 $H(T_3)$ 和 $H(T_2)$ 代表 T_3 和 T_2 处实际注度与该层注度的差值绝对值，则有以下公式组：

$$\begin{cases} r = \dfrac{H(T_3)}{H(T_3) + H(T_2)} \\ x_{\text{offset}} = T_3 x(1-r) + T_2 xr \\ y_{\text{offset}} = T_3 y(1-r) + T_2 yr \end{cases} \tag{11-2}$$

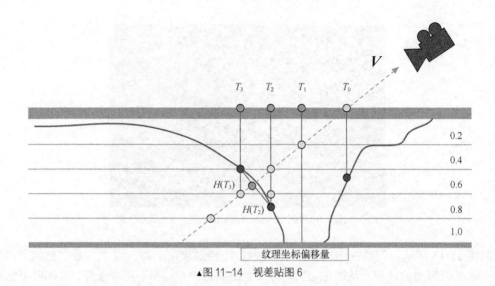

▲图 11-14　视差贴图 6

经式（11-2）算法处理过的视差贴图效果如图 11-15 所示，基本上消除了图 11-12 中的重叠效果。

▲图 11-15　使用了线性插值后的视差贴图效果

通过给标准着色器的 Height Map 属性指定高度图纹理，如图 11-16 所示，可以使用视差贴图技术。搭配法线贴图使用，可以得到更为真实的渲染效果。

▲图 11-16　使用视差贴图技术为 Height Map 属性指定高度图纹理

11.1.7　Occlusion 属性

在场景中某些区域所接收到的间接照明要强烈些，有些区域则暗淡些。遮蔽贴图（occlusion map）就是用来描述哪些区域强烈哪些暗淡的。如图 7-1 所示，间接照明主要来自由光线在场景中物体之间的反射，因此场景中陡峭凹陷部分（如裂缝或折叠）实际上不会接收到太多间接照明的光线。如图 11-17 所示，图 11-17（a）是没有使用遮蔽贴图的效果，图 11-17（b）则是使用了遮蔽贴图的效果。很显然，图 11-17（b）的墙壁转角处要比图 11-17（a）灰暗很多，这是因为由于存在遮挡，转角处能接收到的间接照明要少很多。

（a）没有使用遮蔽贴图的效果　　　　　（b）使用了遮蔽贴图的效果

▲图 11-17　有无使用遮蔽贴图的效果对比

遮蔽贴图是一张黑白灰度图，其中白色表示应该完全接收到间接照明的区域，而黑色则表示没有间接照明。通过给标准着色器的 Occlusion 属性赋值上一个遮蔽贴图纹理，如图 11-18 所示，可以实现场景遮蔽的效果。

▲图 11-18　使用场景遮蔽技术为 Occlusion 属性赋值上遮蔽贴图纹理

11.1.8　Emission 属性

Inspector 面板中的 Emission 属性用来控制物体表面发出的颜色和亮度。自发光材质在场景中可以视为一个光源，简单的自发光材质属性可以用单个颜色和发光级别（emission level）定义，如图 11-19 所示。

▲图 11-19　使用单个颜色和发光级别定义自发光材质

也可以是用一张自发光纹理贴图表征自发光材质的颜色和亮度，当使用了自发光纹理贴图之后，文本输入框所表示的参数依然可以保留，将会用来调制自发光材质颜色的强度。

Emission 属性下还有一个 Global Illumination 属性，此属性决定了使用自发光材质的物体所产生的光线如何照亮其周围的物体。此属性有 3 个选项，分别如下。

- None：表示物体会自发光，但自发光的颜色不会照亮其周围的物体。
- Realtime：表示本物体自发光的光线将会参与实时全局照明计算中，这些自发光光线可以照亮周围的动态和静态物体。
- Baked：表示本物体自发光的光线将会参与烘焙光照贴图的计算中，这些自发光光线可以照亮周围的静态物体，但对动态的物体无效。

11.1.9　Secondary Map 属性

细节贴图（detail map）允许在主纹理之上再覆盖一层细节纹理。这些细节纹理可以是第二张反照率贴图，即 Secondary Maps 标签下的 Detail Albedo x 属性所对应的贴图；也可以是第二张法线贴图，即 Normal Map 属性所对应的贴图，如图 11-20 所示。这些细节纹理通常比主纹理要小，而且会在物体表面的多个地方

▲图 11-20　Secondary Maps 属性中的细节反照率贴图和细节法线贴图

重复使用。

11.1.10　Detail Mask 属性

　　细节蒙版贴图（detail mask map）用来对表面的某些部分进行遮盖（mask），当某部分使用了细节蒙版贴图之后，该部位对应的区域只显示细节蒙版贴图的内容而忽略其他贴图。

11.2　Standard.shader 中的属性变量

　　经过前面章节的理论阐述，从本节开始将剖析 Standard.shader 文件的内部实现。

11.2.1　Standard.shader 代码段中的属性变量

　　看代码中的每一个属性变量的定义。

```
// 所在文件: Standard.shader 代码
// 所在目录: DefaultResourcesExtra
// 从原文件第 3 行开始，至第 48 行结束
Shader "Standard"
{
    Properties
    {
        // 对应于 Inspector 面板中的 Albedo 属性后的颜色选择框值，即物体表面的反照率颜色值,参见 11.1.2 节
        _Color("Color", Color) = (1,1,1,1)

        // 对应于 Inspector 面板中的 Albedo 属性，即物体表面的反照率贴图,参见 11.1.2 节
        _MainTex("Albedo", 2D) = "white" {}

        // 对应于 Inspector 面板中的 Alpha Cutoff 属性，当片元的 Alpha 值小于本值时，此片元将会被
        // 丢弃。此属性值只有当面板中的 Rendering Mode 属性设置为 Cutoff 时才能在面板上可视
        _Cutoff("Alpha Cutoff", Range(0.0, 1.0)) = 0.5

        // 当 Inspector 面板中的 Metallic 属性未被赋上纹理贴图时，由滑杆控件所控制的 Smoothness 属性
        _Glossiness("Smoothness", Range(0.0, 1.0)) = 0.5

        // 当 Inspector 面板中的 Metallic 属性赋上纹理贴图时，由滑杆控件所控制的 Smoothness 属性
        _GlossMapScale("Smoothness Scale", Range(0.0, 1.0)) = 1.0

        // 对应于 Inspector 面板中的 Source 属性
        [Enum(Metallic Alpha,0,Albedo Alpha,1)]
        _SmoothnessTextureChannel("Smoothness texture channel", Float) = 0

        // 当 Inspector 面板中 Metallic 属性未被赋上纹理贴图时，由滑杆控件所控制的
        // Metallic 属性
        [Gamma] _Metallic("Metallic", Range(0.0, 1.0)) = 0.0

        // 当 Inspector 面板中 Metallic 属性赋上了纹理贴图时，所对应的 Metallic 属性
        _MetallicGlossMap("Metallic", 2D) = "white" {}

        // Inspector 面板中的 Forward Rendering Options 标签下的 Specular Highlights
        // 属性
        [ToggleOff] _SpecularHighlights("Specular Highlights", Float) = 1.0

        // Inspector 面板中的 Forward Rendering Options 标签下的 Reflections 属性
        [ToggleOff] _GlossyReflections("Glossy Reflections", Float) = 1.0

        // 当 Inspector 面板中的 Normal Map 属性被赋上了贴图之后，Normal Map 属性
        // 后的文本控件所对应的值
        _BumpScale("Scale", Float) = 1.0

        // 对应于 Inspector 面板中的 Normal Map 属性，即法线贴图
        _BumpMap("Normal Map", 2D) = "bump" {}
```

```
                    // 当 Inspector 面板中的 Height Map 属性被赋上了贴图之后，Height Map 属性
                    // 后的文本控件所对应的值
                    _Parallax ("Height Scale", Range (0.005, 0.08)) = 0.02

                    // 对应于 Inspector 面板中的 Height Map 属性，即视差贴图技术所用到的高度图
                    // 这个贴图在使用法线贴图的基础上，用来表现待渲染物体的高低位置信息。
                    // 法线贴图只能表现光照强弱和明暗效果，而视差贴图可以增加待渲染物体的位置前后的细节
                    _ParallaxMap ("Height Map", 2D) = "black" {}

                    // 当 Inspector 面板中的 Occlusion 属性被赋上了贴图之后，Occlusion 属性
                    // 后的文本控件所对应的值
                    _OcclusionStrength("Strength", Range(0.0, 1.0)) = 1.0

                    // 对应于 Inspector 面板中的 Occlusion 属性，即遮蔽贴图
                    // 物体的凹槽处由于受到光线的减少而显得暗淡，即被其他部位产生遮挡
                    // 无法接收到更多的间接光照
                    _OcclusionMap("Occlusion", 2D) = "white" {}

                    // 当 Inspector 面板中的 Emission 复选框被选中后，显示出来的 Color 属性
                    // 对应的颜色选择框，表示材质的自发光颜色
                    _EmissionColor("Color", Color) = (0,0,0)

                    // 当 Inspector 面板中的 Emission 复选框被选中后，显示出来的 Color 属性
                    // 对应的自发光贴图
                    _EmissionMap("Emission", 2D) = "white" {}

                    // 对应于 Inspector 面板中的 Detail Mask 属性
                    _DetailMask("Detail Mask", 2D) = "white" {}

                    // 对应于 Inspector 面板中的 Secondary Maps 标签下的 Detail Albedo x2 属性
                    _DetailAlbedoMap("Detail Albedo x2", 2D) = "grey" {}

                    // 对应于 Inspector 面板中的 Secondary Maps 标签下的 Normal Map 属
                    // 性后的文本框控件值
                    _DetailNormalMapScale("Scale", Float) = 1.0

                    // 对应于 Inspector 面板中的 Secondary Maps 标签下的 Normal Map 属性
                    _DetailNormalMap("Normal Map", 2D) = "bump" {}

                    [Enum(UV0,0,UV1,1)] _UVSec ("UV Set for secondary textures", Float) = 0

                    // 混合状态
                    [HideInInspector] _Mode ("__mode", Float) = 0.0
                    [HideInInspector] _SrcBlend ("__src", Float) = 1.0
                    [HideInInspector] _DstBlend ("__dst", Float) = 0.0
                    [HideInInspector] _ZWrite ("__zw", Float) = 1.0
            }
```

Metallic 属性对应于代码中的_MetallicGlossMap 变量及_Metallic 变量，这相当于式（10-25）中的 C_{spec}。如图 10-14 所示，通常金属物体大部分在 0.9 以上，而非金属集中在 0.2 以下，正因为如此该属性称为金属度。而 Smoothness 属性对应于代码中的_Glossiness 属性变量。glossiness 的意思是光泽度，而 smoothness 则可表示金属表面的光洁度。这项属性相当于在物理模型中，那些法线与观察视线方向一致的微表面在所有微表面中所占的比例。比例越大，物体越光滑，反之越粗糙。要注意区分 Metallic 和 Smoothness 这两个属性，Metallic 属性描述对能量反射的强弱，而 Smothness 属性则描述表面的光滑程度。当然，大多数情况下金属材质的 Smoothness 属性都很高。

11.2.2　Standard.shader 代码段中的 MetallicSetup 函数

通过以下代码，定义 MetallicSetup 函数。

```
// 所在文件：Standard.shader
// 所在目录：DefaultResourcesExtra
```

```
// 从原文件第 50 行开始，至第 52 行结束
   // MetallicSetup 是函数名，此函数定义在 UnityStandardCore.inc 文件中
   CGINCLUDE
      #define UNITY_SETUP_BRDF_INPUT MetallicSetup
ENDCG
```

上述代码把 UNITY_SETUP_BRDF_INPUT 宏定义为 MetallicSetup 函数，表明本着色器将使用金属工作流。而在 StandardSpecular.shader 文件中，此宏定义为 SpecularSetup 函数；在 StandardRoughness.shader 文件中则定义为 RoughnessSetup 函数。

11.3　第一个 SubShader 的前向通路

Standard.shader 文件由两个 SubShader 和一个 Fallback 组成。随着对硬件的性能要求依次递减，本书只分析第一个实现最复杂但对性能要求也最高的 SubShader。第一个 SubShader 由 5 个渲染通路组成，分别是基于前向渲染途径的前向通路和 FORWARD_DELTA 通路，基于阴影投射模式的 ShadowCaster 通道，基于延迟渲染途径的延迟通路，以及用于生成补偿材质间接光照中的镜面光照部分的 META 通道。首先分析前向道路。

```
// 所在文件: Standard.shader
// 所在目录: DefaultResourcesExtra
// 从原文件第 54 行开始，至第 340 行结束
   SubShader
   {
       Tags { "RenderType"="Opaque" "PerformanceChecks"="False" }
       LOD 300

       // 前向渲染途径中的基础通路第一个基础的前向通路
       Pass
       {
       Name "FORWARD"
       // 光照模式为 ForwardBase，FORWARD pass 的 LightMode 为 ForwardBase
       // 如表 6-1 所示。ForwardBase 模型用于前向渲染途径，该渲染通路会计算环境光、
       // 主有向平行光、逐顶点光照、球谐光照和光照贴图
       Tags { "LightMode" = "ForwardBase" }
       Blend [_SrcBlend] [_DstBlend]
       ZWrite [_ZWrite] // 执行本 pass 将会写入数值到深度缓冲区

       CGPROGRAM
       // 指定使用 shader model 3.0 版本，当指定此值时，支持 DirectX9.0 的 shader model 3.0
       // 不能完全支持 OpenGLES2.0 所有设备，其取决于设备驱动厂商所实现的功能
       #pragma target 3.0

       // Inspector 面板中的 Normal Map 属性若能使用，要声明此着色器多样体
       #pragma shader_feature _NORMALMAP

       // 判定 Alpha 测试、Alpha 混合、Alpha 值预乘，如果三者都不启用
       // 则执行下划线_对应的代码段。因为 Unity 3D 有预编译 keyword
       // 的个数限制（256 个），所以一些 "多个具名 keyword" 都不启用时，依
       // 然需要有针对 "所有具名 keyword 都不启用的情况" 的处理代码时，就可以使用下划线定义这
       // 个匿名 keyword，以避免整体的 keyword 个数超标
       #pragma shader_feature _ _ALPHATEST_ON
                                  _ALPHABLEND_ON _ALPHAPREMULTIPLY_ON

       // Inspector 面板中的 Emission 属性若能使用，要声明此着色器多样体
       #pragma shader_feature _EMISSION

       // Inspector 面板中的 Metallic 属性能使用，要声明此着色器多样体
       #pragma shader_feature _METALLICGLOSSMAP

       // Inspector 面板中的 Secondary Maps 标签下的两个属性若能使用
       // 要声明此着色器多样体
```

```
                    #pragma shader_feature ___ _DETAIL_MULX2
                    #pragma shader_feature _ _SMOOTHNESS_TEXTURE_ALBEDO_CHANNEL_A
                    #pragma shader_feature _ _SPECULARHIGHLIGHTS_OFF
                    #pragma shader_feature _ _GLOSSYREFLECTIONS_OFF

                    // Inspector 面板中的 Height Map 属性若能使用，要声明此着色器多样体
                    #pragma shader_feature _PARALLAXMAP

                    // 当使用了 forward rendering base 这一渲染途径时，这个指令通知把该渲染路径所依赖的
                    // 所有着色器多样体都编译
                    #pragma multi_compile_fwdbase

                    // 这个指令将会依据欲使用雾的不同类型（如是 linear 类型的
                    // 还是 exponent 类型的雾），对应地把代码中和雾效相关的 shader
                    // variant 各自展开成 shader 代码
                    #pragma multi_compile_fog

                    // 这个指令把代码中和例化渲染技术相关的
                    // 着色器多样体各自展开成着色器代码
                    #pragma multi_compile_instancing

                    // 如果去掉该行代码前面的注释符号//，则表示启用 LOD 交叉淡入淡出效果
                    //#pragma multi_compile _ LOD_FADE_CROSSFADE

                    // 指定在本渲染路径中顶点着色器的主入口函数为 vertBase
                    // 指定在本渲染路径中片元着色器的主入口函数为 fragBase
                    // 这两个函数又都在 UnityStandardCoreForward.cginc 文件中定义
                    // 所以在本代码段中包括了此文件
                    #pragma vertex vertBase
                    #pragma fragment fragBase
                    #include "UnityStandardCoreForward.cginc"
                    ENDCG
            }
```

11.3.1　前向通路的简化版顶点着色器入口函数

着色器的入口函数都定义在 UnityStandardCoreForward.cginc 中，先从 vertex shader 的入口函数开始分析。

1. UnityStandardCoreForward.cginc 的代码

UnityStandardCoreForward.cginc 的代码如下。

```
// 所在文件：UnityStandardCoreForward.cginc
// 所在目录：CGIncludes
// 从原文件第 3 行开始，至第 26 行结束
#ifndef UNITY_STANDARD_CORE_FORWARD_INCLUDED
#define UNITY_STANDARD_CORE_FORWARD_INCLUDED

// 如果没有定义 UNITY_NO_FULL_STANDARD_SHADER，即不使用完全版本
// 的标准着色器，就定义一个使用简化版本的标准着色器
// 的 UNITY_STANDARD_SIMPLE 宏
#if defined(UNITY_NO_FULL_STANDARD_SHADER)
    #define UNITY_STANDARD_SIMPLE 1
#endif

#include "UnityStandardConfig.cginc"

// 如果启用简化版本，vertBase 入口函数转调 UnityStandardCoreForwardSimple.cginc
// 文件中 vertForwardBaseSimple 函数作为顶点着色器入口函数，fragBase 入口函数则
// 转调 fragForwardBaseSimpleInternal 函数作为片元着色器入口函数，其他
// 渲染路径的主入口函数也在此进行转调
#if UNITY_STANDARD_SIMPLE
    #include "UnityStandardCoreForwardSimple.cginc"
    VertexOutputBaseSimple vertBase(VertexInput v){
```

```
        return vertForwardBaseSimple(v); }

    VertexOutputForwardAddSimple vertAdd(VertexInput v){
        return vertForwardAddSimple(v); }

    half4 fragBase (VertexOutputBaseSimple i) : SV_Target {
        return fragForwardBaseSimpleInternal(i); }

    half4 fragAdd (VertexOutputForwardAddSimple i) : SV_Target {
        return fragForwardAddSimpleInternal(i); }
#else // 非简化版本
    #include "UnityStandardCore.cginc"
    VertexOutputForwardBase vertBase (VertexInput v) {
        return vertForwardBase(v); }

    VertexOutputForwardAdd vertAdd (VertexInput v) {
        return vertForwardAdd(v); }

    half4 fragBase (VertexOutputForwardBase i) : SV_Target {
        return fragForwardBaseInternal(i); }

    half4 fragAdd (VertexOutputForwardAdd i) : SV_Target {
        return fragForwardAddInternal(i); }
#endif

#endif // UNITY_STANDARD_CORE_FORWARD_INCLUDED
```

如上述代码所描述，首先根据宏 UNITY_NO_FULL_STANDARD_SHADER 是否被启用决定是使用简化版本还是完全版本的标准着色器。如果是简化版本，将会在内部使用简化版本的 BRDF3 机制实现光照计算。对应于宏 UNITY_NO_FULL_STANDARD_SHADER，在引擎的运行时库 UnityEngine.Rendering 空间中的枚举类型 BuiltShaderDefine 中有同名的枚举量，对应这一项是否开启。

如果使用简化版本，vertBase 入口函数又转调 UnityStandardCoreForwardSimple.cginc 文件中 vertForwardBaseSimple 函数作为顶点着色器的入口函数，fragBase 入口函数则转调 fragForwardBaseSimpleInternal 函数作为片元着色器的入口函数，其他渲染通路的主入口函数也在此进行转调。

2. vertForwardBaseSimple 函数中的代码段 1

在往下分析其他入口函数之前，首先继续追踪 vertForwardBaseSimple 的实现，该函数的定义如下。

```
// 所在文件：UnityStandardCoreForwardSimple.cginc
// 所在目录：CGIncludes
// 从原文件第 79 行开始，至第 88 行结束
VertexOutputBaseSimple vertForwardBaseSimple (VertexInput v)
{
    UNITY_SETUP_INSTANCE_ID(v); // 设置顶点的 instance ID，此宏的具体定义参见 5.4.6 节
    VertexOutputBaseSimple o;
    // 把结构体的所有属性清零。UNITY_INITIALIZE_OUTPUT 在 HLSLSupport.cginc 文件中定义
    UNITY_INITIALIZE_OUTPUT(VertexOutputBaseSimple, o);

    // UNITY_INITIALIZE_VERTEX_OUTPUT_STEREO(o)语句等价于：
    // output.stereoTargetEyeIndex = unity_StereoEyeIndices[unity_StereoEyeIndex].x;
    // 声明立体渲染时用到的左右眼索引
    UNITY_INITIALIZE_VERTEX_OUTPUT_STEREO(o);
    // 把输入顶点变换到世界空间
    float4 posWorld = mul(unity_ObjectToWorld, v.vertex);

    // 把输入经过 world-view-projection 变换，变换到裁剪空间。UnityObjectToClipPos 函数在
    // UnityShaderUtilities.cginc 文件中的定义。其定义如下
    /*
```

```
inline float4 UnityObjectToClipPos(in float3 pos)
{
    return mul(UNITY_MATRIX_VP, mul(unity_ObjectToWorld, float4(pos, 1.0)));
}

// 重载一个 float4 版本的 UnityObjectToClipPos 函数，防止现有着色器的隐式截断问题
inline float4 UnityObjectToClipPos(float4 pos)
{
    return UnityObjectToClipPos(pos.xyz);
}
*/
o.pos = UnityObjectToClipPos(v.vertex);
o.tex = TexCoords(v); // 设置第一层纹理映射坐标，TexCoord 函数参见 11.8.3 节
```

　　首先要弄懂的是传递给顶点着色器的输入顶点结构体 VertexInput，本书所剖析的 Unity 3D Shader 源代码版本中，有两处定义了 VertexInput 结构体，一处在 CGIncludes 目录下的 UnityStandardShadow.cginc 文件中，另一处在 UnityStandardInput.cginc 文件中。本处传入的 VertexInput 结构体使用了 UnityStandardInput.cginc 文件中定义的版本，可参见 11.8.2 节中关于此结构体的详细描述。

3. VertexOutputBaseSimple 结构体

　　前向通路中使用了从顶点着色器传递到片元着色器的数据结构体 VertexOutputBaseSimple，这个结构体的定义如下。

```
// 所在文件：UnityStandardCoreForwardSimple.cginc
// 所在目录：CGIncludes
// 从原文件第 15 行开始，至第 38 行结束
struct VertexOutputBaseSimple
{
    // 声明顶点的位置坐标，UNITY_POSITION 宏在 HLSLSupport.cginc 文件中定义
    UNITY_POSITION(pos); // #define UNITY_POSITION(pos) float4 pos : SV_POSITION
    float4 tex : TEXCOORD0;  // 顶点的第一层纹理坐标
    half4 eyeVec : TEXCOORD1; // x、y、z 分量存储了顶点到摄像机的连线向量
                              // w 分量存储了掠射角项（grazingTerm）值，入射角是光线和法线的
                              // 夹角，掠射角则是入射光线和反射平面的夹角
    half4 ambientOrLightmapUV : TEXCOORD2; // 存储了球谐光照系数或者光照贴图坐标
    SHADOW_COORDS(3)
    UNITY_FOG_COORDS_PACKED(4, half4) // x 分量存储了雾化因子值，y、z、w 分量存储了反射向量
    half4 normalWorld : TEXCOORD5; // w 分量存储了菲涅尔方程函数的值，参见 10.4.7 节
#ifdef _NORMALMAP
    half3 tangentSpaceLightDir : TEXCOORD6;
    #if SPECULAR_HIGHLIGHTS
        half3 tangentSpaceEyeVec : TEXCOORD7;
    #endif
#endif
#if UNITY_REQUIRE_FRAG_WORLDPOS
    float3 posWorld : TEXCOORD8;
#endif
    UNITY_VERTEX_OUTPUT_STEREO// 立体渲染时的左右眼索引
                            // 此宏在 UnityInstancing.cginc 文件中定义
};
```

　　UNITY_POSITION 语句声明了顶点的位置坐标。

　　UNITY_FOG_COORDS_PACKED 宏在 UnityCG.cginc 文件中定义，代码如下：

```
#define UNITY_FOG_COORDS_PACKED(idx, vectype) vectype fogCoord : TEXCOORD##idx;
```

　　宏 UNITY_REQUIRE_FRAG_WORLDPOS 在 UnityStandardConfig.cginc 文件中定义，其依据 UNITY_STANDARD_SIMPLE 是否开启对应定义 UNITY_REQUIRE_FRAG_WORLDPOS 为 0 还是为 1。如果为 0，posWorld 分量不被定义，即不需要在输出到片元着色器的片元数据中携带它在世界空间中的坐标值。其代码如下：

```
// 所在文件: UnityStandardConfig.cginc
// 所在目录: CGIncludes
// 从原文件第 71 行开始，至第 75 行结束
#if UNITY_STANDARD_SIMPLE
    #define UNITY_REQUIRE_FRAG_WORLDPOS 0
#else
    #define UNITY_REQUIRE_FRAG_WORLDPOS 1
#endif
```

vertForwardBaseSimple 函数中调用到的 TexCoords 函数在 UnityStandardInput.cginc 文件中定义，其定义可参见 11.8.3 节。其主要作用是将 UnityStandardInput.cginc 文件中定义的_MainTex（反照率贴图）和_DetailAlbedoMap（反照率细节贴图）的纹理映射坐标依次存储进一个 float4 变量中的 x、y、z、w 分量后返回。

4. vertForwardBaseSimple 函数中的代码段 2

得知 TexCoords 函数的含义，再回到 UnityStandardCoreForwardSimple.cginc 的代码，vertForwardBaseSimple 函数中的代码段 2 如下。

```
// 所在文件: UnityStandardCoreForwardSimple.cginc
// 所在目录: CGIncludes
// 从原文件第 90 行开始，至第 94 行结束
    // 求得在世界空间中，从摄像机坐标点到本顶点位置点的连线的方向向量
    half3 eyeVec = normalize(posWorld.xyz - _WorldSpaceCameraPos);

    // 把顶点法线从物体的模型空间变换到世界空间，UnityObjectToWorldNormal 函数
    // 的详细描述参见 4.2.4 节
    half3 normalWorld = UnityObjectToWorldNormal(v.normal);
    // 把变换得到的向量存储到输出用的数据结构体中，供光栅器在插值时使用
    o.normalWorld.xyz = normalWorld;
    o.eyeVec.xyz = eyeVec;
```

上述代码段就是求出本顶点和摄像机的连线向量，把顶点法线变换到世界空间中，然后存储到输出用的结构体。

5. vertForwardBaseSimple 函数中的代码段 3

vertForwardBaseSimple 函数中的代码段 3 如下。

```
// 所在文件: UnityStandardCoreForwardSimple.cginc 代码
// 所在目录: CGIncludes
// 从原文件第 96 行开始，至第 102 行结束
// 如果指定了_NORMALMAP，即使用了法线贴图，就要得到切线空间信息
    #ifdef _NORMALMAP
        half3 tangentSpaceEyeVec;
        TangentSpaceLightingInput(normalWorld, v.tangent,
                                    _WorldSpaceLightPos0.xyz, eyeVec,
                        o.tangentSpaceLightDir, tangentSpaceEyeVec);
        #if SPECULAR_HIGHLIGHTS
            o.tangentSpaceEyeVec = tangentSpaceEyeVec;
        #endif
    #endif
```

上述代码根据预编译开关_NORMALMAP 是否被启用判断是否要做和法线贴图相关的操作。在 Standard.shader 的代码段中可以看到#pragma shader_feature 语句定义了_NORMALMAP。那么在哪里指定呢，答案是在标准着色器的 Inspector 面板中指定，如以下代码所示。

```
// 所在文件: StandardShaderGUI.cs 代码
// 所在目录: Editor
// 从原文件第 378 行开始，至第 388 行结束
```

```
// 本函数就是根据在 Inspector 面板中对各项材质属性的设定，从而决定着色器中的某些
// 预编译 keyword 是否设定开启
static void SetMaterialKeywords(Material material, WorkflowMode workflowMode)
{
    // 如代码所示，如果面板中的两个 NormalMap（代码中的_Normap 和_DetailNormalMap）变量有一个
    // 被指定了，就开启预编译 keyword: _NORMALMAP
    SetKeyword(material, "_NORMALMAP", material.GetTexture("_BumpMap") ||
                material.GetTexture("_DetailNormalMap"));
    if (workflowMode == WorkflowMode.Specular)
        SetKeyword(material, "_SPECGLOSSMAP", material.GetTexture("_SpecGlossMap"));
    else if (workflowMode == WorkflowMode.Metallic)
        SetKeyword(material, "_METALLICGLOSSMAP",
                                material.GetTexture("_MetallicGlossMap"));

    SetKeyword(material, "_PARALLAXMAP", material.GetTexture("_ParallaxMap"));
    SetKeyword(material,"_DETAIL_MULX2",
    material.GetTexture("_DetailAlbedoMap") ||
    material.GetTexture("_DetailNormalMap"));
    // …
}
```

SetKeyword 函数的定义如下。

```
// 所在文件: StandardShaderGUI.cs 代码
// 所在目录: Editor
// 从原文件第 410 行开始，至第 416 行结束

// 决定某个着色器功能是否开启
static void SetKeyword(Material m, string keyword, bool state)
{
    if (state)
        m.EnableKeyword(keyword);
    else
        m.DisableKeyword(keyword);
}
```

上述代码说明了根据是否在材质的 Inspector 面板中指定相关属性决定是否开启对应着色器功能，如在 Inspector 面板中给 Height Map 属性指定了纹理之后，_PARALLAXMAP 这个 keyword 就被开启了。

6. TransformToTangentSpace 函数

TransformToTangentSpace 函数如下。

```
// 所在文件: UnityStandardCoreForwardSimple.cginc
// 所在目录: CGIncludes
// 从原文件第 58 行开始，至第 62 行结束
#ifdef _NORMALMAP

half3 TransformToTangentSpace(half3 tangent, half3 binormal,
                                half3 normal, half3 v)
{
    return half3(dot(tangent, v), dot(binormal, v), dot(normal, v));
}
```

7. TangentSpaceLightingInput 函数

回到 UnityStandardCoreForwardSimple 的代码段，代码中的关键是 TangentSpaceLightingInput 函数。从函数名可以得知，这个函数是用来在切线空间中计算光照的。该函数在 UnityStandardCoreForwardSimple.cginc 文件中定义，代码如下所示。

```
// 所在文件: UnityStandardCoreForwardSimple.cginc
// 所在目录: CGIncludes
// 从原文件第 64 行开始，至第 75 行结束
```

```
// 把顶点-光源连线向量和顶点-摄像机连线向量从世界空间变换到切线空间后返回
void TangentSpaceLightingInput(half3 normalWorld, // 顶点法线在世界空间中的值
                               half4 vTangent, //顶点的切线值
                               half3 lightDirWorld, // 光照方向
                               half3 eyeVecWorld, // 摄像机观察方向
                    out half3 tangentSpaceLightDir, // 切线空间中的顶点-光源连线向量
                    out half3 tangentSpaceEyeVec) // 切线空间中的顶点-摄像机连线向量
{
    // 把顶点的切线向量从模型空间变换到世界空间
    half3 tangentWorld = UnityObjectToWorldDir(vTangent.xyz);
    // 计算决定副法线的朝向
    half sign = half(vTangent.w) * half(unity_WorldTransformParams.w);
    half3 binormalWorld = cross(normalWorld, tangentWorld) * sign;
    // 顶点的切线、法线、副法线构成切线空间的三个基，把光照方向变换到这个切线空间中
    tangentSpaceLightDir = TransformToTangentSpace(tangentWorld,
                               binormalWorld, normalWorld, lightDirWorld);
#if SPECULAR_HIGHLIGHTS
    tangentSpaceEyeVec = normalize(TransformToTangentSpace(tangentWorld,
                               binormalWorld, normalWorld, eyeVecWorld));
#else
    tangentSpaceEyeVec = 0;
#endif
}

#endif // _NORMALMAP
```

　　TangentSpaceLightingInput 函数首先把传递进来的顶点切线向量 vTangent 从模型空间变换到世界空间，然后将 vTangent 向量的 w 分量（第 4 个分量）和 unity_WorldTransformParams 向量的 w 分量相乘，用来决定副法线的朝向。unity_WorldTransformParams 是一个在 UnityShaderVariable.cginc 文件中定义的 float4 类型的 uniform 量，它定义在名为 UnityPerDraw 的 const buffer 中。在公开的 ShaderLab 源代码中，该变量没有被赋值的地方，同时也没有它的 x、y、z 分量被使用的地方。因而，其应是一个由 Unity 3D 引擎传递到着色器程序中的值，并且只使用了 w 分量，其 w 分量只是 -1 或者 1。

　　用第三方工具导出模型时，模型的顶点一般携带法向量、切线向量、副法线（binormal）向量或者是副切线（bintangent）向量。Unity 3D 在导入这些模型数据时，会丢弃具体的副法向量值，而仅存储法向量和切线向量的叉乘顺序。因为副法线可以通过法向量和切线向量叉乘而成，且两个向量的叉乘顺序不同会导致得到的副法线的朝向相反，因此就只需记录法向量与切线向量的叉乘顺序即可。记录方法是利用切线向量的 w 分量存储，要么是 1，要么是 -1。

　　有了切线和法线，为什么还要求得副法线？它们所表示的含义是什么？本质上来说，切线和副法线表示的是纹理映射坐标（也就是俗称的 UV 坐标）的取值方向（flow of UVs）。切线方向代表 UV 坐标中的 U 方向，在 OpenGL 或者是 DirectX 中，U 方向都是从左至右，U 坐标最左边为 0，最右边为 1。副法线方向则代表 UV 坐标中的 V 方向，在 OpenGL 中，V 方向上从底（bottom）到顶（top）被称为箭头朝上的 +Y 方向。DirectX 则是从顶到底，被称为箭头朝下的 -Y 方向。Unity 3D 引擎默认按照 OpenGL 的标准，采用 +Y 方向。但由于 Unity 3D 在 Windows 平台上是用 DirectX 作为底层渲染用的 API，因此大部分场合，切线的 w 的方向值取值为 -1，如图 11-21 所示。

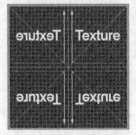

　　对于整个顶点网格而言，unity_WorldTransformParams 的分量为 1，如果整个顶点网格进行放缩操作，并且放缩向量中有奇数个（即 1 个或者 3 个）分量的值是负数，如在 x 轴上做一个镜像操作，即放缩变换值为 (-1.0, 1.0, 1.0) 时，unity_WorldTransformParams 的 w 值就会被 Unity 3D 设置为 -1，传递给着色器程序使用。

▲图 11-21　网格模型的缩放值保持（1.0f,1.0f,1.0f），所以 unity_WorldTransformParams 的 w 分量为 1

　　如图 11-21 所示的简单网格，使用向量叉积的右手法则可以看到，右上角和左下角部分，切线（红线）和法线（绿线）的叉乘值的方向都是垂直图片平面朝外，所以切线向量的 w 分量取值为−1；左上角和右下角部分，叉乘值的方向垂直图片平面朝内，所以 w 分量取值为 1，而这时因为网格模型的缩放值保持为（1.0f,1.0f,1.0f），所以 unity_WorldTransformParams 的 w 分量为 1。回到代码中，两个向量的叉乘顺序是 normalWorld 叉乘 tangentWorld，和图 11-21 中的切线叉乘法线刚好相反，所以要乘以切线向量 w 分量和 unity_WorldTransformParams 的 w 分量的乘积−1，才能使得代码计算出的向量朝向值，和图 11-21 中的朝向保持一致。

　　TransformToTangentSpace 函数就是用来把某个向量变换到由切线 T、副法线 B、法线 N 为基向量的切线空间。上述代码是把传递进来的待变换向量 V 分别与切线、副法线、法线做一个点积操作，再把各个点积值组成一个目标向量，其实就等同于向量 V 左乘以一个变换矩阵 M，得到结果向量 V_r。该矩阵由 T、B、N 组成，所以又称 TBN 矩阵，如下所示。

$$V_r = M \cdot V \Rightarrow M = \begin{pmatrix} T_x & T_y & T_z \\ B_x & B_y & B_z \\ N_x & N_y & N_z \end{pmatrix} \tag{11-3}$$

　　调用 TransformToTangentSpace 函数把光线变换到切线空间之后，判断接下来的 shader feature SPECULAR_HIGHLIGHTS 是否开启。如果开启，把摄像机的观察方向也变换到切线空间并把变换后的向量单位化。

8．vertForwardBaseSimple 函数中的代码段 4

　　分析完 TangentSpaceLightingInput 函数的实现细节和原理之后，再重新回到 UnityStandardCoreForwardSimple.cginc 处，紧接着 vertForwardBaseSimple 函数的代码往下分析。

```
// 所在文件：UnityStandardCoreForwardSimple.cginc
// 所在目录：CGIncludes
// 从原文件第 105 行开始，至第 118 行结束
    TRANSFER_SHADOW(o);
    o.ambientOrLightmapUV = VertexGIForward(v, posWorld, normalWorld);
    o.fogCoord.yzw = reflect(eyeVec, normalWorld);
    // 计算菲涅尔方程函数，参见 10.4.7 节，本版本中使用了简化版本的菲涅尔方程函数，没有完全遵循式
    //（10-25）的定义，而是使用了(1-h·ωᵢ)⁴
    o.normalWorld.w = Pow4(1 - saturate(dot(normalWorld, -eyeVec)));

    // 如果没有使用光泽贴图，即标准着色器面板中的 Metallic 属性没有赋值上贴图，即 _SpecGlossMap
    // 和_MetallicGlossMap 这两个 Sampler2D 类型的变量没有被赋值则用光滑度_Glossiness 变量
    //（当 Inspector 面板中的 Metallic 属性未被赋上纹理贴图时，由滑杆控件所控制的 Smoothness 属性）

    /* UNIFORM_REFLECTIVITY 的定义如下：
    #define JOIN2(a, b) a##b
    #define JOIN(a, b) JOIN2(a,b)
    #define UNIFORM_REFLECTIVITY JOIN(UNITY_SETUP_BRDF_INPUT, _Reflectivity)
    UNITY_SETUP_BRDF_INPUT 在本版本定义为 MetallicSetup
    最终 UNIFORM_REFLECTIVITY 在本版本展开为
    MetallicSetup_Reflectivity，即是函数：
    half MetallicSetup_Reflectivity()
    {
        return 1.0h - OneMinusReflectivityFromMetallic(_Metallic);
    }
    // OneMinusReflectivityFromMetallic 函数用来计算任意材质的基础反射比例
    */
    #if !GLOSSMAP // 如果没有使用金属贴图，或者在镜面工作流中没有使用镜面高光贴图掠射角项
        o.eyeVec.w = saturate(_Glossiness + UNIFORM_REFLECTIVITY());
    #endif
    // 参见 4.2.14 节，根据顶点的位置计算雾化因子
    UNITY_TRANSFER_FOG(o, o.pos);
```

```
        return o;
    }
```

在上述代码中，如果没有用光泽贴图，即 GLOSSMAP 宏未被启动，则利用_Glossiness 变量和函数 MetallicSetup_Refelctivity 返回值之和得到一个掠射角项。此项用来对 o.normalWorld.w 值，即菲涅尔方程函数项值做一个调制，用来计算物体之间的间接照明的镜面高光部分的颜色值。参见 11.12.13 节中 BRDF3_Indirect 函数的实现。

宏 TRANSFER_SHADOW 在 AutoLight.cginc 文件中定义，该宏将片元中携带阴影坐标转换到各个空间下。

9. VertexGIForward 函数

函数 VertexGIForward 在 UnityStandardCore.cginc 文件中定义，此函数要么得到静态/动态（实时）光照贴图的 UV 纹理映射坐标，要么利用球谐函数得到作用在本物体上的光线 RGB 值，代码如下。

```
// 所在文件：UnityStandardCore.cginc
// 所在目录：CGIncludes
// 从原文件第 326 行开始，至第 351 行结束
inline half4 VertexGIForward(VertexInput v, float3 posWorld, half3 normalWorld)
{
    // 定义一个 half4 型的 ambientOrLightmapUV 变量，并将 4 个分量都置为 0
    half4 ambientOrLightmapUV = 0;

    // 如果没有定义宏 LIGHTMAP_OFF（关闭光照贴图），即启用静态光照贴图
    // 需计算对应的光照贴图坐标 unity_LightmapST 变量信息参见 4.1.7 节
#ifndef LIGHTMAP_OFF
    ambientOrLightmapUV.xy = v.uv1.xy *
                                    unity_LightmapST.xy + unity_LightmapST.zw;
    ambientOrLightmapUV.zw = 0;
    // 如果启用了 UNITY_SHOULD_SAMPLE_SH 宏，表示不对静态/动态
    // 的光照贴图进行采样，而对动态的物体进行采样
#elif UNITY_SHOULD_SAMPLE_SH
    // 如果启用了 UNITY_SAMPLE_FULL_SH_PER_PIXEL 宏
    // 即采样计算全部的每像素球面调和光照，便给 ambientOrLightmapUV.rgb
    // 赋值为 0
#if UNITY_SAMPLE_FULL_SH_PER_PIXEL
        ambientOrLightmapUV.rgb = 0;

        // 如果着色器目标模型的版本小于 Shader Model 3.0
        // 或者定义了 UNITY_STANDARD_SIMPLE 宏
        // 使用球面调和函数 ShadeSH9 给 ambientOrLightmapUV.rgb 赋值
        // ShadeSH9 函数参见 7.7.5 节
#elif (SHADER_TARGET < 30) || UNITY_STANDARD_SIMPLE
        ambientOrLightmapUV.rgb = ShadeSH9(half4(normalWorld, 1.0));

        // 否则，使用三序球谐函数 ShadeSH3Order 给 ambientOrLightmapUV.rgb 赋值
        // ShadeSH3Order 函数的详细信息参见 7.7.5 节
#else
        //优化操作：光源 L0、L1 逐像素，光源 L2 逐顶点
        ambientOrLightmapUV.rgb = ShadeSH3Order(half4(normalWorld, 1.0));
#endif // #if UNITY_SAMPLE_FULL_SH_PER_PIXEL

        // 从非重要的点光源中添加近似的照明，若定义了 VERTEXLIGHT_ON
        //宏（开启顶点光照），便使用 Shade4PointLights 函数给
        // ambientOrLightmapUV.rgb 赋值，添加环境光
#ifdef VERTEXLIGHT_ON
    // Shade4PointLights 为 Unity 内置的逐顶点光照处理函数
    // 定义于 unityCG.cginc 头文件中，参见 4.2.5 节
    // unity_LightPorColor 参见 4.1.3 节
    // unity_4LightAtten0 和 unity_4LightPosX0 等变量参见 4.1.3 节
    ambientOrLightmapUV.rgb += Shade4PointLights(
        unity_4LightPosX0, unity_4LightPosY0, unity_4LightPosZ0,
        unity_LightColor[0].rgb, unity_LightColor[1].rgb,
```

```
                unity_LightColor[2].rgb, unity_LightColor[3].rgb,
                unity_4LightAtten0, posWorld, normalWorld);
    #endif // #ifdef VERTEXLIGHT_ON
#endif // #ifndef LIGHTMAP_OFF

// 若定义了 VERTEXLIGHT_ONDYNAMICLIGHTMAP_ON 宏 [开启动态（实时）光照贴图] 则给变量的 z、w 分量
// 赋值。unity_DynamicLightmapST 变量信息参见 4.1.7 节
#ifdef DYNAMICLIGHTMAP_ON
    ambientOrLightmapUV.zw = v.uv2.xy *
                            unity_DynamicLightmapST.xy + unity_DynamicLightmapST.zw;
#endif
    // 返回 ambientOrLightmapUV 变量的值
    return ambientOrLightmapUV;
}
```

接下来的语句，是根据顶点在世界坐标系中的法向量 normalWorld 和摄像机到本顶点的连线向量 eyeVec，求得连线向量所对应的反射向量，并将其存储到顶点的雾坐标值 fogCoord 中的 y、z、w 分量中。至此，verForwardBaseSimple 函数执行完毕，VertexOutputBaseSimple 结构体的各个属性变量已经赋上值，将要传递给前向通路的片元入口着色器主函数 fragForwardBaseSimpleInternal。

11.3.2　前向通路的简化版片元着色器入口函数

1. fragForwardBaseSimpleInternal 函数中的代码段 1

fragForwardBaseSimpleInternal 函数的代码段 1 如下。

```
// 所在文件: UnityStandardCoreForwardSimple.cginc
// 所在目录: CGIncludes
// 从原文件第 193 行开始，至第 197 行结束
half4 fragForwardBaseSimpleInternal(VertexOutputBaseSimple i)
{
    UNITY_APPLY_DITHER_CROSSFADE(i.pos.xy);
    FragmentCommonData s = FragmentSetupSimple(i);
```

首先看 UNITY_APPLY_DITHER_CROSSFADE 宏，此宏的主要作用是进行淡入淡出。当场景地形使用层次细节（levels of detail，LOD）技术切换场景的显示细节时，往往出现在同一个位置的两个游戏对象，因为 LOD 的原因，其中一个游戏对象会突然消失，而另一个游戏对象会突然显示。使用淡入淡出的效果会让这两个游戏对象，在一个逐渐消失的同时，另一个游戏对象同时显示。本书不对 Unity 3D 的 LOD 系统进行详细分析，网上有大量的教程描述了 LOD 技术细节，读者可自行查阅参考。

2. FragmentCommonData 结构体

FragmentCommonData 结构体如下。

```
// 所在文件: UnityStandardCore.cginc
// 所在目录: CGIncludes
// 从原文件第 170 行开始，至第 186 行结束
struct FragmentCommonData
{
    half3 diffColor, specColor; // 漫反射颜色; 镜面反射颜色
    half oneMinusReflectivity; // 1 减去反射率
    half smoothness; // 平滑度
    half3 normalWorld; // 世界空间中的法向量坐标
    half3 eyeVec; // 在世界空间中, 从摄像机坐标点到本顶点位置点的连线的方向向量
    half3 posWorld; // 片元在世界坐标中的位置坐标
    half alpha; // 透明度
#if UNITY_STANDARD_SIMPLE
    half3 reflUVW; // 片元-摄像机连线向量（视线方向向量）相对于片元宏观法线的反射向量, 基于世界空间
#endif
```

```
#if UNITY_STANDARD_SIMPLE
    half3 tangentSpaceNormal; // 切线空间中的法向量
#endif
};
```

FragmentCommonData 结构体定义了一个通用的数据结构，存储了使用基于物理着色机制片元所需要的参数，在 Standard.shader 文件中各个不同的渲染通路都会使用到。

3. FragmentSetupSimple 函数中的代码段 1

调用 FragmentSetupSimple 函数可以生成并填充一个 FragmentCommonData 结构类型的变量，代码如下所示。

```
// 所在文件: UnityStandardCoreForwardSimple.cginc
// 所在目录: CGIncludes
// 从原文件第 121 行开始，至第 145 行结束
FragmentCommonData FragmentSetupSimple(VertexOutputBaseSimple i)
{
    // Alpha 函数的详细描述可参见 11.8.6 节，在此是获得片元的 Alpha 值
    half alpha = Alpha(i.tex.xy);
    // _Cutoff 变量在 UnityStandardInput.cginc 文件中定义，用来判断某片元是否要丢弃。如果上面得
    // 到的 Alpha 变量值减去_Cutoff 值小于 0，则表示当前的片元直接丢弃，不再执行后续的片元着色器代码
#if defined(_ALPHATEST_ON)
    clip(alpha - _Cutoff);
#endif

    FragmentCommonData s = UNITY_SETUP_BRDF_INPUT(i.tex);
```

UNITY_SETUP_BRDF_INPUT 宏就是基于物理渲染的着色器的关键所在，其定义就是设置不同的 BRDF 函数。此宏在不同的文件中有不同的定义，如果材质使用了 Standard.shader 文件，其定义是 MetallicSetup 函数；如果使用了 StandardRoughness.shader 文件，其定义是 RoughnessSetup 函数；如果使用了 StandardSpecular.shader 文件，其定义是 SpecularSetup 函数。这也是 Unity 3D 会提供 3 个版本的基于物理渲染的着色器的原因。

4. MetallicSetup 函数中的代码段 1

本节任务是分析 Standard.shader 文件，所以首先介绍 MetallicSetup 函数的定义。

```
// 所在文件: UnityStandardCore.cginc
// 所在目录: CGIncludes
// 从原文件第 227 行开始，至第 231 行结束
inline FragmentCommonData MetallicSetup(float4 i_tex)
{
    // 调用 MetallicGloss 函数获取到材质要用到的金属度参数和平滑度参数
    half2 metallicGloss = MetallicGloss(i_tex.xy);
    half metallic = metallicGloss.x;
    // 平滑度（smoothness）为 1 减去 Cook-Torrance 模型中的粗糙度（roughness）的平方根
    half smoothness = metallicGloss.y;
```

MetallicSetup 函数内部首先调用了 MetallicGloss 函数获取到材质要用到的金属度参数和平滑度参数。此函数的实现细节参见 11.8.8 节。

5. MetallicSetup 函数中的代码段 2

获得相关参数之后继续回到 MetallicSetup 函数，代码如下。

```
// 所在文件: UnityStandardCore.cginc
// 所在目录: CGIncludes
// 从原文件第 233 行开始，至第 243 行结束
    half oneMinusReflectivity;
    half3 specColor;
    // 获得式（10-25）中所需要的 Cspec 和 1-Cspec，以及得到漫反射颜色部分
```

```
    half3 diffColor = DiffuseAndSpecularFromMetallic(Albedo(i_tex), metallic,
                /*out*/ specColor, /*out*/ oneMinusReflectivity);

    FragmentCommonData o = (FragmentCommonData)0;
    o.diffColor = diffColor; // 漫反射颜色部分
    o.specColor = specColor; // 式（10-25）中的 Cspec 部分
    o.oneMinusReflectivity = oneMinusReflectivity; // 式（10-25）中的 1-Cspec 部分
    o.smoothness = smoothness; // 平滑度
    return o;
}
```

代码内部调用的 Albedo 函数得到物体表面的反照率颜色值，Albedo 函数的细节可以参见 11.8.5 节。连同前一步代码中获得的金属度和平滑度，接着调用 DiffuseAndSpecularFromMetallic 函数，获得式（10-25）中所需要的 C_{spec} 和 $1-C_{spec}$，以及得到镜面反射和漫反射各自在整体反射中所占有的比例。DiffuseAndSpecularFromMetallic 函数的具体实现可参见 11.9.3 节。最后把得到的数值填充到一个 FragmentCommonData 结构体中。

至此，MetallicSetup 函数分析完毕。

6. FragmentSetupSimple 函数中的代码段 2

接下来继续分析 FragmentSetupSimple 函数的剩余部分，如以下代码所示。

```
// 所在文件: UnityStandardCoreForwardSimple.cginc
// 所在目录: CGIncludes
// 从原文件第 130 行开始，至第 145 行结束
    // NOTE: shader relies on pre-multiply alpha-blend
    // (_SrcBlend = One, _DstBlend = OneMinusSrcAlpha)
    // 把漫反射颜色预乘以材质的 Alpha 值，然后根据材质的金属性对材质的 Alpha 进行处理
    // PreMultiplyAlpha 函数的详细描述参见 11.9.1 节
    s.diffColor = PreMultiplyAlpha(s.diffColor, alpha, s.oneMinusReflectivity, /*out*/ s.alpha);
    // 在世界空间中的片元的法向量
    s.normalWorld = i.normalWorld.xyz;
    // 在世界空间中，从摄像机坐标点到本片元位置点的连线的方向向量
    s.eyeVec = i.eyeVec.xyz;
    s.posWorld = IN_WORLDPOS(i);// 片元在世界坐标系下的坐标
    s.reflUVW = i.fogCoord.yzw; // 片元-摄像机连线向量相对于片元宏观法线的反射向量
    // 根据纹理映射坐标获取到片元的基于切线空间中的法线，NormalInTangentSpace
    // 函数的详细信息参见 11.8.10 节
#ifdef _NORMALMAP
    s.tangentSpaceNormal = NormalInTangentSpace(i.tex);
#else
    s.tangentSpaceNormal = 0;
#endif

    return s;
}
```

FragmentSetupSimple 函数剩余部分代码就是对材质的漫反射部分的比例预乘以 Alpha 值，并且根据其反射比例调整其 Alpha 值，然后拿到片元基于切线空间中的法线，完成对 FragmentCommonData 类型变量 s 的填充，最后返回。至此，FragmentSetupSimple 函数分析完毕。

7. fragForwardBaseSimpleInternal 函数中的代码段 2

返回 fragForwardBaseSimpleInternal 函数，分析下面代码。

```
// 所在文件: UnityStandardCoreForwardSimple.cginc
// 所在目录: CGIncludes
// 从原文件第 199 行开始，至第 200 行结束
    UnityLight mainLight = MainLightSimple(i, s);
```

本段代码首先调用 MainLightSimple 函数，获取到一个 UnityLight 类型的变量 mainLight。

结构体 UnityLight 中的各个属性在 3.1.1 节中就有说明。首先看 MainLightSimple 函数的定义，代码如下。

```
// 所在文件: UnityStandardCoreForwardSimple.cginc
// 所在目录: CGIncludes
// 从原文件第 147 行开始, 至第 151 行结束
UnityLight MainLightSimple(VertexOutputBaseSimple i, FragmentCommonData s)
{
    // 得到基于逐片元光照计算的光源的颜色值和在世界空间中的位置坐标
    UnityLight mainLight = MainLight();
    return mainLight;
}
```

MainLightSimple 函数的两个输入参数分别是从顶点着色器返回至片元着色器的 VertexOutputBaseSimple 类型变量 *i*，以及在片元着色器中前面步骤所调用的 FragmentSetupSimple 函数所返回的 FragmentCommonData 类型变量 *s*。传入参数之后，实质上函数内部并没有使用这两个参数进行操作，而只是转调用了 MainLight 函数获取一个 UnityLight 类型的变量并返回。

8. MainLight 函数

MainLight 函数如下。

```
// 所在文件: UnityStandardCore.cginc
// 所在目录: CGIncludes
// 从原文件第 39 行开始, 至第 46 行结束
UnityLight MainLight()
{
    UnityLight l;
    l.color = _LightColor0.rgb;
    l.dir = _WorldSpaceLightPos0.xyz;
    return l;
}
```

如表 6-3 所示，_LightColor0 变量是在 forward base pass 中以逐片元光照方式处理的光源的光颜色，_WorldSpaceLightPos0 变量则是该光源在世界空间中的位置。MainLight 函数只是简单地获取光源的颜色和位置，填充到 UnityLight 类型的变量 *l* 中并返回。

9. fragForwardBaseSimpleInternal 函数中的代码段 3

获取以逐片元光照方式处理的光源的颜色和世界坐标后，继续分析 fragForwardBaseSimpleInternal 函数的代码。

```
// 所在文件: UnityStandardCoreForwardSimple.cginc
// 所在目录: CGIncludes
// 从原文件第 201 行开始, 至第 216 行结束

// 如果没有开启使用光照贴图, 且材质又使用了法线贴图
#if !defined(LIGHTMAP_ON) && defined(_NORMALMAP)
    // 在切线空间中计算法线和光线的点积, 即两向量的夹角余弦 i.tangentSpaceLightDir
    // 在 TangentSpaceLightingInput 函数中计算获取, 参见 11.3.1 节
    half ndotl = saturate(dot(s.tangentSpaceNormal, i.tangentSpaceLightDir));
#else
    // 否则就在世界空间中计算法线和光线的点积
    half ndotl = saturate(dot(s.normalWorld, mainLight.dir));
#endif

    // 计算使用预烘焙模式生成的阴影的衰减值。UnitySampleBakedOcclusion 函数可参见 8.4.2 节和 8.4.4 节
    half shadowMaskAttenuation =
                    UnitySampleBakedOcclusion(i.ambientOrLightmapUV, 0);
    // 计算实时照明模式下生成的阴影衰减值。SHADOW_ATTENUATION 宏可参见 9.3 节
    half realtimeShadowAttenuation = SHADOW_ATTENUATION(i);

    // 混合预烘焙模式和实时模式下的两个衰减值, 得到阴影的最终衰减值
```

```
    // UnityMixRealtimeAndBakedShadows 函数详见 8.4.6 节
    half atten = UnityMixRealtimeAndBakedShadows(realtimeShadowAttenuation, shadowM
askAttenuation, 0);

    // 获取遮蔽项系数, Occlusion 函数参见 11.8.7 节
    half occlusion = Occlusion(i.tex.xy);
    // 获取用来计算高光反射项的入射光线和高光反射后的出射光线方向
    // 然后计算两者夹角的余弦值
    half rl = dot(REFLECTVEC_FOR_SPECULAR(i, s),
                              LightDirForSpecular(i, mainLight));
    UnityGI gi = FragmentGI(s, occlusion, i.ambientOrLightmapUV, atten, mainLight);
    half3 attenuatedLightColor = gi.light.color * ndotl;
```

10. 宏 REFLECTVEC_FOR_SPECULAR

首先分析上述代码中的宏 REFLECTVEC_FOR_SPECULAR,代码如下。

```
// 所在文件: UnityStandardCoreForwardSimple.cginc
// 所在目录: CGIncludes
// 从原文件第 167 行开始,至第 173 行结束
#if !SPECULAR_HIGHLIGHTS
    #define REFLECTVEC_FOR_SPECULAR(i, s) half3(0, 0, 0)
#elif defined(_NORMALMAP) // 如果材质中使用了法线贴图,则高光反射项的出射光线方向为基于切线空间
                          // 中的视线方向相对于法线的反射向量
    #define REFLECTVEC_FOR_SPECULAR(i, s) \
                          reflect(i.tangentSpaceEyeVec, s.tangentSpaceNormal)
#else
    // 如果材质中没有使用法线贴图,则直接使用 FragmentCommonData 结构体中的 reflUVW 向量
    #define REFLECTVEC_FOR_SPECULAR(i, s) s.reflUVW
#endif
```

宏 REFLECTVEC_FOR_SPECULAR 的功能主要是获取片元-摄像机连线向量相对于片元宏观法线的反射向量。如果使用了法线贴图,此向量基于切线空间,否则基于世界空间。

11. LightDirForSpecular 函数

接下来看 LightDirForSepcular 函数。

```
// 所在文件: UnityStandardCoreForwardSimple.cginc
// 所在目录: CGIncludes
// 从原文件第 175 行开始,至第 182 行结束
half3 LightDirForSpecular(VertexOutputBaseSimple i, UnityLight mainLight)
{
#if SPECULAR_HIGHLIGHTS && defined(_NORMALMAP)
    return i.tangentSpaceLightDir;
#else
    return mainLight.dir;
#endif
}
```

LightDirForSepcular 函数很简单,如果启用了法线贴图,就返回基于切线空间的光线方向;如果没有启用,就返回主光源的光照方向。

12. FragmentGI 函数中的代码段 1

FragmentGI 函数中的代码段 1 如下。

```
// 所在文件: UnityStandardCore.cginc
// 所在目录: CGIncludes
// 从原文件第 265 行开始,至第 291 行结束
inline UnityGI FragmentGI(FragmentCommonData s, half occlusion,
            half4 i_ambientOrLightmapUV, half atten, UnityLight light, bool reflections)
{
    UnityGIInput d;
```

```
        d.light = light; // 记录要用来进行光照计算的光源颜色和在世界空间中的位置
        d.worldPos = s.posWorld; // 记录片元的世界坐标
        d.worldViewDir = -s.eyeVec; // 记录基于世界空间的视线向量
        d.atten = atten; // 记录传递进来的光照衰减项
        // 如果使用了光照贴图，记录光照贴图坐标，用来采样环境光照
#if defined(LIGHTMAP_ON) || defined(DYNAMICLIGHTMAP_ON)
        d.ambient = 0;
        d.lightmapUV = i_ambientOrLightmapUV;
#else // 如果没有使用光照贴图，i_ambientOrLightmapUV 存储的就是环境光照的 RBG 颜色值
        d.ambient = i_ambientOrLightmapUV.rgb;
        d.lightmapUV = 0;
#endif
        // 记录两个反射用光探针的各项属性
        d.probeHDR[0] = unity_SpecCube0_HDR; // 记录全局光照所要使用的光探针
        d.probeHDR[1] = unity_SpecCube1_HDR;
#if defined(UNITY_SPECCUBE_BLENDING) || defined(UNITY_SPECCUBE_BOX_PROJECTION)
        d.boxMin[0] = unity_SpecCube0_BoxMin; // .w holds lerp value for blending
#endif
#ifdef UNITY_SPECCUBE_BOX_PROJECTION
        d.boxMax[0] = unity_SpecCube0_BoxMax;
        d.probePosition[0] = unity_SpecCube0_ProbePosition;
        d.boxMax[1] = unity_SpecCube1_BoxMax;
        d.boxMin[1] = unity_SpecCube1_BoxMin;
        d.probePosition[1] = unity_SpecCube1_ProbePosition;
#endif
```

FragmentGI 函数内部首先声明了一个 UnityGIInput 类型的变量，顾名思义，这个类型就是一个用来执行全局光照时要使用的输入参数结构。

13. UnityGIInput 结构体

UnityGIInput 结构体如下。

```
// 所在文件: UnityLightingCommon.cginc
// 所在目录: CGIncludes
// 从原文件第 28 行开始，至第 51 行结束
struct UnityGIInput
{
    UnityLight light;    // 执行逐片元光照的光源的颜色和在世界中的坐标由引擎传递过来
    float3 worldPos;     // 片元在世界空间中的坐标值
    half3 worldViewDir;  // 在世界空间中本片元到摄像机的连线方向
    half atten;          // 本片元用到的阴影衰减值
    half3 ambient;       // 环境光颜色
    float4 lightmapUV;   // x、y 分量存储静态光照贴图的 u、v 坐标
                         // z、w 分量存储动态（实时）光照贴图的坐标
    // 如果定义 UNITY_SPECCUE_BLENDING 宏，表示 C#层的 API: TierSettings.reflectionProbeBlending
    // 设置为 true，表示启用对多个反射用光探针的作用进行混合这一功能
    // C#代码中的 TierSettings 类对应于 GraphicsSettings 面板中的 Tier Setting 各选项
    // 如果 UNITY_SPECCUBE_BOX_PROJECTION 宏被定义，表示 C#层的 API: TierSettings.
    // reflectionProbeBoxProjection 设置为 true，表示使用盒状投影（box projection）。参见7.6.5节
#if defined(UNITY_SPECCUBE_BLENDING) || defined(UNITY_SPECCUBE_BOX_PROJECTION)
    float4 boxMin[2];    // 光探针所占据空间包围盒范围的边界极小值
#endif
#ifdef UNITY_SPECCUBE_BOX_PROJECTION
    float4 boxMax[2];    // 光探针所占据空间包围盒范围的边界极大值
    float4 probePosition[2]; // 光探针位置值
#endif
    float4 probeHDR[2];  // HDR 光照探针，用来对 HDR 纹理进行解压缩
};
```

14. FragmentGI 函数中的代码段 2

填充完毕 UnityGIInput 类型的变量后，接下来根据 FragmentGI 函数是否需要在物体表面显示

场景中其他景象的内容，分别调用不同版本的 UnityGlobalIllumination 函数，获取物体表面间接照明部分的漫反射颜色，或者是漫反射颜色和镜面高光颜色，如以下代码所示。

```
// 所在文件: UnityStandardUtils.cginc
// 所在目录: CGIncludes
// 从原文件第 293 行开始，至第 307 行结束
    if (reflections)
    {
        // 调用 UnityGlossyEnvironmentSetup 函数，获取进行 IBL（image based lighting）
        // 所需要的结构体，结构体包括表面粗糙度、表面片元的视线相对于法线的反射向量
        // UnityGlossyEnvironmentSetup 函数参见 11.10.2 节
        Unity_GlossyEnvironmentData g = UnityGlossyEnvironmentSetup(s.smoothness,
                                        -s.eyeVec, s.normalWorld, s.
specColor);
#if UNITY_STANDARD_SIMPLE
        g.reflUVW = s.reflUVW;
#endif
        // 调用 UnityGlobalIllumination 函数获取物体之间间接照明的漫反射部分+镜面反射部分
        // 此版本的 UnityGlobalIllumination 函数参见 11.11.5 节
        return UnityGlobalIllumination(d, occlusion, s.normalWorld, g);
    }
    else
    {
        // 调用 UnityGlobalIllumination 函数获取物体之间间接照明的漫反射部分部分
        // 此版本的 UnityGlobalIllumination 函数参见 11.11.6 节
        return UnityGlobalIllumination(d, occlusion, s.normalWorld);
    }
}
```

15.　FragForwardBaseS impleInternal 函数中的代码段 4

分析完 FragmentGI 函数后，再回到 fragForwardBaseSimpleInternal 函数。前面代码中调用 FragmentGI 函数获取物体的直接照明和间接照明信息；接着分别调用 BRDF3_Indirect 函数计算出物体表面的基于物理的间接照明部分的颜色值，调用 BRDF3DirectSimple 函数计算出物体表面的基于物理的直接照明部分的颜色值，调用 Emission 函数计算出物体表面的自发光颜色值，把这 3 部分颜色叠加之后得到片元颜色；接着调用 UNITY_APPLY_FOG 宏对片元的颜色进行雾化处理。雾化处理完毕之后，再调用 OutputForward 函数对片元做最后的 Alpha 混合处理并返回，代码如下所示。

```
// 所在文件: UnityStandardCoreForwardSimple.cginc
// 所在目录: CGIncludes
// 从原文件第 218 行开始，至第 224 行结束
    /* 下面两个函数的功能是取得掠射角系数和 fresnel term，其详细计算式参见 11.3.1 节
    half PerVertexGrazingTerm(VertexOutputBaseSimple i, FragmentCommonData s)
    {
        #if GLOSSMAP
            return saturate(s.smoothness + (1-s.oneMinusReflectivity));
        #else
            return i.eyeVec.w;
        #endif
    }

    half PerVertexFresnelTerm(VertexOutputBaseSimple i)
    {
        return i.normalWorld.w;
    }*/

// BRDF3_Indirect 函数参见 11.12.13 节
// 获取 grazing term 和 fresnel term 之后，用 s.diffColor 和间接照明部分的漫反射分
// 量颜色直接相乘。s.specColor 用 grazing term 和 fresnel term 进行线性插值之后，
// 和间接照明部分的漫反射颜色分量相乘。这样就得到了间接照明部分的光照颜色了
```

```
    half3 c = BRDF3_Indirect(s.diffColor, s.specColor, gi.indirect,
                             PerVertexGrazingTerm(i, s),PerVertexFresnelTerm(i));

/* 简化版的 BRDF 直接照明计算函数 BRDF3DirectSimple
half3 BRDF3DirectSimple(half3 diffColor, half3 specColor, half smoothness, half rl)
{
#if SPECULAR_HIGHLIGHTS
    // BRDF3_Direct 函数参见 11.12.14 节
    return BRDF3_Direct(diffColor, specColor, Pow4(rl), smoothness);
#else
    return diffColor;
#endif
}
*/

// 接着计算直接照明部分的颜色,利用 BRDF3DirectSimple 函数计算之后,还要乘以 attenuatedLightColor
// 值,即光线颜色的衰减值,才能得到直接照明部分。直接照明部分再加上前面计算出来的间接照明部分,
// 获取用来计算高光反射项的入射光线和高光反射后的出射光线方向,然后计算两者夹角的余弦值
// half rl = dot(REFLECTVEC_FOR_SPECULAR(i, s),
//                              LightDirForSpecular(i, mainLight));
c += BRDF3DirectSimple(s.diffColor, s.specColor, s.smoothness, rl) *
attenuatedLightColor;
// 漫反射颜色+镜面高光反射颜色之后,要加上自发光颜色,Emission 函数参见 11.8.9 节
c += Emission(i.tex.xy);
// 漫反射颜色+镜面高光反射颜色+自发光颜色之后,对片元的颜色值根据雾化坐标进行雾化处理,宏
// UNITY_APPLY_FOG 的详细定义参见 4.2.14 节
UNITY_APPLY_FOG(i.fogCoord, c);
// 最后调用 OutputForward 函数对片元颜色值的 Alpha 混合参数进行设置
// OutputForward 函数参见 11.3.2 节
// s.alpha 是通过 PreMultiplyAlpha 函数根据材质金属性对材质原始 Alpha 进行处理后
// 得到的表面颜色 Alpha 值,参见 11.3.2 节
return OutputForward(half4(c, 1), s.alpha);
}
```

fragForwardBaseSimpleInternal 函数执行完毕之后,即宣告标准着色器中的第一个 SubShader 的 FORWARD pass 中的简化版本(宏 UNITY_STANDARD_SIMPLE 被启用版本)着色器代码执行完毕。

16. OutputForward 函数

OutputForward 函数如下。

```
// 所在文件: UnityStandardCore.cginc
// 所在目录: CGIncludes
// 从原文件第 316 行开始,至第 324 行结束
half4 OutputForward(half4 output, // 待处理 Alpha 混合参数的片元颜色值
      half alphaFromSurface) // 通过 PreMultiplyAlpha 函数根据材质金属性对材质原始 Alpha 进
                             // 行处理后的 Alpha 值
{
// 如果启用了 Alpha 混合,就直接使用根据材质金属性对材质原始 Alpha 进行处理后的 Alpha 值
#if defined(_ALPHABLEND_ON) || defined(_ALPHAPREMULTIPLY_ON)
    output.a = alphaFromSurface;
#else // 如果没有启用 Alpha 混合,就直接为材质不透明
    // 宏 UNITY_OPAQUE_ALPHA 在 UnityCG.cginc 文件中定义,就是把 output.a 设置为 1,即不透明
    UNITY_OPAQUE_ALPHA(output.a);
#endif
    return output;
}
```

OutputForward 函数用来根据当前是否启用了 Alpha 混合设置片元颜色应有的 Alpha 值。

11.3.3　前向通路的简化版着色器流程

图 11-22 所示为前向通路的简化版着色器流程。

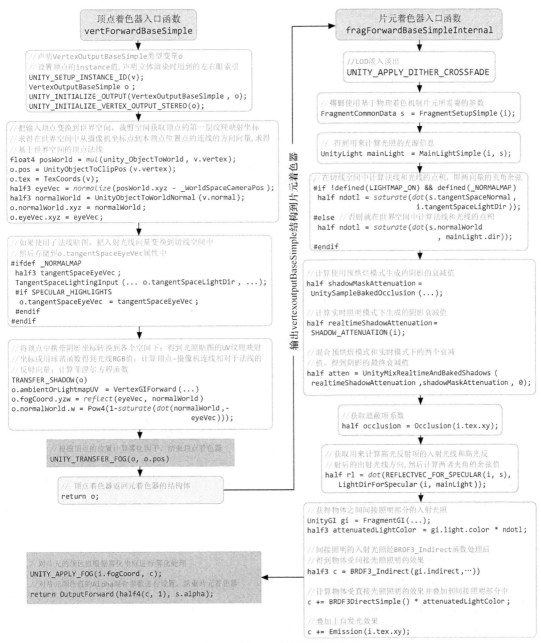

▲图 11-22　前向通路的简化版着色器流程

11.3.4　前向通路的标准版顶点着色器入口函数

如 11.3.1 节中的代码所示，前向通路的标准版本顶点着色器入口函数也是 vertBase 函数，而 vertBase 函数则是转调用了 UnityStandardCore.cginc 文件中 vertForwardBase 函数。和简化版本的入口函数一样，此函数的输入参数也是一个 VertexInput 类型的变量。VertexInput 类型的详细信息可参见 11.8.2 节。而 vertForwardBase 函数返回的则是一个 VertexOutputForwardBase 类型的变量。

1. VertexOutputForwardBase 结构体

VertexOutputForwardBase 结构体的代码如下。

```
// 所在文件: UnityStandardCore.cginc
// 所在目录: CGIncludes
// 从原文件第 356 行开始, 至第 373 行结束
struct VertexOutputForwardBase
{
    // 声明片元的位置坐标, UNITY_POSITION 宏在 HLSLSupport.cginc 文件中定义
    UNITY_POSITION(pos); // #define UNITY_POSITION(pos) float4 pos : SV_POSITION
    float4 tex : TEXCOORD0; // 片元的第一层纹理坐标
    half3 eyeVec : TEXCOORD1; // 摄像机到本片元的连线方向

    // 数组中每项 x、y、z 分别存储了构建切线空间的切线、副法线、法向量的三个分量, 每项中的 w 分量则
    // 分别存储了片元在世界坐标系的位置坐标, 或者在切线空间中的片元-摄像机连线方向
    // [3x3:tangentToWorld | 1x3:viewDirForParallax or worldPos]
    half4 tangentToWorldAndPackedData[3]: TEXCOORD2;
    half4 ambientOrLightmapUV : TEXCOORD5; // 本片元执行球谐光照的参数或者使用光照贴图时的
                                            // u、v 坐标
    // UNITY_SHADOW_COORDS(6) 语句等价于 float4 _ShadowCoord : TEXCOORD6;
    // 声明本片元用到的阴影坐标, 参见 9.3.2 节
    UNITY_SHADOW_COORDS(6)

    // UNITY_FOG_COORDS(7) 语句等价于 float1 fogCoord : TEXCOORD7;
    // 声明本片元用到的雾化坐标, 参见 4.2.14 节
    UNITY_FOG_COORDS(7)
    // 在 UnityStandardConfig.cginc 文件中, 如果 UNITY_STANDARD_SIMPLE 宏启用了, 则宏 UNITY_
    // REQUIRE_FRAG_WORLDPOS 定义为 0, 否则定义为 1, 即决定是否要记录下片元在世界坐标系下的位置

    // 在 UnityStandardConfig.cginc 文件中, 如果 UNITY_REQUIRE_FRAG_WORLDPOS 宏启用了, 且标
    // 准着色器材质面板中没有使用高度图属性 Height map, 即不启用视差贴图, 则 UNITY_PACK_WORLDPOS_
    // WITH_TANGENT 定义为 1, 即把片元在世界坐标系下的位置打包进 tangentToWorldAndPackedData 变量中
    // 不把片元在世界坐标系下的位置打包进 tangentToWorldAndPackedData 变量中
    // 则另外起一个属性项存储片元在世界坐标系下的位置
#if UNITY_REQUIRE_FRAG_WORLDPOS && !UNITY_PACK_WORLDPOS_WITH_TANGENT
    float3 posWorld : TEXCOORD8;
#endif
    UNITY_VERTEX_INPUT_INSTANCE_ID // 声明 GPU 多例化实例 ID, 参见 5.4.2 节
    UNITY_VERTEX_OUTPUT_STEREO // 立体渲染时的左右眼索引此宏在
                               // UnityInstancing.cginc 文件中定义
};
```

VertexOutputForwardBase 类型就是一个从顶点着色器中填充完毕后传递给片元着色器的函数。此结构体带有片元在裁剪空间中的坐标、在世界空间的坐标、片元到当前摄像机的连线向量等计算光照效果所需要的信息。

2. vertForwardBase 函数

接下来进入 vertForwardBase 函数, 开始分析前向通路标准版本的顶点着色器的实现, 代码如下。

```
// 所在文件: UnityStandardCore.cginc
// 所在目录: CGIncludes
// 从原文件第 375 行开始, 至第 426 行结束
VertexOutputForwardBase vertForwardBase (VertexInput v)
{
    UNITY_SETUP_INSTANCE_ID(v); // 设置顶点的 instance ID, 此宏的具体定义参见 5.4.6 节
    VertexOutputForwardBase o;
    // 把结构体的所有属性项清 0。UNITY_INITIALIZE_OUTPUT 在 HLSLSupport.cginc 文件中定义
    UNITY_INITIALIZE_OUTPUT(VertexOutputForwardBase, o);

    // 把 VertexInput 类型变量 v 的 instance ID 属性赋给 VertexOutputForwardBase 类型变量的
    // instance ID 属性中, UNITY_TRANSFER_INSTANCE_ID 宏的具体含义参见 5.4.7 节
    UNITY_TRANSFER_INSTANCE_ID(v, o);

    // UNITY_INITIALIZE_VERTEX_OUTPUT_STEREO(o) 语句等价于
    // output.stereoTargetEyeIndex = unity_StereoEyeIndices[unity_StereoEyeIndex].x;
    // 声明立体渲染时用到的左右眼索引
    UNITY_INITIALIZE_VERTEX_OUTPUT_STEREO(o);

    // 把坐标从模型空间变换到世界空间
```

```
            float4 posWorld = mul(unity_ObjectToWorld, v.vertex);
#if UNITY_REQUIRE_FRAG_WORLDPOS // 如果片元要记录它在世界空间中的坐标
        #if UNITY_PACK_WORLDPOS_WITH_TANGENT // 如果要把片元在世界空间中的坐标打包进切线向量
            // 把世界坐标的 x、y、z 分量各自打包进这 3 个 half4 类型的 w 分量中
            o.tangentToWorldAndPackedData[0].w = posWorld.x;
            o.tangentToWorldAndPackedData[1].w = posWorld.y;
            o.tangentToWorldAndPackedData[2].w = posWorld.z;
        #else // 如果不打包，就独立起一个属性变量 posWorld 并记录
            o.posWorld = posWorld.xyz;
        #endif
#endif
        // 把坐标从世界空间变换到裁剪空间。UnityObjectToClipPos 函数的描述参见 11.3.1 节
        o.pos = UnityObjectToClipPos(v.vertex);
        o.tex = TexCoords(v);// 设置第一层纹理映射坐标，TexCoord 函数参见 11.8.3 节
        // 单位化片元-摄像机连线向量，NormalizePerVertexNormal 函数的详细信息参见 11.3.4 节
        o.eyeVec = NormalizePerVertexNormal(posWorld.xyz - _WorldSpaceCameraPos);

        // 把顶点法线从物体的模型空间变换到世界空间，UnityObjectToWorldNormal 函数
        // 的详细描述参见 4.2.4 节
        float3 normalWorld = UnityObjectToWorldNormal(v.normal);

#ifdef _TANGENT_TO_WORLD
        float4 tangentWorld = float4(UnityObjectToWorldDir(v.tangent.xyz), v.tangent.w);

        // CreateTangentToWorldPerVertex 函数的实现细节参见 11.9.10 节
        // 根据顶点在世界空间中的法线值和切线值，构建一个顶点的切线空间，切线空间的三个正交基向量分别是
        // 切线、副法线、法线。结构体 VertexOutputForwardBase 的 tangentToWorldAndPackedData 变
        // 量数组的 3 个分量一次存储了切线、副法线、法线值
        float3x3 tangentToWorld = CreateTangentToWorldPerVertex(normalWorld,
                                            tangentWorld.xyz, tangentWorld.w);
        o.tangentToWorldAndPackedData[0].xyz = tangentToWorld[0];
        o.tangentToWorldAndPackedData[1].xyz = tangentToWorld[1];
        o.tangentToWorldAndPackedData[2].xyz = tangentToWorld[2];
#else // 如果不构建切线空间，就直接在 tangentToWorldAndPackedData[2]记录顶点的法线值
        o.tangentToWorldAndPackedData[0].xyz = 0;
        o.tangentToWorldAndPackedData[1].xyz = 0;
        o.tangentToWorldAndPackedData[2].xyz = normalWorld;
#endif

        // 计算阴影贴图坐标，UNITY_TRANSFER_SHADOW 宏的定义参见 9.3.2 节
        UNITY_TRANSFER_SHADOW(o, v.uv1);

        // VertexGIForward 函数参见 11.3.1 节
        o.ambientOrLightmapUV = VertexGIForward(v, posWorld, normalWorld);

#ifdef _PARALLAXMAP
        // TANGENT_SPACE_ROTATION 宏参见 4.2.4 节，此宏生成一个 half3x3 变量 rotation
        // 此变量就是一个由顶点当前的法线、副法线和切线构成的切线空间坐标系
        TANGENT_SPACE_ROTATION;
        // ObjSpaceViewDir 函数参见 4.2.4 节，把世界空间中摄像机到顶点的连线变换到顶点的模型坐标系下，
        // 得到变量 viewDirForParallax，然后把这个变量的三个分量一次存到 tangentToWorldAndPackedData
        // 数组各项的 w 分量中
        half3 viewDirForParallax = mul(rotation, ObjSpaceViewDir(v.vertex));
        o.tangentToWorldAndPackedData[0].w = viewDirForParallax.x;
        o.tangentToWorldAndPackedData[1].w = viewDirForParallax.y;
        o.tangentToWorldAndPackedData[2].w = viewDirForParallax.z;
#endif
        // 参见 4.2.14 节，根据顶点的位置计算雾化因子
        UNITY_TRANSFER_FOG(o,o.pos);
        return o;
}
```

　　和 vertForwardBaseSimple 函数相比，vertForwardBase 函数除了执行 vertForwardBaseSimple 函数的操作之外，还增加了构建顶点的切线空间操作，原来在 vertForwardBaseSimple 函数中执行的计算 fresnel 系数和掠射角系数的操作都不再放在顶点着色器中计算，而是将其延后至片元着色器。执行完毕 vertForwardBase 函数后，顶点着色器也执行完毕，将会返回一个 VertexOutputForwardBase 类型的变量到片元着色器。

3. NormalizePerVertexNormal 函数

NormalizePerVertexNormal 函数如下。

```
// 如果是简化版本（UNITY_STANDARD_SIMPLE 被启用）或者当前的 shader model 小于 3.0，就在顶点着色器
// 内单位化传入变量 n；否则，就不传入，留待在片元着色器中单位化
half3 NormalizePerVertexNormal(float3 n)
{
#if (SHADER_TARGET < 30) || UNITY_STANDARD_SIMPLE
    return normalize(n);
#else
    return n; // 本函数直接返回传入进来的参数，单位化操作放在片元着色器中进行，参见 11.3.5 节的
             // NormalizePerPixelNormal 函数
#endif
}
```

11.3.5　前向通路的标准版片元着色器入口函数

1. fragForwardBaseInternal 函数中的代码段 1

fragForwardBaseInternal 函数中的代码段 1 如下。

```
// 所在文件：UnityStandardCore.cginc
// 所在目录：CGIncludes
// 从原文件第 428 行开始，至第 432 行结束
half4 fragForwardBaseInternal(VertexOutputForwardBase i)
{
    // UNITY_APPLY_DITHER_CROSSFADE 宏的作用参见 11.3.2 节的描述
    UNITY_APPLY_DITHER_CROSSFADE(i.pos.xy);
    // 在简化版本中，初始化 FragmentCommonData 类型的结构体 s 需要调用
    // FragmentSetupSimple 函数；而在标准版本中，则用 FRAGMENT_SETUP 宏
    FRAGMENT_SETUP(s)
```

和 fragFowardBaseSimpleInternal 函数类似，fragForwardBaseInternal 函数首先也是解决 LOD 切换时的抖动问题，这一步操作和简化版本的片元着色器一样。

2. 宏 FRAGMENT_SETUP

下面初始化一个 FragmentCommonData 类型的变量 s，这一步则和 fragFowardBaseSimpleInternal 函数有所不同。首先看 FRAGMENT_SETUP 宏的定义，代码如下所示。

```
// 所在文件：UnityStandardCore.cginc
// 所在目录：CGIncludes
// 从原文件第 164 行开始，至第 165 行结束
#define FRAGMENT_SETUP(x) FragmentCommonData x = \
    FragmentSetup(i.tex, i.eyeVec, IN_VIEWDIR4PARALLAX(i), \
                                  i.tangentToWorldAndPackedData, IN_WORLDPOS(i));
```

FRAGMENT_SETUP 宏就是调用 FragmentSetup 函数，输入片元的第一层纹理映射坐标、在裁剪空间中的片元到摄像机的连线向量、在切线空间中的片元到摄像机的连线向量、片元的切线空间的 3 个坐标轴，以及片元在世界坐标中的位置。

3. 宏 IN_VIEWDIR4PARALLAX 和宏 IN_VIEWDIR4PARALLAX_FWDADD

首先看 IN_VIEWDIR4PARALLAX 宏和 IN_WORLDPOS 宏，代码如下所示。

```
// 所在文件：UnityStandardCore.cginc
// 所在目录：CGIncludes
// 从原文件第 142 行开始，至第 148 行结束
#ifdef _PARALLAXMAP
    #define IN_VIEWDIR4PARALLAX(i) \
            // tangentToWorldAndPackedData 数组中[0],[1],[2]项的 w 分量分别存储了片元到当前
```

```
            // 摄像机的连线向量，并且这个向量已经变换到片元的切线空间中
            // IN_VIEWDIR4PARALLAX 宏就是把这个连线向量取出，并调用 NormalizePerPixelNormal
            // 函数把这个向量单位化（如果当前的 shader model 版本不小于 3.0）
            // NormalizePerPixelNormal 函数参见 11.3.5 节
            NormalizePerPixelNormal(half3(i.tangentToWorldAndPackedData[0].w,
             i.tangentToWorldAndPackedData[1].w,i.tangentToWorldAndPackedData[2].w))
    #define IN_VIEWDIR4PARALLAX_FWDADD(i) \
            NormalizePerPixelNormal(i.viewDirForParallax.xyz)
#else
    #define IN_VIEWDIR4PARALLAX(i) half3(0,0,0)
    #define IN_VIEWDIR4PARALLAX_FWDADD(i) half3(0,0,0)
#endif
```

如果 _PARALLAXMAP 宏启用，即标准着色器的材质 Inspector 面板中的 Height Map 属性被赋上了纹理贴图，IN_VIEWDIR4PARALLAX 宏即取得片元到当前摄像机的连线向量并单位化。此连线向量已经变换到片元的切线空间中。

4. NormalizePerPixelNormal 函数

NormalizePerPixelNormal 函数如下。

```
// 所在文件：UnityStandardCore.cginc
// 所在目录：CGIncludes
// 从原文件第 29 行开始，至第 36 行结束
half3 NormalizePerPixelNormal(half3 n)
{
// 如果当前的 shader model 版本小于 3.0 或者是简化版本的标准着色器
// 则不单位化传入的向量，直接返回
#if (SHADER_TARGET < 30) || UNITY_STANDARD_SIMPLE
    return n;
#else // 否则将传进来的向量单位化后返回
    return normalize(n);
#endif
}
```

和 NormalizePerVertexNormal 函数类似，NormalizePerPixelNormal 函数也是把传递进来的向量单位化并返回，只是此函数只在片元着色器中执行。

5. 宏 IN_WORLDPOS 和宏 IN_WORLDPOS_FWDADD

宏 IN_WORLDPOS 和宏 IN_WORLDPOS_FWDADD 如下。

```
// 所在文件：UnityStandardCore.cginc
// 所在目录：CGIncludes
// 从原文件第 150 行开始，至第 160 行结束
#if UNITY_REQUIRE_FRAG_WORLDPOS
    #if UNITY_PACK_WORLDPOS_WITH_TANGENT
        // 如果UNITY_PACK_WORLDPOS_WITH_TANGENT宏启用，_PARALLAXMAP宏则会被关闭，参见11.3.4节。
        // 此时 tangentToWorldAndPackedData[0]、[1]、[2]的w分量
        // 分别存储了片元在世界坐标系的位置坐标的x、y、z分量值。IN_WORLDPOS宏就是取出这3个分量组
        // 成 half3 类型变量返回
        #define IN_WORLDPOS(i) half3(i.tangentToWorldAndPackedData[0].w, \
            i.tangentToWorldAndPackedData[1].w,i.tangentToWorldAndPackedData[2].w)
    #else
        // 如果 UNITY_PACK_WORLDPOS_WITH_TANGENT 宏未启用，就返回 VertexOutputForwardBase
        // 结构体的 posWorld 属性
        #define IN_WORLDPOS(i) i.posWorld
    #endif
    #define IN_WORLDPOS_FWDADD(i) i.posWorld
#else
    #define IN_WORLDPOS(i) half3(0,0,0)
    #define IN_WORLDPOS_FWDADD(i) half3(0,0,0)
#endif
```

IN_WORLDPOS 宏就是根据不同的宏开关取出片元在世界坐标系中的位置值并返回。

6．FragmentSetup 函数中的代码段 1

分析完上面两个宏之后，接着看 FragmentSetup 函数，代码如下所示。

```
// 所在文件：UnityStandardCore.cginc
// 所在目录：CGIncludes
// 从原文件第 246 行开始，至第 258 行结束
// parallax transformed texcoord is used to sample occlusion
inline FragmentCommonData FragmentSetup(inout float4 i_tex, half3 i_eyeVec,
            half3 i_viewDirForParallax, half4 tangentToWorld[3], half3 i_posWorld)
{
    // Parallax 函数参见 11.8.11 节
    // 得到本片元在使用视差贴图技术时实际要用到的外观纹理贴图的 uv 坐标
    i_tex = Parallax(i_tex, i_viewDirForParallax);

    // 得到本片元使用的纹素的 Alpha 值，Alpha 函数的详细信息参见 11.8.6 节
    half alpha = Alpha(i_tex.xy);
#if defined(_ALPHATEST_ON)
        // 如果使用 alpha test，当片元纹理的 Alpha 值小于 cut off 值时，本片元将被丢弃
        clip(alpha - _Cutoff);
#endif

    // 当前版本下 UNITY_SETUP_BRDF_INPUT 函数实质上就是 MetallicSetup 函数 MetallicSetup 函数
    // 参见 11.3.2 节
    FragmentCommonData o = UNITY_SETUP_BRDF_INPUT(i_tex);

    // PerPixelWorldNormal 函数就是根据片元当前使用的纹理贴图映射坐标，从法线贴图中取出纹素对应
    // 的法向量值，并且转换到世界空间之后返回，参见 11.3.5 节
    o.normalWorld = PerPixelWorldNormal(i_tex, tangentToWorld);
    o.eyeVec = NormalizePerPixelNormal(i_eyeVec);
    o.posWorld = i_posWorld;
```

　　FragmentSetup 函数的前半部分和 FragmentSetupSimple 函数类似，也是填充一个 FragmentCommonData 结构变量，但是多了处理使用视差贴图和法线贴图的一些相关步骤。

7．PerPixelWorldNormal 函数

PerPixelWorldNormal 函数如下。

```
// 所在文件：UnityStandardCore.cginc
// 所在目录：CGIncludes
// 从原文件第 116 行开始，至第 140 行结束
half3 PerPixelWorldNormal(float4 i_tex, half4 tangentToWorld[3])
{
#ifdef _NORMALMAP // 如果材质使用了法线贴图
    half3 tangent = tangentToWorld[0].xyz;
    half3 binormal = tangentToWorld[1].xyz;
    half3 normal = tangentToWorld[2].xyz;

    // 如果需要对切线空间的 3 个坐标值重新进行正交单位化(tangent orthonormalize)
    // UNITY_TANGENT_ORTHONORMALIZE 宏默认是关闭的，参见 UnityStandardCore.cginc 文件
    // 第 52~60 行
#if UNITY_TANGENT_ORTHONORMALIZE
        normal = NormalizePerPixelNormal(normal); // 单位化法向量

        // ortho-normalize Tangent
        //  如果原本 tangent 和 normal 相互垂直，则 dot(tangent,normal) 等于 0
        // 如果不互相垂直，则 tangent 等于直角三角形的斜边，normal 为一个直角边
        // tangent - normal * dot(tangent, normal) 为另一个直角边
        tangent = normalize(tangent - normal * dot(tangent, normal));

        // 调整 normal 和 tangent 使之相互垂直之后，重新计算副法线
        half3 newB = cross(normal, tangent);
        binormal = newB * sign(dot(newB, binormal));
#endif
```

```
    // NormalInTangentSpace 函数根据传递进来的法线贴图的纹理坐标，获得最终在切线空间中的法向量，
    // 此函数参见 11.8.10 节
    half3 normalTangent = NormalInTangentSpace(i_tex);

    // 把基于切线空间的法线变换到世界空间
    // tangent * normalTangent.x + binormal * normalTangent.y + normal * normalTangent.z
    // 就是变换操作
    half3 normalWorld = NormalizePerPixelNormal(tangent * normalTangent.x +
        binormal * normalTangent.y + normal * normalTangent.z);
#else // 如果为启用法线贴图，就直接用原始的构成切线空间的坐标轴
        // 之一——法向量单位化之后返回
    half3 normalWorld = normalize(tangentToWorld[2].xyz);
#endif
    return normalWorld;
}
```

PerPixelWorldNormal 函数就是根据片元当前使用的纹理贴图映射坐标，从法线贴图中取出纹素对应的法向量值，并且转换到世界空间之后返回。

8. FragmentSetup 函数中的代码段 2

接下来继续看 FragmentSetup 函数的剩余部分。

```
// 所在文件: UnityStandardCore.cginc
// 所在目录: CGIncludes
// 从原文件第 261 行开始，至第 263 行结束
    // (_SrcBlend = One, _DstBlend = OneMinusSrcAlpha)
    // 把漫反射颜色预乘以材质的 Alpha 值，然后根据材质的金属性对材质的 Alpha 进行处理
    // PreMultiplyAlpha 函数的详细描述参见 11.9.1 节
    o.diffColor = PreMultiplyAlpha(o.diffColor, alpha, o.oneMinusReflectivity, o.alpha);
    return o;
}
```

剩余部分的 FragmentSetup 函数和 FragmentSetupSimple 函数一样，也是把漫反射颜色预乘以材质的 Alpha 值，然后根据材质的金属性对材质的 Alpha 进行处理。执行完毕 FragmentSetup 函数后，返回填充好的 FragmentCommonData 类型 o 到 fragForwardBaseInternal 函数。

9. fragForwardBaseInternal 函数中的代码段 2

接下来继续看 fragForwardBaseInternal 函数的剩余部分。

```
// 所在文件: UnityStandardCore.cginc
// 所在目录: CGIncludes
// 从原文件第 434 行开始，至第 448 行结束
    UNITY_SETUP_INSTANCE_ID(i);
    UNITY_SETUP_STEREO_EYE_INDEX_POST_VERTEX(i);

    // 获取主光源信息，MainLight 函数参见 11.3.2 节
    UnityLight mainLight = MainLight();

    // UNITY_LIGHT_ATTENUATION 宏参见 9.3.3 节~9.3.7 节
    // 根据当前片元在世界坐标中的位置，计算出本片元下主光源的衰减度
    UNITY_LIGHT_ATTENUATION(atten, i, s.posWorld);

    // 拿到遮蔽项系数，Occlusion 函数参见 11.8.7 节
    half occlusion = Occlusion(i.tex.xy);

    // 调用 FragmentGI 函数，返回一个 UnityGI 类型变量 gi，即获取物体表面间接照明部分的漫反射颜色，
    // 或者是漫反射颜色和镜面高光颜色。FragmentGI 函数的详细分析
    // 参见 11.3.2 节
    UnityGI gi = FragmentGI(s, occlusion, i.ambientOrLightmapUV, atten, mainLight);

    // 调用 BRDF 函数计算出片元的直接照明和间接照明的颜色值
    half4 c = UNITY_BRDF_PBS(s.diffColor, s.specColor, s.oneMinusReflectivity,
                        s.smoothness, s.normalWorld, -s.eyeVec, gi.light, gi.indirect);
```

```
// 加上自发光颜色，Emission 函数参见 11.8.9 节
c.rgb += Emission(i.tex.xy);

// 在漫反射颜色+镜面高光反射颜色+自发光颜色之后，对片元的颜色值根据雾化坐标做雾化处理，
UNITY_APPLY_FOG 宏的详细定义参见 4.2.14 节
UNITY_APPLY_FOG(i.fogCoord, c.rgb);

// 最后调用 OutputForward 函数对片元颜色值的 Alpha 混合参数进行设置
// OutputForward 函数参见 11.3.2 节
// s.alpha 是通过 PreMultiplyAlpha 函数根据材质金属性对材质原始 Alpha 进行处理后得到的表面颜
// 色 Alpha 值，参见 11.3.2 节
return OutputForward(c, s.alpha);
}
```

和 fragForwardBaseSimpleInternal 函数一样，首先调用 MainLight 函数得到主光源的光源信息，继而计算本片元的光照衰减值，再调用 FragmentGI 函数获取全局照明要用到的参数。选择合适的 BRDF 函数计算出直接照明和间接照明的颜色之和，再调用 Emission 函数得到自发光颜色值，然后依次计算使用雾化效果和半透明效果后的最终颜色值。

10.　UNITY_BRDF_PBS 宏的定义

UNITY_BRDF_PBS 宏的定义如下。

```
// 所在文件: UnityPBSLighting.cginc
// 所在目录: CGIncludes
// 从原文件第 14 行开始，至第 30 行结束
#if !defined (UNITY_BRDF_PBS)
    #if SHADER_TARGET < 30
        #define UNITY_BRDF_PBS BRDF3_Unity_PBS
    #elif defined(UNITY_PBS_USE_BRDF3)
        #define UNITY_BRDF_PBS BRDF3_Unity_PBS
    #elif defined(UNITY_PBS_USE_BRDF2)
        #define UNITY_BRDF_PBS BRDF2_Unity_PBS
    #elif defined(UNITY_PBS_USE_BRDF1)
        #define UNITY_BRDF_PBS BRDF1_Unity_PBS
    #elif defined(SHADER_TARGET_SURFACE_ANALYSIS)
        #define UNITY_BRDF_PBS BRDF1_Unity_PBS
    #else
        #error something broke in auto-choosing BRDF
    #endif
#endif
```

从上述代码看到，如果当前 shader model 是 3.0 以下的版本，则 UNITY_BRDF_PBS 宏实质上就是函数名 BRDF3_Unity_PBS；如果不小于 3.0 版本，则依据 UNITY_PBS_USE_BRDF3 等一系列宏的启用与否去一一对应其实际的函数名。而这些宏又一一对应于 C#代码层的枚举类型 BuiltinShaderDefine 中的 UNITY_PBS_USE_BRDF3、UNITY_PBS_USE_BRDF2、UNITY_PBS_USE_ BRDF1 枚举项，这些枚举项又一一对应于 C#代码层的 TierSettings.standardShaderQuality 属性的 Low、Medium、High 取值设置。这些属性和 GraphicSettings 面板中的 Tie Settings 属性是一一对应的，如图 11-23 所示。

BRDF3_Unity_PBS、BRDF2_Unity_PBS 和 BRDF1_Unity_PBS 这三个函数的渲染效果从低到高，当然它们对硬件的性能要求也是从低到高。11.12.15～11.12.17 节分别详细阐述这 3 个函数。

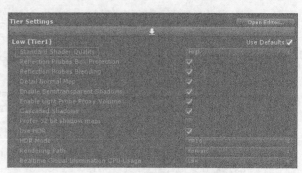

▲图 11-23　Tier Setting 属性

11.3.6　前向通路的标准版着色器流程

图 11-24 所示为前向通路的标准版着色器流程。

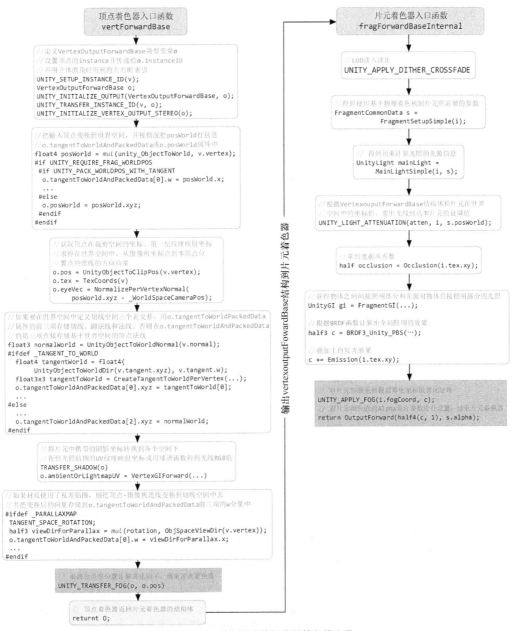

▲图 11-24　前向通路的标准版着色器流程

11.4　第一个 SubShader 的 FORWARD_DELTA 通路

11.4.1　FORWARD_DELTA 通路的简化版顶点着色器入口函数

1．vertForwardAddSimple 函数

vertForwardAddSimple 函数如下。

```
// 所在文件: UnityStandardCoreForwardSimple.cginc
// 所在目录: CGIncludes
// 从原文件第 259 行开始，至第 302 行结束
VertexOutputForwardAddSimple vertForwardAddSimple(VertexInput v)
{
    VertexOutputForwardAddSimple o;
    UNITY_SETUP_INSTANCE_ID(v); // 设置顶点的 instance ID，此宏的具体定义参见 5.4.6 节

    // 把结构体的所有属性项清 0。UNITY_INITIALIZE_OUTPUT 在 HLSLSupport.cginc 文件中定义
    UNITY_INITIALIZE_OUTPUT(VertexOutputForwardAddSimple, o);

    // UNITY_INITIALIZE_VERTEX_OUTPUT_STEREO(o) 语句等价于
    // output.stereoTargetEyeIndex = unity_StereoEyeIndices[unity_StereoEyeIndex].x;
    // 声明立体渲染时用到的左右眼索引
    UNITY_INITIALIZE_VERTEX_OUTPUT_STEREO(o);

    // 把输入经过 world-view-projection 变换，变换到裁剪空间
    float4 posWorld = mul(unity_ObjectToWorld, v.vertex);
    o.pos = UnityObjectToClipPos(v.vertex);
    o.tex = TexCoords(v); // 设置第一层纹理映射坐标，TexCoord 函数参见 11.8.3 节
    o.posWorld = posWorld.xyz;

    // 计算阴影贴图坐标，UNITY_TRANSFER_SHADOW 宏的定义参见 9.3.2 节
    UNITY_TRANSFER_SHADOW(o, v.uv1);

    // _WorldSpaceLightPos0 变量的描述参见 4.1.3 节，如果本光源是一个有向平行光
    // _WorldSpaceLightPos0 的 w 分量为 1，lightDir 是在世界坐标系下顶点到光源的连线向量；如果是
    // 点光源，_WorldSpaceLightPos0 的 w 分量为 0，lightDir 就是本光源的位置坐标
    half3 lightDir = _WorldSpaceLightPos0.xyz - posWorld.xyz * _WorldSpaceLightPos0.w;
#ifndef USING_DIRECTIONAL_LIGHT
    lightDir = NormalizePerVertexNormal(lightDir); // 单位化顶点-光源连线向量
#endif

#if SPECULAR_HIGHLIGHTS
    // 单位化片元-摄像机连线向量，NormalizePerVertexNormal 函数的详细信息参见 11.3.4 节
    half3 eyeVec = normalize(posWorld.xyz - _WorldSpaceCameraPos);
#endif

    // 把顶点的法向量从模型空间变换到世界空间
    half3 normalWorld = UnityObjectToWorldNormal(v.normal);

#ifdef _NORMALMAP // 如果使用法线贴图
    #if SPECULAR_HIGHLIGHTS
        // TangentSpaceLightingInput 函数参见 11.3.1 节。把顶点-光源连线向量和顶点-摄像机连
        // 线向量从世界空间中变换到切线空间，并填充到 VertexOutputForwardAddSimple 结构体变量 o 中
        TangentSpaceLightingInput(normalWorld, v.tangent, lightDir, eyeVec, o.lightDir,
o.tangentSpaceEyeVec);
    #else // 如果不使用镜面高光效果，就不需要把连线向量变换到切线空间
        half3 ignore;
        TangentSpaceLightingInput(normalWorld, v.tangent,
                                            lightDir, 0, o.lightDir, ignore);
    #endif
#else
    o.lightDir = lightDir;  // 如果不使用法线贴图，则 VertexOutputForwardAddSimple
            // 结构体变量 o 中的 lightDir 和 normalWorld 项就存储基于世界空间的向量
    o.normalWorld = normalWorld;
    #if SPECULAR_HIGHLIGHTS
        // fogCoord 的 y、z、w 存储顶点-摄像机连线向量关于法向量的反射向量
        o.fogCoord.yzw = reflect(eyeVec, normalWorld);
    #endif
#endif
    // 参见 4.2.14 节，根据顶点的位置计算雾化因子
    UNITY_TRANSFER_FOG(o,o.pos);
    return o;
}
```

和 vertForwardBaseSimple 函数类似，vertForwardAddSimple 函数也是根据传递进来的 VertexInput

类型变量设置顶点的 instance ID；设置在立体渲染时的左右眼索引坐标；计算本顶点在裁剪空间中的坐标；计算本顶点使用的阴影贴图坐标；将本顶点的法线从模型空间变换到世界空间；计算光源到本顶点的连线向量（如果当前处理的光源是一个有向平行光）并单位化，如果材质还使用了法线贴图就把该连线向量变换到切线空间；计算本顶点到摄像机连线向量关于本顶点法线的反射向量；计算本顶点的雾化因子。最后把这些计算结果存储到一个 VertexOutputForwardAddSimple 类型的变量并返回。

2. 从顶点着色器返回的 VertexOutputForwardAddSimple 结构体

VertexOutputForwardAddSimple 结构体如下所示。

```
// 所在文件：UnityStandardCoreForwardSimple.cginc
// 所在目录：CGIncludes
// 从原文件第 232 行开始，至第 257 行结束
struct VertexOutputForwardAddSimple
{
    // 声明顶点的位置坐标，UNITY_POSITION 宏在 HLSLSupport.cginc 文件中定义
    UNITY_POSITION(pos); // #define UNITY_POSITION(pos) float4 pos : SV_POSITION
    float4 tex : TEXCOORD0; // 顶点的第一层纹理坐标
    float3 posWorld : TEXCOORD1;// 顶点在世界坐标系下的位置坐标
    UNITY_SHADOW_COORDS(2)  // 参见 9.3.2 节
#if !defined(_NORMALMAP) && SPECULAR_HIGHLIGHTS
    //如果使用法线贴图并且启用了镜面高光效果
    UNITY_FOG_COORDS_PACKED(3, half4) // x 分量存储了雾化因子值,y、z、w 分量存储了反射向量#else
    UNITY_FOG_COORDS_PACKED(3, half1)
#endif
    half3 lightDir : TEXCOORD4; // 顶点到光源的连线向量，如果使用了法线贴图和镜面高光效果，则
此向量在切线空间下
#if defined(_NORMALMAP)
    #if SPECULAR_HIGHLIGHTS
        half3 tangentSpaceEyeVec : TEXCOORD5;// 在切线空间下的顶点-摄像机连线向量
    #endif
#else
    half3 normalWorld : TEXCOORD5; // 在世界空间下的顶点法向量
#endif
    UNITY_VERTEX_OUTPUT_STEREO// 立体渲染时的左右眼索引
                    // 此宏在 UnityInstancing.cginc 文件中定义
};
```

11.4.2　FORWARD_DELTA 通路的简化版片元着色器入口函数

1. fragForwardAddSimpleInternal 函数中的代码段 1

fragForwardAddSimpleInternal 函数中的代码段 1 如下。

```
// 所在文件：UnityStandardCoreForwardSimple.cginc
// 所在目录：CGIncludes
// 从原文件第 345 行开始，至第 349 行结束
half4 fragForwardAddSimpleInternal (VertexOutputForwardAddSimple i)
{
    // 此宏的主要作用是进行淡入淡出，参见 11.3.2 节
    UNITY_APPLY_DITHER_CROSSFADE(i.pos.xy);
    FragmentCommonData s = FragmentSetupSimpleAdd(i);
```

2. FragmentSetupSimpleAdd 函数

FragmentSetupSimpleAdd 函数如下。

```
// 所在文件：UnityStandardCoreForwardSimple.cginc
// 所在目录：CGIncludes
```

```
// 从原文件第 304 行开始，至第 334 行结束
FragmentCommonData FragmentSetupSimpleAdd(VertexOutputForwardAddSimple i)
{
    // Alpha 函数的详细描述可参见 11.8.6 节，在此是获取片元的 Alpha 值
    half alpha = Alpha(i.tex.xy);

    // _Cutoff 变量在 UnityStandardInput.cginc 文件中定义，这是一个用来判断某片元是
    // 否要丢弃的 Alpha 值。如果上面得到的 Alpha 变量值减去_Cutoff 值小于 0，则表示当前的片元直接
    // 丢弃，不再执行后续的片元着色器代码
#if defined(_ALPHATEST_ON)
    clip(alpha - _Cutoff);
#endif
    // UNITY_SETUP_BRDF_INPUT 宏的定义就是设置不同的 BRDF 函数，详细信息参见 11.3.2 节
    // FragmentCommonData 结构体的详细信息参见 11.3.2 节
    FragmentCommonData s = UNITY_SETUP_BRDF_INPUT(i.tex);
    // (_SrcBlend = One, _DstBlend = OneMinusSrcAlpha)
    // 把漫反射颜色预乘以材质的 Alpha 值，然后根据材质的金属性对材质的 Alpha 进行处理
    // PreMultiplyAlpha 函数的详细描述参见 11.9.1 节
    s.diffColor=PreMultiplyAlpha(s.diffColor,alpha,s.oneMinusReflectivity,s.alpha);
    s.eyeVec = 0;
    s.posWorld = i.posWorld;

    // 如果材质使用了法线贴图，根据纹理映射坐标获取片元的基于切线空间中的法线，NormalInTangentSpace
    // 函数的详细信息参见 11.8.10 节
#ifdef _NORMALMAP // 根据纹理映射坐标获取片元的基于切线空间中的法线
    s.tangentSpaceNormal = NormalInTangentSpace(i.tex);
    s.normalWorld = 0; // 把基于世界空间的法向量属性置空，因为要在切线空间中使用法线
#else
    s.tangentSpaceNormal = 0;
    s.normalWorld = i.normalWorld;
#endif
#if SPECULAR_HIGHLIGHTS && !defined(_NORMALMAP)
    s.reflUVW = i.fogCoord.yzw; // 记录片元-摄像机连线向量相对于片元法向量的反射向量
#else
    s.reflUVW = 0;
#endif
    return s;
}
```

调用 FragmentSetupSimpleAdd 函数填充好 FragmentCommonData 类型变量并返回后，继续回到 fragForwardAddSimpleInternal 函数执行。因为是 simple 版本，所以调用 BRDF3DirectSimple 函数得到材质的 BRDF 并计算直接照明部分的光照值。fragForwardAddSimpleInternal 函数只需计算直接照明部分，间接照明部分在 fragForwardBaseSimpleInternal 函数中已经执行了。

3. fragForwardAddSimpleInternal 函数中的代码段 2

fragForwardAddSimpleInternal 函数中的代码段 2 如下。

```
// 所在文件：UnityStandardCoreForwardSimple.cginc
// 所在目录：CGIncludes
// 从原文件第 351 行开始，至第 362 行结束
    // BRDF3DirectSimple 函数参见 11.3.2 节中代码注释部分
    half3 c = BRDF3DirectSimple(s.diffColor, s.specColor,
                    s.smoothness, dot(REFLECTVEC_FOR_SPECULAR(i, s), i.lightDir));

#if SPECULAR_HIGHLIGHTS // 如果此宏未被启用，表示颜色中的漫反射部分已经乘以灯光颜色
    c *= _LightColor0.rgb;
#endif
    // 根据片元在世界空间中的位置计算光源的衰减值，然后乘以颜色值
    // UNITY_LIGHT_ATTENUATION 宏的定义参见 9.3.3 节～9.3.7 节
    UNITY_LIGHT_ATTENUATION(atten, i, s.posWorld)
    c *= atten * saturate(dot(LightSpaceNormal(i, s), i.lightDir));
    // UNITY_APPLY_FOG_COLOR 宏参见 4.2.14 节，在本 pass 中雾的颜色为黑色
    UNITY_APPLY_FOG_COLOR(i.fogCoord, c.rgb, half4(0,0,0,0));
```

```
    // 最后调用 OutputForward 函数对片元颜色值的 Alpha 混合参数进行设置
    // OutputForward 函数参见 11.3.2 节
    // s.alpha 是通过 PreMultiplyAlpha 函数根据材质金属性对材质原始 Alpha 进行处理后得到的表面颜
    // 色 Alpha 值,参见 11.3.2 节
    return OutputForward(half4(c, 1), s.alpha);
}
```

11.4.3　FORWARD_DELTA 通路的简化版着色器流程

图 11-25 所示为 FORWARD_DELTA 通路的简化版着色器流程。

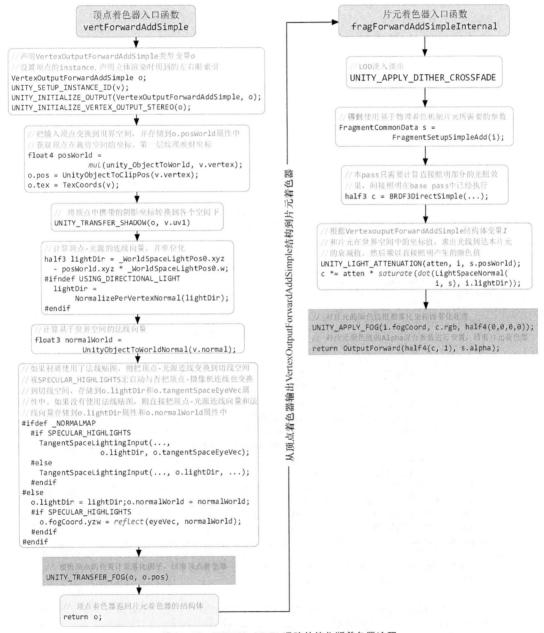

▲图 11-25　FORWARD_DELTA 通路的简化版着色器流程

11.4.4　FORWARD_DELTA 通路的标准版顶点着色器入口函数

1. vertForwardAdd 函数

vertForwardAdd 函数如下。

```
// 所在文件: UnityStandardCore.cginc
// 所在目录: CGIncludes
// 从原文件第 476 行开始，至第 528 行结束
VertexOutputForwardAdd vertForwardAdd(VertexInput v)
{
    UNITY_SETUP_INSTANCE_ID(v); // 设置顶点的 instance ID，此宏的具体定义参见 5.4.6 节
    VertexOutputForwardAdd o;
    // 把结构体的所有属性项清 0。UNITY_INITIALIZE_OUTPUT 在 HLSLSupport.cginc 文件中定义
    UNITY_INITIALIZE_OUTPUT(VertexOutputForwardAdd, o);

    // UNITY_INITIALIZE_VERTEX_OUTPUT_STEREO(o) 语句等价于
    // output.stereoTargetEyeIndex = unity_StereoEyeIndices[unity_StereoEyeIndex].x;
    // 声明立体渲染时用到的左右眼索引
    UNITY_INITIALIZE_VERTEX_OUTPUT_STEREO(o);

    // 把位置坐标从模型空间变换到世界空间
    float4 posWorld = mul(unity_ObjectToWorld, v.vertex);
    o.pos = UnityObjectToClipPos(v.vertex);
    o.tex = TexCoords(v);// 设置第一层纹理映射坐标，TexCoord 函数参见 11.8.3 节
    // 单位化片元-摄像机连线向量，NormalizePerVertexNormal 函数的详细信息参见 11.3.4 节
    o.eyeVec = NormalizePerVertexNormal(posWorld.xyz - _WorldSpaceCameraPos);

    // 把顶点法线从物体的模型空间变换到世界空间，UnityObjectToWorldNormal 函数
    // 的详细描述参见 4.2.4 节
    o.posWorld = posWorld.xyz;
    float3 normalWorld = UnityObjectToWorldNormal(v.normal);
#ifdef _TANGENT_TO_WORLD
    float4 tangentWorld =
                        float4(UnityObjectToWorldDir(v.tangent.xyz), v.tangent.w);

    // CreateTangentToWorldPerVertex 函数的实现细节参见 11.9.10 节
    // 根据顶点在世界空间中的法线值、切线值，构建一个顶点的切线空间，切线空间的 3 个正交基向量分别是
    // 切线、副法线、法线，并且这 3 个正交基都是基于世界空间的
    // 结构体 VertexOutputForwardBase 的 tangentToWorldAndPackedData 变量
    // 数组的 3 个分量一次存储了切线、副法线、法线值
    float3x3 tangentToWorld = CreateTangentToWorldPerVertex(
                                normalWorld, tangentWorld.xyz, tangentWorld.w);
    o.tangentToWorldAndLightDir[0].xyz = tangentToWorld[0];
    o.tangentToWorldAndLightDir[1].xyz = tangentToWorld[1];
    o.tangentToWorldAndLightDir[2].xyz = tangentToWorld[2];
#else// 如果不构切线空间，就直接在 tangentToWorldAndPackedData[2] 记录顶点的法线值
    o.tangentToWorldAndLightDir[0].xyz = 0;
    o.tangentToWorldAndLightDir[1].xyz = 0;
    o.tangentToWorldAndLightDir[2].xyz = normalWorld;
#endif
    // 计算阴影贴图坐标，UNITY_TRANSFER_SHADOW 宏的定义参见 9.3.2 节
    UNITY_TRANSFER_SHADOW(o, v.uv1);

    // _WorldSpaceLightPos0 变量参见 4.1.3 节，如果本光源是一个有向平行光，_WorldSpaceLightPos0
    // 的 w 分量为 1，lightDir 是在世界坐标系下顶点到光源的连线向量; 如果是点光源，
    // _WorldSpaceLightPos0 的 w 分量为 0，lightDir 就是本光源的位置坐标
    float3 lightDir = _WorldSpaceLightPos0.xyz - posWorld.xyz * _WorldSpaceLightPos0.w;
#ifndef USING_DIRECTIONAL_LIGHT
```

```
        lightDir = NormalizePerVertexNormal(lightDir);
#endif
        o.tangentToWorldAndLightDir[0].w = lightDir.x;
        o.tangentToWorldAndLightDir[1].w = lightDir.y;
        o.tangentToWorldAndLightDir[2].w = lightDir.z;

#ifdef _PARALLAXMAP
        // TANGENT_SPACE_ROTATION 宏参见 4.2.4 节，此宏生成一个 half3x3 变量 rotation
        // 此变量就是一个由顶点当前的法线、副法线和切线构成的切线空间坐标系
        TANGENT_SPACE_ROTATION;
        // ObjSpaceViewDir 函数参见 4.2.4 节，把世界空间中摄像机到顶点的连线变换到顶点的模型坐标系下，
        得到变量 viewDirForParallax，然后把这个变量的 3 个分量依次存到 tangentToWorldAndPackedData
        数组各项的 w 分量中
        o.viewDirForParallax = mul(rotation, ObjSpaceViewDir(v.vertex));
#endif
        // 参见 4.2.14 节，根据顶点的位置计算雾化因子
        UNITY_TRANSFER_FOG(o,o.pos);
        return o;
}
```

2. VertexOutputForwardAdd 结构体

VertexOutputForwardAdd 结构体如下。

```
// 所在文件: UnityStandardCore.cginc
// 所在目录: CGIncludes
// 从原文件第 458 行开始，至第 474 行结束
//  Additive forward pass (one light per pass)
struct VertexOutputForwardAdd
{
        // 声明片元的位置坐标，UNITY_POSITION 宏在 HLSLSupport.cginc 文件中定义
        UNITY_POSITION(pos); // #define UNITY_POSITION(pos) float4 pos : SV_POSITION
        float4 tex : TEXCOORD0; // 片元的第一层纹理坐标
        half3 eyeVec : TEXCOORD1; // 摄像机到本片元的连线方向

        // 数组每项中的 x、y、z 分别存储了构建切线空间的切线、副法线、法钱向量的 3 个分量
        // 每项中的 w 分量则分别存储了光线方向的 3 个分量
        // [3x3:tangentToWorld | 1x3:lightDir]
        half4 tangentToWorldAndLightDir[3] : TEXCOORD2;
        float3 posWorld : TEXCOORD5;
        // UNITY_SHADOW_COORDS(6)语句等价于 float4 _ShadowCoord : TEXCOORD6;
        // 即声明本片元用到阴影坐标，参见 9.3.2 节
        UNITY_SHADOW_COORDS(6)
        // UNITY_FOG_COORDS(7)语句等价于 float1 fogCoord : TEXCOORD7;
        // 即声明本片元用到的雾化坐标，参见 4.2.14 节
        UNITY_FOG_COORDS(7)
#if defined(_PARALLAXMAP)
        // 在切线空间中的片元-摄像机连线方向
        half3 viewDirForParallax : TEXCOORD8;
#endif
        UNITY_VERTEX_OUTPUT_STEREO // 立体渲染时的左右眼索引
                                   // 此宏在 UnityInstancing.cginc 文件中定义
};
```

和标准版的 VertexOutputForwardBase 结构体相比，VertexOutputForwardAdd 结构体少了存储光照贴图纹理映射坐标的 ambientOrLightmapUV 属性变量，以及和 GPU 多例化相关的属性变量。另外，VertexOutputForwardBase 结构体的 tangentToWorldAndPackedData 属性变为 tangentToWorldAndLightDir。

如果使用了视差贴图技术，则 VertexOutputForwardAdd 结构体多了 viewDirForParallax 属性变量。

11.4.5　FORWARD_DELTA 通路的标准版片元着色器入口函数

1. fragForwardAddInternal 函数中的代码段 1

fragForwardAddInternal 函数中的代码段 1 如下。

```
// 所在文件：UnityStandardCore.cginc
// 所在目录：CGIncludes
// 从原文件第 522 行开始，至第 526 行结束
half4 fragForwardAddInternal(VertexOutputForwardAdd i)
{
    // 此宏的主要作用是进行淡入淡出，参见 11.3.2 节
    UNITY_APPLY_DITHER_CROSSFADE(i.pos.xy);
    // 调用 FragmentSetup 函数填充柄并返回一个 FragmentCommonData 类型的变量 s
    FRAGMENT_SETUP_FWDADD(s)
```

fragForwardAddInternal 函数首先处理 LOD 淡入淡出的情况，然后调用 FRAGMENT_SETUP_FWDADD 宏得到一个 FragmentCommonData 类型的变量 *s*。

2. FRAGMENT_SETUP_FWDADD 宏

FRAGMENT_SETUP_FWDADD 宏的定义如下所示。

```
// 所在文件：UnityStandardCore.cginc
// 所在目录：CGIncludes
// 从原文件第 142 行开始，至第 148 行结束
// 宏 IN_VIEWDIR4PARALLAX_FWDADD(i) 的定义参见 11.3.5 节
// IN_WORLDPOS_FWDADD 宏的定义参见 11.3.5 节
#define FRAGMENT_SETUP_FWDADD(x) FragmentCommonData x = \
    FragmentSetup(i.tex, i.eyeVec, IN_VIEWDIR4PARALLAX_FWDADD(i),\
                            i.tangentToWorldAndLightDir, \
IN_WORLDPOS_FWDADD(i));
```

FRAGMENT_SETUP_FWDADD 宏实质上就是封装了 FragmentSetup 在本渲染通路的调用方式。

3. fragForwardAddInternal 函数中的代码段 2

接下来继续分析 fragForwardAddInternal 函数。

```
// 所在文件：UnityStandardCore.cginc
// 所在目录：CGIncludes
// 从原文件第 528 行开始，至第 529 行结束

    // FRAGMENT_SETUP_FWDADD(s) 语句展开为
    // FragmentCommonData s = FragmentSetup(i.tex, i.eyeVec,
    //               NormalizePerPixelNormal(i.viewDirForParallax.xyz)
    //               i.tangentToWorldAndLightDir, i.posWorld);
    // FragmentSetup 函数的详细信息参见 11.3.5 节。NormalizePerPixelNormal 函数参见 11.3.5 节

    // UNITY_LIGHT_ATTENUATION 宏参见 9.3.3 节~9.3.7 节
    // 根据当前片元在世界坐标中的位置，计算出本片元下光源的衰减度
```

```
UNITY_LIGHT_ATTENUATION(atten, i, s.posWorld)

UnityLight light = AdditiveLight(IN_LIGHTDIR_FWDADD(i), atten);
```

4. AdditiveLight 函数

AdditiveLight 函数如下。

```
// 所在文件：UnityStandardCore.cginc
// 所在目录：CGIncludes
// 从原文件第 48 行开始，至第 61 行结束
UnityLight AdditiveLight (half3 lightDir, half atten)
{
    UnityLight l;
    l.color = _LightColor0.rgb;
    l.dir = lightDir;
#ifndef USING_DIRECTIONAL_LIGHT
    l.dir = NormalizePerPixelNormal(l.dir);
#endif
    l.color *= atten;
    return l;
}
```

和 11.3.2 节中的 MainLight 函数类似，AdditiveLight 函数也是把光线的方向和颜色存储到一个 UnityLight 结构类型变量并返回，有所不同的是在此函数中还把光线的方向单位化，以及根据传递进来的衰减值 atten 减弱光的颜色值之后再返回。

5. fragForwardAddInternal 函数中的代码段 3

fragForwardAddInternal 函数中的代码段 3 如下。

```
// 所在文件：UnityStandardCore.cginc
// 所在目录：CGIncludes
// 从原文件第 528 行开始，至第 529 行结束
    // 返回一个空的间接照明结构体，即在本 pass 中不用计算间接照明
    UnityIndirect noIndirect = ZeroIndirect();
    // 调用 BRDF 函数计算出片元的直接照明的颜色值，UNITY_BRDF_PBS 宏参见 11.3.5 节
    half4 c = UNITY_BRDF_PBS(s.diffColor, s.specColor, s.oneMinusReflectivity,
            s.smoothness, s.normalWorld, -s.eyeVec, light, noIndirect);
    // UNITY_APPLY_FOG_COLOR 宏参见 4.2.14 节，在本 pass 中雾的颜色为黑色
    UNITY_APPLY_FOG_COLOR(i.fogCoord, c.rgb, half4(0,0,0,0));
    / 最后调用 OutputForward 函数对片元颜色值的 Alpha 混合参数进行设置
    // OutputForward 函数参见 11.3.2 节
    // s.alpha 是通过 PreMultiplyAlpha 函数根据材质金属性对材质原始 Alpha 进行处理后得到的表面颜
    // 色 Alpha 值，参见 11.3.2 节
    return OutputForward (c, s.alpha);
}
```

11.4.6　FORWARD_DELTA 通路的标准版着色器流程

图 11-26 所示为 FORWARD_DELTA 通路的标准版着色器流程。

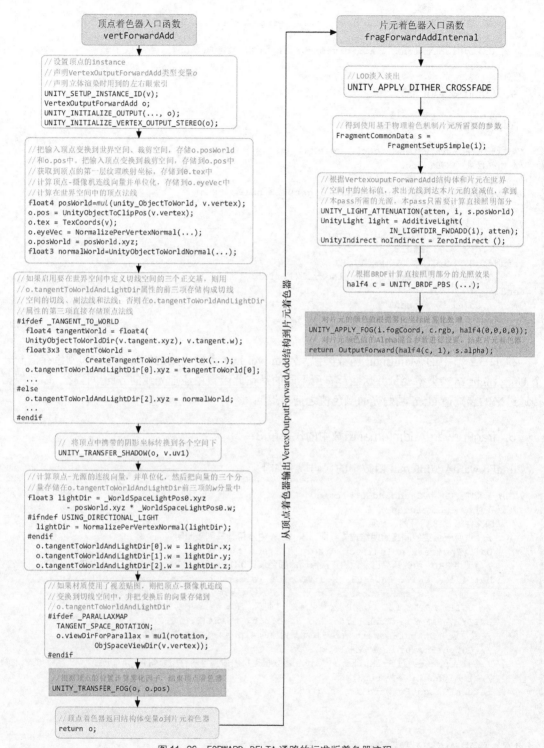

▲图 11-26　FORWARD_DELTA 通路的标准版着色器流程

11.5　第一个 SubShader 的 ShadowCaster 通路

Unity 3D 要使用一个额外的渲染通路专门用于更新光源的阴影贴图。该渲染通路需要将其

LightMode 标签设置为 ShadowCaster。使用屏幕空间阴影时，Unity 3D 先调用 LightMode 为 ShadowCaster 的渲染通路来得到可投射阴影的光源的阴影贴图，以及当前摄像机下的深度纹理。根据光源的阴影贴图和深度纹理得到一个基于屏幕空间的最终阴影图。一个物体若想接收其他物体的阴影，则需要在着色器中对该最终阴影图进行采样。Unity 3D 的标准着色器同样也实现了这样一个渲染通路，名为 ShadowCaster。

11.5.1 ShadowCaster 通路的编译指示符以及着色器变量和宏

1. 编译指示符

ShadowCaster 通路的编译指示符如下。

```
// 所在文件：Standard.shader
// 所在目录：DefaultResourcesExtra
// 从原文件第 126 行开始，至第 149 行结束
        Pass {
                Name "ShadowCaster" // 本渲染通路的名字为 ShadowCaster

                // 使用本标签的渲染通路会把物体的深度信息渲染到阴影贴图（shadowmap）或者一个深度纹理
                // 中去，参见表 6-1。当要使用渲染阴影时，除了 Light 组件的 Shadow Type 属性不能设置
                // 为 No Shadows 之外，LightMode 也必须使用此值
                Tags { "LightMode" = "ShadowCaster" }

                ZWrite On ZTest LEqual // 因为要把深度信息渲染到阴影贴图或者深度纹理，所以要开启
                // 写入 z 值，写入 z 值的条件是当前片元的 z 值不大于缓冲区中对应片元的 z 值
                CGPROGRAM
                // 因为本 pass 的片元着色器要用到 VPOS 等语义词，所以着色器模型要使用 3.0
                #pragma target 3.0

                // 不支持 3.0 以下的 OpenGLES 平台，因为不支持着色器中要用到的 GLES 库函数 textureCubeLodEXT
                #pragma exclude_renderers gles

                // 开启 Alpha 测试，Alpha 混合和颜色预乘 Alpha
                #pragma shader_feature _ _ALPHATEST_ON _ALPHABLEND_ON
                 _ALPHAPREMULTIPLY_ON

                // 在不同的平台下要实现阴影效果，点光源和其他类型的光源需要不同的代码实现，用此编译指
                // 示符可以在各平台上对应生成不同代码
                #pragma multi_compile_shadowcaster

                // 顶点着色器的入口函数名，在 UnityStandardShadow.cginc 文件中定义
                #pragma vertex vertShadowCaster

                // 片元着色器的入口函数名，在 UnityStandardShadow.cginc 文件中定义
                #pragma fragment fragShadowCaster
                #include "UnityStandardShadow.cginc" // 着色器代码的具体实现文件
                ENDCG
        }
```

上述代码定义了本渲染通路所需的 LightMode、Alpha 测试和 Alpha 混合模式，还有各种必需的编译指示符，最后声明了顶点着色器和片元着色器的入口函数名。着色器的具体实现在 UnityStandardShadow.cginc 文件中，接着看 UnityStandardShadow.cginc 文件中的代码实现。

2. 着色器变量和宏

着色器变量和宏如下。

```
// 所在文件：UnityStandardShadow.cginc
// 所在目录：CGIncludes
// 从原文件第 16 行开始，至第 56 行结束
// UNITY_USE_DITHER_MASK_FOR_ALPHABLENDED_SHADOWS 宏启用时，表示将会使用一张抖动纹理来实现半透
// 明材质的阴影效果，详见后文
```

```
#if (defined(_ALPHABLEND_ON) || defined(_ALPHAPREMULTIPLY_ON))
    && defined(UNITY_USE_DITHER_MASK_FOR_ALPHABLENDED_SHADOWS)
    #define UNITY_STANDARD_USE_DITHER_MASK 1
#endif
```

// 需要输出阴影贴图的 u、v 坐标。启用 UNITY_STANDARD_USE_SHADOW_UVS 宏
// 表示输出这些坐标，因为在做一些 alpha 测试、alpha 混合等操作时需要用到
// 这些 u、v 坐标

```
#if defined(_ALPHATEST_ON) || defined(_ALPHABLEND_ON) ||
defined(_ALPHAPREMULTIPLY_ON)
#define UNITY_STANDARD_USE_SHADOW_UVS 1
#endif
```

// 在有些平台上，顶点着色器需要返回一个不为空的 VertexOutputShadowCaster
// 结构体类型的变量，否则会报错

```
#if !defined(V2F_SHADOW_CASTER_NOPOS_IS_EMPTY) ||

defined(UNITY_STANDARD_USE_SHADOW_UVS)
#define UNITY_STANDARD_USE_SHADOW_OUTPUT_STRUCT 1
#endif
```

// 如果启动了立体渲染的多例化技术，就要在顶点着色器函数处返回一个记录左右眼索引的结构体

```
#ifdef UNITY_STEREO_INSTANCING_ENABLED
#define UNITY_STANDARD_USE_STEREO_SHADOW_OUTPUT_STRUCT 1
#endif
```

// 对应 standard.shader 文件的属性块中的_Color，即 Inspector 面板中的 Albedo
// 属性后的颜色选择框值，即物体表面的反射率颜色值，参见 11.1.2 节

```
half4 _Color;
```

// 对应 standard.shader 文件的属性块中的_Cutoff，即 Inspector 面板中的 Alpha Cutoff 属性。当片元
// 的 Alpha 值小于本值时，此片元将会被丢弃。此属性值只有当面板中的 Rendering Mode 属性设置为 Cutoff
// 时，才能在面板上可视

```
half _Cutoff;
```

// 对应 standard.shader 文件的属性块中的_MainTex，对应于 Inspector 面板中的 Albedo 属性，即物体表
// 面的反照率贴图，参见 11.1.2 节

```
sampler2D _MainTex;
```

//参见 4.2.5 节，要对_MainTex 纹理使用 tiling 和 offset 时就需定义此变量

```
float4 _MainTex_ST;
```

```
#ifdef UNITY_STANDARD_USE_DITHER_MASK
```
// 使用一张抖动纹理来实现半透明材质的阴影效果，_DitherMaskLOD 就是抖动纹理，而且是一个三维纹理

```
sampler3D _DitherMaskLOD;
#endif
```

// 对应 StandardSpecular.shader 文件的属性块中的_Metallic，当 Inspector 面板中 Specular 属性未
// 被赋上纹理贴图时，由滑杆控件所控制的 Specular 属性

```
half4 _SpecColor;
```

// 对应 Standard.shader 文件的属性块中的_Metallic，当 Inspector 面板中 Metallic 属性未被赋上纹理
// 贴图时，由滑杆控件所控制的 Metallic 属性

```
half _Metallic;
```

```
#ifdef _SPECGLOSSMAP
```
// 对应 StandardSpecular.shader 文件的属性块中的_SpecGlossMap，当 Inspector 面板中 Metallic
// 属性赋上了纹理贴图时，所对应的 Specular 属性

```
sampler2D _SpecGlossMap;
#endif
```

```
#ifdef _METALLICGLOSSMAP
```
// 对应 standard.shader 文件的属性块中的_MetallicGlossMap，当 Inspector 面板中 Metallic 属性
// 赋上了纹理贴图时，所对应的 Metallic 属性

```
sampler2D _MetallicGlossMap;
#endif
```

```
#if defined(UNITY_STANDARD_USE_SHADOW_UVS) && defined(_PARALLAXMAP)
```
// 对应 standard.shader 文件的属性块中的_ParallaxMap，即 Inspector 面板中的 Height Map 属性，

```
// 即视差贴图技术所用到的高度图。这个贴图在使用法线贴图的基础上，用来表现待渲染物体的高低位置信息。
// 法线贴图只能表现光照强弱和明暗效果，而视差贴图可以增加待渲染物体的位置前后的细节
sampler2D _ParallaxMap;

// 对应 standard.shader 文件的属性块中的_Parallax，即 Inspector 面板的 Height Map
// 属性被赋上了贴图之后，Height Map 属性后的文本控件所对应的值
half _Parallax;
#endif
```

上述代码段一一对应地定义了 Standard.shader 文件中的 Properties 块中所声明的同名变量。

11.5.2 ShadowCaster 通路的顶点着色器入口函数

如 7.8.1 节和 7.8.2 节所述，要确定产生阴影的区域，如果是基于屏幕空间的阴影，首先要执行两步操作。第一步：从当前摄像机位置处进行取景操作，这个取景操作不做任何绘制处理，仅将当前摄像机所在角度下的所有可视片元的深度信息存储在一个深度纹理中。第二步：利用光源相机对场景执行一次取景操作。这次取景操作也是不做任何绘制处理，仅把在光源相机所在角度所有可视片元的深度信息存储在另一个深度纹理中。ShadowCaster 通路就对应于这两步操作。现在假设有如图 11-27 所示的一个场景。

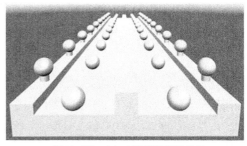

▲图 11-27 未加上阴影的演示场景

当执行第一步操作时，产生阴影的光源是一个有向平行光时，ShadowCaster 通路会渲染整个场景，但仅记录每个片元的 z 值，即深度值，得到一个与当前屏幕分辨率相匹配的深度贴图。在该深度贴图中，离摄像机比较近的纹素显示为较暗的点，较远的纹素则显示为较亮的点，如图 11-28 所示。

执行第二步操作，整个场景再次被渲染了一遍，并且同样也只是把可视片元的深度信息存储在阴影贴图之中。这一次是从光源相机的位置来渲染整个场景，得到的阴影贴图如图 11-29 所示。

▲图 11-28 ShadowCaster 通路渲染整个场景，离摄像机较近的纹素显示为较暗的点，较远的纹素则显示为较亮的点

▲图 11-29 从光源相机的位置来渲染整个场景得到的阴影贴图

ShadowCaster 通路将会执行两次，分别对应于第一步和第二步，并获得两个贴图。和前面的FORWARD 通路、FORWARD_DELTA 通路等渲染通路一样，ShadowCaster 通路也定义了专给本通路的顶点着色器作为顶点输入布局描述的结构体 VertexInput。

1. 传给顶点着色器的结构体 VertexInput

VertexInput 结构体如下。

```
// 所在文件：UnityStandardShadow.cginc
// 所在目录：CGIncludes
// 从原文件第 90 行开始，至第 99 行结束
```

```
struct VertexInput
{
    float4 vertex : POSITION; // 位置坐标
    float3 normal : NORMAL; // 法线
    float2 uv0 : TEXCOORD0; // 第一层纹理坐标
#if defined(UNITY_STANDARD_USE_SHADOW_UVS) && defined(_PARALLAXMAP)
    half4 tangent : TANGENT; // 切线
#endif
    UNITY_VERTEX_INPUT_INSTANCE_ID // GPU 多例化 ID值，参见 5.4.2 节
};
```

还定义了从顶点着色器函数返回，传递至片元着色器的结构体 VertexOutputShadowCaster 和 VertexOutputStereoShadowCaster。

2. 从顶点着色器返回的结构体 VertexOutputShadowCaster

VertexOutputShadowCaster 结构体的定义代码如下。

```
// 所在文件：UnityStandardShadow.cginc
// 所在目录：CGIncludes
// 从原文件第 101 行开始，至第 113 行结束

// 如果此宏定义，则后面的 fragShadowCaster 则返回阴影的颜色值
#ifdef UNITY_STANDARD_USE_SHADOW_OUTPUT_STRUCT
struct VertexOutputShadowCaster
{
    // 如果 SHADOWS_CUBE 宏启用，即使用立方体阴影，V2F_SHADOW_CASTER_NOPOS 的定义为#define V2F_
    // SHADOW_CASTER_NOPOS float3 vec : TEXCOORD0，否则定义为空，参见 4.2.13 节
    V2F_SHADOW_CASTER_NOPOS
#if defined(UNITY_STANDARD_USE_SHADOW_UVS)
    float2 tex : TEXCOORD1;
    #if defined(_PARALLAXMAP)
        // 根据顶点在世界空间中的法线值、切线值，构建顶点的切线空间，切线空间的三个正交基向量分别
        // 是切线、副法线、法线。结构体 VertexOutputForwardBase 的 tangentToWorldAndParallax
        // 变量数组的三个分量依次存储了切线、副法线、法线值 w 分量则依次存储了世界空间中摄像机到顶
        // 点的连线变换到顶点的模型坐标系下的值
        half4 tangentToWorldAndParallax[3]: TEXCOORD2;
    #endif
#endif
};
#endif
```

3. 从顶点着色器返回的结构体 VertexOutputStereoShadowCaster

如果启用立体渲染，顶点着色器也要返回一个 VertexOutputStereoShadowCaster 结构体变量，此结构体的定义如下。

```
// 所在文件：UnityStandardShadow.cginc
// 所在目录：CGIncludes
// 从原文件第 115 行开始，至第 120 行结束
#ifdef UNITY_STANDARD_USE_STEREO_SHADOW_OUTPUT_STRUCT
struct VertexOutputStereoShadowCaster
{
    UNITY_VERTEX_OUTPUT_STEREO// 立体渲染时的左右眼索引
                              // 此宏在 UnityInstancing.cginc 文件中定义
};
#endif
```

4. vertShadowCaster 函数中的代码段 1

理解了顶点着色器函数的传入参数和返回参数后，接下来就开始分析 ShadowCaster 通路的顶点着色器的入口函数 vertShadowCaster。

```
// 所在文件：UnityStandardShadow.cginc
```

```
// 所在目录: CGIncludes
// 从原文件第 127 行开始, 至第 141 行结束
void vertShadowCaster(VertexInput v
    ,out float4 opos : SV_POSITION
#ifdef UNITY_STANDARD_USE_SHADOW_OUTPUT_STRUCT
    ,out VertexOutputShadowCaster o
#endif
#ifdef UNITY_STANDARD_USE_STEREO_SHADOW_OUTPUT_STRUCT
    ,out VertexOutputStereoShadowCaster os
#endif
)
{
    UNITY_SETUP_INSTANCE_ID(v); // 设置顶点的 instance ID, 此宏的具体定义参见 5.4.6 节
#ifdef UNITY_STANDARD_USE_STEREO_SHADOW_OUTPUT_STRUCT
    // UNITY_INITIALIZE_VERTEX_OUTPUT_STEREO(o) 语句等价于:
    // output.stereoTargetEyeIndex = unity_StereoEyeIndices[unity_StereoEyeIndex].x;
    // 声明立体渲染时用到的左右眼索引
    UNITY_INITIALIZE_VERTEX_OUTPUT_STEREO(os);
#endif
    // 参见 4.2.13 节
    // 此宏展开时的代码为
    // o.vec = mul(unity_ObjectToWorld, v.vertex).xyz - _LightPositionRange.xyz;
    // opos = UnityObjectToClipPos(v.vertex);
    计算光源到顶点连线向量, 并且把顶点变换到裁剪空间。或者是（当 SHADOW_CUBE 宏未启用时）:
    opos = UnityClipSpaceShadowCasterPos(v.vertex, v.normal);
    opos = UnityApplyLinearShadowBias(opos);
    假设光源是有向平行光, 再重新看 UnityClipSpaceShadowCasterPos 的实现, 代码如下:

    float4 UnityClipSpaceShadowCasterPos(float4 vertex, float3 normal)
    {
        float4 wPos = mul(unity_ObjectToWorld, vertex);
        if (unity_LightShadowBias.z != 0.0)
        {
            float3 wNormal = UnityObjectToWorldNormal(normal);
            float3 wLight = normalize(UnityWorldSpaceLightDir(wPos.xyz));
            float shadowCos = dot(wNormal, wLight);
            float shadowSine = sqrt(1-shadowCos*shadowCos);
            float normalBias = unity_LightShadowBias.z * shadowSine;
            wPos.xyz -= wNormal * normalBias;
        }
        return mul(UNITY_MATRIX_VP, wPos);
    }

UnityClipSpaceShadowCasterPos 函数主要是解决生成深度贴图和阴影贴图中的阴影渗漏和影物漂移的
问题。当函数最后一句的 UNITY_MATRIX_VP 中蕴含的视图矩阵在执行第一步操作时, 引擎底层将会
传递当前摄像机的视图矩阵进来, 此时执行本通路将会生成一个基于当前摄像机视角下的深度贴图, 即
图 11-28。接着执行第二步操作, 本通路将会再次被执行, 此时引擎底层将会传递光源相机的视图矩阵进来,
生成基于光源相机视角下的阴影贴图, 即图 11-29*/
TRANSFER_SHADOW_CASTER_NOPOS(o,opos)
```

5. vertShadowCaster 函数中的代码段 2

执行完上述代码段之后, 顶点变换到了裁剪空间。阴影贴图记录的是物体实际的深度信息。
视差贴图会给物体添加粗糙表面的错觉而不会调整物体顶点的实际位置, 因此不需要针对阴影技
术对视差贴图技术做特别的处理, 代码如下所示。

```
// 所在文件: UnityStandardShadow.cginc
// 所在目录: CGIncludes
// 从原文件第 142 行开始, 至第 153 行结束
#if defined(UNITY_STANDARD_USE_SHADOW_UVS)
    o.tex = TRANSFORM_TEX(v.uv0, _MainTex);

    #ifdef _PARALLAXMAP
        TANGENT_SPACE_ROTATION;
        // ObjSpaceViewDir 函数参见 4.2.4 节, 把世界空间中摄像机到顶点的连线变换到顶点的模型坐标系
        // 下, 得到变量 viewDirForParallax, 然后把这个变量的 3 个分量依次存到 tangentToWorldAndParallax
        // 数组各项的 w 分量中
```

```
        half3 viewDirForParallax = mul(rotation, ObjSpaceViewDir(v.vertex));
        o.tangentToWorldAndParallax[0].w = viewDirForParallax.x;
        o.tangentToWorldAndParallax[1].w = viewDirForParallax.y;
        o.tangentToWorldAndParallax[2].w = viewDirForParallax.z;
    #endif
#endif
}
```

执行完 vertShadowCaster 函数之后，顶点着色器返回基于裁剪空间中的顶点坐标，视宏的开启与否返回 VertexOutputShadowCaster 类型的变量或者 VertexOutputStereoShadowCaster 类型的变量。接下来进入片元着色器，进行写深度贴图或者阴影贴图的操作。

11.5.3　ShadowCaster 通路的片元着色器入口函数

1. fragShadowCaster 函数中的代码段 1

fragShadowCaster 函数中的代码段 1 如下。

```
// 所在文件: UnityStandardShadow.cginc
// 所在目录: CGIncludes
// 从原文件第 155 行开始，至第 204 行结束
half4 fragShadowCaster(UNITY_POSITION(vpos) // 此处的 vpos 对应于 vertShadowCaster 函数返回
的 opos，基于裁剪空间的坐标值
#ifdef UNITY_STANDARD_USE_SHADOW_OUTPUT_STRUCT
    ,VertexOutputShadowCaster i
#endif
) : SV_Target
{
#if defined(UNITY_STANDARD_USE_SHADOW_UVS)
    #if defined(_PARALLAXMAP) && (SHADER_TARGET >= 30)
            // 得到从顶点着色器传递过来的基于切线空间的片元-摄像机连线
            half3 viewDirForParallax = normalize( half3(i.tangentToWorldAndParallax[0].w,
                i.tangentToWorldAndParallax[1].w,i.tangentToWorldAndParallax[2].w) );
            // 从高度图中取出对应的高度本片元对应的高度
            fixed h = tex2D(_ParallaxMap, i.tex.xy).g;
            // 调用 ParallaxOffset1Step 函数，根据片元高度值，取得本片元实际要用到的纹理贴图映射坐
            // 标相对于本片元当前纹理贴图映射坐标的偏移值。ParallaxOffset1Step 函数的详细信息参见
            // 11.9.6 节
            half2 offset = ParallaxOffset1Step(h, _Parallax, viewDirForParallax);
            // 加上偏移值得到本片元实际要用到的外观贴图纹理映射坐标
            i.tex.xy += offset;
    #endif

    // 得到本片元使用的纹素的 Alpha 值，Alpha 函数的详细信息参见 11.8.6 节
    half alpha = tex2D(_MainTex, i.tex).a * _Color.a;
#if defined(_ALPHATEST_ON)
        // 如果使用 alpha test，当片元纹理的 Alpha 值小于 cut off 值时，本片元
        // 将被丢弃
        clip(alpha - _Cutoff);
#endif

#if defined(_ALPHABLEND_ON) || defined(_ALPHAPREMULTIPLY_ON)
    #if defined(_ALPHAPREMULTIPLY_ON) // 如果使用了 alpha 预乘以颜色的话
        // PreMultiplyAlpha 函数的详细描述参见 11.9.1 节
        half outModifiedAlpha;
        PreMultiplyAlpha(half3(0, 0, 0), alpha,
                    SHADOW_ONEMINUSREFLECTIVITY(i.tex), outModifiedAlpha);
        alpha = outModifiedAlpha;
    #endif // #if defined(_ALPHAPREMULTIPLY_ON)
```

2. SHADOW_ONEMINUSREFLECTIVITY 宏

SHADOW_ONEMINUSREFLECTIVITY 宏如下。

```
// 所在文件: UnityStandardShadow.cginc
// 所在目录: CGIncludes
// 从原文件第 86 行开始，至第 88 行结束
// 定义一个宏，以得到 1 减去反射率的值
#define SHADOW_JOIN2(a, b) a##b
#define SHADOW_JOIN(a, b) SHADOW_JOIN2(a,b)
#define SHADOW_ONEMINUSREFLECTIVITY \SHADOW_JOIN(UNITY_SETUP_BRDF_INPUT,_ShadowGetOne
MinusReflectivity)
```

3. MetallicSetup_ShadowGetOneMinusReflectivity 函数

SHADOW_ONEMINUSREFECTIVITY 宏封装了 MetallicSetup_ShadowGetOneMinusReflectivity
函数。后一个函数的定义如下。

```
// 所在文件: UnityStandardShadow.cginc
// 所在目录: CGIncludes
// 从原文件第 58 行开始，至第 65 行结束
half MetallicSetup_ShadowGetOneMinusReflectivity(half2 uv)
{
    half metallicity = _Metallic;
#ifdef _METALLICGLOSSMAP
    metallicity = tex2D(_MetallicGlossMap, uv).r;
#endif
    // 参见 11.9.2 节
    return OneMinusReflectivityFromMetallic(metallicity);
}
```

4. fragShadowCaster 函数中的代码段 2

fragShadowCaster 函数中的代码段 2 如下。

```
// 所在文件: UnityStandardShadow.cginc
// 所在目录: CGIncludes
// 从原文件第 180 行开始，至第 204 行结束
        #if defined(UNITY_STANDARD_USE_DITHER_MASK)
            // 使用抖动蒙版技术对阴影执行 Alpha 混合。引擎默认使用的抖动纹理是一个三维纹理，
            // 大小是 4×4×16
            #ifdef LOD_FADE_CROSSFADE
                #define _LOD_FADE_ON_ALPHA
                alpha *= unity_LODFade.y;
            #endif
            // 对一张三维的抖动纹理_DitherMaskLOD 进行采样，这张纹理的 z 方向对应纹素的透明度值。
            // 再使用 clip 对抖动后的结果进行 cutout，即 Alpha 值如果小于_Cutout 值，就丢弃本片元，
            // 造成一种半透明阴影的假象
            half alphaRef = tex3D(_DitherMaskLOD, float3(vpos.xy*0.25,alpha*0.9375)).a;
            clip(alphaRef - 0.01);
        #else
            clip(alpha - _Cutoff);
        #endif // #if defined(UNITY_STANDARD_USE_DITHER_MASK)
    #endif // #if defined(_ALPHABLEND_ON) || defined(_ALPHAPREMULTIPLY_ON)
#endif // #if defined(UNITY_STANDARD_USE_SHADOW_UVS)

#ifdef LOD_FADE_CROSSFADE
    #ifdef _LOD_FADE_ON_ALPHA
        #undef _LOD_FADE_ON_ALPHA
    #else
        UnityApplyDitherCrossFade(vpos.xy);
    #endif
#endif
    // SHADOW_CASTER_FRAGMENT 宏的详细信息参见 4.2.13 节
    // SHADOW_CASTER_FRAGMENT 宏当 SHADOWS_CUBE 宏启用时，展开代码为
    // return UnityEncodeCubeShadowDepth(
    //        (length(i.vec) + unity_LightShadowBias.x) * _LightPositionRange.w);
```

```
// 未启用时
// return 0
// 也就是说，如果光源是点光源，即 SHADOW_CUBE 宏启用，需要把颜色值写入一个 cube map 中，用于后
// 面的阴影渲染；如果是有向平行光，则只需要写入深度信息即可所以直接返回颜色值为 0 即可
SHADOW_CASTER_FRAGMENT(i)
}
```

在本通路中，实现了对半透明物体的阴影效果。半透明物体的阴影效果如图 11-30 所示。

7.8.1 节提到，要给不透明物体生成阴影，首先要基于光源空间生成每一个可视片元的深度信息写入阴影贴图中。在真正渲染时，把每一个待输出的片元再次放到光源相机坐标系下计算深度值。如果再次计算的深度值比深度贴图中的深度值离光源相机远，就表示它落在某个阴影区域了。在绘制半透明物体的阴影时，虽然它是半透明的，其片元深度值可以不写入深度缓冲区中，但也同样要写入作为阴影贴图的深度贴图中。对于完全不透明的 Alpha 值为 1 的物体和透明的 Alpha 值为 0 的物体来说，就是不透明时写入深度值；透明时不写入深度值，甚至可以直接丢弃此片元。那么现在的问题是，Alpha=0.4 时写不写，或者等于其他部位 0 和 1 的 Alpha 值时又写不写入深度值？Unity 3D 实质上使用了抖动技术模拟生成半透明阴影效果。

这种抖动技术和前面提到的，利用 alpha test 技术让 Alpha 值小于某个 cut off 值的片元直接丢弃，从而生成有斑驳效果的树叶的阴影原理相同。只不过树叶之间的缝隙比较大，所以就能看得到阴影区域"亮的亮暗的暗，明暗分明"的效果，而当这些"缝隙"变得很小很密集时，人眼就会把原本是"明暗分明的"一片"斑驳阴影"，看成一片连续的半透明阴影了。图 11-30 中靠近阴影边缘的那一部分淡淡的不是很暗的区域就是这个原理，这也就是所谓的抖动技术。

在 Unity 3D 中，用来进行 alpha test 的片元 Alpha 值，如果 UNITY_STANDARD_USE_DITHER_MASK 宏启用了，则是从一个预定义的三维纹理 _DitherMaskLOD 中采样而来。在代码中，利用变量 vpos 和 Alpha 对此三维纹理进行采样，vpos 为正交或透视投影产生的结果，Alpha 为半透明物体对应的 Alpha 值。由于 vpos 是变化的，即使 Alpha 都为 0.5，采样的结果也会不同，由此来决定此像素是否剔除。在制作这张 3D 抖动纹理时，一定要保证 Alpha 为 0 或 1 时的采样结果是固定。Alpha 大于 0.5 时，采样到 1 的概率偏大；Alpha 小于 0.5 时，采样到 0 的概率偏大。_DitherMaskLOD 变量对应的三维纹理如图 11-31 所示。

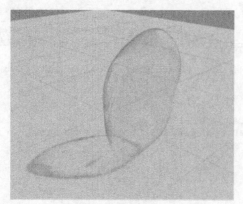 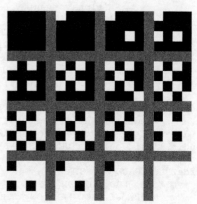

▲图 11-30　半透明物体的阴影效果　　　　▲图 11-31　_DitherMaskLOD 变量对应的三维纹理

实时半透明物体阴影与不透明物体阴影在实现上并没有太大区别，只是在生成深度贴图时，半透明物体在片元着色器阶段会采样一张 3D 抖动纹理来随机决定此像素是否输出，进而产生近似的半透明阴影效果。

11.6 第一个 SubShader 的延迟通路

11.6.1 延迟通路的顶点着色器入口函数

1. VertexOutputDeferred 结构体

```
// 所在文件: UnityStandardCore.cginc
// 所在目录: CGIncludes
// 从原文件第 546 行开始, 至第 559 行结束
struct VertexOutputDeferred
{
    // 声明片元的位置坐标, UNITY_POSITION 宏在 HLSLSupport.cginc 文件中定义
    UNITY_POSITION(pos); // #define UNITY_POSITION(pos) float4 pos:SV_POSITION
    float4 tex : TEXCOORD0; // 片元的第一层纹理坐标
    half3 eyeVec : TEXCOORD1; // 摄像机到本片元的连线方向

    // 数组每项中的 x、y、z 分别存储了构建切线空间的切线、副法线、法线向量的 3 个分量
    // 每项中的 w 分量则分别存储了光线方向的 3 个分量
    half4 tangentToWorldAndPackedData[3]: TEXCOORD2;
    half4 ambientOrLightmapUV : TEXCOORD5; // 本片元执行球谐光照的参数或者使用光照贴图时的 uv 坐标
#if UNITY_REQUIRE_FRAG_WORLDPOS && !UNITY_PACK_WORLDPOS_WITH_TANGENT
    float3 posWorld : TEXCOORD6; // 不把片元在世界坐标系下的位置打包进
                                 // tangentToWorldAndPackedData 变量中则另外起一个属性项存
                                 // 储片元在世界坐标系下的位置
#endif
    UNITY_VERTEX_OUTPUT_STEREO
};
```

2. vertDeferred 函数

```
// 所在文件: UnityStandardCore.cginc
// 所在目录: CGIncludes
// 从原文件第 562 行开始, 至第 616 行结束
// 结构体 VertexInput 是 Standard.shader 除了 ShadowCaster pass 之外的通用描述顶点
// 输入结构的结构体, 其详细信息参见 11.8.2 节
VertexOutputDeferred vertDeferred(VertexInput v)
{
    UNITY_SETUP_INSTANCE_ID(v); // 设置顶点的 instance ID, 此宏的具体定义参见 5.4.6 节
    VertexOutputDeferred o;
    // 把结构体的所有属性项清 0。UNITY_INITIALIZE_OUTPUT 在 HLSLSupport.cginc 文件中定义
    UNITY_INITIALIZE_OUTPUT(VertexOutputDeferred, o);

    // UNITY_INITIALIZE_VERTEX_OUTPUT_STEREO(o) 语句等价于
    // output.stereoTargetEyeIndex = unity_StereoEyeIndices[unity_StereoEyeIndex].x;
    // 声明立体渲染时用到的左右眼索引
    UNITY_INITIALIZE_VERTEX_OUTPUT_STEREO(o);

    float4 posWorld = mul(unity_ObjectToWorld, v.vertex);
#if UNITY_REQUIRE_FRAG_WORLDPOS
    #if UNITY_PACK_WORLDPOS_WITH_TANGENT// 如果要把片元在世界空间中的坐标打包进切线向量
        // 把世界坐标的 x、y、z 分量各自打包进这 3 个 half4 类型的变量的 w 分量中
        o.tangentToWorldAndPackedData[0].w = posWorld.x;
        o.tangentToWorldAndPackedData[1].w = posWorld.y;
        o.tangentToWorldAndPackedData[2].w = posWorld.z;
    #else
        o.posWorld = posWorld.xyz; // 如果不打包, 就独立起一个属性变量 posWorld 并记录
    #endif
#endif
    o.pos = UnityObjectToClipPos(v.vertex);
    o.tex = TexCoords(v);// 设置第一层纹理映射坐标, TexCoord 函数参见 11.8.3 节
    // 单位化片元-摄像机连线向量, NormalizePerVertexNormal 函数的详细信息参见 11.3.4 节
    o.eyeVec = NormalizePerVertexNormal(posWorld.xyz - _WorldSpaceCameraPos);
    // 把顶点法线从模型空间变换到世界空间
```

281

```
        float3 normalWorld = UnityObjectToWorldNormal(v.normal);
#ifdef _TANGENT_TO_WORLD
        float4 tangentWorld = float4(UnityObjectToWorldDir(v.tangent.xyz), v.tangent.w);
        // CreateTangentToWorldPerVertex 函数的实现细节参见 11.9.10 节
        // 根据顶点在世界空间中的法线值、切线值，构建一个顶点的切线空间，切线空间的 3 个正交基向量分别是
        // 切线、副法线、法线。结构体 VertexOutputForwardBase 的 tangentToWorldAndPackedData 变
        // 量数组的 3 个分量一次存储了切线、副法线、法线值
        float3x3 tangentToWorld = CreateTangentToWorldPerVertex(normalWorld, tangentWor
ld.xyz, tangentWorld.w);
        o.tangentToWorldAndPackedData[0].xyz = tangentToWorld[0];
        o.tangentToWorldAndPackedData[1].xyz = tangentToWorld[1];
        o.tangentToWorldAndPackedData[2].xyz = tangentToWorld[2];
#else// 如果不构建切线空间，就直接在 tangentToWorldAndPackedData[2]记录顶点的法线值
        o.tangentToWorldAndPackedData[0].xyz = 0;
        o.tangentToWorldAndPackedData[1].xyz = 0;
        o.tangentToWorldAndPackedData[2].xyz = normalWorld;
#endif
        o.ambientOrLightmapUV = 0;

#ifdef LIGHTMAP_ON
        // 如果使用了光照贴图，就根据 unity_LightmapST 计算纹理映射坐标的 tiling 值和 offset 值
        // 纹理的 tiling 值和 offset 值参见 11.8.3 节
        o.ambientOrLightmapUV.xy = v.uv1.xy * unity_LightmapST.xy + unity_LightmapST.zw;
#elif UNITY_SHOULD_SAMPLE_SH
        // 如果使用了球谐光照，就调用 ShadeSHPerVertex 函数得到本顶点所处环境的光照颜色值。ShadeSHPerVertex
        // 函数参见 11.9.11 节
        o.ambientOrLightmapUV.rgb = ShadeSHPerVertex(
                                          normalWorld, o.ambientOrLightmapUV.rgb);
#endif

#ifdef DYNAMICLIGHTMAP_ON
        // 如果使用了动态( 实时 )光照贴图,就根据 unity_LightmapST 计算纹理映射坐标的 tiling 值和 offset
        // 值。纹理的 tiling 值和 offset 值参见 11.8.3 节
        o.ambientOrLightmapUV.zw = v.uv2.xy * unity_DynamicLightmapST.xy + unity_
DynamicLightmapST.zw;
#endif

#ifdef _PARALLAXMAP
        TANGENT_SPACE_ROTATION;
        half3 viewDirForParallax = mul(rotation, ObjSpaceViewDir(v.vertex));
        // ObjSpaceViewDir 函数参见 4.2.4 节,把世界空间中摄像机到顶点的连线变换到顶点的模型坐标系下，
        // 得到变量 viewDirForParallax，然后把这个变量的 3 个分量依次存到 tangentToWorldAndParallax
        // 数组各项的 w 分量中
        o.tangentToWorldAndPackedData[0].w = viewDirForParallax.x;
        o.tangentToWorldAndPackedData[1].w = viewDirForParallax.y;
        o.tangentToWorldAndPackedData[2].w = viewDirForParallax.z;
#endif

        return o;
}
```

11.6.2　延迟通路的片元着色器入口函数

fragDeferred 函数

fragDeferred 函数如下。

```
// 所在文件: UnityStandardCore.cginc
// 所在目录: CGIncludes
// 从原文件第 618 行开始，至第 684 行结束
void fragDeferred (
    VertexOutputDeferred i,
    // outGBuffer0 的 R、G、B 分量存储片元的漫反射 BRDF 值, a 分量存储片元的遮蔽项值
    out half4 outGBuffer0 : SV_Target0,
    // outGBuffer1 的 R、G、B 分量存储片元的镜面高光 BRDF 值, a 分量存储片元的粗糙度值
    out half4 outGBuffer1 : SV_Target1,
    // outGBuffer2 的 R、G、B 分量存储片元的基于世界坐标系的宏观法线值, a 分量未被使用
```

```
        out half4 outGBuffer2 : SV_Target2,
        // outGBuffer2 的 R、G、B 分量存储片元的自发光颜色值，a 分量未被使用
        out half4 outEmission : SV_Target3 // RT3: emission (rgb), --unused-- (a)
#if defined(SHADOWS_SHADOWMASK) && (UNITY_ALLOWED_MRT_COUNT > 4)
        // outShadowMask 存储了片元的阴影蒙版值
        ,out half4 outShadowMask : SV_Target4  // RT4: shadowmask (rgba)
#endif
)
{
#if (SHADER_TARGET < 30) // 仅支持 shader model 3.0 及以上平台
        outGBuffer0 = 1;
        outGBuffer1 = 1;
        outGBuffer2 = 0;
        outEmission = 0;
        #if defined(SHADOWS_SHADOWMASK) && (UNITY_ALLOWED_MRT_COUNT > 4)
            outShadowMask = 1;
        #endif
        return;
#endif
        // 此宏的主要作用是进行淡入淡出，参见 11.3.2 节
        UNITY_APPLY_DITHER_CROSSFADE(i.pos.xy);
        // 获得一个 FragmentCommonData 类型的变量 s，FRAGMENT_SETUP 宏参见 11.4.5 节
        FRAGMENT_SETUP(s)

        // 如图 6-3 所示，延迟渲染的光照计算是在最后才由每一个可见片元执行的，在本通路不需要执行真正的
        // 光照计算，因此返回一个空的光源值。DummyLight 函数返回一个 dir 属性为 half3(0,1,0)，color
        // 属性为 0 的 UnityLight 结构体变量
        UnityLight dummyLight = DummyLight();
        half atten = 1;
        // only GI
        half occlusion = Occlusion(i.tex.xy);
#if UNITY_ENABLE_REFLECTION_BUFFERS
        bool sampleReflectionsInDeferred = false;
#else
        bool sampleReflectionsInDeferred = true;
#endif
        // 调用 FragmentGI 函数，获取当前光照的直接照明和间接照明信息
        UnityGI gi = FragmentGI(s, occlusion,
                        i.ambientOrLightmapUV, atten, dummyLight, sampleReflectionsInDeferred);

        // 因为执行 BRDF 计算的光是一个 dummyLight，即没有颜色的光线，所以调用 UNITY_BRDF_PBS 之后
        // 得到的漫反射颜色+镜面高光颜色等同于不做任何照明时，材质自身的颜色，于是命名为 emissiveColor
        half3 emissiveColor = UNITY_BRDF_PBS(s.diffColor, s.specColor,
                                    s.oneMinusReflectivity, s.smoothness, s.normalWorld,
                                    -s.eyeVec, gi.light, gi.indirect).rgb;

#ifdef _EMISSION // 如果用了自发光贴图，就调用 Emission 函数得到的值叠加上去
        emissiveColor += Emission(i.tex.xy);
#endif

#ifndef UNITY_HDR_ON // 如果使用了 HDR，就对颜色进行调制使之符合
        emissiveColor.rgb = exp2(-emissiveColor.rgb);
#endif
        // 参见 11.13.1 节
        UnityStandardData data;
        data.diffuseColor = s.diffColor; // 记录片元的漫反射部分的 BRDF 值
        data.occlusion = occlusion; // 记录片元的遮蔽项系数
        data.specularColor = s.specColor; // 记录片元的镜面高光反射部分的 BRDF 值
        data.smoothness = s.smoothness; // 记录片元的粗糙度值
        data.normalWorld = s.normalWorld; // 记录片元的宏观法线值，基于世界空间

        // UnityStandardDataToGbuffer 函数参见 11.13.2 节
        // outGBuffer0 的 R、G、B 分量存储片元的漫反射 BRDF 值，a 分量存储片元的遮蔽项值
        // outGBuffer1 的 R、G、B 分量存储片元的镜面高光 BRDF 值，a 分量存储片元的粗糙度值 outGBuffer2
        // 的 R、G、B 分量存储片元的基于世界坐标系的宏观法线值，a 分量未被使用
        UnityStandardDataToGbuffer(data, outGBuffer0, outGBuffer1, outGBuffer2);

        // 片元着色器返回片元的自发光颜色
        outEmission = half4(emissiveColor, 1);
```

```
    // UnityGetRawBakedOcclusions 函数参见 8.4.5 节
    // 如果当前平台允许的 multi render taget 的个数大于 0，且启用了 shadow mask
    // 得到烘焙的阴影蒙版值
#if defined(SHADOWS_SHADOWMASK) && (UNITY_ALLOWED_MRT_COUNT > 4)
    outShadowMask = UnityGetRawBakedOcclusions(i.ambientOrLightmapUV.xy, IN_WORLDPOS(i));
#endif
}
```

11.7　第一个 SubShader 的元渲染通路

　　Unity 3D 引擎使用了 Enlighten 中间件（middleware）实现全局光照，且是使用辐射度算法（radiosity method）实现的。由于辐射度算法主要针对光照中的漫反射部分，对于产生镜面反射部分的表面，在烘焙光照贴图时，Enlighten 中间件难以计算其对间接照明部分的影响，会导致这些表面产生的间接照明信息无法烘焙进光照贴图中，所以 Unity 3D 使用元渲染通路（meta pass）的方式对这部分间接照明予以补偿。在 Standard.shader 文件中已经提供了元渲染通路的定义。

　　从图 11-32 可以看到，Unity 3D 在把间接照明信息烘焙进光照贴图时，Enlighten 中间件需要 Unity 3D 提供物体表面材质的反照率纹理贴图和自发光纹理贴图。而这两个纹理贴图都是 Unity 3D 在烘焙光照贴图时自行利用 GPU 渲染得来的。元渲染通路就是提供这样的一个让 Unity 3D 自行渲染反照率纹理贴图和自发光纹理贴图的操作。

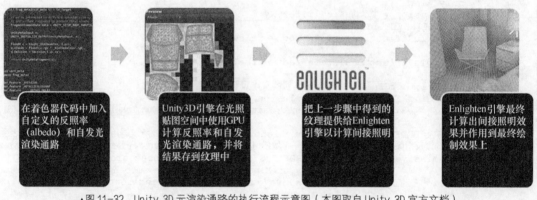

▲图 11-32　Unity 3D 元渲染通路的执行流程示意图（本图取自 Unity 3D 官方文档）

　　为什么在执行间接照明时需要反照率贴图和自发光贴图呢？一个物体要对周围物体产生光照影响，无非有两种情况：一是如果物体自身能发光，它会直接将光线投射到其他物体上，因此对应于自发光贴图；二是光源发出光线照射到该物体上，然后经过一次或者多次反射到周围物体上，最后被周围物体反射到人眼中。要计算该物体能反射多少光线到周围物体上，要用到反照率贴图。

11.7.1　元渲染通路的顶点着色器入口函数

1. v2f_meta 结构体

　　v2f_meta 结构体如下。

```
// 所在文件: UnityStandardMeta.cginc
// 所在目录: CGIncludes
// 从原文件第 18 行开始，至第 22 行结束
struct v2f_meta
{
```

```
    float4 uv : TEXCOORD0; // 纹理映射坐标
    float4 pos : SV_POSITION;// 在裁剪空间中的位置坐标
};
```

结构体 v2f_meta 用于输入元渲染通路中的顶点着色器返回给片元着色器的数据结构，此结构很简单，就是顶点的纹理映射坐标变量 uv 和在裁剪空间中的位置坐标变量 pos。

2. vert_meta 函数

vert_meta 函数如下。

```
// 所在文件：UnityStandardMeta.cginc
// 所在目录：CGIncludes
// 从原文件第 24 行开始，至第 30 行结束
v2f_meta vert_meta(VertexInput v)// VertexInput 结构体参见 11.8.2 节
{
    v2f_meta o;
    // UnityMetaVertexPosition 函数参见 11.14 节
    // 纹理的 tiling 值和 offset 值参见 4.2.5 节
    // unity_LightmapST 和 unity_DynamicLightmapST 变量参见 4.1.7 节。
    //这段代码根据传入顶点的光照贴图坐标，计算顶点在裁剪空间中的坐标
    o.pos = UnityMetaVertexPosition(
            v.vertex, v.uv1.xy, v.uv2.xy,unity_LightmapST, unity_DynamicLightmapST);
    // TexCoords 函数参见 11.8.3 节，即从标准着色器中的主反照率贴图和细节反照率贴图中计算出
    o.uv = TexCoords(v);
    return o;
}
```

11.7.2　元渲染通路的片元着色器入口函数

1. frag_meta 函数中的代码段 1

frag_meta 函数中的代码段 1 如下。

```
// 所在文件：UnityStandardMeta.cginc
// 所在目录：CGIncludes
// 从原文件第 43 行开始，至第 50 行结束
float4 frag_meta (v2f_meta i) : SV_Target
{
    // 语句 FragmentCommonData data = UNITY_SETUP_BRDF_INPUT(i.uv);等同于
    // FragmentCommonData data = MetallicSetup(i.uv);
    // MetallicSetup 函数参见 11.3.2 节
    FragmentCommonData data = UNITY_SETUP_BRDF_INPUT(i.uv);
    // UnityMetaInput 结构体参见 11.14.2 节
    UnityMetaInput o;
    UNITY_INITIALIZE_OUTPUT(UnityMetaInput, o);
```

和其他通道片元着色器函数一样，frag_meta 函数也是首先调用 MetallicSetup 函数得到一个 FragmentCommonData 类型的变量 data。根据材质的 BRDF 属性得到片元的漫反射、自发光和镜面高光颜色值，依据当前是否在编辑器中查看，计算片元的反照率颜色有不同的方法。

2. UnityLightmappingAlbedo 函数

UnityLightmappingAlbedo 函数如下。

```
// 所在文件：UnityStandardMeta.cginc
// 所在目录：CGIncludes
// 从原文件第 35 行开始，至第 41 行结束
half3 UnityLightmappingAlbedo(half3 diffuse, half3 specular, half smoothness)
{
    // 把平滑度转换为粗糙度
    half roughness = SmoothnessToRoughness(smoothness);
    half3 res = diffuse;
```

```
    // 漫反射颜色+镜面颜色乘以 1/2 粗糙度后返回
    res += specular * roughness * 0.5;
    return res;
}
```

然后声明一个 UnityMetaInput 变量记录片元的各部分颜色，最后交给 UnityMetaFragment 函数执行最后的处理并返回。

3. frag_meta 函数中的代码段 2

frag_meta 函数中的代码段 2 如下。

```
// 所在文件: UnityStandardMeta.cginc
// 所在目录: CGIncludes
// 从原文件第 52 行开始，至第 61 行结束

// 如果代码声明了语句: #pragma shader_feature EDITOR_VISUALIZATION
// 表示 EDITOR_VISUALIZATION 启用
#if defined(EDITOR_VISUALIZATION),
    o.Albedo = data.diffColor;  // 如果在编辑器中可视，直接返回片元的反照率值
#else // 如果编辑器不可视，片元的反照率颜色为漫反射值+0.5×镜面高光值+粗糙度
    o.Albedo = UnityLightmappingAlbedo(data.diffColor, data.specColor, data.smoothness);
#endif
    o.SpecularColor = data.specColor;
    o.Emission = Emission(i.uv.xy);

    // 根据材质的 BRDF 属性得到片元的反照率、自发光、镜面高光值后，交给
    // UnityMetaFragment 函数进一步处理后返回。UnityMetaFragment 函数
    // 的详细信息参见 11.14.4 节
    return UnityMetaFragment(o);
}
```

11.8　UnityStandardInput.cginc 的结构体、着色器变量、宏和函数

11.8.1　文件中预定义的宏

1. _TANGENT_TO_WORLD 宏

_TANGENT_TO_WORLD 宏如下。

```
// 所在文件: UnityStandardInput.cginc
// 所在目录: CGIncludes
// 从原文件第 12 行开始，至第 15 行结束
// 使用有向平行光的光照图或者视差贴图时，需要进行基于切线空间的光照计算
#if (_NORMALMAP || DIRLIGHTMAP_COMBINED || _PARALLAXMAP)
    #define _TANGENT_TO_WORLD 1
#endif
```

当在材质 Inspector 面板中指定使用了法线贴图（_NORMALMAP 被启用）、高度贴图（_PARALAXMAP 被启用）或 DIRLIGHTMAP_COMBINED 宏被启用时，_TANGENT_TO_WORLD 被定义为 1，宣告启用。

2. _DETAIL 宏

_DETAIL 宏如下。

```
#if (_DETAIL_MULX2 || _DETAIL_MUL || _DETAIL_ADD || _DETAIL_LERP)
    #define _DETAIL 1
#endif
```

11.8.2 VertexInput 结构体

VertexInput 结构体如下。

```
// 所在文件: UnityStandardInput.cginc
// 所在目录: CGIncludes
// 从原文件第 57 行开始, 至第 70 行结束
struct VertexInput
{
    float4 vertex    : POSITION;
    half3 normal     : NORMAL;
    float2 uv0       : TEXCOORD0;
    float2 uv1       : TEXCOORD1;
#if defined(DYNAMICLIGHTMAP_ON) || defined(UNITY_PASS_META)
    float2 uv2       : TEXCOORD2;
#endif
#ifdef _TANGENT_TO_WORLD
    half4 tangent    : TANGENT;
#endif
    UNITY_VERTEX_INPUT_INSTANCE_ID
};
```

上述代码中的 vertex、normal、uv0、uv1 这 4 个分量属性就如其语义所注明的一样, 分别对应于顶点的位置坐标、法线、第一层纹理映射坐标、第二层纹理映射坐标。从名字中可以得知, 宏 DYNAMICLIGHTMAP_ON 用来控制本顶点所在的待渲染物体是否启用了动态（实时）光照贴图的选项。宏 DYNAMICLIGHTMAP_ON 在 Shader 源代码中, 没有出现在其开启定义或者关闭定义的地方。如果某游戏对象的 Mesh Renderer 组件上勾选了 Lightmap Static 选项, 意味着告诉 Unity 3D, 这个物体是静止不动的, 可以使用静态的光照贴图。

TANGENT_TO_WORLD 也是在 UnityStandardInput.cginc 文件中定义的, 其具体信息可参见 11.8.1 节。如果启用了_TANGENT_TO_WORLD, 输入顶点 VertexInput 增加 tangent 属性分量, 用以存储顶点的切线, 并且指明这个分量对应于 TANGENT 语义（semantic）。

最后的则是在 UnityInstancing.cginc 文件中定义的 UNITY_VERTEX_INPUT_INSTANCE_ID, 即用来在顶点着色器中指定顶点的 instancing ID, 其具体定义可以参见 5.4.2 节和 5.4.3 节相关的内容。

11.8.3 TexCoords 函数

TexCoords 函数如下。

```
// 所在文件: UnityStandardInput.cginc
// 所在目录: CGIncludes
// 从原文件第 72 行开始, 至第 78 行结束
float4 TexCoords(VertexInput v)
{
    float4 texcoord;
    // TRANSFORM_TEX 宏参见 4.2.5 节
    texcoord.xy = TRANSFORM_TEX(v.uv0, _MainTex);
    texcoord.zw = TRANSFORM_TEX(((_UVSec == 0) ? v.uv0 : v.uv1), _DetailAlbedoMap);
    return texcoord;
}
```

TRANSFORM_TEX 宏在 UnityCG.cginc 文件中定义, 在 4.2.5 节中可以查到它的具体实现。在本段代码中, 当指定一张待采样的纹理_MainTex 时, 在面板中指定的 Tiling 和 Offset 属性的 x、y 值就分别对应_MainTex_ST 变量中的 x、y 分量和 z、w 分量。与_MainTex 变量一样, _MainTex_ST 也定义在同一个文件中, 是 float4 类型。

确定了_MainTex 进行纹理映射坐标后, 紧接着就是根据_UVSec 变量的值确定"第二层纹理

映射坐标" 的值。从 Standard.shader 代码可知，_UVSec 对应于 Inspector 面板上名为 UV Set 的下拉列表选项。意思是，当启用_DetailAlbedoMap 变量所指定的纹理时，如果 UV Set 的下拉列表选项选择为"UV0"，则对应于_UVSec 变量的取值为 0，使用输入顶点 v 的第一层纹理映射坐标（VertexInput.uv0）作为待计算处理的纹理映射坐标；选"UV0"时取值为 1，使用输入顶点 v 的第二层纹理映射坐标（VertexInput.uv1），最后将_MainTex 和_DetailAlbedoMap 这两个纹理的纹理映射坐标依次储存进一个 float4 变量中的 x、y、z、w 分量后返回。

11.8.4　DetailMask 函数

DetailMask 函数如下。

```
// 所在文件: UnityStandardInput.cginc
// 所在目录: CGIncludes
// 从原文件第 80 行开始，至第 83 行结束
half DetailMask(float2 uv)
{
    return tex2D (_DetailMask, uv).a;
}
```

DetailMask 函数很简单，就是封装了对_DetailMask 纹理进行采样的操作。

11.8.5　Albedo 函数

Albedo 函数如下。

```
// 所在文件: UnityStandardInput.cginc
// 所在目录: CGIncludes
// 从原文件第 85 行开始，至第 108 行结束
half3 Albedo(float4 texcoords)
{
    // 物体表面的反照率颜色，由 Inspector 面板中的 Albedo 属性对应的颜色选择框指定的颜色值_Color,
    // 以及反照率贴图中根据传递进来的纹理映射坐标取得的纹素颜色值相乘
    half3 albedo = _Color.rgb * tex2D (_MainTex, texcoords.xy).rgb;
#if _DETAIL // 如果启用了 Inspector 面板中的 Detail Mask 属性
    #if (SHADER_TARGET < 30) // 如果当前使用的 shader model 版本小于 3.0, 如 2.0
        // 因为指令条数的限制，所以不使用 Detail Mask 属性指定的值，直接使用 1
        half mask = 1;
    #else // 如果当前使用的 shade model 版本不小于 3.0,则从 Detail Mask 属性的纹素的 Alpha 通道
    中取得 mask 值, DetailMask 函数负责该功能, 此函数在 UnityStandardInput.cginc 文件中定义。从源文件
    的第 80 行开始
        half mask = DetailMask(texcoords.xy);
    #endif
    // 如果 Inspector 面板中的 Detail Albedo x2 属性被赋上了贴图，则用传递进来的
    // 参数 z、w 分量作为该贴图的纹理映射坐标，取得纹素的颜色值
    half3 detailAlbedo = tex2D(_DetailAlbedoMap, texcoords.zw).rgb;

    // 根据从细节反照率贴图_DetailAlbedoMap 取得纹素值和 mask 值，以及在不同的颜色空间中计算出的
    // 反照率贴图经过细节处理之后的实际颜色值，返回对应的值
#if _DETAIL_MULX2
    albedo *= LerpWhiteTo (detailAlbedo * unity_ColorSpaceDouble.rgb, mask);
#elif _DETAIL_MUL
    albedo *= LerpWhiteTo (detailAlbedo, mask);
#elif _DETAIL_ADD
    albedo += detailAlbedo * mask;
#elif _DETAIL_LERP
    albedo = lerp(albedo, detailAlbedo, mask);
    #endif
#endif
    return albedo;
}
```

Albedo 函数主要就是从反照率贴图中获取反照率颜色值。如果材质还使用了 Detail Mask 属性和 Detail Albedo x2 属性，就进一步对反照率颜色值进行细节处理。

11.8.6 Alpha 函数

Alpha 函数如下。

```
// 所在文件: UnityStandardInput.cginc
// 所在目录: CGIncludes
// 从原文件第 110 行开始，至第 117 行结束
half Alpha(float2 uv)
{
#if defined(_SMOOTHNESS_TEXTURE_ALBEDO_CHANNEL_A)
    return _Color.a;
#else
    return tex2D(_MainTex, uv).a * _Color.a;
#endif
}
```

在 Alpha 函数中，如果启用了_SMOOTHNESS_TEXTURE_ALBEDO_CHANNEL_A，则直接使用顶点颜色_Color 的 Alpha 值；如果没有启用，就使用_MainTex 变量表示的材质反照率贴图中的 Alpha 值与顶点颜色值的 Alpha 值相乘。_Color 变量和_MainTex 变量都定义在 UnityStandardInput.cginc 文件中，_Color 变量代表材质中的由用户指定顶点颜色，_MainTex 则是材质中的主反照率贴图。

11.8.7 Occlusion 函数

Occlusion 函数如下。

```
// 所在文件: UnityStandardInput.cginc
// 所在目录: CGIncludes
// 从原文件第 110 行开始，至第 117 行结束
half Occlusion(float2 uv)
{
#if (SHADER_TARGET < 30)
    return tex2D(_OcclusionMap, uv).g;
#else
    half occ = tex2D(_OcclusionMap, uv).g;
    return LerpOneTo(occ, _OcclusionStrength);
#endif
}
```

在 Occlusion 函数中，如果当前 shade model 的版本小于 3.0，因为指令条数的限制，所以直接从 Inspector 面板中的 Occlusion 属性所指定的贴图中，即_OcclusionMap 变量中取出纹素的 Green 通道值作为遮蔽项参数返回；如果不小于 3.0 版本，在从_OcclusionMap 变量中取出纹素的 Green 通道值后，调用 11.9.5 节中阐述的 LerpOneTo 函数，根据 Inspector 面板中的 Occlusion 属性对应的由滑杆控件控制的_OcclusionStrength 值，由 Green 通道值和 1 进行插值，插值后的结果作为遮蔽项参数返回。

11.8.8 MetallicGloss 函数

MetallicGloss 函数如下。

```
// 所在文件: UnityStandardInput.cginc
// 所在目录: CGIncludes
// 从原文件第 153 行开始，至第 174 行结束
half2 MetallicGloss(float2 uv)
{
    half2 mg;
    // 如果启用了金属贴图，即 Inspector 面板中的 Metallic 属性被赋值上了纹理贴图
#ifdef _METALLICGLOSSMAP
    // 如果使用反照率贴图纹素的 Alpha 通道值作为表面平滑度，注意粗糙度和平滑度不能直接简单等同，即
    // Inspector 面板中的 Source 属性的值为 Albedo Alpha
    #ifdef _SMOOTHNESS_TEXTURE_ALBEDO_CHANNEL_A
```

```
                mg.r = tex2D(_MetallicGlossMap, uv).r;// 用金属贴图中纹素的 Red 通道值作为金属度
                mg.g = tex2D(_MainTex, uv).a; // 用主反照贴图纹素中的 Alpha 作为平滑度
        #else
                // 直接用金属贴图纹素中的金属度和平滑度 (粗糙度 )
                mg = tex2D(_MetallicGlossMap, uv).ra;
        #endif
                // 从贴图中获取的平滑度，再乘以 Inspector 面板中的 Smoothness 属性指定的平滑度系数
                mg.g *= _GlossMapScale;
#else // 如果没有启用金属贴图，即 Inspector 面板中的 Metallic 属性
            // 没有被赋上纹理贴图，则使用由滑杆控件指定的金属度参数
                mg.r = _Metallic;

        // 如果使用反照率贴图纹素的 Alpha 通道值作为表面平滑度
        // 即 Inspector 面板中的 Source 属性的值为 Albedo Alpha
        #ifdef _SMOOTHNESS_TEXTURE_ALBEDO_CHANNEL_A
                // 用主反照贴图纹素中的 Alpha 作为平滑度，再乘以 Inspector
                // 面板中的 Smoothness 属性指定的平滑度系数
                mg.g = tex2D(_MainTex, uv).a * _GlossMapScale;
        #else
                mg.g = _Glossiness; // 否则就直接使用由滑杆控件指定的 Smoothness 属性作为平滑度
        #endif
#endif
        return mg;
}
```

MetallicGloss 函数的输入参数是材质的金属贴图或者反照率贴图的纹理映射坐标 *uv* 值，可见 MetallicGloss 函数就是根据 Inspector 面板中各种开关设置获得材质金属度和平滑度的属性。

11.8.9　Emission 函数

Emission 函数如下。

```
// 所在文件: UnityStandardInput.cginc
// 所在目录: CGIncludes
// 从原文件第 193 行开始，至第 200 行结束
half3 Emission(float2 uv)
{
#ifndef _EMISSION
        return 0;
#else
        // _EmissionColor 是当 Inspector 面板中的 Emission 复选框被选中后
        // 显示出来的 Color 属性对应的颜色选择框，表示材质的自发光颜色
        // _EmissionMap 是当 Inspector 面板中的 Emission 复选框被选中后显示出来的
        // Color 属性对应的自发光贴图纹理，这两个变量可参见 11.2.1 节
        return tex2D(_EmissionMap, uv).rgb * _EmissionColor.rgb;
#endif
}
```

Emission 函数是用来实现材质自发光效果的。如果标准着色器的材质 Inspector 面板中的 Emission 复选框被选中，则_EMISSION 宏被启用，此时的自发光颜色为从自发光材质贴图_EmissionMap 中取出的纹素颜色，乘以_EmissionColor 指定的颜色并返回。如果_EMISSION 宏未启用，则表示不使用自发光效果，直接返回自发光颜色值为 0。

11.8.10　NormalInTangentSpace 函数

NormalInTangentSpace 函数如下。

```
// 所在文件: UnityStandardInput.cginc
// 所在目录: CGIncludes
// 从原文件第 202 行开始，至第 225 行结束
#ifdef _NORMALMAP
half3 NormalInTangentSpace(float4 texcoords)
{
        // 首先从法线贴图中获取法向量，并且拉长其长度为_BumpScale
```

```
        half3 normalTangent = UnpackScaleNormal(tex2D(_BumpMap, texcoords.xy), _BumpScale);

        // 如果还使用了第二层法线贴图, 即细节法线贴图, 则从细节法线贴图中获取法向量, 并且拉长其长度为
        // _DetailNormalMapScale
#if _DETAIL && defined(UNITY_ENABLE_DETAIL_NORMALMAP)
        // 取得 Inspector 面板中的 Detail Mask 属性所对应的细节蒙盖贴图上的纹素
        half mask = DetailMask(texcoords.xy);
        half3 detailNormalTangent = UnpackScaleNormal(tex2D(_DetailNormalMap, texcoords.
zw), _DetailNormalMapScale);
    #if _DETAIL_LERP
            normalTangent = lerp( // 第一层法线和第二层法线, 根据 mask 值进行线性插值并返回
                normalTangent,
                detailNormalTangent,
                mask);
    #else
            // 首先调用 BlendNormals 函数, 把第一层法线和第二层法线进行混合, 得到混合值之后再和第一
            // 层法线根据 mask 值进行线性插值
            normalTangent = lerp(
                normalTangent,
                BlendNormals(normalTangent, detailNormalTangent),
                mask);
    #endif
#endif

        return normalTangent; // 返回最终的法线值
}
#endif
```

NormalInTangentSpace 函数首先调用 11.9.8 节描述的 UnpackScaleNormal 函数, 从第一层法线纹理贴图, 即_BumpMap 变量中解包出法向量, 然后将其长度拉长为_BumpScale。接着如果材质 Inspector 面板中的 Detail Mask 属性和 Secondary Maps 标签下的 Normal Map 属性 (细节法线贴图) 都赋值上了贴图, 则首先调用 11.8.4 节中描述的 DetailMask 函数, 获取 Detail Mask 属性对应的 mask 值, 然后对第一层法线和细节法线用 mask 值进行线性插值; 或者是先把第一层法线和细节法线传递到 11.9.9 节中所描述的 BlendNormals 函数中进行混合, 得到混合后的向量后再和第一层法线用 mask 值进行线性插值, 最后得到在切线空间中的法向量并返回。

11.8.11 Parallax 函数

Parallax 函数如下。

```
// 所在文件: UnityStandardInput.cginc
// 所在目录: CGIncludes
// 从原文件第 227 行开始, 至第 244 行结束
float4 Parallax (float4 texcoords, half3 viewDir)
{
    // D3D9/SM30 最多只能支持 16 个采样器 (sampler), 所以在 D3D9 平台下忽略
    // 视差贴图功能
#define EXCEEDS_D3D9_SM3_MAX_SAMPLER_COUNT \
            (defined(LIGHTMAP_ON) && defined(SHADOWS_SHADOWMASK) \
             && defined(SHADOWS_SCREEN) && defined(_NORMALMAP) && \
             defined(_EMISSION) && defined(_DETAIL) && \
             (defined(_METALLICGLOSSMAP) || defined(_SPECGLOSSMAP)))

#if !defined(_PARALLAXMAP) || (SHADER_TARGET < 30) || \
                    (defined(SHADER_API_D3D9) && EXCEEDS_D3D9_SM3_MAX_SAMPLER_COUNT)
    // shader model 2.0 因为指令数的限制所以不使用视差贴图效果
        return texcoords;
#else
        half h = tex2D(_ParallaxMap, texcoords.xy).g;
        // ParallaxOffset1Step 函数参见 11.9.6 节
        // _Parallax 变量是 height scale
        float2 offset = ParallaxOffset1Step(h, _Parallax, viewDir);
        return float4(texcoords.xy + offset, texcoords.zw + offset);
#endif
```

```
#undef EXCEEDS_D3D9_SM3_MAX_SAMPLER_COUNT
}
```

11.9　UnityStandardUtils.cginc 的结构体、着色器变量、宏和函数

11.9.1　PreMultiplyAlpha 函数

PreMultiplyAlpha 函数如下。

```
// 所在文件: UnityStandardUtils.cginc
// 所在目录: CGIncludes
// 从原文件第 53 行开始，至第 76 行结束
inline half3 PreMultiplyAlpha (half3 diffColor, half alpha, half oneMinusReflectivity,
out half outModifiedAlpha)
{
    #if defined(_ALPHAPREMULTIPLY_ON)
        //着色器依赖于预相乘（pre-multiply）的 Alpha 混合，源混合因子为 1
        //目标混合因子为 1 - SrcAlpha
        //首先把漫反射颜色的 R、G、B 分量乘以前面获取的 Alpha 值，这就是预相乘操作
        //因为标准着色器的源混合系数_SrcBlend 的值固定定为 1，而目标混合系数
        //_DstBlend 的值固定为 0，所以最终的混合颜色就是源颜色乘以源混合系数 + 目标颜色乘以目标
        // 混合系数，最终就是源颜色值
        diffColor *= alpha;
        #if (SHADER_TARGET < 30) // 如果 shader model 小于 3.0 版本，如 2.0
            // 因为指令条数的限制，小于 3.0 版本的 shader model 就不对
            // Alpha 进行符合物理特性的调制处理
            outModifiedAlpha = alpha;
        #else //如果 shader model 不小于 3.0 版本
            // Reflectivity 'removes' from the rest of components, including Transparency
            // outAlpha = 1-(1-alpha)*(1-reflectivity) =
            // 1-(oneMinusReflectivity - alpha*oneMinusReflectivity) =
            // 1-oneMinusReflectivity + alpha*oneMinusReflectivity
            // 假如是金属材质，oneMinusRefelctivity 为 0，则 outModifiedAlpha 为 0。也就是
            // 说，如果材质明确指定了金属属性，那么无论原始的 Alpha 是多少，都会强制地设置成 1。
            // 金属是肯定完全不透明的
            // 假如是电介质材质，如纯净的水、无杂质的金刚石等，此时
            // oneMinusReflectivity 接近于 1，因此经过计算处理后的材质 Alpha
            // 就接近原始的材质 Alpha
            outModifiedAlpha = 1 - oneMinusReflectivity + alpha*oneMinusReflectivity;
        #endif
    #else
        outModifiedAlpha = alpha;
    #endif
    return diffColor; // 返回已经预相乘了 Alpha 值的漫反射颜色
}
```

11.9.2　OneMinusReflectivityFromMetallic 函数

OneMinusReflectivityFromMetallic 函数如下。

```
// 所在文件: UnityStandardUtils.cginc
// 所在目录: CGIncludes
// 从原文件第 35 行开始，至第 51 行结束
inline half OneMinusReflectivityFromMetallic(half metallic)
{
    // reflectivity 就是 10.4.5 节中的提到的基础反射比例。要计算任意材质的基础反射比例，就要根据
    // 传递进来的 metallic 参数，在电介质基础反射比例和 1 之间进行线性插值，即 reflectivity =
    // lerp(dielectricSpec,1,metallic)
    // 现在要求得 1-reflectivity，有:
    /*
    1-reflectivity = 1 - lerp(dielectricSpec,1,metallic) =>
```

```
    1-reflectivity = lerp(1-dielectricSpec,0,metallic)
    unity_ColorSpaceDielectricSpec 变量的 Alpha 分量就是存储了 1-dielectricSpec 的值
    所以有 1-reflectivity = lerp(1-dielectricSpec,0,metallic) =>
    1-reflectivity = unity_ColorSpaceDielectricSpec.a + metallic * ( 0 -
                             unity_ColorSpaceDielectricSpec.a) =>
    1-reflectivity = unity_ColorSpaceDielectricSpec.a -
                        metallic * unity_ColorSpaceDielectricSpec.a
    */
    half oneMinusDielectricSpec = unity_ColorSpaceDielectricSpec.a;
    return oneMinusDielectricSpec - metallic * oneMinusDielectricSpec;
}
```

11.9.3　DiffuseAndSpecularFromMetallic 函数

DiffuseAndSpecularFromMetallic 函数如下。

```
// 所在文件: UnityStandardUtils.cginc
// 所在目录: CGIncludes
// 从原文件第 46 行开始，至第 51 行结束
inline half3 DiffuseAndSpecularFromMetallic(half3 albedo, half metallic,
                              out half3 specColor, out half oneMinusReflectivity)
{
    // 首先根据反照率颜色和金属度，使用 unity_ColorSpaceDielectricSpec，即 10.4.5 节提到的电介
    // 质的基础反射比例进行插值，得到式（10-25）中所需要的 Cspec，即镜面反射率
    // 当完全为金属时，即 metalllic 为 1，高光反射率就是反照率颜色
    // 当完全为非金属时，即 metallic 为 0，高光反射率就是 Unity 3D 选定的电介质基础反射比例 unity_
    // ColorSpaceDieletricSpec 的 R、G、B 分量
    specColor = lerp(unity_ColorSpaceDielectricSpec.rgb, albedo, metallic);

    // 调用 OneMinusReflectivityFromMetallic 函数，得到 1-Cspec，即漫反射率
    // 当材质为金属时，漫反射率 = 0.0（完全没有漫反射）
    // 当材质为非金属时，漫反射率 = unity_ColorSpaceDielectricSpec.a（接近 1.0）
    // 当材质介于两者之间时，按金属度 metallic 插值
    oneMinusReflectivity = OneMinusReflectivityFromMetallic(metallic);
    return albedo * oneMinusReflectivity;// 1-Cspec 实质上就是遵循能量守恒定律的 BRDF 中漫反
    射部分所占的比例，乘以反照率即是漫反射颜色
}
```

11.9.4　LerpWhiteTo 函数

LerpWhiteTo 函数如下。

```
// 所在文件: UnityStandardUtils.cginc
// 所在目录: CGIncludes
// 从原文件第 94 行开始，至第 98 行结束
half3 LerpWhiteTo(half3 b, half t)
{
    half oneMinusT = 1 - t;
    return half3(oneMinusT, oneMinusT, oneMinusT) + b * t;
}
```

在给定插值系数 t 时，LerpWhiteTo 函数在传递进来的 R、G、B 颜色值 b 和白色之间进行线性插值，返回一个 half3 类型的变量。

11.9.5　LerpOneTo 函数

LerpOneTo 函数如下。

```
// 所在文件: UnityStandardUtils.cginc
// 所在目录: CGIncludes
// 从原文件第 88 行开始，至第 92 行结束
half LerpOneTo(half b, half t)
{
    half oneMinusT = 1 - t;
```

```
        return oneMinusT + b * t;
    }
```

LerpOneTo 函数在给定插值系数 *t* 时，求得参数 *b* 和 1 之间的线性插值。

11.9.6　ParallaxOffset1Step 函数

ParallaxOffset1Step 函数如下。

```
// 所在文件: UnityStandardUtils.cginc
// 所在目录: CGIncludes
// 从原文件第 80 行开始，至第 86 行结束

// h 是从 Height Map 中取出的片元某点的要达到的高度值
// height 是 height scale，即_Parallax 变量值
// 切线空间中摄像机到片元的连线向量
half2 ParallaxOffset1Step(half h, half height, half3 viewDir)
{
    // 根据 height scale 调整片元要达到的高度值
    h = h * height - height/2.0;
    half3 v = normalize(viewDir); // 调整摄像机到片元的连线向量
    v.z += 0.42;
    // 根据高度值和 z 值得到当前片元应该要使用外观纹理的哪一点的纹素
    return h * (v.xy / v.z);
}
```

ParallaxOffset1Step 函数根据当前片元对应的高度图中的高度值 *h*，以及高度缩放系数 height 和切线空间中片元到摄像机的连线向量,计算到当前片元实际上要使用外观纹理的哪一点的纹素。视差贴图的详细算法思想可参见 11.1.6 节。

11.9.7　UnpackScaleNormalRGorAG 函数

UnpackScaleNormalRGorAG 函数如下。

```
// 所在文件: UnityStandardUtils.cginc
// 所在目录: CGIncludes
// 从原文件第 113 行开始，至第 137 行结束
half3 UnpackScaleNormalRGorAG(half4 packednormal, half bumpScale)
{
    #if defined(UNITY_NO_DXT5nm)
            // 把法向量的分量取值范围从 RBGA 通道中的[0,1]变换到[-1,1]
            half3 normal = packednormal.xyz * 2 - 1;
            #if (SHADER_TARGET >= 30) // 如果 shader model 小于 3.0 版本，因为指令条数限制，
                                      // 所以不能让法向量乘以一个标量系数
                normal.xy *= bumpScale; // 乘以标量系数，拉长向量的长度
            #endif
        return normal;
    #else // DXT5nm 格式的贴图参见 4.2.8 节
        packednormal.x *= packednormal.w;
        half3 normal;
        normal.xy = (packednormal.xy * 2 - 1);
        #if (SHADER_TARGET >= 30)
            normal.xy *= bumpScale;
        #endif
        normal.z = sqrt(1.0 - saturate(dot(normal.xy, normal.xy)));
        return normal;
    #endif
}
```

UnpackScaleNormalRGorAG 函数的功能和 4.2.8 节中的 UnpackNormalMapRGorAG 函数类似,只是把法线解包出来之后，还用参数 bumpScale 与法线进行相乘，得到一个带有长度为 bumpScale 的方向向量并返回。

11.9.8 UnpackScaleNormal 函数

UnpackScaleNormal 函数如下。

```
// 所在文件：UnityStandardUtils.cginc
// 所在目录：CGIncludes
// 从原文件第 139 行开始，至第 142 行结束
half3 UnpackScaleNormal(half4 packednormal, // 待解包的法向量值
                        half bumpScale) // 法向量要乘以的标量系数，用来拉长法向量的长度
{
    return UnpackScaleNormalRGorAG(packednormal, bumpScale);
}
```

UnpackScaleNormal 函数内部转调了 UnpackScaleNormalRGorAG 函数，详见 11.9.7 节。

11.9.9 BlendNormals 函数

BlendNormals 函数如下。

```
// 所在文件：UnityStandardUtils.cginc
// 所在目录：CGIncludes
// 从原文件第 144 行开始，至第 147 行结束
half3 BlendNormals(half3 n1, half3 n2)
{
    return normalize(half3(n1.xy + n2.xy, n1.z*n2.z));
}
```

BlendNormals 函数就是把两个向量按照 x、y 分量相加，z 分量相乘的规则混合计算，然后单位化并返回。假设有向量 $n_1=[1,0,0]$，向量 $n_2=[0,1,0]$，执行 BlendNormals 函数之后得到 $n=\left[1/\sqrt{2}, 1/\sqrt{2}, 0\right]$。

11.9.10 CreateTangentToWorldPerVertex 函数

CreateTangentToWorldPerVertex 函数如下。

```
// 所在文件：UnityStandardUtils.cginc
// 所在目录：CGIncludes
// 从原文件第 149 行开始，至第 155 行结束
// normal：顶点法线；tangent:顶点切线；tangentSign:顶点切线的朝向正负号
half3x3 CreateTangentToWorldPerVertex(half3 normal, half3 tangent, half tangentSign)
{
    // 对于使用负数缩放值的顶点，需要翻转一下它的符号
    half sign = tangentSign * unity_WorldTransformParams.w;
    half3 binormal = cross(normal, tangent) * sign;
    return half3x3(tangent, binormal, normal);
}
```

CreateTangentToWorldPerVertex 函数用来给世界空间中的每个顶点创建切线空间。切线空间的详细描述参见 4.2.8 节。描述切线空间的 3 个正交基向量分别是顶点的切线、副法线和法线。副法线由法线和切线叉乘得来，其朝向由当前传递进来的切线方向 tangentSign 的正负值，以及 unity_WorldTransformParams 变量的 w 分量的正负值决定。unity_WorldTransformParams 变量参见 4.1.5 节。

11.9.11 ShadeSHPerVertex 函数

ShadeSHPerVertex 函数如下。

```
// 所在文件：UnityStandardUtils.cginc
// 所在目录：CGIncludes
// 从原文件第 158 行开始，至第 178 行结束
// normal:顶点的法线
// ambient:顶点当前的环境光颜色值
```

```
half3 ShadeSHPerVertex(half3 normal, half3 ambient)
{
#if UNITY_SAMPLE_FULL_SH_PER_PIXEL
        // 如果球谐光照计算要逐片元进行，则直接返回传进来的 ambient 函数，在片元着色器中执行
        // 本函数不做任何操作
#elif (SHADER_TARGET < 30) || UNITY_STANDARD_SIMPLE
        // 如果 shader model 小于 3.0 版本，则完全在顶点着色器中逐顶点计算球谐光照
        // ShadeSH9 函数参见 7.7.5 节
        ambient += max(half3(0,0,0), ShadeSH9(half4(normal, 1.0)));
#else
        #ifdef UNITY_COLORSPACE_GAMMA
            // GammaToLinearSpace 函数参见 4.2.2 节。需要先把基于伽马空间的颜色变换到线性空间
            ambient = GammaToLinearSpace (ambient);
        #endif
            // 如果 shader model 不小于 3.0 版本，则球谐光照部分的 L2 系数部分逐顶点计算，
            // L1 和 L0 部分放在片元着色器中逐片元计算，SHEvalLinearL2 函数参见 7.7.5 节
            ambient += SHEvalLinearL2(half4(normal, 1.0));
#endif // #if UNITY_SAMPLE_FULL_SH_PER_PIXEL
        return ambient;
}
```

11.9.12　ShadeSHPerPixel 函数

ShadeSHPerPixel 函数如下。

```
// 所在文件：UnityStandardUtils.cginc
// 所在目录：CGIncludes
// 从原文件第 158 行开始，至第 178 行结束
// normal:片元的法线
// ambient:片元当前的环境光颜色值
// 片元在世界空间中的坐标值
half3 ShadeSHPerPixel (half3 normal, half3 ambient, float3 worldPos)
{
        half3 ambient_contrib = 0.0;
#if UNITY_SAMPLE_FULL_SH_PER_PIXEL
        // 完全在片元着色器中逐顶点计算球谐光照。ShadeSH9 函数参见 7.7.5 节
        ambient_contrib = ShadeSH9(half4(normal, 1.0));
        ambient += max(half3(0, 0, 0), ambient_contrib);
#elif (SHADER_TARGET < 30) || UNITY_STANDARD_SIMPLE
        // shader model 小于 3.0 版本或者是使用了 simple 版本的标准着色器，
        // 则不支持逐片元计算球谐光照，直接返回
#else
        // 球谐光照的 L2 部分一定是逐顶点计算，L1 和 L2 部分及伽马光照则逐片元计算，在此环境光照部分已经
        // 是转换到线性颜色空间中，参见 ShadeSHPerVertex 函数
        #if UNITY_LIGHT_PROBE_PROXY_VOLUME
            if (unity_ProbeVolumeParams.x == 1.0)
                // SHEvalLinearL0L1_SampleProbeVolume 函数参见 7.7.5 节
                ambient_contrib = SHEvalLinearL0L1_SampleProbeVolume(
                                                half4(normal, 1.0), worldPos);
            else // SHEvalLinearL0L1 函数参见 7.7.5 节
                ambien t_contrib = SHEvalLinearL0L1(half4(normal, 1.0));
        #else
                ambient_contrib = SHEvalLinearL0L1(half4(normal, 1.0));
        #endif // #if UNITY_LIGHT_PROBE_PROXY_VOLUME
        ambient = max(half3(0, 0, 0), ambient+ambient_contrib);
        #ifdef UNITY_COLORSPACE_GAMMA
            // LinearToGammaSpace 函数参见 4.2.2 节。如果当前使用的颜色空间是伽马空间，则把已经是
            // 在线性空间的颜色变换到伽马空间
            ambient = LinearToGammaSpace(ambient);
        #endif
#endif // UNITY_SAMPLE_FULL_SH_PER_PIXEL
        return ambient;
}
```

11.9.13　BoxProjectedCubemapDirection 函数

BoxProjectedCubemapDirection 函数如下。

```
inline half3 BoxProjectedCubemapDirection(
half3 worldRefl, // 片元到摄像机的连线方向，相对于其表面法线的反射向量
                 // 就是片元点指向贴图的方向
float3 worldPos, // 片元在世界坐标中的位置，因为要在片元位置处设置一架摄像机来对立方体贴图进行采样
float4 cubemapCenter, // 反射用光探针的位置
float4 boxMin,// 反射用光探针的作用范围包围盒（AABB）的边界最小值
float4 boxMax) // 反射用光探针的作用范围包围盒的边界最大值
{
        // 是否使用 box projection 会根据每个反射用光探针的设置情况来确定，这由 ReflectionProbe 组
        // 件的 Box Projection 属性项是否勾选来确定。Unity 3D 将此信息存储在立方体贴图所在位置（参数
        // cubemapCenter）的第 4 个分量中。如果这个分量大于 0，则反射用光探针应使用 box projection。
        // 代码中使用 if 语句进行判断，并使用 UNITY_BRANCH 进行分支优化
        // 着色器语言的分支预测特性可参见 3.6.7 节
        UNITY_BRANCH
        if (cubemapCenter.w > 0.0)
        {
                half3 nrdir = normalize(worldRefl);

                #if 1
                        // 求得式（11-6）中的 t₁、t₂、t₃
                        half3 rbmax = (boxMax.xyz - worldPos) / nrdir;
                        half3 rbmin = (boxMin.xyz - worldPos) / nrdir;
                        half3 rbminmax = (nrdir > 0.0f) ? rbmax : rbmin;
                #else // 优化版本但目前不使用
                        half3 rbmax = (boxMax.xyz - worldPos);
                        half3 rbmin = (boxMin.xyz - worldPos);
                        half3 select = step(half3(0,0,0), nrdir);
                        half3 rbminmax = lerp(rbmax, rbmin, select);
                        rbminmax /= nrdir;
                #endif
                // 取 t₁、t₂、t₃ 中最小值者为 t
                half fa = min(min(rbminmax.x, rbminmax.y), rbminmax.z);
                // 求得片元位置值到投影盒中心点的连线向量
                worldPos -= cubemapCenter.xyz;
                // 采样方向向量即为片元位置值到投影盒中心点的连线向量与射线方向（片元到摄像机连线向量关于
                // 片元法线的反射向量）向量相加
                worldRefl = worldPos + nrdir * fa;
        }
        return worldRefl;
}
```

7.6.5 节提到，当立方体贴图上的内容是反射一个处于无限远的场景景象时，在确定它的反射位置时不需要关心当前用户视角的位置。但是如果是在一个室内场景，则用户视角位置是需要注意的，否则无法得到正确的反射渲染结果。假设在一个空的立方体房间的中间有一个反射用光探针，它使用的立方体贴图包含这个房间的墙壁、地板和天花板。如果该立方体贴图和房间对齐，那么立方体贴图的每个面都与墙壁、地板或天花板完全对应。

要理解 BoxProjectedCubemapDirection 函数的实现原理，先看在二维情况下的采样方法，如图 11-33 所法。

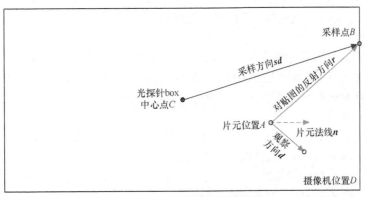

▲图 11-33　二维情况下的采样方法

　　反射用光探针的立方体贴图中心点位置为点 C，对应于函数的输入参数 cubemapCenter；片元的位置在点 A 处，对应于输入参数 worldPos；摄像机在点 D 处。到片元点 A 的连线方向为观察方向 $\boldsymbol{d}$。该观察方向 $\boldsymbol{d}$ 相对于片元法线 $\boldsymbol{n}$ 的反射向量就是对贴图的反射方向 $\boldsymbol{r}$，对应于输入参数 worldRefl。反射方向 $\boldsymbol{r}$ 观察到的立方体贴图的位置是采样点 B，采样方向应为点 C 到点 B 的连线向量 $\boldsymbol{sd}$，有 $\boldsymbol{sd}=B-C$。现在的问题是如何求得点 B 的坐标。

　　仍然以图 11-33 为例，从点 A 出发，沿着 $\boldsymbol{r}$ 方向，与反射用光探针投影盒的边界进行相交检测。根据 $\boldsymbol{r}$ 的方向，在此只需要考虑射线与 MaxX 边界与 MaxZ 边界的相交情况。射线将于这两个边界产生相交点 B 和相交点 E，如图 11-34 所示。

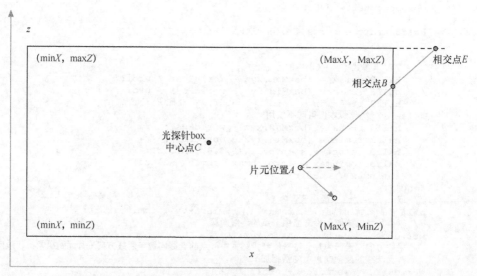

▲图 11-34　二维情形下 BoxProjectedCubemapDirection 函数的实现原理

　　令点 B 到点 A 的距离为 t_0，点 E 到点 A 的距离为 t_1，则 t_0 和 t_1 可以用以下方程组求得：

$$\begin{cases} A+t_0\cdot\boldsymbol{d}=B \\ A+t_1\cdot\boldsymbol{d}=E \end{cases} 且 \begin{cases} B_x=\text{Max}X \\ E_z=\text{Max}Z \end{cases} 且\boldsymbol{d}是单位化向量 \tag{11-4}$$

由式（11-4）可以得到：

$$\begin{cases} A_x+t_0\cdot\boldsymbol{d}_x=B_x \\ A_z+t_1\cdot\boldsymbol{d}_z=E_x \end{cases} \tag{11-5}$$

　　式（11-5）中的 A_x、A_z、$\boldsymbol{d}_x$、$\boldsymbol{d}_z$、B_x 和 E_z 均是已知量，解方程组便可求得 t_0 和 t_1。现在有到两个交点的距离值，那么应该取哪一个作为片元到采样点的距离值？答案就是取较短距离的哪个，即点 B 为采样点。

　　要解式（11-5）的重要前提是确定射线和投影盒的哪个边界相交，即要确定在 xyz 三个轴方向上，方程式的右边应该取哪个边界的值。从图 11-34 可以知道，射线的 x 方向的边界值是 MaxX，z 方向的边界值是 MaxZ。在三维空间中任意方向的射线方向，其在 xyz 三个轴方向上的边界值取值应该遵循以下规则：

　　在 x 轴方向上：当射线方向的 x 分量大于 0，即 $\boldsymbol{d}_x>0$ 时，边界值应为 MaxX；当射线方向的 x 分量小于 0 时，即 $\boldsymbol{d}_x<0$ 时，边界值应为 MinX。

　　在 z 轴方向上：当射线方向的 z 分量大于 0，即 $\boldsymbol{d}_z>0$ 时，边界值应为 MaxZ；当射线方向的 z 分量小于 0 时，即 $\boldsymbol{d}_z<0$ 时，边界值应为 MinZ。

在 y 轴方向上：当射线方向的 y 分量大于 0，即 $d_y > 0$ 时，边界值应为 MaxY；当射线方向的 y 分量小于 0 时，即 $d_y < 0$ 时，边界值应为 MinY。

总地来说，边界值取值规则是：射线方向在 x、y、z 这 3 个轴方向上的边界值取值，如果射线在此轴方向上的分量值大于 0，则取该方向的投影盒极大值；如果分量值小于 0，则取该方向的投影盒最小值，如下伪代码所示：

```
float3 Edge;
Edge.xyz = (d.xyz > 0.0f) ? boxMax.xyz : boxMin.xyz;
```

现假设在三维空间中有射线从点 A 向投影盒发出射线，分别与投影盒的 3 个包围平面相交于点 B、点 F 和点 E，如图 11-35 所示。

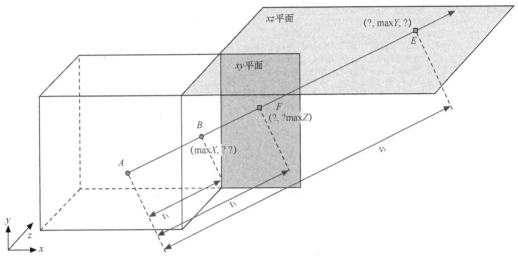

▲图 11-35　三维空间中有射线从点 A 向投影盒发出射线，分别与投影盒的 3 个包围平面相交于点 B、点 E 和点 F

有了 3 个轴方向上的边界值取值，仿照式（11-5）可以得到联立方程组：

$$\begin{cases} A_x + t_1 \cdot d_x = B_x \text{ 且 } B_x = \text{Max}X \\ A_y + t_2 \cdot d_y = E_y \text{ 且 } E_y = \text{Max}Y \\ A_z + t_3 \cdot d_z = F_x \text{ 且 } F_z = \text{Max}Z \end{cases} \tag{11-6}$$

和在二维平面上的规则一样，要得到的距离 t 就是 t_1、t_2、t_3 中的最小者。有了值就可以求得射线和投影盒的相交点。得到相交点之后，图 11-33 中的采样方向 sd 则可以用射线方向 d 和光探针投影盒中心点与当前片元点的连线向量，利用向量加法求得。

11.10　UnityImageBasedLighting.cginc 的结构体、着色器变量、宏和函数

11.10.1　Unity_GlossyEnvironmentData 结构体

Unity_GlossyEnvironmentData 结构体如下。

```
// 所在文件: UnityImageBasedLighting.cginc
// 所在目录: CGIncludes
// 从原文件第 487 行开始，至第 495 行结束
struct Unity_GlossyEnvironmentData
{
```

```
    half roughness; // 这是一个感性粗糙度 ( perceptual roughness )，其值直接由 1-平滑度而来
    half3 reflUVW; // 反射向量
};
```

Unity_GlossyEnvironmentData 结构体存储了两个表征物体表面的属性，roughness 表示表面的粗糙度，reflUVW 就是当前表面片元到摄像机的连线向量相对于表面的法向量的反射向量。

11.10.2　UnityGlossyEnvironmentSetup 函数

UnityGlossyEnvironmentSetup 函数如下。

```
// 所在文件: UnityImageBasedLighting.cginc
// 所在目录: CGIncludes
// 从原文件第 499 行开始，至第 507 行结束
Unity_GlossyEnvironmentData UnityGlossyEnvironmentSetup(half Smoothness, half3 worldViewDir,
half3 Normal, half3 fresnel0)
{
    Unity_GlossyEnvironmentData g;
    // 根据物体表面平滑度计算物体表面的感性粗糙度 ( perceptual roughness )
    // SmoothnessToPerceptualRoughness 函数在 UnityStandardBRDF.cginc 文件中定义
    // 其内部实现就是 1 - Smoothness
    g.roughness = SmoothnessToPerceptualRoughness(Smoothness);
    // 在世界空间中，计算视线方向-worldViewDir 关于法向量 Normal 的反射向量值
    g.reflUVW = reflect(-worldViewDir, Normal);
    return g;
}
```

UnityGlossyEnvironmentSetup 函数很简单，传入的参数是物体表面平滑度 Smoothness、片元到摄像机在世界坐标系下的连线向量、物体表面的法向量 Normal，以及菲涅尔系数 fresnel0，其中 fresnel0 尚未被启用。UnityGlossyEnvironmentSetup 函数的功能是计算并返回一个 Unity_GlossyEnvironmentData 值。

11.10.3　Unity_GlossyEnvironment 函数

Unity_GlossyEnvironment 函数如下。

```
// 所在文件: UnityImageBasedLighting.cginc
// 所在目录: CGIncludes
// 从原文件第 522 行开始，至第 547 行结束
half3 Unity_GlossyEnvironment(UNITY_ARGS_TEXCUBE(tex), half4 hdr,
                                        Unity_GlossyEnvironmentData glossIn)
{
    // Unity_GlossyEnvironmentData 结构体中的粗糙度是一个感性粗糙度
    half perceptualRoughness = glossIn.roughness // perceptualRoughness;
#if 0 // 此段代码在当前版本是不启用的
    float m = PerceptualRoughnessToRoughness(perceptualRoughness);
    const float fEps = 1.192092896e-07F;
    float n =  (2.0/max(fEps, m*m))-2.0;
    n /= 4;
    perceptualRoughness = pow( 2/(n+2), 0.25);
#else // 启用的版本是这段代码
    // 因为感性粗糙度和对应采样的纹理的 mipmap 等级不是线性的映射关系，而是遵循二次项关系
    perceptualRoughness = perceptualRoughness*(1.7 - 0.7*perceptualRoughness);
#endif
    half mip = perceptualRoughnessToMipmapLevel(perceptualRoughness);
    half3 R = glossIn.reflUVW; // 得到视线相对于片元表面法线的反射向量，此向量用在立方体贴图中
                               // 取得对应的纹素
    // UNITY_SAMPLE_TEXCUBE_LOD 宏的定义参见 4.1.7 节，此宏主要根据反射向量和 mipmap 层级对立方
    // 体纹理贴图进行采样，采样的纹素是一个 HDR 值
    half4 rgbm = UNITY_SAMPLE_TEXCUBE_LOD(tex, R, mip);
    // 对采样得来的 HDR 值进行解码得到 RGB 值，DecodeHDR 函数的详细信息参见 4.2.6.2 节
    return DecodeHDR(rgbm, hdr);
}
```

Unity_GlossyEnvironment 函数首先把输入的感性粗糙度进行变换，得到对应要使用的立方体贴图的 mipmap 层级；然后对立方体贴图进行采样，得到 HDR 纹素；最后调用 DecodeHR 函数，

将 HDR 颜色解码成 RGB 颜色并返回。

　　在前面提到，只有完美光滑的表面才会产生完美的锐利镜面反射。表面越粗糙，完美锐利的镜面反射区域就越小，漫反射的区域就越多。IBL 技术可以采用立方体贴图纹理的 mipmap 来模拟这种渲染效果。当对立方体贴图进行采样以模拟对环境的反射时，可以根据当前材质表面的平滑程度对应选择不同的 mipmap 等级的纹理贴图，以达到随着材质表面平滑程度的减小而反射出来的图案变得越来越模糊的效果。如图 11-36 所示，当立方体贴图采用从 0 到 5 级的 mipmap 纹理时，表示材质表面的平滑度逐渐变小，反射出来的效果就越来越模糊。

▲图 11-36　材质表面的平滑程度与反射效果的关系（本图取自 CatlikeCoding）

　　材质表面的平滑程度，或者说粗糙程度要和使用的 mipmap 层级不是简单的线性映射关系，首先要把原始输入的感性粗糙度进行二次函数操作。Unity 3D 定义的二次函数操作遵循以下公式。

$$newRoughness = 1.7roughness - 0.7roughness^2 \qquad (11\text{-}7)$$

式中，roughness 为原始输入的感性粗糙度；newRoughness 为经过二次函数操作后的得到的粗糙度。

　　得到粗糙度之后再调用 11.10.4 节中描述的 perceptualRoughnessToMipmapLevel 函数，获取对应要使用的立方体贴图的 mipmap 层级。

11.10.4　perceptualRoughnessToMipmapLevel 函数

perceptualRoughnessToMipmapLevel 函数如下。

```
// 所在文件: UnityImageBasedLighting.cginc
// 所在目录: CGIncludes
// 从原文件第 510 行开始，至第 513 行结束
half perceptualRoughnessToMipmapLevel(half perceptualRoughness)
{
    return perceptualRoughness * UNITY_SPECCUBE_LOD_STEPS;
}
```

UNITY_SPECCUBE_LOD_STEPS 是一个定义在 UnityStandardConfig.cginc 文件中的常量，其默认定义为 6，此值为感性粗糙度和立方体贴图 mipmap 层级之间的系数。

11.11　UnityGlobalIllumination.cginc 的结构体、着色器变量、宏和函数

11.11.1　ResetUnityLight 函数

ResetUnityLight 函数如下。

```
// 所在文件: UnityGlobalIllumination.cginc
// 所在目录: CGIncludes
// 从原文件第 44 行开始，至第 49 行结束
inline void ResetUnityLight(out UnityLight outLight)
{
    outLight.color = half3(0, 0, 0);
    outLight.dir = half3(0, 1, 0); // Irrelevant direction, just not null
```

```
        outLight.ndotl = 0; // Not used
    }
```

ResetUnityLight 函数就是把 UnityLight 结构体值清 0。

11.11.2　SubtractMainLightWithRealtimeAttenuationFromLightmap 函数

SubtractMainLightWithRealtimeAttenuationFromLightmap 函数如下。

```
// 所在文件: UnityGlobalIllumination.cginc
// 所在目录: CGIncludes
// 从原文件第 51 行开始, 至第 79 行结束
// 参数 lightmap: 从光照贴图中取得的颜色值, 通常是间接照明中的漫反射部分颜色
// 参数 attenuation: 照射在本片元上的光线的衰减值
// 参数 bakedColorTex: 从预先烘焙的光照图中取出的颜色值
// 参数 normalWorld: 片元在世界空间中的法线值
inline half3 SubtractMainLightWithRealtimeAttenuationFromLightmap(half3 lightmap,
                          half attenuation, half4 bakedColorTex, half3 normalWorld)
{
    half3 shadowColor = unity_ShadowColor.rgb;
    // _LightShadowData 的含义参见 4.1.4 节。LightShadowData 的 x 分量表示阴影的强度, 即阴影有
    // 多黑, 1 表示全黑, 0 表示完全透明不黑
    half shadowStrength = _LightShadowData.x;

    // LambertTerm 是一个将要废弃的函数, 它在 UnityDeprecated.cginc 文件中定义
    // 计算 normalWorld 和 _WorldSpaceLightPos0.xyz 的点积, 即两向量的夹角余弦值
    half ndotl = LambertTerm(normalWorld, _WorldSpaceLightPos0.xyz);

    // 计算实时光源 _LightColor0 作用在本片元上的颜色, 显然如果衰减值为 1, 表示完全照射不到, 实时光
    // 源提供给本片元的颜色值为 0; 如果衰减值为 0, 表示完全照射到, 实时光源提供给本片元的颜色值为
    // 光照颜色乘以入射方向与方向的夹角
    half3 estimatedLightContributionMaskedByInverseOfShadow =
                              ndotl * (1- attenuation) * _LightColor0.rgb;

    // 从光照贴图颜色中减去实时光源产生的那部分颜色, 因为本函数通常用于间接照明, lightmap 所代表的
    // 那个光照图是预先烘焙了所有光源所产生的颜色, 而间接照明只考虑了物体之间因为反射所产生的光照效
    // 果, 所以要减去实时光源产生的那部分颜色
    half3 subtractedLightmap =
                      lightmap - estimatedLightContributionMaskedByInverseOfShadow;
    // 由实时光源产生的那部分阴影颜色和减去实时颜色的光照图颜色进行比较, 选较大者, 然后根据阴影强度
    // 进行线性插值。最后选择经过计算的实时光照颜色 realtimeShadow 和原始光照贴图颜色, 选较小者,
    // 作为去掉了实时光照后的颜色, 返回作为间接照明部分的漫反射颜色
    half3 realtimeShadow = max(subtractedLightmap, shadowColor);
    realtimeShadow = lerp(realtimeShadow, lightmap, shadowStrength);
    return min(lightmap, realtimeShadow);
}
```

SubtractMainLightWithRealtimeAttenuationFromLightmap 函数用于把基于全局照明预先生成
的光照贴图减去实时光源在运行期得到的颜色值后返回。

11.11.3　UnityGI_Base 函数

UnityGI_Base 函数如下。

```
// 所在文件: UnityGlobalIllumination.cginc
// 所在目录: CGIncludes
// 从原文件第 88 行开始, 至第 148 行结束
inline UnityGI UnityGI_Base(UnityGIInput data, half occlusion, half3 normalWorld)
{
    UnityGI o_gi;
    ResetUnityGI(o_gi);
#if defined(HANDLE_SHADOWS_BLENDING_IN_GI)
    // 根据传递进来的烘焙光照贴图的 UV 值, 调用 UnitySampleBakedOcclusions 函数用来返回烘焙的阴
    // 影的衰减值, UnitySampleBakedOcclusions 函数参见 8.4.2 节和 8.4.4 节
    half bakedAtten = UnitySampleBakedOcclusion(data.lightmapUV.xy, data.worldPos);

    // _WorldSpaceCameraPos - data.worldPos 计算当前片元在世界坐标系下到摄像机的连线向量,
```

```
        // UNIYT_MATRIX_V[2]则表示摄像机在世界坐标系下朝前方向向量，参见 4.1.1 节。zDist 为连线向量
        // 和朝前方向向量的夹角余弦值，再乘以连线向量的长度，其实也可以认为是当前片元的 z 深度值
        float zDist = dot(_WorldSpaceCameraPos - data.worldPos, UNITY_MATRIX_V[2].xyz);

        // UnityComputeShadowFadeDistance 函数根据当前片元到当前摄像机的距离值，计算阴影的淡化程
        // 度，此函数的详细描述参见 8.5.1 节
        float fadeDist = UnityComputeShadowFadeDistance(data.worldPos, zDist);

        // UnityMixRealtimeAndBakedShadows 函数可以对实时阴影和烘焙阴影进行混合，得到最终的阴影衰
        // 减值。UnityMixRealtimeAndBakedShadows 函数参见 8.4.6 节
        data.atten = UnityMixRealtimeAndBakedShadows(
                        data.atten, bakedAtten, UnityComputeShadowFade(fadeDist));
#endif
        o_gi.light = data.light;
        o_gi.light.color *= data.atten; // 光源颜色要乘以前面计算的阴影衰减值，对亮度进行衰减
#if UNITY_SHOULD_SAMPLE_SH
        // 如果使用球谐光照，调用 ShadeSHPerPixel 函数计算间接照明部分的漫反射颜色值。ShadeSHPerPixel
        // 函数的详细分析参见 11.9.12 节
        o_gi.indirect.diffuse = ShadeSHPerPixel(normalWorld, data.ambient, data.worldPos);
#endif

#if defined(LIGHTMAP_ON) // 如果使用了烘焙式光照贴图
        // 从烘焙的光照贴图中取出对应的纹素颜色，光照贴图中存储的是 HDR 颜色，所以要调用 DecodeLightmap
        // 函数去解码成可使用的 RBG 颜色，此函数参见 4.2.6 节
        half4 bakedColorTex = UNITY_SAMPLE_TEX2D(unity_Lightmap, data.lightmapUV.xy);
        half3 bakedColor = DecodeLightmap(bakedColorTex);

        #ifdef DIRLIGHTMAP_COMBINED // 如果使用了定向光照贴图技术，则从贴图中获取定向光的入射辐射度方向
            fixed4 bakedDirTex = UNITY_SAMPLE_TEX2D_SAMPLER(unity_LightmapInd, unity_
            Lightmap, data.lightmapUV.xy);
            // 从定向光照贴图中获取对应的纹素颜色作为间接照明部分的漫反射颜色
            // DecodeDirectionalLightmap 函数参见 4.2.6 节
            o_gi.indirect.diffuse = DecodeDirectionalLightmap(bakedColor, bakedDirTex,
            normalWorld);
            // 如果启用了阴影混合，启用了基于屏幕空间的阴影，且未使用阴影蒙版
            #if defined(LIGHTMAP_SHADOW_MIXING) && !defined(SHADOWS_SHADOWMASK) &&
                defined(SHADOWS_SCREEN)
                ResetUnityLight(o_gi.light);
                // 调用 SubtractMainLightWithRealtimeAttenuationFromLightmap 函数
                // 减去部分光照信息
                o_gi.indirect.diffuse =
                    SubtractMainLightWithRealtimeAttenuationFromLightmap(
                        o_gi.indirect.diffuse, data.atten,
                        bakedColorTex, normalWorld);
            #endif
        #else // 没有使用定向光照贴图
            // 直接从烘焙光照贴图中取出纹素颜色作为漫反射颜色
            o_gi.indirect.diffuse = bakedColor;
            #if defined(LIGHTMAP_SHADOW_MIXING) && !defined(SHADOWS_SHADOWMASK) &&
                defined(SHADOWS_SCREEN)
                ResetUnityLight(o_gi.light);
                o_gi.indirect.diffuse =
                    SubtractMainLightWithRealtimeAttenuationFromLightmap(
                        o_gi.indirect.diffuse, data.atten, bakedColorTex, normalWorld);
            #endif
        #endif // #ifdef DIRLIGHTMAP_COMBINED
#endif // #if defined(LIGHTMAP_ON)

#ifdef DYNAMICLIGHTMAP_ON // 启用了动态（实时）光照贴图，即实时生成的光照贴图
        fixed4 realtimeColorTex = UNITY_SAMPLE_TEX2D(
                                    unity_DynamicLightmap, data.lightmapUV.zw);
        // 对实时生成的光照贴图进行解码，DecodeRealtimeLightmap 函数参见 4.2.6 节
        half3 realtimeColor = DecodeRealtimeLightmap(realtimeColorTex);

        #ifdef DIRLIGHTMAP_COMBINED
            half4 realtimeDirTex = UNITY_SAMPLE_TEX2D_SAMPLER(
                    unity_DynamicDirectionality, unity_DynamicLightmap, data.lightmapUV.zw);
            o_gi.indirect.diffuse += DecodeDirectionalLightmap(
                                    realtimeColor, realtimeDirTex, normalWorld);
```

```
    #else
        o_gi.indirect.diffuse += realtimeColor;
    #endif
#endif
    o_gi.indirect.diffuse *= occlusion;
    return o_gi;
}
```

UnityGI_Base 函数主要做了以下一些操作：如果启用了阴影和全局光照效果进行混合的宏，则计算出烘焙或实时阴影的衰减值。这个衰减值会对全局光照将要使用的光源进行调暗；然后如果启用了球谐光照，如球谐光照技术，计算得到物体之间的漫反射效果，即间接照明部分的漫反射颜色值；接着如果还是用了光照贴图，把光照贴图的颜色值用一定的算法叠加到间接照明部分的漫反射颜色值上；最后把间接照明部分的漫反射颜色值乘以遮蔽系数，把颜色值调暗返回。

11.11.4　UnityGI_IndirectSpecular 函数

UnityGI_IndirectSpecular 函数如下。

```
// 所在文件: UnityGlobalIllumination.cginc
// 所在目录: CGIncludes
// 从原文件第 151 行开始，至第 188 行结束
inline half3 UnityGI_IndirectSpecular(UnityGIInput data,
                              half occlusion, Unity_GlossyEnvironmentData glossIn)
{
    half3 specular;
    // 如果 UNITY_SPECCUBE_BOX_PROJECTION 宏被定义，表示 C#层的 API:
    // TierSettings.reflectionProbeBlending 被设置为 true，即使用 box projection，参见 7.6.5 节
#ifdef UNITY_SPECCUBE_BOX_PROJECTION
    half3 originalReflUVW = glossIn.reflUVW;
    // BoxProjectedCubemapDirection 函数的详细分析参见 11.9.13 节
    // 获取一个指向立方体贴图的方向向量，此向量是视线向量相对于片元表面法向量的反射向量延长长度而成
    glossIn.reflUVW = BoxProjectedCubemapDirection(originalReflUVW, data.worldPos,
                          data.probePosition[0], data.boxMin[0], data.boxMax[0]);
#endif

#ifdef _GLOSSYREFLECTIONS_OFF
    specular = unity_IndirectSpecColor.rgb;
#else
    // 获取从立方体环境贴图中的颜色，作为材质表面反射场所显示的内容
    half3 env0 = Unity_GlossyEnvironment(UNITY_PASS_TEXCUBE(unity_SpecCube0),
                                          data.probeHDR[0], glossIn);

    // 如果 UNITY_SPECCUE_BLENDING 宏被定义，表示 C#层的 API:
    // TierSettings.reflectionProbeBlending 被设置为 true，即启用反射用光探针的混合
    // C#代码中的 TierSettings 类对应于 GraphicsSettings 面板中的 Tier Setting 各选项
#ifdef UNITY_SPECCUBE_BLENDING
    // 启用了反射用光探针之间的混合，则把代表第二个反射用光探针的 unity_SpecCube1 unity_
    // SpecCube1_BoxMax、unity_SpecCube1_BoxMin、unity_SpecCube1_ProbePosition 等一
    // 系列变量，再做一个 Box Projection，然后从第二个反射用光探针中获取表示环境内容的立方体
    // 贴图。做光照混合计算
    const float kBlendFactor = 0.99999;
    float blendLerp = data.boxMin[0].w;
    UNITY_BRANCH
    if (blendLerp < kBlendFactor)
    {
#ifdef UNITY_SPECCUBE_BOX_PROJECTION
        glossIn.reflUVW = BoxProjectedCubemapDirection(originalReflUVW,
            data.worldPos, data.probePosition[1], data.boxMin[1], data.boxMax[1]);
#endif
        half3 env1 = Unity_GlossyEnvironment(
            // UNITY_PASS_TEXCUBE_SAMPLER 宏参见 4.1.7 节
UNITY_PASS_TEXCUBE_SAMPLER(unity_SpecCube1,unity_SpecCube0),
            data.probeHDR[1], glossIn);
            // 混合的方式就是在第一次和第二次调用 Unity_GlossyEnvironment 函数时得到周围环
            // 境的颜色值进行线性插值
```

```
                    specular = lerp(env1, env0, blendLerp);
            }
            else
            {
                    specular = env0;
            }
    #else
            specular = env0;
    #endif // #ifdef UNITY_SPECCUBE_BLENDING
#endif // #ifdef _GLOSSYREFLECTIONS_OFF
        return specular * occlusion;  // 最终得到反射环境内容的颜色值，乘以遮蔽系数，
                                      //  作为材质的镜面反射颜色值返回
}
```

UnityGI_IndirectSpecular 函数就是根据物体材质的表面粗糙度、遮蔽系数及片元执行全局光照时的相关参数，计算物体材质对周围环境内容的反射，即计算物体之间的间接光照效果，作为物理渲染中的高光镜面反射部分的计算值。

11.11.5 UnityGlobalIllumination 函数版本 1

UnityGlobalIllumination 函数版本 1 如下。

```
// 所在文件: UnityGlobalIllumination.cginc
// 所在目录: CGIncludes
// 从原文件第 202 行开始，至第 207 行结束
inline UnityGI UnityGlobalIllumination(UnityGIInput data, half occlusion,
                        half3 normalWorld, Unity_GlossyEnvironmentData glossIn)
{
    // UnityGI_Base 函数参见 11.11.3 节，UnityGI_IndirectSpecular 函数参见 11.11.4 节
    UnityGI o_gi = UnityGI_Base(data, occlusion, normalWorld);
    o_gi.indirect.specular = UnityGI_IndirectSpecular(data, occlusion, glossIn);
    return o_gi;
}
```

此版本的 UnityGlobalIllumination 函数第一步调用 UnityGI_Base 函数得到物体之间的间接照明效果的漫反射颜色部分，然后调用 UnityGI_IndirectSpecular 函数得到物体之间的间接照明效果的镜面高光反射部分。

11.11.6 UnityGlobalIllumination 函数版本 2

UnityGlobalIllumination 函数版本 2 如下。

```
// 所在文件: UnityGlobalIllumination.cginc
// 所在目录: CGIncludes
// 从原文件第 197 行开始，至第 200 行结束
inline UnityGI UnityGlobalIllumination(UnityGIInput data, half occlusion,
                                       half3 normalWorld)
{
    return UnityGI_Base(data, occlusion, normalWorld);
}
```

较之前面版本的 UnityGlobalIllumination 函数，此版本的 UnityGlobalIllumination 函数就是只做第一步调用，即调用 UnityGI_Base 函数，得到物体之间的间接照明效果的漫反射颜色部分。

11.12 UnityStandardBRDF.cginc 的结构体、着色器变量、宏和函数

Unity 3D 依据当前的运行平台和当前 shader model 所支持的版本，提供了一系列 BRDF 的实现。带有 BRDF1 前缀一族的函数使用了最接近第 10 章讲述的 BRDF 理论模型的数学公式，其渲

染表现是最好的，主要用于 shader model 3.0 及以上的着色器模型，面向当前的主流 PC 平台或者游戏主机平台。而 BRDF2 前缀一族的函数则简化了一部分计算，主要用于移动平台。BRDF3 前缀一组的函数则为版本小于 3.0 的 shader model 提供最基本版的 BRDF 实现，实现细节最为简陋，使用的公式也大部分是近似模拟。

11.12.1　PerceptualRoughnessToRoughness 函数

PerceptualRoughnessToRoughness 函数如下。

```
// 所在文件: UnityStandardBRDF.cginc
// 所在目录: CGIncludes
// 从原文件第 14 行开始，至第 17 行结束
half PerceptualRoughnessToRoughness(half perceptualRoughness)
{
    return perceptualRoughness * perceptualRoughness;
}
```

PerceptualRoughnessToRoughness 函数的功能是把感性粗糙度转换到实际粗糙度。

11.12.2　RoughnessToPerceptualRoughness 函数

RoughnessToPerceptualRoughness 函数如下。

```
// 所在文件: UnityStandardBRDF.cginc
// 所在目录: CGIncludes
// 从原文件第 19 行开始，至第 22 行结束
half RoughnessToPerceptualRoughness(half roughness)
{
    return sqrt(roughness);
}
```

RoughnessToPerceptualRoughness 函数的功能是把实际粗糙度转换到感性粗糙度。

11.12.3　SmoothnessToRoughness 函数

SmoothnessToRoughness 函数如下。

```
// 所在文件: UnityStandardBRDF.cginc
// 所在目录: CGIncludes
// 从原文件第 26 行开始，至第 29 行结束
half SmoothnessToRoughness(half smoothness)
{
    return (1 - smoothness) * (1 - smoothness);
}
```

SmoothnessToRoughness 函数的功能是把标准着色器的材质 Inspector 面板中的 Smoothness 属性所对应的平滑度值变换为实际粗糙度。

11.12.4　SmoothnessToPerceptualRoughness 函数

SmoothnessToPerceptualRoughness 函数如下。

```
// 所在文件: UnityStandardBRDF.cginc
// 所在目录: CGIncludes
// 从原文件第 31 行开始，至第 34 行结束
half SmoothnessToPerceptualRoughness(half smoothness)
{
    return(1 - smoothness);
}
```

SmoothnessToPerceptualRoughness 函数的功能是把标准着色器的材质 Inspector 面板中的 Smoothness

属性所对应的平滑度值变换为感性粗糙度。

11.12.5 Pow4 函数的 4 个不同版本

```
// 所在文件: UnityStandardBRDF.cginc
// 所在目录: CGIncludes
// 从原文件第 38 行开始，至第 56 行结束
inline half Pow4(half x)
{
    return x*x*x*x;
}

inline half2 Pow4(half2 x)
{
    return x*x*x*x;
}

inline half3 Pow4(half3 x)
{
    return x*x*x*x;
}

inline half4 Pow4(half4 x)
{
    return x*x*x*x;
}
```

这一系列函数的功能是对输入变量 x 执行 4 次方操作。

11.12.6 Pow5 函数的 4 个不同版本

Pow5 函数的 4 个不同版本如下。

```
// 所在文件: UnityStandardBRDF.cginc
// 所在目录: CGIncludes
// 从原文件第 61 行开始，至第 79 行结束
inline half Pow5(half x)
{
    return x*x * x*x * x;
}

inline half2 Pow5(half2 x)
{
    return x*x * x*x * x;
}

inline half3 Pow5(half3 x)
{
    return x*x * x*x * x;
}

inline half4 Pow5(half4 x)
{
    return x*x * x*x * x;
}
```

这一系列函数的功能是对输入变量 x 执行 5 次方操作。

11.12.7 FresnelTerm 函数

FresnelTerm 函数如下。

```
// 所在文件: UnityStandardBRDF.cginc
// 所在目录: CGIncludes
// 从原文件第 81 行开始，至第 85 行结束
inline half3 FresnelTerm (half3 F0, half cosA)
```

```
{
    half t = Pow5(1 - cosA);    // ala Schlick interpoliation
    return F0 + (1-F0) * t;
}
```

此段代码就是式（10-25）的代码实现。

11.12.8　FresnelLerp 函数

FresnelLerp 函数如下。

```
// 所在文件：UnityStandardBRDF.cginc
// 所在目录：CGIncludes
// 从原文件第 86 行开始，至第 90 行结束
inline half3 FresnelLerp(half3 F0, half3 F90, half cosA)
{
    half t = Pow5(1 - cosA);    // ala Schlick interpoliation
    return lerp(F0, F90, t);
}
```

参见式（10-25），变量 t 就等价于式（10-25）中的 $(1-\boldsymbol{h}\cdot\boldsymbol{\omega}_i)^5$，调用 Cg 库函数 lerp 进行线性插值操作，就类似于执行算式 $C_{\mathrm{spec}}+(1-C_{\mathrm{spec}})(1-\boldsymbol{h}\cdot\boldsymbol{\omega}_i)^5$。

11.12.9　FresnelLerpFast 函数

FresnelLerpFast 函数如下。

```
// 所在文件：UnityStandardBRDF.cginc
// 所在目录：CGIncludes
// 从原文件第 92 行开始，至第 96 行结束
inline half3 FresnelLerpFast(half3 F0, half3 F90, half cosA)
{
    half t = Pow4(1 - cosA);
    return lerp(F0, F90, t);
}
```

参见式（10-25），变量 t 就等价于式（10-25）中的 $(1-\boldsymbol{h}\cdot\boldsymbol{\omega}_i)^5$，只是这里把次数 5 修改为次数 4，进行线性操作就类似于执行算式 $C_{\mathrm{spec}}+(1-C_{\mathrm{spec}})(1-\boldsymbol{h}\cdot\boldsymbol{\omega}_i)^4$。

11.12.10　DisneyDiffuse 函数

DisneyDiffuse 函数如下。

```
// 所在文件：UnityStandardBRDF.cginc
// 所在目录：CGIncludes
// 从原文件第 99 行开始，至第 107 行结束
// NdotV：片元宏观法向量和片元-摄像机连线向量的点积
// NdotL：片元宏观法向量和入射光线连线向量的点积
// LdotH：片元半角向量和入射光线连线向量的点积
half DisneyDiffuse(half NdotV, half NdotL, half LdotH, half perceptualRoughness)
{
    half fd90 = 0.5 + 2 * LdotH * LdotH * perceptualRoughness;
    half lightScatter = (1 + (fd90 - 1) * Pow5(1 - NdotL));
    half viewScatter = (1 + (fd90 - 1) * Pow5(1 - NdotV));
    return lightScatter * viewScatter;
}
```

Disney 提出的基于物理的渲染模型中[①]，漫反射部分的 BRDF 函数即为式（10-28）所

[①] 由 Walt Disney Animation Stuido 的 Brent Burley 撰写的 "Physically-Based Shading at Disney" 一文中，详细阐述了 Disney 的基于物理的渲染的着色模型理论。

定义的公式。DisneyDiffuse 函数封装了此漫反射模型的实现，和 Disney 的原始公式有所区别的是，DisneyDiffuse 函数中的粗糙度是感性粗糙度，而且在最终计算时并没有在函数内计算最终漫反射颜色值，而是仅返回了 $[1+(f_{D90}-1)(1-\boldsymbol{n}\cdot\boldsymbol{\omega}_i)^5][1+(f_{D90}-1)(1-\boldsymbol{n}\cdot\boldsymbol{v})^5]$ 这一部分的值。

11.12.11 SmithJointGGXVisibilityTerm 函数

SmithJointGGXVisibilityTerm 函数如下。

```
// 所在文件: UnityStandardBRDF.cginc
// 所在目录: CGIncludes
// 从原文件第 130 行开始，至第 156 行结束
// NdotV: 片元宏观法向量和片元-摄像机连线向量的点积
// NdotL: 片元宏观法向量和入射光线连线向量的点积
// roughness: 材质表面的粗糙度
inline half SmithJointGGXVisibilityTerm(half NdotL, half NdotV, half roughness)
{
    // Smith-Schlick 函数的原始实现代码如下，即#if 0框定的部分
    // Unity 3D 没有直接用 Smith-Schlick 函数，而是使用了近似模拟①
#if 0
    half a = roughness;
    half a2 = a * a;
    half lambdaV = NdotL * sqrt((-NdotV * a2 + NdotV) * NdotV + a2);
    half lambdaL = NdotV * sqrt((-NdotL * a2 + NdotL) * NdotL + a2);
    return 0.5f / (lambdaV + lambdaL + 1e-5f);
#else
    half a = roughness;
    half lambdaV = NdotL * (NdotV * (1 - a) + a);
    half lambdaL = NdotV * (NdotL * (1 - a) + a);
    return 0.5f / (lambdaV + lambdaL + 1e-5f);
#endif
}
```

SmithJointGGXVisibilityTerm 函数实现了 BRDF 模型中的几何衰减因子函数。几何衰减因子函数的详细描述参见 10.4.6 节。和原始的几何衰减因子函数相比，SmithJointGGXVisibilityTerm 函数使用了一个近似简化版本，如下式所示。

$$\begin{cases} V = (\boldsymbol{n}\cdot\boldsymbol{\omega}_i)[(\boldsymbol{n}\cdot\boldsymbol{v})(1-\text{roughness})+\text{roughness}] \\ L = (\boldsymbol{n}\cdot\boldsymbol{v})[(\boldsymbol{n}\cdot\boldsymbol{\omega}_i)(1-\text{roughness})+\text{roughness}] \\ G = \dfrac{1}{2(V+L+\varepsilon)} \end{cases} \quad (11\text{-}8)$$

式中，$\boldsymbol{\omega}_i$ 为入射光线向量；$\boldsymbol{n}$ 为片元的宏观法向量；$\boldsymbol{v}$ 为片元到当前摄像机的连线向量；ε 为一个浮点数修正值，其取值为 1e–5f；G 为几何衰减因子函数的值。

11.12.12 GGXTerm 函数

GGXTerm 函数如下。

```
// 所在文件: UnityStandardBRDF.cginc
// 所在目录: CGIncludes
// 从原文件第 158 行开始，至第 164 行结束
// LdotH: 片元半角向量和宏观法向量的点积，roughness 是材质表面粗糙度值
inline half GGXTerm (half NdotH, half roughness)
{
    /* Cook-Torrance 模型中的法线分布函数为
```

---

① Smith-Schlick 函数的近似模拟的相关理论可参阅由 Eric Heitz 编写的论文 "Understanding the Masking-Shadowing Function in Microfacet-Based BRDFs"。

$$D(\boldsymbol{h}) = \frac{\text{roughness}^2}{\pi[(\boldsymbol{n}\cdot\boldsymbol{h})^2(\text{roughness}^2-1)+1]^2}$$

```
*/
half a2 = roughness * roughness;
half d = (NdotH * a2 - NdotH) * NdotH + 1.0f;
return UNITY_INV_PI * a2 / (d * d + 1e-7f);
}
```

GGXTerm 函数就是对 10.4.6 节中的式（10-23）的代码实现。在实际编码实现中，对式（10-23）中的分母中的 $[(\boldsymbol{n}\cdot\boldsymbol{h})^2(\text{roughness}^2-1)+1]^2$ 项，还增加了一个浮点数修正值 1e−7f。

11.12.13　BRDF3_Indirect 函数

BRDF3_Indirect 函数如下。

```
// 所在文件: UnityStandardBRDF.cginc
// 所在目录: CGIncludes
// 从原文件第 420 行开始，至第 425 行结束
half3 BRDF3_Indirect(half3 diffColor, half3 specColor, UnityIndirect indirect,
    half grazingTerm, half fresnelTerm) // 这两个参数的介绍参见 11.3.1 节
{
    // 间接光照的漫反射部分，直接用 UnityIndirect 结构中的漫反射部分乘以传递进来的 diffColor 便可
    half3 c = indirect.diffuse * diffColor;

    // 间接光照的镜面高光部分，用掠射角和 fresnel term 进行插值，然后乘以间接照明的镜面高光部分
    // specular，最后加上前面的漫反射部分，得到最后的间接照明颜色值
    c += indirect.specular * lerp(specColor, grazingTerm, fresnelTerm);
    return c;
}
```

BRDF3_Indirect 函数根据漫反射率 diffColor 和镜面高光反射率 specColor，对传递进来的间接照明的漫反射部分颜色面高光部分颜色进行相乘调制，最后相加得到最后的间接照明部分的颜色。此函数是 BRDF3 前缀，所以它是一个简化版本的 BRDF 模型实现。

11.12.14　BRDF3_Direct 函数

BRDF3_Direct 函数如下。

```
// 所在文件: UnityStandardBRDF.cginc
// 所在目录: CGIncludes
// 从原文件第 407 行开始，至第 418 行结束
sampler2D unity_NHxRoughness;
half3 BRDF3_Direct(half3 diffColor, half3 specColor, half rlPow4, half smoothness)
{
    half LUT_RANGE = 16.0;
    half specular = tex2D(unity_NHxRoughness,
    half2(rlPow4, SmoothnessToPerceptualRoughness(smoothness))).UNITY_ATTEN_CHANNEL *
LUT_RANGE;
#if defined(_SPECULARHIGHLIGHTS_OFF)
    specular = 0.0;
#endif

    return diffColor + specular * specColor;
}
```

BRDF3_Direct 函数的 BRDF 模型，实质上就是基于 10.3 节中阐述的 Blinn-Phong 光照模型的优化实现。在此函数中，并不直接利用式（10-4）计算出高光反射项，而是利用查找表的方式，从 Unity 3D 的内置着色器变量 unity_NHxRoughness 所对应的纹理贴图直接取得纹素颜色作为直接照明部分的镜面高光部分的反射比例值 specular，然后乘以传递进来的直接照明部分的镜面高光部分的颜色值。unity_NHxRoughness 变量对应的纹理贴图实际上是一张存于 Unity 3D 内置

Resources 中的一个浮点纹理，如图 11-37 所示。

▲图 11-37　unity_NHxRoughness 变量对应的纹理贴图

11.12.15　BRDF3_Unity_PBS 函数

BRDF3_Unity_PBS 函数如下。

```
// 所在文件：UnityStandardBRDF.cginc
// 所在目录：CGIncludes
// 从原文件第 435 行开始，至第 456 行结束
half4 BRDF3_Unity_PBS(half3 diffColor, half3 specColor,half oneMinusReflectivity,
                      half smoothness,half3 normal, half3 viewDir,
                      UnityLight light, UnityIndirect gi)
{
    // 根据表面的宏观法线 normal 和视线到片元连线向量，计算出连线向量的反射向量 reflDir
    half3 reflDir = reflect (viewDir, normal);
    // 计算法线和片元到光源连线的夹角余弦值
    half nl = saturate(dot(normal, light.dir));
    // 计算法线和片元到摄像机连线的夹角余弦值
    half nv = saturate(dot(normal, viewDir));

    half2 rlPow4AndFresnelTerm = Pow4(half2(dot(reflDir, light.dir), 1-nv));
    half rlPow4 = rlPow4AndFresnelTerm.x;

    // freneslTerm 变量就是菲涅尔方程函数 F(h, ω₁)，式（10-25）中定义的方程函数是 $F(\boldsymbol{h},\boldsymbol{\omega}_1)=C_{\text{spec}}+$
    // $(1-C_{\text{spec}})(1-\boldsymbol{h}\cdot\boldsymbol{\omega}_1)^5$。而这里使用的是简化版本，即 $(1-\boldsymbol{h}\cdot\boldsymbol{\omega}_1)^4$
    half fresnelTerm = rlPow4AndFresnelTerm.y;

    // 得到掠射角项，掠射角项的含义和作用参见 11.3.1.8 节
    half grazingTerm = saturate(smoothness + (1-oneMinusReflectivity));

    // 接着计算直接照明部分的颜色
    half3 color = BRDF3_Direct(diffColor, specColor, rlPow4, smoothness);

    // 根据入射光线和法线的夹角，计算光线颜色的衰减值
    color *= light.color * nl;

    // BRDF3_Indirect 函数参见 11.12.13 节
    // 获取 grazing term 和 fresnel term 之后，用 s.diffColor 和间接照明部分的漫反射分
    // 量颜色直接相乘，s.specColor 用 grazing term 和 fresnel term 进行线性插值之后
    // 和间接照明部分的漫反射颜色分量相乘。这样就得到了间接照明部分的光照颜色了
    // 直接照明+间接照明后返回
    color += BRDF3_Indirect(diffColor, specColor, gi, grazingTerm, fresnelTerm);
    return half4(color, 1);
}
```

11.12.16　BRDF2_Unity_PBS 函数

BRDF2_Unity_PBS 函数如下。

```
// 所在文件：UnityStandardBRDF.cginc
// 所在目录：CGIncludes
// 从原文件第 321 行开始，至第 405 行结束
half4 BRDF2_Unity_PBS(half3 diffColor, half3 specColor, half oneMinusReflectivity,
                      half smoothness,half3 normal, half3 viewDir,
                      UnityLight light, UnityIndirect gi)
{
    // 光源到片元连线与摄像机到片元连线这两个向量的和，即半角向量，然后对其单位化
```

```
    half3 halfDir = Unity_SafeNormalize (light.dir + viewDir);
    half nl = saturate(dot(normal, light.dir));//法向量和光源片元连线向量的夹角余弦值
    half nh = saturate(dot(normal, halfDir)); //法向量和半角向量的夹角余弦值
    half nv = saturate(dot(normal, viewDir));//法向量与摄像机片元连线向量的夹角余弦值
    half lh = saturate(dot(light.dir, halfDir));//半角向量与摄像机片元连线向量的夹角余弦值

    // 根据材质的 Smoothness 属性计算出材质表面的感性粗糙度，再由感性粗糙度算出实际粗糙度
    // SmoothnessToPerceptualRoughness 函数参见 11.12.4 节
    // PerceptualRoughnessToRoughness 函数参见 11.12.1 节
    half perceptualRoughness = SmoothnessToPerceptualRoughness(smoothness);
    half roughness = PerceptualRoughnessToRoughness(perceptualRoughness);

#if UNITY_BRDF_GGX // 如果使用了 GGX 法线分布函数
    /*
```

BRDF2_Unity_PBS 函数中，直接照明部分的镜面高光项使用了 Minimalist CookTorrance BRDF 模型[1]的变形，在线性颜色空间中其公式为

$$\frac{\text{roughness}^2}{4\,(\boldsymbol{\omega}_{\mathrm{i}} \cdot \mathbf{half})^2(\text{roughness}+0.5)\,(\boldsymbol{n}\cdot\mathbf{half})^2}$$

式中，roughness 为材质的实际粗糙度，**half** 为半角向量，即光源到片元连线与摄像机到片元连线这两个向量的和；**n** 为该片元的宏观法向量，$\boldsymbol{\omega}_{\mathrm{i}}$ 为入射光线方向向量，即光源到片元连线向量。

如果在伽马颜色空间，则公式为

$$\frac{\text{roughness}}{(\boldsymbol{\omega}_{\mathrm{i}} \cdot \mathbf{half})\,(\text{roughness}+1.5)\,(\boldsymbol{n}\cdot\mathbf{half})}$$

```
    */
    half a = roughness;
    half a2 = a*a;
    half d = nh * nh * (a2 - 1.h) + 1.00001h;
    #ifdef UNITY_COLORSPACE_GAMMA
        half specularTerm = a / (max(0.32h, lh) * (1.5h + roughness) * d);
    #else
        half specularTerm = a2 / (max(0.1h, lh*lh) * (roughness + 0.5h) * (d * d) * 4);
    #endif
    #if defined (SHADER_API_MOBILE)
        specularTerm = specularTerm - 1e-4h;
    #endif
#else // 非 GGX 版本是一个 legacy 版本，不再被使用
    half specularPower = PerceptualRoughnessToSpecPower(perceptualRoughness);
    half invV = lh * lh * smoothness + perceptualRoughness * perceptualRoughness;
    half invF = lh;
    half specularTerm = ((specularPower + 1) * pow(nh, specularPower)) /
                                            (8 * invV * invF + 1e-4h);

    #ifdef UNITY_COLORSPACE_GAMMA
        specularTerm = sqrt(max(1e-4h, specularTerm));
    #endif
#endif // #if UNITY_BRDF_GGX

#if defined (SHADER_API_MOBILE)
    // 在移动平台下，利用 Cg 库函数进行 clamp 操作，防止浮点溢出
    specularTerm = clamp(specularTerm, 0.0, 100.0);
    // Prevent FP16 overflow on mobiles
#endif
#if defined(_SPECULARHIGHLIGHTS_OFF)
    specularTerm = 0.0;
#endif
    // surface reduction 用来描述间接照明中的镜面高光部分的能量流失，因为些能量被物体内部吸收，
    // 不反射出来了
#ifdef UNITY_COLORSPACE_GAMMA
    half surfaceReduction = 0.28;
#else
    half surfaceReduction = (0.6-0.08*perceptualRoughness);
#endif
    surfaceReduction = 1.0 - roughness*perceptualRoughness*surfaceReduction;
    half grazingTerm = saturate(smoothness + (1-oneMinusReflectivity));
    half3 color =
```

---

① Minimalist Cook-Torrance BRDF 模型的细节可参考 thetenthplanet.de 网站。

```
    // 该行是直接照明中的漫反射颜色和镜面高光反射颜色
    (diffColor + specularTerm * specColor) * light.color * nl
    // 该行是间接照明部分的漫反射光照
    + gi.diffuse * diffColor
    // 该行是间接照明部分的镜面高光反射光照, 注意乘以了一个 surface reduction
    // FresnelLerpFast 函数参见 11.12.9 节
    + surfaceReduction *gi.specular * FresnelLerpFast(specColor, grazingTerm, nv);
    return half4(color, 1);
}
```

11.12.17 BRDF1_Unity_PBS 函数

BRDF1_Unity_PBS 函数如下。

```
// 所在文件: UnityStandardBRDF.cginc
// 所在目录: CGIncludes
// 从原文件第 230 行开始, 至第 311 行结束

// half3 diffColor: 材质的表面反照率颜色, 调用 DiffuseAndSpecularFromMetallic 函数经过遮蔽处
// 理后获得
// half3 specColr: 基础反射比率, 参见 10.4.5 节, 可通过调用 DiffuseAndSpecularFromMetallic
// 函数取得, 此函数参见 11.9.3 节
half4 BRDF1_Unity_PBS(half3 diffColor, half3 specColor, half oneMinusReflectivity,
                      half smoothness,half3 normal, half3 viewDir,
                      UnityLight light, UnityIndirect gi)
{
    // 根据平滑度属性得到感性粗糙度
    half perceptualRoughness = SmoothnessToPerceptualRoughness (smoothness);
    // 光源到片元连线与摄像机 (片元-摄像机向量) 到片元连线这两个向量的和
    // 即半角向量, 然后对其单位化
    half3 halfDir = Unity_SafeNormalize (light.dir + viewDir);

    // 如果当前像素可见, 它的宏观法向量和它到摄像机连线向量的点积, 不应该是负数。但可能由于投射投影
    // 或者使用了法线贴图, 这个点积变成了负数。在这种情况下应该调整它的法线, 使像素面向摄像机。启用
    // UNITY_HANDLE_CORRECTLY_NEGATIVE_NDOTV 宏用于处理这种可能出现负点积值的情况, 但这将消耗一些性能。
#define UNITY_HANDLE_CORRECTLY_NEGATIVE_NDOTV 0

#if UNITY_HANDLE_CORRECTLY_NEGATIVE_NDOTV
    half shiftAmount = dot(normal, viewDir);
    normal = shiftAmount < 0.0f ? normal + viewDir * (-shiftAmount + 1e-5f) : normal;
    half nv = saturate(dot(normal, viewDir));
#else
    // 计算片元的宏观法向量和它到摄像机连线向量的夹角余弦值
    half nv = abs(dot(normal, viewDir));
#endif
    half nl = saturate(dot(normal, light.dir)); //法向量和光源片元连线向量的夹角余弦值
    half nh = saturate(dot(normal, halfDir)); //法向量和半角向量的夹角余弦值
    // 片元到光源的连线向量与片元到摄像机连线向量的夹角余弦值
    half lv = saturate(dot(light.dir, viewDir));
    // 片元到光源的连线向量与半角向量的夹角余弦值
    half lh = saturate(dot(light.dir, halfDir));

    // 使用 Disney 计算漫反射 BRDF 的公式, DisneyDiffuse 函数参见 11.12.10 节
    half diffuseTerm = DisneyDiffuse(nv, nl, lh, perceptualRoughness) * nl;
    // 根据感性粗糙度计算得到实际粗糙度
    half roughness = PerceptualRoughnessToRoughness(perceptualRoughness);
#if UNITY_BRDF_GGX
    roughness = max(roughness, 0.002);
    // 调用 SmithJointGGXVisibilityTerm 函数得到几何衰减因子函数的值, 几何衰减因子函数理论参见
    // 10.4.6 节, SmithJointGGXVisibilityTerm 函数细节实现参见 11.12.11 节
    half V = SmithJointGGXVisibilityTerm(nl, nv, roughness);
    // 调用 GGXTerm 函数得到法线分布函数的值, 法线分布函数理论参见10.4.6节, GGXTerm 函数参见 11.12.12 节
    half D = GGXTerm(nh, roughness);
#else // 这部分的代码已经不使用了
    half V = SmithBeckmannVisibilityTerm (nl, nv, roughness);
    half D = NDFBlinnPhongNormalizedTerm (nh,
```

```
PerceptualRoughnessToSpecPower(perceptualRoughness));
#endif // #if UNITY_BRDF_GGX
    // 镜面高光部分的 BRDF 为几何衰减因子函数值乘以法线分布函数值乘以 π
    // 后面还要乘以菲涅尔方程函数值
    half specularTerm = V*D * UNITY_PI;
#ifdef UNITY_COLORSPACE_GAMMA
    specularTerm = sqrt(max(1e-4h, specularTerm));
#endif
    specularTerm = max(0, specularTerm * nl);
#if defined(_SPECULARHIGHLIGHTS_OFF)
    specularTerm = 0.0;
#endif
    // surface reduction 用来描述间接照明中镜面高光部分的能量流失，因为这些能量被物体内部吸收，
    // 不反射出来了
    half surfaceReduction;
#ifdef UNITY_COLORSPACE_GAMMA
    surfaceReduction = 1.0-0.28*roughness*perceptualRoughness;
#else
    surfaceReduction = 1.0 / (roughness*roughness + 1.0);
#endif
    // 如果基础反射比例中有任意一个分量的值为 0，则对应的镜面高光反射项 BRDF 的分量也设置为 0
    specularTerm *= any(specColor) ? 1.0 : 0.0;

    // 计算掠射角项
    half grazingTerm = saturate(smoothness + (1-oneMinusReflectivity));

    // 计算直接照明和间接照明中的漫反射部分颜色
    half3 color = diffColor * (gi.diffuse + light.color * diffuseTerm)

    // 这一行代码中，specularTerm 的值为 D(h) G(ω_i, ω_o) (N·ω_i)，其中 D(h) 为变量 V，即法线分布
    // 函数值；G(ω_i, ω_o) 为变量 G，即几何衰减因子函数值；(N·ω_i) 就是变量 nl。FresnelTerm 函数
    // （参见 11.12.7 节）就是 F(h·ω_i)，即菲涅尔方程函数值。这一行是得到并加上直接照明部分中的镜
    // 面高光反射颜色值
    + specularTerm * light.color * FresnelTerm(specColor, lh)
    // 这一行代码就是计算间接照明部分中镜面高光反射颜色，用 surface reducton 把折射部分扣除
    + surfaceReduction * gi.specular * FresnelLerp(specColor, grazingTerm, nv);
    return half4(color, 1);
}
```

11.13　UnityGBuffer.cginc 的结构体、着色器变量、宏和函数

11.13.1　UnityStandardData 结构体

UnityStandardData 结构体如下。

```
// 所在文件：UnityGBuffer.cginc
// 所在目录：CGIncludes
// 从原文件第 8 行开始，至第 17 行结束
struct UnityStandardData
{
    half3    diffuseColor;
    half     occlusion;
    half3    specularColor;
    half     smoothness;
    half3    normalWorld;          // 基于世界空间的法向量
};
```

　　UnityStandardData 结构体用于标准着色器中的延迟渲染通路。延迟渲染通路会把对片元执行 BRDF 计算之后得到的漫反射部分 BRDF 值、镜面高光反射部分 BRDF 值、片元的遮蔽项值、粗糙度值和法线值传递到一个 UnityStandardData 变量中，然后调用 UnityStandardDataToGbuffer 函数把这些属性编码进 3 个缓冲区中并返回。

11.13.2 UnityStandardDataToGbuffer 函数

UnityStandardDataToGbuffer 函数如下。

```
// 所在文件: UnityGBuffer.cginc
// 所在目录: CGIncludes
// 从原文件第 21 行开始，至第 31 行结束
// outGBuffer0 的 R、G、B 分量存储片元的漫反射 BRDF 值，a 分量存储片元的遮蔽项值
// outGBuffer1 的 R、G、B 分量存储片元的镜面高光 BRDF 值，a 分量存储片元的粗糙度值
// outGBuffer2 的 R、G、B 分量存储片元的基于世界坐标系的宏观法线值，a 分量未使用
// 参见表 6-3，了解可用 G-Buffer 的详细信息
void UnityStandardDataToGbuffer(UnityStandardData data, out half4 outGBuffer0, out
half4 outGBuffer1, out half4 outGBuffer2)
{
    // RT0: diffuse color (rgb), occlusion (a) - sRGB rendertarget
    outGBuffer0 = half4(data.diffuseColor, data.occlusion);

    // RT1: spec color (rgb), smoothness (a) - sRGB rendertarget
    outGBuffer1 = half4(data.specularColor, data.smoothness);

    // RT2: normal (rgb), --unused, very low precision-- (a)
    // 把法线值每个分量的取值范围从[-1,1]调制到[0,1]
    outGBuffer2 = half4(data.normalWorld * 0.5f + 0.5f, 1.0f);
}
```

UnityStandardDataToGbuffer 函数把一个 UnityStandardData 结构体编码进 3 个缓冲区中。

11.14 UnityMetaPass.cginc 的结构体、着色器变量、宏和函数

11.14.1 UnityMetaPass 常量缓冲区

UnityMetaPass 常量缓冲区如下。

```
// 所在文件: UnityMetaPass.cginc
// 所在目录: CGIncludes
// 从原文件第 7 行开始，至第 19 行结束
CBUFFER_START(UnityMetaPass)
    bool4 unity_MetaVertexControl;
    bool4 unity_MetaFragmentControl;
    int unity_VisualizationMode;
CBUFFER_END
```

unity_MetaVertexControl 的 *xy* 变量指定了在元渲染通路中，要处理的是静态光照贴图的 uv 还是动态（实时）光照贴图的 uv。unity_MetaFragmentControl 的 *x* 值表示当次执行 meta pass 时片元着色器返回反照率颜色，*y* 值表示返回自发光颜色。unity_VisualizationMode 的值不为 0 时，表示在编辑器中看到 meta pass 的执行效果。

11.14.2 UnityMetaInput 结构体

UnityMetaInput 结构体如下。

```
// 所在文件: UnityMetaPass.cginc
// 所在目录: CGIncludes
// 从原文件第 22 行开始，至第 27 行结束
struct UnityMetaInput
{
    half3 Albedo; // 反照率颜色
    half3 Emission; // 自发光颜色
    half3 SpecularColor; // 镜面高光颜色
};
```

UnityMetaInput 结构体是在片元着色器中根据当前材质的 BRDF 属性得到反照率、自发光和镜面高光颜色值，然后传递给 UnityMetaFragment 函数。

11.14.3　UnityMetaVertexPosition 函数

UnityMetaVertexPosition 函数如下。

```
// 所在文件: UnityMetaPass.cginc
// 所在目录: CGIncludes
// 从原文件第 208 行开始，至第 255 行结束
// vertex: 顶点在模型空间中的位置值
// uv1: 顶点使用的静态光照贴图纹理映射坐标值
// uv2: 顶点使用的动态（实时）光照贴图纹理映射坐标值
// lightmapST 对应于着色器变量 unity_LightmapST，参见 4.1.7 节
// dynlightmapST 对应于着色器变量 unity_DynamicLightmapST，参见 4.1.7 节
// 根据顶点的光照贴图纹理映射坐标，求得顶点在模型中的 x、y 值，然后变换到裁剪空间中并返回
float4 UnityMetaVertexPosition(float4 vertex, float2 uv1, float2 uv2,float4 lightmapST,
float4 dynlightmapST)
{
    if (unity_MetaVertexControl.x)
    {
        // 根据传递进来的顶点的纹理映射坐标（本顶点使用的静态光照贴图映射坐标），计算出本顶点在静
        // 态光照贴图纹理空间中的坐标。根据光照贴图的特性得到基于光照贴图纹理空间的坐标，即得到顶
        // 点在模型坐标空间的 x、y 值
        // 纹理的 tiling 值和 offset 值的描述参见 4.2.5 节
        // unity_LightmapST 和 unity_DynamicLightmapST 变量参见 4.1.7 节
        vertex.xy = uv1 * lightmapST.xy + lightmapST.zw;
        vertex.z = vertex.z > 0 ? 1.0e-4f : 0.0f;
    }
    if (unity_MetaVertexControl.y)
    {
        // 根据传递进来的顶点的纹理映射坐标[本顶点使用的动态（实时）光照贴图映射坐标]，计算出本
        // 顶点在动态（实时）光照贴图纹理空间中的坐标
        vertex.xy = uv2 * dynlightmapST.xy + dynlightmapST.zw;
        vertex.z = vertex.z > 0 ? 1.0e-4f : 0.0f;
    }
    return UnityObjectToClipPos(vertex);
}
```

如代码所示，UnityMetaVertexPosition 函数根据传递进来的顶点的光照贴图映射坐标，计算出本顶点在纹理空间中的坐标值，对应于其在模型坐标空间中的 x、y 值，然后变换到裁剪空间中并返回。

11.14.4　UnityMetaFragment 函数

UnityMetaFragment 函数如下。

```
// 所在文件: UnityMetaPass.cginc
// 所在目录: CGIncludes
// 从原文件第 227 行开始，至第 266 行结束

// 1 除以 Lighting 面板中 Scene 选项卡下的 Alebdo Boost 属性值。Alebdo Boost 属性的取值范围是[1,10]，
// 所以 unity_OneOverOutputBoost 的取值范围是[0.1,1]
float unity_OneOverOutputBoost;

// 反照率颜色经过 unity_OneOverOutputBoost 调制后，不能超出的最大阈值
float unity_MaxOutputValue;

// 当前颜色空间是否是线性空间的
float unity_UseLinearSpace;

half4 UnityMetaFragment(UnityMetaInput IN)
{
    half4 res = 0;
#if !defined(EDITOR_VISUALIZATION) // 非编辑器中的版本
```

```
    if (unity_MetaFragmentControl.x) // 本次执行 pass 是用以输出反照率颜色
    {
        res = half4(IN.Albedo,1);
        unity_OneOverOutputBoost = saturate(unity_OneOverOutputBoost);
        // 对传递进来的反照率颜色进行增强（boost）调制，然后箝位到 0 至最大输出值的范围中
        res.rgb = clamp(pow(res.rgb, unity_OneOverOutputBoost),0, unity_MaxOutputValue);
    }
    if (unity_MetaFragmentControl.y) // 本次执行 pass 是用以输出自发光颜色
    {
        half3 emission;
        if (unity_UseLinearSpace) // 如果当前的颜色空间是线性空间的直接输出
            emission = IN.Emission;
        else // 否则，从伽马空间中变换到线性空间
            emission = GammaToLinearSpace(IN.Emission);

        res = half4(emission, 1.0);
    }
#else // 编辑器中的可视版本
    if ( unity_VisualizationMode == PBR_VALIDATION_ALBEDO )
    {
        res = UnityMeta_pbrAlbedo(IN);
    }
    else if (unity_VisualizationMode == PBR_VALIDATION_METALSPECULAR)
    {
        res = UnityMeta_pbrMetalspec(IN);
    }
#endif // #if !defined(EDITOR_VISUALIZATION)
    return res;
}
```

UnityMetaFragment 函数从片元着色器处传入一个 UnityMetaInput 结构体，然后对这些结构体的漫反射颜色、自发光颜色和镜面高光颜色进行处理之后返回颜色值。依据当前是否在编辑器中查看材质，以及 unity_MetaFragmentControl 变量的 x、y 分量的取值，函数返回不同的颜色值。

第12章 实战——在片元着色器用算法实时绘制图像

　　本书主要是剖析 Unity 3D 的内置着色器库的实现，学习理论后进行实战是提升开发能力的最好途径。因此，本书的最后一章是实战章：在 Unity 3D 开发环境下，不使用任何纹理贴图数据，用几何算法在片元着色器中绘制一个场景。场景的内容是夜空下的海洋，海上有一艘船在往复移动，天空上有星星在闪烁，效果图如图 12-1 所示。

　　这种不使用或者仅使用若干简单的纹理贴图，直接在片元着色器中使用着色器代码绘制各种复杂几何图案是一个很有趣的课题，背后蕴含了很精妙的数学算法思想。互联网上有一个名为 ShaderToy 的网站就是关于这一专题的专门网站，网站上有由全世界的程序员设计的令人叹为观止的各种神奇效果。有些复杂的效果背后使用了较

▲图 12-1　在片元着色器中使用算法实时绘制图像效果的工程示例

为复杂的数学算法，但再复杂的图形效果也是由若干简单的几何形状通过各种交并差补组合而成的。相对而言，本章示例中的几何图案比简单的三角形要复杂一些，而和 ShaderToy 上的复杂效果相比又显得浅显易懂，因此本章是作抛砖引玉之意，让读者快速掌握这一专题的基本设计理念。

　　资深图形程序员可能会对 Borland Turbo C 开发环境提供的 graphic.h 头文件倍感熟悉。Turbo C 的 BGI 图形库提供了若干绘制图形的函数，如 Bar、Rectangle 等基础的绘图函数。到了 Windows 时代，GDI 也提供了一系列的绘图函数。万变不离其宗，这些绘图函数的本质归根到底都是：给定若干个坐标值，找到这些坐标值对应的着色点，涂上颜色。从计算机图形学的角度来看，就是给定一片缓冲区，该缓冲区可以是系统内存，也可以是显示内存。给定的若干坐标点，就是对应于确定要处理这些缓冲区中的哪个像素；涂上颜色，对应于要给这些像素指定具体的颜色值。给缓冲区的像素着色的方法就是：首先锁定（lock）住这个缓冲区，取得缓冲区的首指针。这个过程就好比取得了一张上面已经绘制好纵横坐标线的白纸，利用缓冲区的高度、宽度、跨度（pitch），通过计算便能取到指定坐标值的那个像素点；然后设置像素点的颜色值。设置完毕后，再解锁（unlock）这个缓冲区。

　　而在可编程渲染流水线中，对每一段片元着色器代码，每一个片元都会执行一次的。也就是说，不能像在 CPU 执行的代码那样，具体地在代码中指定要绘制的片元在这个图中的坐标位置；而是要首先得到本片元点在图中的对应的坐标位置，然后判断它要不要绘制，要不要着色。假设要在屏幕的正中处，从屏幕的最左端到最右端绘制一条红色的直线。那么在片元着色器代码中，就变成了判断要执行本段着色器代码中的那个片元，它的位置是不是落在这个屏幕中间的直线上。如果是，就把它涂成红色；如果不是，就不予以处理。一条直线是如此，更为复杂的几何图形也是如此。

12.1 搭建绘图环境

一般地，要使用 Unity 3D 引擎绘制出图案内容，首先需要在 Unity 3D 场景中指定待绘制的图元，然后经过渲染流水线的处理后，最终在屏幕上呈现出图元的外观。要使用片元着色器在基于屏幕空间绘制图案，可用后处理（post processing）机制实现。后处理机制一般包含以下几个步骤。

1）把当前场景的内容渲染到某一个渲染目标中，通常这个渲染目标是一个可渲染纹理，并且这个可渲染纹理的大小和像素格式与当前颜色缓冲区相同。

2）创建一个和屏幕大小相等的四边形，即该四边形最终会完全覆盖当前整个屏幕。

3）使用后处理机制绘制该四边形。后处理顶点着色器的功能就是把顶点数据变换到裁剪空间中。而在第一步中得到的可渲染纹理，就是作为后处理机制片元着色器的输入纹理。在片元着色器中对这个输入纹理进行各种操作，最终输出到颜色缓冲区。

本章所介绍的片元着色器就是后处理机制片元着色器，执行这个片元着色器的图元便是在第 2）步中创建的和屏幕大小相等的四边形。这样，在当前场景中不需要指定任何图元作为渲染内容。

Unity 3D 封装了后处理机制的实现方式，可以很方便地使用这种机制。只需要实现一个类，此类继承自 MonoBehaviour 类，并且重载"必然事件函数"OnRenderImage 函数，然后将这个类脚本挂载到场景中的摄像机游戏对象上即可。本章示例工程中，这个类的名为 StarNight，代码如下。

```
// 所在文件: StarNight.cs
using UnityEngine;

[ExecuteInEditMode]
public class StarNight : MonoBehaviour
{
    [Tooltip("水平分辨率")]
    public int m_HoriResolution = 1024;
    [Tooltip("垂直分辨率")]
    public int m_VertResolution = 768;
    ["本示例的着色器代码文件"]
    public Shader m_StarNightShader;
    ["本示例的材质文件"]
    private Material m_StarNightMaterial = null;

    public Material material
    {
        get
        {
            m_StarNightMaterial = CheckShaderAndCreateMaterial(m_StarNightShader);
            return m_StarNightMaterial;
        }
    }

    /// 由摄像机调用的，用来绘制全屏 image effect 效果的必然事件函数
    /// <param name="source">源可渲染纹理，对应于第 1）步生成的可渲染纹理</param>
    /// <param name="destination">目标可渲染纹理，存放后处理机制最终生成的颜色数据</param>
    void OnRenderImage(RenderTexture source, RenderTexture destination)
    {
        // 获取一个临时的可渲染纹理，用来存放经后处理机制处理后的颜色数据
        RenderTexture scaled = RenderTexture.GetTemporary(m_HoriResolution,
m_VertResolution);
        // 对于名为 "source" 的源可渲染纹理使用后处理机制的材质进行处理，并把它复制到名为 "scaled"
        // 的可渲染纹理中
        Graphics.Blit(source, scaled, this.material);
        // 经过处理后，把 scaled 可渲染纹理复制到目标可渲染纹理
        Graphics.Blit(scaled, destination);
```

```
            // 释放这个临时的可渲染纹理
            RenderTexture.ReleaseTemporary(scaled);
    }

    /// 检测着色器是否被当前硬件支持，若支持则创建一个材质对象
    /// <param name="shader">后处理机制使用的着色器文件</param>
    /// <param name="material">已有的材质文件，如果传递一个 null 的值,
    /// 会新创建一个</param>
    /// <returns>返回创建的材质文件</returns>
    protected Material CheckShaderAndCreateMaterial(Shader shader)
    {
        if (shader == null || !shader.isSupported)
            return null;

        Material material = new Material(shader);
        material.hideFlags = HideFlags.DontSave;
        return material;
    }
}
```

将 StarNight.cs 文件挂接在场景的主摄像机上，设置屏幕分辨率为 1024 像素×768 像素，如图 12-2 所示。

对应地，也把编辑器的 Game 窗口的宽、高值分别设置为 1024 像素与 768 像素，如图 12-3 所示。

▲图 12-2　设置屏幕分辨率为 1024 像素×768 像素　　▲图 12-3　设置编辑器的 Game 窗口的宽、高值分别为 1024 像素与 768 像素

在图 12-2 中指定了 StarNight.shader 文件作为后处理机制的片元着色器，这也是本章要着重分析实现的内容。至此，用来绘制夜空下海洋的绘图环境已经搭建完毕，接下来编写绘制场景内容所需的着色器。

12.2　设计绘制场景的着色器

本示例用来绘制场景的着色器是基于带符号距离场算法（signed-distance field）的。该带符号距离场算法是基于片元着色器绘制几何图案的高效通用算法。

12.2.1　顶点着色器所需的数据结构和实现

本示例没有使用外观着色器，而是使用了传统的顶点-片元着色器的方式实现的。因此，首先要定义顶点着色器。顶点着色器函数名为 vert，其定义如以下代码所示。

```
// 所在文件: StarNight.shader
// 所在目录: Assets
// 从原文件第 15 行开始，至第 28 行结束
    // 从顶点着色器输出到片元着色器的数据结构体
    struct v2f
    {
        float4 pos : SV_POSITION;    // 基于裁剪空间的坐标
        float4 scrPos : TEXCOORD0;   // 顶点的归一化视口坐标
    };

    v2f vert(appdata_base v)
    {
```

```
        v2f o;
        o.pos = UnityObjectToClipPos(v.vertex);
        o.scrPos = ComputeScreenPos(o.pos);
        return o;
    }
```

在上述代码中，传入给顶点着色器函数的描述顶点信息的结构体使用了 Unity 3D 定义的 appdata_base，其详细信息可以参见 4.2.3 节。顶点着色器返回给片元着色器的结构体是 v2f，这个结构体中有两个数据属性项，pos 属性是顶点变换到裁剪空间后的坐标值，scrPos 属性是顶点在视口中的坐标值。需要注意的是，经过片元着色器操作之后，srcPos 的值并不是屏幕空间的像素坐标值。

在 vert 函数内，首先调用 UnityObjectToClipPos 函数，把顶点从模型空间变换到裁剪空间，得到的值赋值给 v2f.pos 属性；接着根据在裁剪空间的顶点坐标值 v2f.pos，调用 ComputeScreenPos 函数，得到顶点在屏幕空间中的归一化值，赋值给 v2f.srcPos 属性。ComputeScreenPos 函数的详细信息可参见 4.2.12 节。如 4.2.12 节中的式（4-19）所示，如果此时 v2f.pos 中的值为 (x, y, z, w)，则 v2f.srcPos 的值为 $\left(\dfrac{x+w}{2}, \dfrac{y+w}{2}, z, w\right)$。至此，顶点着色器设计完毕。接下来是片元着色器的设计。

12.2.2 判断某点是否在三角形内

前面提到，在片元着色器中绘制几何图案，核心思想是判断某个片元是否落在某个几何形状内。如果是，就将其颜色设置为形状的颜色；如果不是，就设置为其他颜色。场景中的几何图形有两个正五角星，因此片元着色器的绘制任务的关键之一就是判断某片元是否落在这两个正五角星内。而一个正五角星又可以视为由 5 个三角形组成，所以问题就等价于判定某片元是否落在这 10 个三角形内。若是，则绘制成红色。这些判定操作用到的算法，就是带符号距离场算法。

首先考虑点是否落在单个三角形的情况。假定有图 12-4 所示的三角形 ABC 和点 P 和点 Q，令三角形 ABC 和点 P 都落在三维笛卡儿右手坐标系的平面 $z = 0$ 上，坐标系的 z 轴正向垂直于书页向外，则有点 A 为 $(x_A, y_A, 0)$、点 B 为 $(x_B, y_B, 0)$、点 C 为 $(x_C, y_C, 0)$、点 P 为 $(x_P, y_P, 0)$。连接点 A 和点 B，得到向量 $\boldsymbol{AB}$ 为 $(x_B{-}x_A, y_B{-}y_A, 0)$；连接点 A 和点 C，得到向量 $\boldsymbol{AC}$ 为 $(x_C{-}x_A, y_C{-}y_A, 0)$；连接点 A 和点 P，得到向量 $\boldsymbol{AP}$ 为 $(x_P{-}x_A, y_P{-}y_A, 0)$。根据叉乘公式，向量 $\boldsymbol{M}{=}(x_M, y_M, z_M)$ 叉乘向量 $\boldsymbol{N}{=}(x_N, y_N, z_N)$ 得到的结果为

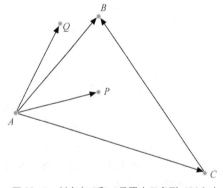

▲图 12-4　判定点 P 和 Q 是否在三角形 ABC 之内

$$\boldsymbol{M} \times \boldsymbol{N} = \left(y_M z_N - z_M y_N, z_M x_N - x_M z_N, x_M y_N - y_M x_N\right) \tag{12-1}$$

对向量 $\boldsymbol{AB}$ 和 $\boldsymbol{AP}$ 进行叉乘，代入式（12-1），得到：

$$\boldsymbol{AB} \times \boldsymbol{AP} = \left[0, 0, \left(x_B - x_A\right)\left(y_P - y_A\right) - \left(y_B - y_A\right)\left(x_P - x_A\right)\right] \tag{12-2}$$

对向量 $\boldsymbol{AB}$ 和 $\boldsymbol{AC}$ 进行叉乘，代入式（12-1），得到：

$$\boldsymbol{AB} \times \boldsymbol{AC} = \left[0, 0, \left(x_B - x_A\right)\left(y_C - y_A\right) - \left(y_B - y_A\right)\left(x_C - x_A\right)\right] \tag{12-3}$$

在右手坐标系下，使用右手法则判定向量叉积的朝向。可见，向量 $\boldsymbol{AB} \times \boldsymbol{AP}$ 和向量 $\boldsymbol{AB} \times \boldsymbol{AC}$ 都是垂直书页向里，即两叉乘结果向量的 z 分量都为正值。

同理，连接点 C 和点 B 得到向量 CB，连接点 C 和点 P 得到向量 CP，连接点 C 和点 A 得到向量 CA，则 CA 叉乘 CB 的结果向量和 CP 叉乘 CB 的结果向量都垂直于书页向外，即两个结果向量的 z 分量都为负值。而 AB 叉乘 AQ 和 AB 叉乘 AC 的结果向量 z 分量则一个为负一个为正。

因此可以得出结论：对于任意一个点 P，假设它和三角形 $\triangle ABC$ 中任意一个顶点 A 的连线向量 AP 与 $\angle A$ 的夹角边向量 AB 的叉积向量的朝向为 Z_1，$\angle A$ 的两个夹角边向量 AB 和 AC 之间的叉积向量的朝向为 Z_2，如果在取任意一个角时 Z_1 和 Z_2 都同向，就表示该点在三角形内；如果在取任意一个角时 Z_1 和 Z_2 不同向，就表示该点在三角形外。根据这个原理，可以设计判定某个点是否落在三角形内的代码。

```
// 所在文件: StarNight.shader
// 所在目录: Assets
// 从原文件第 46 行开始，至第 65 行结束
// a、b、c是三角形的 3 个顶点，p是待判定的点，本函数计算连线 ab 与连线 ap 的叉积的 z 分量。计算连线 ab
// 和连线 ap 的叉积的 z 分量。如果连线 ap 和连线 ac 的 z 分量同符号，表示连线 ap 和连线 ac 在连线 ab 的同
// 一侧，返回 true；否则，分居两侧，返回 false
bool IsSameSide(float2 p, float2 a, float2 b, float2 c)
{
    float2 ab = b - a;
    float2 ac = c - a;
    float2 ap = p - a;
    float f1 = ab.x * ac.y - ab.y * ac.x;
    float f2 = ab.x * ap.y - ab.y * ap.x;
    return f1*f2 >= 0.0;
}

// a、b、c是三角形的 3 个顶点，p是待判定的点。如果连线 ap 和 ab 的叉积向量的朝向与连线 ab 和 ac 的叉积
// 向量的朝向相同，就表示该点在三角形内；如果朝向不相同，就表示该点在三角形外
bool IsPointInTriangle(float2 p, float2 a, float2 b, float2 c)
{
return IsSameSide(p, a, b, c) && IsSameSide(p,b,c,a) &&
        IsSameSide(p,c, a, b);
}
```

12.2.3　基于距离场判定片元的颜色

前面提到，在片元着色器中绘制五角星，应根据当前片元点是否落在五角星内部确定片元颜色。如果落在五角星内，则设置为红色，否则片元颜色就为上一个绘制层的颜色。那么"是否落在五角星内部"，就可以用片元所在点与五角星的距离来判定。设点在五角星外的距离值为正值，在五角星内的距离值为负值，在五角星边缘上的距离值为 0，则片元颜色与五角星距离值的函数 $\text{Color}(d)$ 取值关系为

$$\begin{cases} \text{Color}(d) = \text{lastLayerColor}，当 d > 0 时 \\ \text{Color}(d) = \text{yellow}，当 d \leqslant 0 时 \end{cases} \tag{12-4}$$

式（12-4）是一个类似于阶跃函数样式的函数，实际上在基于带符号距离的几何体绘图中，可以让颜色值随着距离值的变化更为丰富些。例如，在图 12-5 中，当距离值大于圆形的半径时，片元的颜色就随着与距离值的变大而逐渐衰减。通过定义不同的距离值–片元颜色值的函数，可以呈现非常丰富的几何图形效果。

在分析如何计算某一点到五角星的距离之前，首先从最简单的几何形状开始讨论，即求得某一点到某线段的距离值。假设有点 P 和线段 AB。要求得某点 P 到线段 AB 的距离值，首先求得点 P 在线段 AB 上的投影点 Q，然后点 P 到投影点 Q 连线的长度就是点到线

▲图 12-5　在圆外片元离圆心越远亮度就越减弱

段 *AB* 的距离值。如果投影点落在线段之外，则以点到线段较近端点的连线长度为点到线段的距离值，如图 12-6 所示。

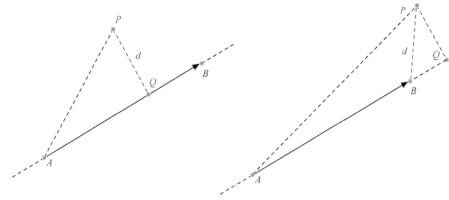

▲图 12-6 求点 *P* 到线段 *AB* 的距离值

从图 12-6 可以看出，要求出点 *Q* 的值，可以用点 *A* 加上向量 ***AB*** 的单位化向量乘以长度 *t*。如果投影点落在线段 *AB* 内，则 *t* 为向量 ***AQ*** 的长度；如果投影点落在线段 *AB* 外，则 *t* 为向量 ***AB*** 的长度值，即

$$t = \max\left[\min\left(\| \boldsymbol{AQ}\|,\| \boldsymbol{AB}\|\right),0\right] \tag{12-5}$$

式（12-5）中加上 max 函数，是考虑了点 *P* 和端点 *A* 重合的情况。根据式（12-5），可以得到点 *Q* 为

$$Q = A + \max\left[\min\left(\| \boldsymbol{AQ}\|,\| \boldsymbol{AB}\|\right),0\right]\frac{\boldsymbol{AB}}{\| \boldsymbol{AB}\|} \tag{12-6}$$

根据向量的叉积几何意义，向量 ***AQ*** 的长度 $\| \boldsymbol{AQ}\| = \dfrac{\boldsymbol{AP}\cdot\boldsymbol{AB}}{\| \boldsymbol{AB}\|}$ 代入式（12-6）中，有：

$$Q = A + \max\left[\min\left(\frac{\boldsymbol{AP}\cdot\boldsymbol{AB}}{\| \boldsymbol{AB}\|},\| \boldsymbol{AB}\|\right),0\right]\frac{\boldsymbol{AB}}{\| \boldsymbol{AB}\|} \tag{12-7}$$

把 max 函数外的标量因子 $\dfrac{1}{\| \boldsymbol{AB}\|}$ 乘进 max 函数内，得到：

$$Q = A + \max\left[\min\left(\frac{\boldsymbol{AP}\cdot\boldsymbol{AB}}{\| \boldsymbol{AB}\|},\| \boldsymbol{AB}\|\right)\frac{1}{\| \boldsymbol{AB}\|},0\right]\boldsymbol{AB} \tag{12-8}$$

再把 $\dfrac{1}{\| \boldsymbol{AB}\|}$ 乘进 min 函数内，且有 $\| \boldsymbol{AB}\|^2 = \boldsymbol{AB}\cdot\boldsymbol{AB}$，则式（12-8）最终变为

$$Q = A + \max\left[\min\left(\frac{\boldsymbol{AP}\cdot\boldsymbol{AB}}{\boldsymbol{AB}\cdot\boldsymbol{AB}},1\right),0\right]\boldsymbol{AB} \tag{12-9}$$

得到了点 *Q* 的值，根据向量减法，可以得到向量 ***PQ*** = ***AQ*** − ***PA***。点到线段的距离值即向量 ***PQ*** 的长度。函数 SegmentSDF 即是上述算法的实现，如以下代码所示。

```
// 所在文件：StarNight.shader
// 所在目录：Assets
// 从原文件第 37 行开始，至第 44 行结束
// p 表示待判断的点；a 表示线段端点；b 表示线段的另一个端点
float SegmentSDF(float2 p,float2 a, float2 b)
{
```

```
    float2 v = p - a;
    float2 u = b - a;
    float t = max(min((u.x * v.x + u.y * v.y) / (u.x * u.x + u.y * u.y),1.0),0.0);
    float2 dist = v - u * float2(t,t);
    return sqrt(dist.x*dist.x+dist.y*dist.y);
}
```

有了点到线段的距离，便可以得到点到三角形的距离值，这个距离值就是点到三角形 3 条边的距离最小者。TriangleSDF 函数的功能就是计算点到三角形的距离值，如以下代码所示。

```
// 所在文件: StarNight.shader
// 所在目录: Assets
// 从原文件第 73 行开始，至第 77 行结束
float TriangleSDF(float2 p, float2 a, float2 b, float2 c)
{
    float d = min(min(SegmentSDF(p,a,b),SegmentSDF(p,b,c)),SegmentSDF(p,c,a));
    return IsPointInTriangle(p,a,b,c) ? -d : d;
}
```

前面提到，点和三角形之间的关系有点在三角形之内、之外和在边上三种情况，因此可以通过对距离值加上正负符号来使距离值与点和三角形位置建立关系，这也是带符号距离场这一概念中的"带符号"的用意之一。当点在三角形内返回一个负的距离值，在三角形外返回正的距离值，在三角形边之上返回 0。

从 TriangleSDF 函数中可以看到，通过比较点与 3 条边的距离值，解决一个点与一个三角形的距离场值到底是多少的问题。推而论之，比较点与若干个三角形的距离值，选其最小值，便可以得到这个点与一个"三角形集合"的距离值。那么，要求得点到任意一个多边形（包括正五角星在内）的距离值，实质上就可以把该多边形视为若干个三角形的组合，点到这些三角形的距离最小值就是点到这个多边形的距离值。当最小距离值为负数时表示点在多边形内，为正数时表示点在多边形外，为 0 时表示点在多边形的某一条边上。这种算法思想甚至可以推广到求点到若干个相互不相交的多边形集合的最小距离值上：当最小距离值为负数时表示点在某一个多边形内，为正数时表示点在所有的多边形外，为 0 时表示点在某一个多边形的某一条边上。这个算法实质上就是带符号距离场算法中，对点到若干几何形状的距离求并集。函数 UnionSDF 就是求两个几何形状的带符号距离值并集，如以下代码所示。

```
// 所在文件: StarNight.shader
// 所在目录: Assets
// 从原文件第 90 行开始，至第 93 行结束
float UnionSDF(float sdf_a, float sdf_b )
{
    return sdf_a < sdf_b ? sdf_a : sdf_b;
}
```

现在知道如何得到某一片元位置值到两个五角星的距离值，接下来就根据距离值确定片元应该显示的颜色。根据在前面提到的片元颜色与五角星距离值的函数：当距离值为非正数时，在五角星内或者在五角星边上，片元设置为红色；当距离值为正数时，在五角星外，片元设置为上一个绘制层的颜色。该算法思想没有问题，但是因为片元着色器在绘制线段时，相当于把一个连续的平面离散化成一小格一小格。所以当绘制非水平或垂直的线段时，往往会出现较明显的锯齿。本示例为了解决这个问题，采用了在处于五角星边缘区域的片元设置一定的透明度值，和上一个绘制层的颜色进行混合，使边缘看起来模糊化，在视觉观感上将会减少锯齿现象。那么现在的问题就变成：如何根据片元到五角星的距离值控制片元的透明度值。示例中使用了 Cg 库函数 smoothstep 和 lerp 去解决这个问题。

首先看 smoothstep 函数。依据传入的参数类型不同，smoothstep 函数有多个版本，本示例采用的版本如以下代码所示。

```
// 参数 a 是插值范围的一个参考值，参数 b 是插值范围的另一个参考值，x 就是用来插值的系数值
float smoothstep(float a, float b, float x);
```

当 $x<a<b$ 或者 $x>a>b$ 时，函数返回 0；当 $x<b<a$ 或者 $x>b>a$ 时，函数返回 1；否则根据参数的取值域$[a,b]$进行插值计算，返回一个在$[0,1]$范围中的值。对于本示例采用的 smoothstep 函数，其内部实现如下。

```
float smoothstep(float a, float b, float x)
{
    float t = saturate((x - a)/(b - a));
    return t*t*(3.0 - (2.0*t));
}
```

现在令 a 为 0，令 b 为 1，令 x 为 0.4，则执行 smoothstep 函数返回值为 0.352；令 x 为 0.9 时，返回值为 0.972；令 x 为 1.1 时，返回 1；令 x 为–0.4 时，返回 0。从这些测试数字可以看出，当片元位置值与五角形的边的距离值处于$[0,1]$范围时，即片元靠近边的距离值小于一个片元的大小，把距离值当作参数 x 传入 smoothstep 函数，且参数 a 为 0，参数 b 为 1 时，可以返回一个处于$[0,1]$范围值，用 1 减去该返回值就可以用来作为该片元的透明值，如以下代码所示。

```
// 所在文件: StarNight.shader
// 所在目录: Assets
// 从原文件第 302 行开始，至第 303 行结束
    float transparent = smoothstep(0, antialias, star_dist);
    return float4(1.0,0.0,0.0, 1-transparent);
}
```

上述代码是 DrawNightSky 函数的一部分。antialias 就是外面传递进来的反走样级别阈值，star_dist 就是当前片元与两个五角星及月牙这 3 个天空中的几何形状的最小距离值，变量 antialias 实质上就是着色器代码中的_AntiAliasLevel 属性。antialias 的取值范围就是$[0,1]$，在片元着色器入口主函数中通过 DrawStar 函数传递进来。在上述代码中，当 star_dist 的值不小于 1 时，transparent 值为 1，所以片元的透明度值为 0，表示完全透明，不改变作为底色的上一个绘制层的颜色，和"当前片元离两个五角星边缘至少一个片元的距离，不应该设置为红色"这个规则符合。当 star_dist 不大于 0 时，transparent 值为 0，所以片元的透明度值为 1，表示完全不透明，要设置为红色，也和"当前片元已经在五角星边缘或者内部，要设置为红色"这个规则符合。而当透明值处于$[0,1]$时，则要和作为底色的上一个绘制层的颜色进行混合操作，如以下代码所示。

```
// 所在文件: StarNight.shader
// 所在目录: Assets
// 从原文件第 331 行开始，至第 335 行结束
float4 bgLayer = float4(0.0,0.0,0.0,1.0);
float nightSkyAAL = (time_sin + 2.0) * 1.5 * _AntiAnaliseLevel;
float4 starLayer = DrawNightSky(nightSkyAAL,fragCoord,_ScreenResolution.xy);
starLayer = lerp(bgLayer, starLayer, starLayer.a);      }
```

上面代码中，bgLayer 就是作为底色的黑色，starLayer 就是带有透明度值的红色，lerp 函数是 Cg 库函数。本示例采用的 lerp 函数版本如下。

```
float4 lerp(float4 a, float4 b, float w);
```

其中，参数 a 是插值范围的起始值，参数 b 是插值范围的结束值，参数 w 是插值系数值。lerp 函数的实现如以下代码所示。

```
float3 lerp(float3 a, float3 b, float w)
{
    return a + w*(b-a);
}
```

显然，如果 w 值为 0，则返回 a，即返回黑色；w 值为 1，则返回 b，即返回红色；如果 w 在

[0,1]之间，则在红色和黑色之间进行线性插值。

　　smoothstep 函数和 lerp 函数搭配使用，通过设置颜色混合操作，对锯齿现象的改善是相当明显的，图 12-7 就是当_AntiAliasLevel 设置为 0、0.5 和 1 时的效果。

▲图 12-7　当反走样阈值设置为 0、0.5 和 1 时，第一个小五角星的显示效果

12.2.4　定义五角星几何体数据

　　前文提到，一个正五角星可由 10 个三角形组合而成，所以描述一个正五角星的距离场可以用 10 个三角形的距离场的并集代替。对于本示例场景中的各个五角星，其大小、绕自身几何中心点的旋转角度都不一样。因此可预定义一个单位五角星几何体，指定其 10 个顶点的位置信息。在绘制操作时对这些顶点进行缩放、旋转、平移，即可将五角星以正确的尺寸和角度渲染到场景中正确的位置。首先看单位五角星的定义，如图 12-8 所示。

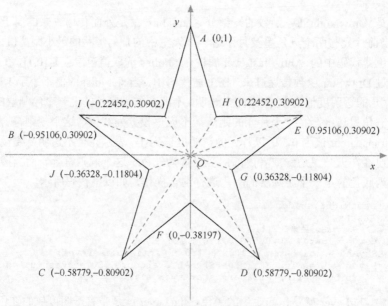

▲图 12-8　单位五角星的定义

　　当五角星绕着它的几何中心旋转一定角度时，它的两个翼边（即图 12-8 中的边 *BI* 和 *HE*）就不平行于水平方向的轴。函数 RotateStarVertex 用于对五角星的顶点进行旋转，如以下代码所示。

```
// 所在文件：StarNight.shader
// 所在目录：Assets
// 从原文件第 113 行开始，至第 122 行结束
// shape 是几何形状的一个顶点，angle 是五角星绕其几何中心点旋转的弧度值
// 返回旋转后的顶点位置坐标值
float2 RotateVertex(float2 shape, float angle)
{
    float cos_angle = 0.0;
```

```
        float sin_angle = 0.0;
        sincos(angle,sin_angle,cos_angle);
        float2 rotated_star = float2(0.0,0.0);
        rotated_star.x = dot(shape, float2(cos_angle,-sin_angle));
        rotated_star.y = dot(shape, float2(sin_angle,cos_angle));
        return rotated_star;
}
```

在二维坐标下，旋转前的坐标值（x, y）、旋转后的坐标值（x', y'）和旋转角 θ 遵循旋转变换公式：

$$\begin{cases} x' = x\cos\theta - y\sin\theta \\ y' = x\cos\theta - y\cos\theta \end{cases} \tag{12-10}$$

RotateStarVertex 函数就是此变换公式的实现。解决了旋转问题之后，缩放和平移操作就更为容易，只需对顶点坐标进行乘法和加法操作即可。函数 GetSingleStarSDF 就是对单位五角星进行旋转缩放平移操作之后，返回某点到这个五角星的最小距离值，如以下代码所示。

```
// 所在文件: StarNight.shader
// 所在目录: Assets
// 从原文件第 223 行开始，至第 290 行结束
// TSR 的 x、y 分量分别存储了顶点沿着水平垂直方向上的偏移量，z 分量是顶点的缩
// 放值，w 分量是顶点绕几何中心点旋转的角度，点 p 是片元位置值
float GetSingleStarSDF(float4 TSR , float2 p)
{
        float2 scale = float2(TSR.z,TSR.z);
        float2 translation = float2(TSR.x,TSR.y);
        float2 A = float2(0.0,1.0);
        float2 B = float2(-0.95106,0.30902);
        float2 C = float2(-0.58779,-0.80902);
        float2 D = float2(0.58779,-0.80902);
        float2 E = float2(0.95106,0.30902);
        float2 F = float2(0,-0.38197);
        float2 G = float2(0.36328,-0.11804);
        float2 H = float2(0.22452,0.30902);
        float2 I = float2(-0.22452,0.30902);
        float2 J = float2(-0.36328,-0.11804);
        float2 O = float2(0.0,0.0);

        // AHO，首先对五角星进行缩放，然后绕其几何中心点旋转，最后平移到应有的位置
        float2 a = RotateStarVertex(A*scale, TSR.w) + translation;
        float2 h = RotateStarVertex(H*scale, TSR.w) + translation;
        float2 o = RotateStarVertex(O*scale, TSR.w) + translation;
        float dist = TriangleSDF(p,a,h,o);

        // HEO
        float2 e = RotateStarVertex(E*scale, TSR.w) + translation;
        float distOther = TriangleSDF(p,h,e,o);
        dist = UnionSDF(dist,distOther);

         // EGO
        float2 g = RotateStarVertex(G*scale, TSR.w) + translation;
        distOther = TriangleSDF(p,e,g,o);
        dist = UnionSDF(dist,distOther);

        // GDO
        float2 d = RotateStarVertex(D*scale, TSR.w) + translation;
        distOther = TriangleSDF(p,g,d,o);
        dist = UnionSDF(dist,distOther);

        // DFO
        float2 f = RotateStarVertex(F*scale, TSR.w) + translation;
        distOther = TriangleSDF(p,d,f,o);
        dist = UnionSDF(dist,distOther);

        // FCO
```

```
        float2 c = RotateStarVertex(C*scale, TSR.w) + translation;
        distOther = TriangleSDF(p,f,c,o);
        dist = UnionSDF(dist,distOther);

        // CJO
        float2 j = RotateStarVertex(J*scale, TSR.w) + translation;
        distOther = TriangleSDF(p,c,j,o);
        dist = UnionSDF(dist,distOther);

        // JBO
        float2 b = RotateStarVertex(B*scale, TSR.w) + translation;
        distOther = TriangleSDF(p,j,b,o);
        dist = UnionSDF(dist,distOther);

        // BIO
        float2 i = RotateStarVertex(I*scale, TSR.w) + translation;
        distOther = TriangleSDF(p,b,i,o);
        dist = UnionSDF(dist,distOther);

        // IAO
        distOther = TriangleSDF(p,i,a,o);
        dist = UnionSDF(dist,distOther);

        return dist;
}
```

12.2.5　判断某点是否在圆及矩形内

场景中除了两个五角星之外，还有一艘小船。如图 12-1 所示，场景中的小船由一个圆形、若干个矩形和三角形求并集所得。要绘制圆形，首先看一个圆的带符号距离场函数的实现。

```
// 所在目录: Assets
// 从原文件第 68 行开始，至第 71 行结束
// p 是待判定的点，center 是圆心，radius 是圆的半径
float CircleSDF(float2 p, float2 center, float radius)
{
    return distance(p, center) - radius;
}
```

如上面的代码所示，求一个圆的带符号距离场函数，需要指定这个圆的圆心位置和半径。要判断某个点到该圆的距离场值，只需要求得该点到圆心的距离与圆心半径的差值。当差值大于 0 时，表示点在圆外；等于 0 时，表示点在圆边缘上；小于 0 时，表示点在圆内。

有了单个圆的 SDF 函数，就可以利用两个圆的 SDF 值的差集求得圆环状几何体的 SDF 值，如以下代码所示。

```
// 所在目录: Assets
// 从原文件第 96 行开始，至第 101 行结束
// 几何体 A 减去其与几何体 B 交集部分所剩余的部分，即两几何体的差集
float SubtractSDF(float sdf_a, float sdf_b)
{
    float r = sdf_a;
    r = (sdf_a > -sdf_b) ? sdf_a : -sdf_b;
    return r;
}
```

图 12-9 演示了 SubtractSDF 函数的算法实现原理，令 3 个待测定点 P_1、P_2、P_3 分别处于圆 C_1 和 C_2 之外、圆 C_1 之内圆 C_2 之外、圆 C_1 和 C_2 之内：要求得这些点到两圆的差集所形成的几何体，即由圆 O_1 与圆 O_2 围成的月牙的 SDF 值。

点 P_1 到圆 C_1 的距离为 $\|P_1C_1\|$，其 SDF 值 sdf_a 为 $\|P_1J\|$；点 P_1 到 C_2 的距离为 $\|P_1C_2\|$，其 SDF 值 sdf_b 为 $\|P_1K\|$，显然 sdf_a 要大于-sdf_b，所以两者的差集 SDF 值应为 sdf_a。这时差集 SDF 为正值，表示点 P_1 落在两圆的差集所形成的几何形状之外。

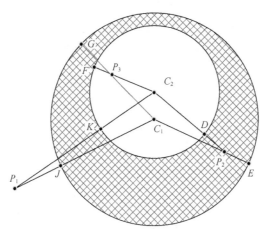

▲图 12-9 求两个圆的带符号距离场值的差集算法示意图

点 P_2 到圆 C_1 的距离为$\| \boldsymbol{P_2C_1} \|$，其 SDF 值 sdf_a 为$-\| \boldsymbol{EP_2} \|$；点 P_2 到圆 C_2 的距离为$\| \boldsymbol{P_2C_2} \|$，其 SDF 值 sdf_b 为$\| \boldsymbol{P_2D} \|$。从图 12-9 中可看出，$\| \boldsymbol{EP_2} \|$要大于$\| \boldsymbol{P_2D} \|$，因此 sdf_a 要小于-sdf_b，所以两者的差集 SDF 值应为-sdf_b。这时差集 SDF 值为负值，表示点还是落在两圆的差集所形成的几何形状之内。

点 P_3 到圆 C_1 的距离为$\| \boldsymbol{P_3C_1} \|$，其 SDF 值 sdf_a 为$-\| \boldsymbol{GP_3} \|$；点 P_3 到圆 C_2 的距离为$\| \boldsymbol{P_3C_2} \|$，其 SDF 值 sdf_b 为$-\| \boldsymbol{P_3F} \|$、两个 SDF 值都为负数，那么显然 sdf_a 要小于-sdf_b。所以两者的差集 SDF 值应为-sdf_b。这时候的差集 SDF 值为正值，表示点 P_3 落在两圆的差集所形成的几何形状之外。

函数 GetCrescentSDF 就是利用了圆的 SDF 函数和两几何体的 SDF 差集函数计算出点到月牙状几何体的 SDF 值，代码如下。

```
// 所在目录：Assets
// 从原文件第 127 行开始，至第 132 行结束
// 获取某点到圆环的 SDF，几何体 A 减去其与几何体 B 交集部分所剩余的部分，即是
// 两几何体的差集
// 参数 p 是待判断的点的坐标。参数 circle_centers 的 x、y 分量是第一个圆的圆
// 心坐标，z、w 分量是第二个圆的圆心坐标。radius 的 x、y 分量是第一个和第二个圆的半径
float GetRingSDF(float2 p,
                        float4 circle_centers,float2 radius)
{
    float circle_1_sdf =
                        CircleSDF(p,circle_centers.xy,radius.x);
    float circle_2_sdf =
                        CircleSDF(p,circle_centers.zw,radius.y);
    return SubtractSDF(circle_1_sdf,circle_2_sdf);
}
```

在上述代码中，指定一个圆的圆心在屏幕坐标（200，500）处，另一个圆的圆心在屏幕坐标（250，520）处，两个圆的半径都为 100。

接下来分析矩形的 SDF 函数的实现。一个矩形可以视为两个全等的三角形拼合而成，所以矩形的 SDF 函数的实现方式之一就是对这两个全等的三角形各自求出 SDF 之后，再对 SDF 值求并集。但我们将采用另一种方式实现。不通过给定矩形的四个顶点坐标，而是通过给定矩形的中心点坐标、半高和半宽，以及矩形绕中心点坐标旋转的角度指定。首先看矩形的中心点和坐标系原点重合，且宽高各自平行于坐标系的 x 轴和 y 轴的情况，如图 12-10 所示。

点 P_1 在矩形外面，$P_1.x$ 小于半宽，$P_1.y$ 大于半高；点 P_2 在矩形内，$P_2.x$ 小于半宽，$P_2.y$ 小于半高；点 P_3 在矩形外，$P_3.x$ 大于半宽，$P_3.y$ 小于半高。也就是说，当矩形 R 的中心点和坐标系原

点重合时，在第一象限内某点 P 到矩形 R 的 SDF 值应该为点 P 横坐标与矩形半宽的差值，以及点 P 纵坐标值与矩形半高的差值。这两个差值的最大值为 SDF 值，即

$$\max(p.x - \text{HalfWidth}, p.y - \text{HalfHeight}) \tag{12-11}$$

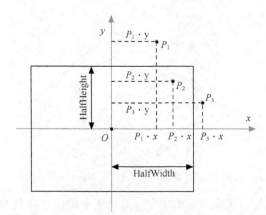

▲图 12-10　根据点和矩形的位置关系求得点到矩形的 SDF 值

图 12-10 只分析了在第一象限中的点和中心点与坐标系原点重合的矩形的位置关系，实质上当矩形的宽高平行于坐标系轴时，矩形中心点和坐标系原点不重合；或者点 P 在另外 3 个象限时，依然遵循式（12-11）所揭示的规律。令矩形 R 的中心点坐标为 (C_x, C_y)，则任意点 P 到矩形 R 的 SDF 值为

$$\max[\text{abs}(P.x - C_x) - \text{HalfWidth}, \text{abs}(P.y - C_y) - \text{HalfHeight}] \tag{12-12}$$

接下来考虑矩形的旋转问题。如果矩形中心点 C 在世界坐标系的坐标值为 $[C_x \ C_y]^T$，旋转度为 θ。以矩形中心点为原点，和矩形的宽平行的向右平行线为 x 坐标轴的正向，和高平行的向上平行线为 y 坐标轴的正向，构建一个矩形坐标系，则把矩形坐标系上的一个坐标值 $[P'_x \ P'_y]^T$ 变换到世界坐标系，得到的坐标值 $[P_x \ P_y]^T$ 应该为

$$\begin{bmatrix} P_x \\ P_y \end{bmatrix} = \begin{bmatrix} \cos\theta & -\sin\theta \\ \sin\theta & \cos\theta \end{bmatrix}\begin{bmatrix} P'_x \\ P'_y \end{bmatrix} + \begin{bmatrix} C_x \\ C_y \end{bmatrix} \tag{12-13}$$

现在是已知点在世界坐标中的坐标值，要反求出它在矩形坐标系上的坐标值，所以对式（12-11）进行逆变换。因为旋转矩阵 M 是正交矩阵，有 $M^{-1} = M^T$，所以可得

$$\begin{bmatrix} P'_x \\ P'_y \end{bmatrix} = \begin{bmatrix} \cos\theta & \sin\theta \\ -\sin\theta & \cos\theta \end{bmatrix}\left(\begin{bmatrix} P_x \\ P_y \end{bmatrix} - \begin{bmatrix} C_x \\ C_y \end{bmatrix}\right) \tag{12-14}$$

根据上面的分析，可以得到求点到矩形的 SDF 值的代码实现如下：

```
// 所在目录: Assets
// 从原文件第 79 行开始，至第 86 行结束
// p 为待判断的点; center 为矩形中心点在世界坐标系下的坐标,
// halfWH 的两个分量分别为矩形的半宽和半高, theta 为矩形绕
// 其中心点旋转的角度
float RectangleSDF(float2 p, float2 center, float2 halfWH, float theta)
{
    float cosTheta = cos(theta);
    float sinTheta = sin(theta);
    float dx = abs((p.x - center.x) * cosTheta + (p.y - center.y) * sinTheta) - halfWH.x;
    float dy = abs((p.y - center.y) * cosTheta - (p.x - center.x) * sinTheta) - halfWH.y;
    return max(dx,dy);
}
```

有了求圆和矩形的 SDF 函数，接下来就可以绘制海洋和小船。

12.2.6　定义和绘制场景中的几何体

场景中的小船由若干个三角形和矩形组合而成，点到小船的 SDF 值为这些基本几何形状的 SDF 值求并集而成。在 GetShipSDF 函数中预定义了小船的几何形状顶点坐标值，然后在运行时对这些几何形状进行平移变换便能将其绘制到正确的位置上。首先看小船的顶点坐标，如图 12-11 所示。

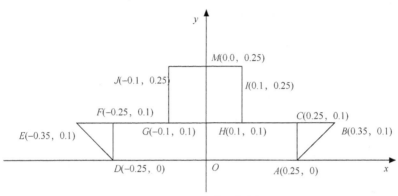

▲图 12-11　小船的顶点坐标

GetShipSDF 函数如下。

```
// 所在文件 StarNight.shader
// 所在目录: Assets
// 从原文件第 136 行开始，至第 210 行结束
// TSR 的 x、y 分量分别存储了顶点沿着水平与垂直方向上的偏移量，z 分量是
// 顶点的缩放值，w 分量是顶点绕几何中心点旋转的角度。TSR 的 x、y 分量分
// 别存储了顶点沿着水平与垂直方向上的偏移量，z 分量是顶点的缩放值，w 分量
// 是顶点绕几何中心点旋转的角度
float GetShipSDF(float4 TSR , float2 p)
{
    //   小船几何体的各个顶点
    //      J-----M----I
    //      |          |
    //      |          |
    //      G----------H
    // E--F------------C--B
    //  \  |           |  /
    //   \ |           | /
    //    \|           |/
    //      D------------A

    float2 A = float2(0.25,0.0);
    float2 B = float2(0.35,0.1);
    float2 C = float2(0.25,0.1);

    float2 D = float2(-0.25,0.0);
    float2 E = float2(-0.35,0.1);
    float2 F = float2(-0.25,0.1);

    float2 G = float2(-0.1,0.1);
    float2 H = float2(0.1,0.1);
    float2 I = float2(0.1,0.25);

    float2 M = float2(0.0,0.25);

    float2 scale = float2(TSR.z,TSR.z);
    float2 translation = float2(TSR.x,TSR.y);
```

```
    // 右船艏△ABC
    float2 a = RotateVertex(A*scale, TSR.w) + translation;
    float2 b = RotateVertex(B*scale, TSR.w) + translation;
    float2 c = RotateVertex(C*scale, TSR.w) + translation;
    float2 d = RotateVertex(D*scale, TSR.w) + translation;
    float2 e = RotateVertex(E*scale, TSR.w) + translation;
    float2 f = RotateVertex(F*scale, TSR.w) + translation;
    float2 m = RotateVertex(M*scale, TSR.w) + translation;

    float2 g = RotateVertex(G*scale, TSR.w) + translation;
    float2 h = RotateVertex(H*scale, TSR.w) + translation;
    float2 i = RotateVertex(I*scale, TSR.w) + translation;
    float2 j = RotateVertex(J*scale, TSR.w) + translation;

    // 左船艏△DEF
    float dist = TriangleSDF(p,e,d,f);

    // 船体矩形 ACFD
    float2 rectHalfWH = float2((a.x - d.x) * 0.5,(f.y - a.y) .5);
    float2 rectCenter = d + rectHalfWH;
    float distOther = RectangleSDF(p,rectCenter,rectHalfWH,0);
    dist = UnionSDF(dist,distOther);

    // 右船艏△ABC
    distOther = TriangleSDF(p,a,b,c);
    dist = UnionSDF(dist,distOther);

    // 船舱矩形□GHIJ
    rectHalfWH = float2((h.x - g.x) * 0.5,(j.y - g.y) * 0.5);
    rectCenter = g + rectHalfWH;
    distOther = RectangleSDF(p,rectCenter,rectHalfWH,0);
    dist = UnionSDF(dist,distOther);

    // 船舱顶的圆环
// circle_centers 的 x、y 分量是第一个圆的圆心坐标，z、w 分量是第二个圆心
// 的坐标。radius.x 是第一个圆的半径，radius.y 是第二个圆的半径
    float4 circle_centers = float4(m.x,m.y,m.x,m.y);
    float2 radius;
    radius.x = 0.1 * scale;
    radius.y = 0.08 * scale;
    return UnionSDF(dist, RingSDF(p,circle_centers,radius));
}
```

海洋就是一个矩形，其 SDF 函数如下。

```
// 所在文件: Star Night.shader
// 所在目录: Assets
// 从原文件第 212 行开始，至第 219 行结束
float GetOceanSDF(float2 p, float2 leftBottom,float2 rightTop)
{
    // 海洋矩形
    float2 rectHalfWH = float2((rightTop.x - leftBottom.x) * 0.5,
                                (rightTop.y - leftBottom.y) * 0.5);
    float2 rectCenter = leftBottom + rectHalfWH;
    return RectangleSDF(p,rectCenter,rectHalfWH,0);
}
```

DrawNightSky 函数就是用来绘制夜空和星星的函数，如下所示。

```
// 所在文件: StarNight.shader
// 所在目录: Assets
// 从原文件第 292 行开始，至第 304 行结束
float4 DrawNightSky(float antialias,float2 fragCoord,float2 sr )
{
    // 第一个五角星
    float4 TSR =
            float4(sr.x * 5.0/ 6.0, sr.y * 7.5 / 9.0,10.0 ,0.0);
    float star_dist = GetSingleStarSDF(TSR,fragCoord);
```

```
    // 第二个五角星
    TSR = float4(sr.x * 0.5, sr.y * 3.0/ 4.0 , 18, atan(5.0/4.0));
    float star_dist_other = GetSingleStarSDF( TSR ,  fragCoord);
    star_dist = UnionSDF(star_dist,star_dist_other);

    float transparent = smoothstep(0, antialias, star_dist);
    return float4(1.0,0.0,0.0, 1-transparent);
}
```

绘制小船的函数是 DrawShip 函数，如下所示。

```
// 所在文件: StarNight.shader
// 所在目录: Assets
// 从原文件第 307 行开始，至第 313 行结束
float4 DrawShip(float antialias,float2 fragCoord,float4 TSR)
{
    float ship_dist = GetShipSDF(TSR , fragCoord);
    float transparent = smoothstep(0, antialias, ship_dist);
    return float4(1.0,1.0,1.0, 1-transparent);
}
```

绘制海洋的函数是 DrawOcean 函数，如下所示。

```
// 所在文件: StarNight.shader
// 所在目录: Assets
// 从原文件第 318 行开始，至第 324 行结束
// ocean_height 为海平面高度的比例值
float4 DrawOcean(float antialias,
                float2 fragCoord,float2 sr,float ocean_height)
{
    float3 ocean_color = float3(0.35, 0.53, 0.7);
    float ocean_dist = GetOceanSDF(fragCoord, float2(0.0,0.0),
                       float2(sr.x,sr.y * ocean_height));
    float transparent = smoothstep(0, antialias, ocean_dist);
    return float4(ocean_color,1-transparent);
}
```

最后在片元着色器的主入口函数中将这些绘制操作整合起来，代码如下。

```
// 所在文件: StarNight.shader
// 所在目录: Assets
// 从原文件第 326 行开始，至第 345 行结束
// ocean_height 为海平面高度的比例值
float4 frag(v2f _iParam) : COLOR0
{
    // 对 Unity3D 引擎提供的系统时间值进行一个正弦函数的操作，
    // 用于产生一个周期性的效果
    float time_sin = sin(_Time.y);
    float2 fragCoord =
      _iParam.scrPos.xy/_iParam.scrPos.w * _ScreenResolution.xy;

    float4 bgLayer = float4(0.0,0.0,0.0,1.0);

    // 动态地、周期性地调整月亮和星星的反走样值
    float nightSkyAAL = (time_sin + 2.0) * 1.5 * _AntiAnaliseLevel;
    float4 starLayer =
        DrawNightSky(nightSkyAAL,fragCoord,_ScreenResolution.xy);
    starLayer = lerp(bgLayer, starLayer, starLayer.a);

    // 让小船周期性地左右往复移动
    float4 shipTrasform = float4(
        (time_sin + 1.0) * 0.5 * _ScreenResolution.x ,
        _ScreenResolution.y * 0.29,240,0);
    float4 shipLayer =
        DrawShip(_AntiAnaliseLevel,fragCoord,shipTrasform);
    shipLayer = lerp(starLayer, shipLayer, shipLayer.a);

    // 控制水面的高度在屏幕高度的 0.299~0.301
```

```
    float ocean_height = time_sin * 0.01 + 0.3;
    float4 ocean_layer = DrawOcean(_AntiAnaliseLevel,fragCoord,
                                   _ScreenResolution.xy,ocean_height);
    return lerp(shipLayer,ocean_layer,ocean_layer.a);
}
```

至此，如何使用片元着色器绘制场景的原理分析完毕。

读书笔记

读书笔记